专利布局

Patent Portfolio Planning

（第2版）

主　编
马天旗

副主编
李银锁 赵礼杰 朱伟 苏京 裴军
高晓培 史亮亮 王加莹 王华 等

知识产权出版社
全国百佳图书出版单位
—北京—

图书在版编目（CIP）数据

专利布局/马天旗主编. —2 版. —北京：知识产权出版社，2020. 8（2025. 9 重印）
ISBN 978-7-5130-7037-9

Ⅰ. ①专… Ⅱ. ①马… Ⅲ. ①企业管理—专利—布局—研究 Ⅳ. ①G306. 3②F273. 1

中国版本图书馆 CIP 数据核字（2020）第 114779 号

内容提要

本书按先理论、再工具、后实践的顺序布置知识点，根据企业的发展趋势，从新创企业的专利布局到应对竞争对手的专利布局，再到围绕技术标准和海外市场的专利布局进行展开。此外还从主要技术领域介绍了专利布局的策略，并通过典型案例讲解、分析了专利布局的具体过程。

读者对象：企业专利工作高层管理人员、专利工程师、研发部门人员、专利代理和咨询机构的专利咨询师、相关政府机构工作人员、相关专业大学生。

责任编辑：黄清明　张利萍　　**责任校对**：王　岩
封面设计：sun 工作室　　**责任印制**：刘译文

专利布局（第 2 版）
主　编　马天旗
副主编　李银锁　赵礼杰　朱　伟　苏　京　裴　军　高晓培　史亮亮
　　　　王加莹　王　华　等

出版发行：知识产权出版社有限责任公司　　**网　址**：http://www. ipph. cn
社　址：北京市海淀区气象路 50 号院　　**邮　编**：100081
责编电话：010-82000860 转 8117　　**责编邮箱**：hqm@ cnipr. com
发行电话：010-82000860 转 8101/8102　　**发行传真**：010-82000893/82005070/82000270
印　刷：北京中献拓方科技发展有限公司　　**经　销**：新华书店、各大网上书店及相关专业书店
开　本：787mm×1092mm　1/16　　**印　张**：21. 5
版　次：2020 年 8 月第 1 版　　**印　次**：2025 年 9 月第 4 次印刷
字　数：450 千字　　**定　价**：86. 00 元

ISBN 978-7-5130-7037-9

本书编写团队

主　编　马天旗

副主编　李银锁　赵礼杰　朱　伟　苏　京　裴　军　高晓培
　　　　史亮亮　王加莹　王　华　李阳光　苏　丹　胡　涛
　　　　王进锋　赵　强　郭大为　刘　明

本书专家顾问

王杏媛　阿里巴巴集团高级法务专家

徐伟锋　北京松果电子有限公司副总裁

王桂香　北京市炜衡律师事务所合伙人

张宇峰　北京康盛知识产权代理有限公司高级合伙人

Yalei Sun　Morgan, Lewis & Bockius partner

沈剑锋　深圳市传音控股股份有限公司知识产权总监

周　鹏　北京知人善用信息技术有限公司（IPRdaily）CEO

时良艳　金风科技股份有限公司知识产权总监

樊　磊　北京集创北方科技股份有限公司知识产权与标准管理部总监

于立彪　国家知识产权运营公共服务平台常务副总经理

胡春青　常州强力电子新材料股份有限公司事业一部总经理

李　杰　北京合智同创知识产权代理有限公司合伙人

赵　杰　比亚迪股份有限公司知识产权及法务处总经理

凌赵华　超凡知识产权服务股份有限公司专利咨询部总经理

李　丽　上海知锦知识产权代理事务所（特殊普通合伙）合伙人

陈得宗　美的集团法务部资深知识产权顾问

序　言

中国专利申请量已连续多年位居世界第一，但在专利的质量和价值上与欧美等发达国家相比仍有较大差距。这与大多数企业没有从市场竞争的全局高度来系统思考专利布局密切相关，导致企业虽然拥有较多数量的专利，但因为没有形成系统的专利布局，企业整体的专利质量和价值并没有得到很好的提升。

专利布局应根据企业的整体经营和创新战略的定位和需求，综合考虑内外部因素，有计划、有步骤地构建立体化、全方位、多角度、高效益的专利网，提升企业整体专利的价值，增强应对专利风险和市场竞争的能力。

本人曾长期从事地方科技创新和知识产权管理工作，2013 年我在三江国际知识产权论坛上首次提出了“高价值专利”的概念，2014 年年初，我在全省知识产权局长会议的工作报告中专门部署了高价值专利培育工作，比较详细地讲了什么是高价值专利以及如何进行培育。近几年来，高价值专利培育已成为各地提升专利质量和价值的一项重要举措。事实上，良好的专利布局不仅能提高专利的质量和价值，而且也能显著提升科技创新的效率与价值，从而实现高价值的创新。我记得在 2017 年，也就是本书的作者马天旗在组织撰写《高价值专利筛选》《高价值专利培育与评估》的那一年，天旗和我有过一次电话长谈，他在电话里跟我讨论了很多关于高价值专利的问题，虽然只是业务层面的探讨，但更有思想上薪火相传的感觉，至今我还记忆犹新。也正是这一次谈话，让我结识了一位勤奋务实，而且乐于把自己艰辛探索与实践成果毫无保留地奉献给大家的年轻人。

据了解，《专利布局》第 1 版出版后历经多次加印，在社会上引起较大反响，成为关注专利布局和高价值专利培育有关人员必读必备的工具书。本书第 2 版对各章的基础理论进行了修正，知识点更为全面，特别是添加了许多专利布局的实际案例，进一步提升了本书的实用性和可读性，更适合研发工程师、专利工程师、专利代理师、专利战略咨询师、政府知识产权管理人员以及相关专业的大学生、研究生作为指导性读物和业务参考工具书。

原江苏省知识产权局局长

国家知识产权专家咨询委员会委员

朱宇（朱宇）

2020年7月

第1版序言

对于一个企业来说，做好创新点的挖掘和专利布局是日后专利运用的战略保障。正如国家知识产权局申长雨局长曾指出，为了扩大对外投资、形成国际竞争新优势，中国企业必须做好海外知识产权合理布局。然而，除了专利质量以外，中国大部分企业在专利布局上仍然处于初级阶段，并且很多企业还没有意识到专利布局的重要性。

目前，我国大部分企业缺乏具备专利布局规划和指导能力的专业人才，影响和制约了这些企业的专利综合竞争实力。造成上述问题的主要原因有以下几个方面：首先，具有专利布局实务经验的专业人才主要集中在一些国内外较大规模的专利咨询机构和一些企业里，而这些专业人才一般情况下都将自身掌握的专利布局技能和知识作为自己的know-how，基本不对外进行传播；其次，普通企业里的专利管理人员往往也不掌握本行业的专利宏观布局情况，更难从海量的专利文献数据中归纳和梳理出针对本行业比较实用的专利布局策略；最后，由于上述两个原因，编撰一本通用的专利布局实务教材更加缺乏一个自发的组织者和熟悉各领域专利布局情况、具备一定专利布局实务经验的专家团队，所以，在专利布局方面一直没有系统的教材可供学习。

当我得知国家知识产权局机械发明审查部马天旗副处长组织了针对《专利布局》的编写团队，深感欣慰。该团队能够自发编写此书，不仅正当其时，而且业正身合。马天旗副处长此前曾主编了《专利分析：方法、图表解读与情报挖掘》一书，获得业界读者的一致肯定。从《专利布局》这本书的编写团队来看，不仅有各个领域资深的专利审查员，还有企业里和知识产权咨询机构里的资深专利布局专家，这样的团队具备了多个领域的专业技术、理论和实务经验互补、知识链完整等多个特点。

从《专利布局》这本书的构架上看：首先，知识链布局合理，先理论、再工具、后实践；其次，场景设置符合企业的发展趋势，从新创企业的专利布局到应对竞争对手的专利布局，再到围绕技术标准和海外市场的专利布局策略进行展开；再次，更加聚焦领域特点，突出行业针对性；最后，案例疏解到位，策略模式归纳深入。总之，本书章节布局合理，对于企业的相关从业者来说实用性和可操作性都很强。

综上所述，我认为《专利布局》这本书特别适合企业负责专利管理工作的高层管理人员、专利工程师、研发部门人员作为指导性读物。对于专利代理和咨询机构的专利咨询师也是必备的工具书，而对于相关政府机构工作人员、相关专业的大学生来说，也是很不错的一本参考书。

华为高级副总裁、首席法务官

（宋柳平）

2016年6月30日

前　言

党的十八大提出创新驱动战略以来，我国的产业转型升级进入关键时期，对创新主体在创新过程中的智慧贡献进行恰如其分的挖掘并进行专利布局，是支撑我国产业转型升级、增强产业竞争优势的当务之急。党的十九大提出，我国经济已由高速增长阶段转向高质量发展阶段。进入新时代，站在知识产权大国向知识产权强国迈进的重要历史节点上，推动知识产权高质量发展，是摆在我们面前的首要任务。高质量发展阶段的转变，对专利挖掘、专利布局工作提出了更高的要求。

本书第1版在2016年首次出版，及时满足了读者的需求。该书出版后，历经多次加印，在社会上引起较大反响，很多热心读者向编写团队和出版社编辑反馈阅读心得和良好收益，同时还有很多读者和业内专家提出了很多很好的意见和建议。结合这几年专利咨询行业广大同仁和高校师生对专利实务更高层次的知识需求以及各行业最新的专利布局实际案例，原作者团队经过协商决定对本书进行修订。

在本书第2版的编撰过程中，马天旗参与全书的修订，赵礼杰参与第一、四章的修订，朱伟参与第七、十章的修订，苏京参与第二、五、六章的修订，高晓培参与第五、七章的修订，史亮亮参与第一、八、十章的修订。

在本书的编撰过程中得到诸多业界专家、领导、同事的帮助和支持，在此一并致谢。感谢原江苏省知识产权局局长朱宇先生为本书第2版作序；感谢华为高级副总裁、首席法务官宋柳平先生为本书第1版作序；感谢比亚迪股份有限公司知识产权及法务处总经理赵杰、公牛集团股份有限公司专利高级经理刘明、阿里巴巴集团高级法务专家王杏媛、北京松果电子有限公司副总裁徐伟锋、北京市炜衡律师事务所合伙人王桂香、北京康盛知识产权代理有限公司高级合伙人张宇峰、Morgan，Lewis & Bockius partner Yalei Sun、深圳市传音控股股份有限公司知识产权总监沈剑锋、北京知人善用信息技术有限公司（IPRdaily）CEO 周鹏、金风科技股份有限公司知识产权总监时良艳、北京集创北方科技股份有限公司知识产权与标准管理部总监樊磊、国家知识产权公共服务平台常务副总经理于立彪、常州强力电子新材料股份有限公司事业一部总经理胡春青、北京市炜衡律师事务所合伙人王加莹等指导专家提供的材料和意见；感谢北京康盛知识产权代理有限公司高级合伙人宋卉、中国技术交易所国际业务部高级经理范丽芬、玖略咨询（深圳）有限公司总经理贾永华、原乐视集团全球专利副总裁谢海楠、美国摩根路易斯律师事务所合伙人孙亚雷等提供的帮助；感谢国家知识产权局专利局材料工程发明审查部李小南处长、化学发明审查部靖瑞处长、电学发明审查部董方源副处长给予的大力支持；感谢黄清明编审为本书的出版所付出的巨大努力。

本书虽倾尽编者们之心血，然仍难免有所疏漏和差错，望广大读者批评指正。

马天旗

2020 年 6 月

第 1 版前言

自党的十八大提出创新驱动发展战略以来，我国产业转型升级已经进入关键时期，对创新主体在创新过程中的智慧贡献进行恰如其分的挖掘并进行专利布局，是支撑我国产业转型升级、增强产业竞争优势的当务之急。

对于企业来说，需要根据自身的发展愿景和目标有目的地制定专利布局规划，并根据专利布局规划对发明创造进行专利挖掘，在获得专利权的基础上，对专利进行保护和运用。因此，严格来说，专利布局是企业实施专利战略的起点，而且贯穿整个专利战略的实施过程，对企业专利战略的实施效果，乃至企业发展愿景和目标的完成都至关重要。如有的企业亟须围绕自身的核心技术布局严密的专利网，以提高国外竞争者的规避设计难度和研发成本。特别是对于颠覆传统的创新产品，更需要保护创新成果的领先优势，增加对手抄袭的难度。有的企业需要通过围绕国外竞争对手业务有针对性地进行专利布局，掌握对竞争对手具有对抗作用或牵制作用的专利筹码，以在遭遇专利威胁时有足够的谈判和反击能力。有的企业需要围绕市场准入或行业竞争的关键领域掌握行业核心专利，并最好能够纳入全球整个行业通用的技术标准中……

然而，目前尚未有一本系统阐述专利布局策略、深入解析专利布局典型案例的书籍。其原因可能主要有两个方面：一是专业人才更愿意将专利布局的实践经验作为自己的独门绝学，进而缺少写书的动力；二是系统地整理专利布局策略的理论和案例难度和工作量都较大。总之，要想将专利布局的知识写成一本像样的教材，难度非常之大。

“莫听穿林打叶声，何妨吟啸且徐行。”编写组在编写的过程中遇到了诸多问题，克服了业务上、工作上和生活上的诸多困难，相互帮助，携手彳亍而行，利用一切可以利用的碎片化的时间，甚至牺牲晚上休息的时间，系统地整理了国内外的相关文献，利用一切之可能搜集真实和鲜活的专利布局典型案例，尽最大努力将所知、所识、所学、所悟完美地呈现给读者。

“专利布局”的概念有数十种，英文翻译也有十余种之多。为了学术上的严谨性，本书所述的专利布局是指：依据自身的经营目的和发展战略，综合考虑产业、市场、技术、法律等因素，在技术领域、专利申请地域、申请时间、申请类型和申请数量等方面进行有针对性、策略性和前瞻性的专利申请或其他方式获取专利的规划和动态部署过程。其目的是实现专利价值和利益的最大化，对企业而言，最终是为了形成支撑和促进企业经营和发展、提升市场竞争力相对有利的专利保护网。

专利布局和专利挖掘的最大不同之处在于工作重心不同。专利挖掘是如何从发明人凭借其朴素的意识自发地提出专利申请，发展为专利人员和技术人员主动发现、挖掘出更多的可以或适合申请专利的技术点，主要针对专利产生过程，更多地体现为从法律和技术的视角挖掘可专利点；而专利布局则是强调通过合理、有目的的设计和规划，构建系统化的、有组织的、更强大、更具有竞争力的专利组合，强调的是支撑和服务于商业竞争需要和商业竞争布局的专利部署，是专利包的构建，更多的是从商业目的考虑而进行的部署。

专利布局和专利挖掘又有紧密的联系。在专利挖掘时要带有专利布局的思维，因此挖掘本身除了考虑专利法规定外，也必然融合了商业考量，比如为应对某专利诉讼风险而针对性地挖掘用于制衡的专利。有时需要根据专利挖掘的实际结果，重新调整专利布局的规划。也就是说，专利布局和专利挖掘互为表里，相互影响。在制定专利布局策略时，往往需要考虑自身的技术实力和专利挖掘能力；在进行专利挖掘时，企业需要根据自身事前制定的专利布局战略把握专利挖掘的方向和重心。因此，专利布局与专利挖掘是你中有我，我中有你，相互促成。

本书主要从四个方面进行了梳理：

第一个方面涉及专利布局目标和模式的理论，主要由第一章和第二章的内容组成；

第二个方面主要阐述了在制定专利布局策略时常用的专利分析工具，主要由第三章的内容组成；

第三个方面以企业在进行专利布局时的主要场景为视角，分别从新创企业的专利布局策略制定、应对竞争对手的专利布局策略、围绕技术标准和海外专利布局的策略等进行展开，主要由第四章至第七章的内容组成；

第四个方面是从不同技术领域出发的专利布局策略制定，主要由第八章至第十章的内容组成。

本书编者中马天旗参与了全书的编写、案例梳理以及统稿和审稿工作，李银锁参与了第一章和第二章的编写，王华参与了第四章的编写，裴军参与了第五章的编写，王加莹和李阳光参与了第六章的编写和审稿，朱伟参与了第七章的编写（上述编者介绍见封面勒口），胡涛（专利局机械部）、苏丹（专利局电学部）与王进锋（专利局化学部）分别参与了第八、第九、第十章的编写，赵强（专利局光电部）、郭大为（审协北京中心）、刘明（格力电器股份有限公司）等参与了审稿工作。

“授之以渔，在乎时势而不在式。”本书总结的专利布局策略是对已有资料或案例的总结和归纳，企业应当审时度势，灵活运用，不建议机械地照抄照搬。

在本书的编撰过程中得到诸多业界专家、领导、同事的帮助和支持，在此一并致谢。感谢华为技术有限公司高级副总裁、首席法务官宋柳平先生为本书作序；感谢比亚迪股份有限公司高级专利工程师许云凤、联想集团资深专利工程师王杏媛、北京松果电子有限公司副总裁徐伟锋、北京市中伦律师事务所知名律师王桂香、北京康盛知识产权代理有限公司高级合伙人张宇峰、Morgan，Lewis & Bockius partner Yalei Sun、深圳峰创智诚科技有限公司副总裁沈剑锋、北京知人善用信息技术有限公司（IPRdaily）CEO周鹏、金风科技股份有限公司知识产权总监时良艳、北京集创北方科技股份有限公司知识产权与标准管理部总监樊磊、北京国知专利预警咨询有限公司总经理于立彪、常州强力电子新材料股份有限公司研发中心副部长兼知识产权部副部长胡春青等指导专家提供的材料和意见；感谢中国技术交易所国际业务部高级经理范丽芬、深圳峰创智诚科技有限公司研究中心总监贾永华、北京奇虎360科技有限公司知识产权总监黄晶、北京康盛知识产权代理有限公司宋卉、大唐电信科技股份有限公司知识产权与标准管理经理徐晶晶、北京中科天工管理顾问有限公司总经理赵巍、乐视集团全球专利副总裁谢海楠等提供的帮助；感谢国家知识产权局专利局材料工程发明审查部李小南处长、化学发明审查部靖瑞处长、电学发明审查部董方源副处长给予的大力支持；感谢黄清明编辑为本书的出版所付出的巨大努力。

本书虽倾尽编者们之心血，然仍难免有所疏漏和差错，望广大读者批评指正。

马天旗

2016年7月

目　录

案例目录

第一章 专利布局的总体考虑和流程

本章概述

专利布局是一种构建专利组合的顶层规划和指导思想，往往是全局性的战略考虑。企业在实际进行专利布局时，有全盘考虑的大布局，也有针对某产品、某项目的中布局，即具体的布局项目，还有针对某个创新点的小布局，即单件专利布局。通常来讲，每个布局项目都是由不同的单件专利布局组合而成的，整个企业的专利大布局多数都是由不同的布局项目组合为最终的企业专利大布局，特别是产品多元化的企业更是如此。

尽管不同的企业基于各自所处的产业环境、不同的商业诉求以及自身的资源实力，而采取了各种各样的专利布局方式，但总体上，无论出于何种目的的专利布局，其在布局策略或者说布局模式上还是有一定的规律可循或者说有一些基本范式可供参考。依照这些规律和基本范式，专利布局的方向和方法就不会出现大的偏差。本章试图对专利布局中存在的一些总体的原则性和规律性的内容进行总结，对专利布局的考虑因素和一般流程做一个全景式的描绘，希望通过这些总结和描绘，能够给企业等各类创新主体开展专利布局提供一定的参考和借鉴。

本章知识脉络

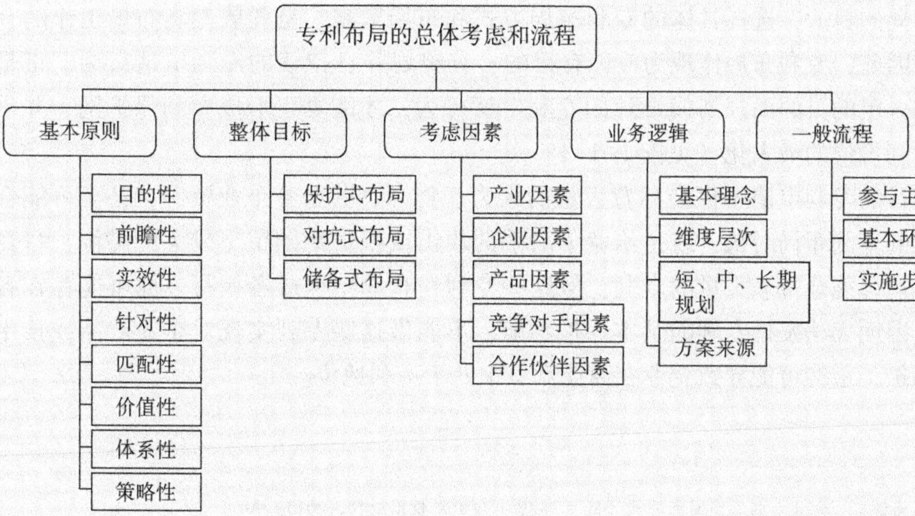

第一节 专利布局的基本原则

专利布局是专利战略思想的体现和延伸，是一个为达到某种战略目标的有意识、有目的的专利组合过程。任何一家企业的专利战略都是根据自身实际情况，为了解决自身实际问题而采取的针对性策略，因此企业的专利部署行为只有对象和目标明晰、策略和方法得当，才能带来大量具备实际运用价值的专利资源。再者，专利布局是一种需要考虑产业、市场、技术、法律等诸多因素，结合技术领域、专利申请地域、申请时间、申请类型和申请数量等诸多手段的策略性专利申请作业。最后，专利布局需要企业更多地瞄准未来市场中的技术控制力和竞争力。因此，任何形式的专利布局都不是凭空架构，而是依据一定的技术保护和市场竞争需求开展和完成的。这其中，既会涉及企业内部的各类资源的分配和使用，还会涉及外部环境的评估和考量，更会涉及对自身的定位和对技术、产业长期发展态势的预判。而专利布局中涉及的因素和信息的复杂性，使得企业在制定专利布局规划和实施专利布局行为时，有时会迷失正确的方向，或是陷于盲目的申请行为中。因此，在开展专利布局前，有必要了解一些基本原则、总体目标和考虑因素，以便能够更为灵活、实效地选择适宜的模式，开展专利布局。❶

一、目的性

专利布局并不是一种毫无目的的、仅以数量取胜的专利申请行为。一般而言，专利布局的总体目标是对企业自身发展战略和商业模式形成有力支撑。因此，围绕企业专利布局的目的，选择具体的专利布局方式和布局策略，是开展专利布局工作的首要原则。因此，专利布局体现为一种有目的、有规划并且持续的专利申请行为，正是这种依据一定的目的而规划或设计的专利申请行为，才能真正形成专利保护网，并借此实现专利价值的最大化（见图1-1-1）。

盲目的专利申请不仅会耗费大量的人力、物力、资金等企业资源，甚至可能会错失最佳的专利布局时机，或是给竞争对手的攻击或模仿跟随留下较大的漏洞。盲目的专利申请可能会带来大量的专利，但这些专利在布局结构或者撰写方面可能存在各种问题，因而无法发挥专利的基本保护功能，不能借这些专利实现对企业产品或技术的强力保护，最终可能导致企业在商业竞争中处于不利地位。

---

❶ 杨铁军．企业专利工作实务手册［M］．北京：知识产权出版社，2013：90.

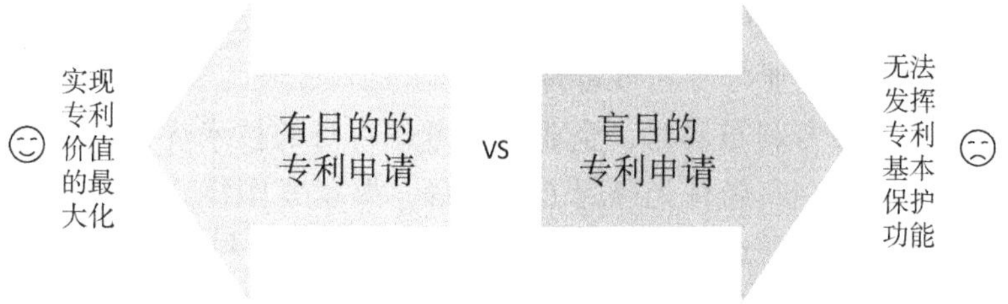

图 1-1-1　专利布局的目的性原则示意

二、前瞻性

“产品未动，专利先行”，企业的专利申请和部署是为了能够在未来的市场竞争中形成有利格局。因此，企业在进行专利布局规划时要具有前瞻性，在专利布局策略上要瞄准未来市场的控制力和竞争力（见图 1-1-2）。

每当新的技术变革出现，那些固守在旧的技术发展方向上的企业都会面临困境，而能预见新技术发展方向、能快速适应技术发展变化的企业则往往会成为市场的宠儿。尤其在技术更新快的产业中，重大的技术革新往往带来革命性的技术变迁。身处其中的企业在做专利布局时，尤其要及时获取最新技术动态并进而快速做出专利布局调整，以在大方向上不落后于产业热点变化。

不可否认，前瞻性会带有一定程度的“赌博”性质。有些过于前瞻性的专利布局所对应的技术有时可能会因为整个产业的成熟期过于漫长，或是缺少政策扶持，或是下游市场需求增长缓慢，甚至是出现替代技术等原因而无法在有限的保护期限内完全发挥其专利价值。但是，相比于此，因缺少前瞻的视野而错失专利布局的时机，其所带来的损失可能更大。

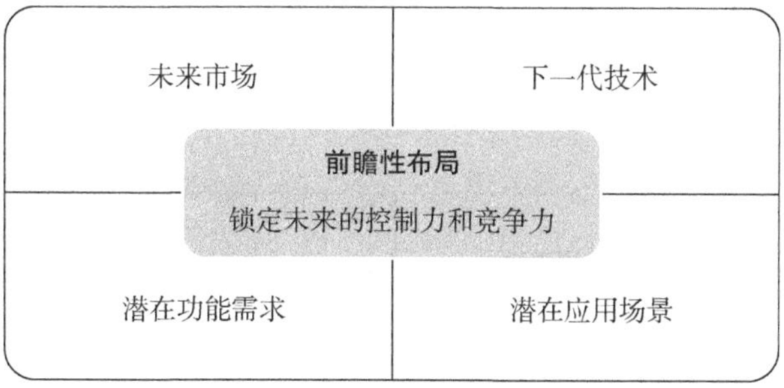

图 1-1-2　专利布局的前瞻性原则示意

三、实效性

任何形式的专利布局的最终目的都是以合理的专利投入来保障企业的市场自由。理想的情况下，企业可以通过大量的专利圈地来建立严密的防护网。但现实情况是，企业每年的专利工作预算、专业人员配置、技术研发能力都有限，同时在某领域内已经积累了大量的专利或专利申请，这些专利或专利申请既成为企业市场拓展的障碍和潜在的风险，也压缩了企业可专利布局的空间。

因此，在实际开展专利布局时，企业需要考虑自身的技术优势，有重点地进行突围。大多数情况下，专利布局首先确保方向正确，要紧紧围绕企业差异化的技术竞争优势来展开，通过个别布局点位上的突破来推动企业整体专利竞争优势的提升。例如，可以对竞争对手的细分技术领域开展分析，聚焦自身技术超出竞争对手的细分技术领域，通过聚焦突破，初步确立自己的优势技术，强化相对竞争优势，进一步通过提高研发能力，拓展相对优势领域，实现以相对优势带动整体优势（见图 1-1-3）。

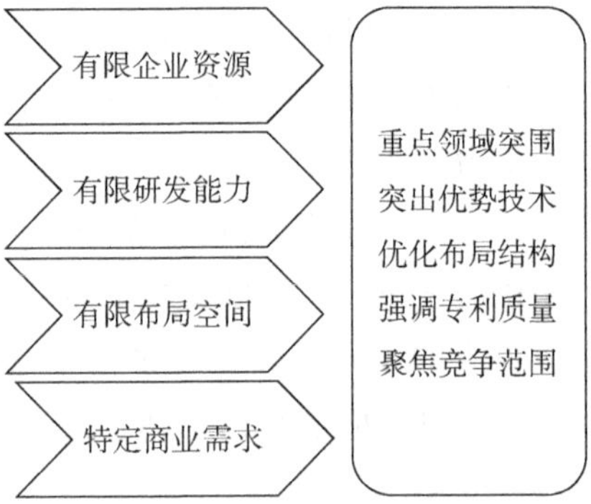

图 1-1-3　专利布局的实效性原则示意

四、针对性

任何形式的专利布局的运用场景都无外乎是以侵权诉讼、交叉许可、专利威慑等方式阻击竞争对手或削弱竞争对手的专利控制力。因此，在考虑专利布局策略时，一定要立足于竞争的需求进行谋划。即对于每一个产品、每一项技术、每一处地域的专利布局，都需要综合考虑诸多因素后确定出其各自的竞争特点，有针对性地开展专利布局（见图 1-1-4）。

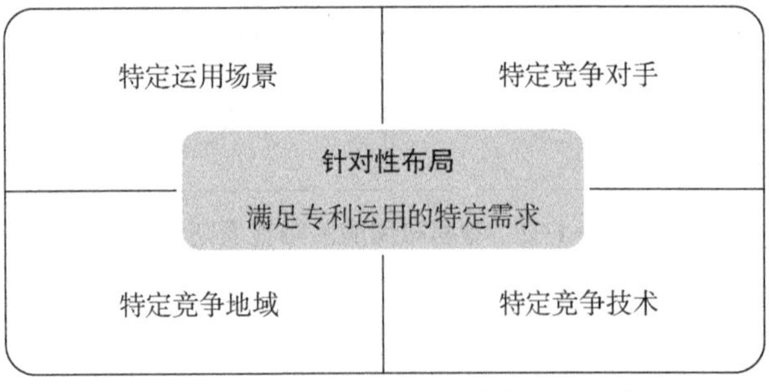

图 1-1-4　专利布局的针对性原则示意

对于竞争对手占据优势或者有威胁的技术分支，考虑有无外围改进突破的可能性；对于竞争对手尚未形成优势的技术，考虑聚焦突破，在突破口处布局大量的专利，以形成对于竞争者的壁垒，并构成对于对方优势技术的抗衡力量；针对竞争对手和自己尚未涉足的空白区域，抢先占领制高点。

除了上述的针对竞争的需求进行谋划，也不应忽视专利布局对于商业合作的巨大价值。

对于任何有助于合作达成，以及有助于保护合作伙伴的创新，企业也应当有针对性地开展专利布局。

五、匹配性

不同的产业运行规律、企业在产业中所处的不同地位和其市场体量，以及不同的技术/产品发展阶段决定了企业在进行专利布局时需要制定不同的专利布局报告。

在开展专利布局时，企业对于产业应该有一个总体的认知。以传统产业和新兴产业相比较而言，传统产业往往市场化成熟、竞争格局已经形成、技术和专利壁垒已经形成、技术路线选择余地较小，因此，在进行专利布局时，企业更加侧重如何寻找切入点，在确定的技术路线上预测下一步的发展方向，实行以点突破带动线突破。新兴产业则不同，技术和专利壁垒尚未完全形成、技术路线有多种选择机会，因此，在进行专利布局时，就有更多的机会确立新的技术路线，或者在刚刚兴起、专利壁垒较弱的技术路线中开展布局（见图 1-1-5）。

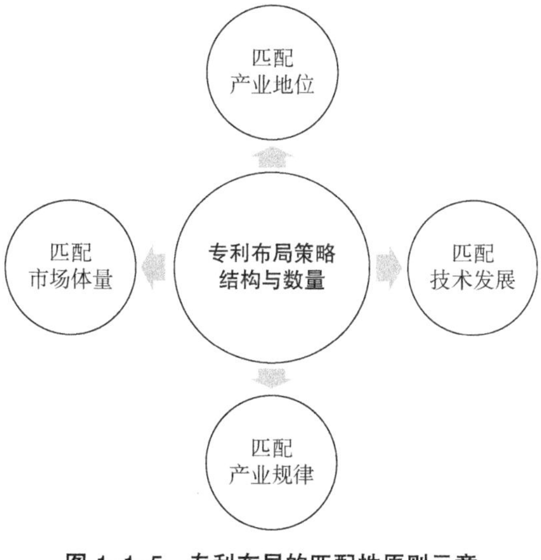

图 1-1-5　专利布局的匹配性原则示意

六、价值性

专利布局的效果并不是以数量取胜，而是以质量取胜。亦即，拥有几件高质量、高价值的核心专利远胜于拥有大量价值较低的外围专利。因此，企业在开展专利布局时，要提前以价值筛选的视角进行选择。

专利的价值大小一般可以通过其技术的原创程度、技术的影响范围、所处的产业链位置、技术的市场竞争力、所归属的技术路线的发展趋势以及专利的侵权可视度等诸多因素进行预先评判。集中优势资源，围绕位于产业高价值端、高价值点位的技术进行专利布局，是强化企业专利竞争力的有力措施和战略选择。专利侵权可视度尤其需要注意，如果专利主张保护的权利要求的特征，在最终的产品上很难体现或被发现，就会给侵权举证造成很大的难度，甚至没有办法进行侵权举证，这种专利的价值就会大打折扣。例如一件关于工艺方法的专利，权利要求的主要特征是在某个特定的温度下制作产品，实现的技术效果就是产品的良品率更高。这样的专利虽然的确有好的技术竞争力，但是你很难证明其他人使用了你的专利。这样的技术最好使用技术秘密进行保护。

除此之外，证明存在专利侵权的难度也应该成为专利布局的一个参考指标。以美国为例，在联邦法院进行的专利诉讼，专利侵权与否是由陪审团来认定。因此，一些技术难度不高，但容易为陪审团接受的专利，相对于那些技术性很强，但不易为人理解的专利，往往会收到更好的效果。

专利的价值不仅体现在单个专利的技术价值和法律价值，还体现在布局形成的专利组合的整体组合价值（见图1-1-6）。

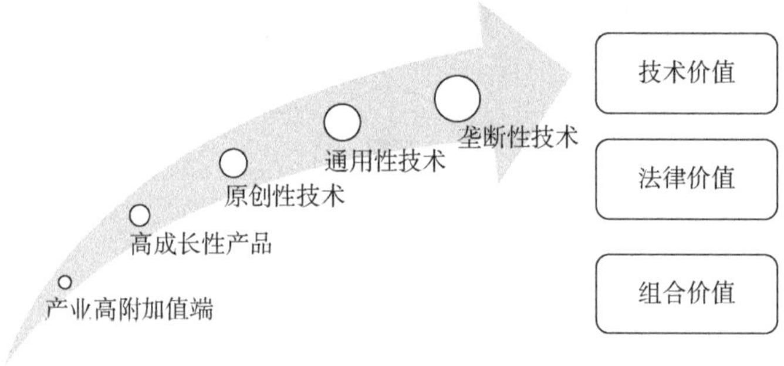

图1-1-6　专利布局的价值性原则示意

七、体系性

在进行专利布局时，还应该体系性地考虑需要多大数量规模的专利，以及这些专利需要保护什么样的技术主题、具备什么样的技术内容、彼此之间具备怎样的关联关系。

以产品层面的专利布局为例，纵向上讲要有纵深、有层次，从横向上讲要多角度、全方位，在地域上要考虑全面和侧重，在时间上要考虑延续性，从而形成完整的保护体系（见图1-1-7）。在体系性的专利布局规划指导下，企业获得的将不再是若干件离散的专利，而是围绕于特定的技术、产品，由具备一定内在联系，能够互相补充、有机结合、整体发挥作用的多个专利集合形成的专利组合。通过这种组合形态，可以有效地增强企业对其优势技术点的保护效力，以及与竞争对手的专利对抗能力，并使得企业针对未来热点领域的专利圈地成果更具威慑力。

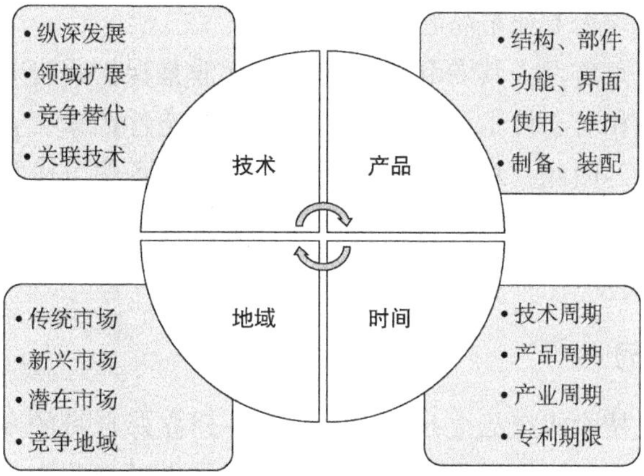

图 1-1-7　专利布局的体系性原则示意

八、策略性

正如前面所讲，专利布局不是简单的数量堆砌，同样，专利布局也并不是求全求完美的完整覆盖。作为一种商业竞争的手段或是战略储备，基于有限的资源和特定的商业需求，专利布局一定要讲究策略性。

这种策略性首先体现在对专利布局的技术、产品布局结构的整体设计，并基于整体的结构设计，从保护和竞争角度出发，综合考虑产业环境、法律环境、竞争环境，以及全球范围内的产业转移和技术更迭，合理选择专利的类型、布局地域、申请和公开时机；其次，策略性还体现在，围绕不同的竞争需求，灵活地选择不同的专利布局模式，甚至通过并购、购买、联盟等不同方式扩展自身专利来源，并在具体运用场景中综合各种商业手段和诉讼、许可等专利手段来实现整体的诉求和目标；另外，策略性还体现在，因应环境的变化和技术的发展，在专利布局的维护和更新上做出适应性的改变（见图 1-1-8）。

总体而言，专利布局是从目的性和前瞻性出发，并具体考虑实效性、匹配性、价值性和体系性，最终体现为策略性的灵活选择和综合运用。

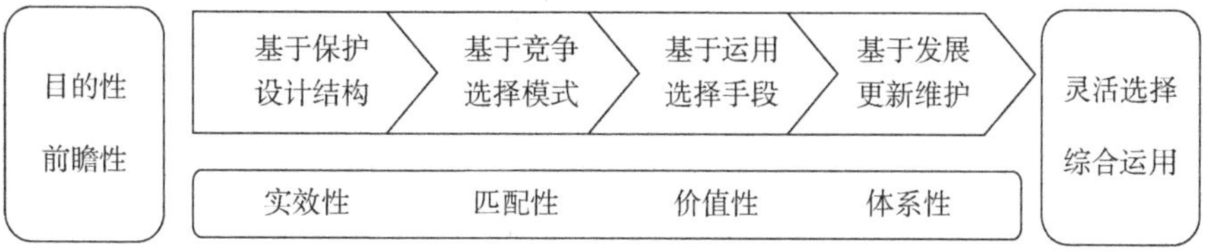

图 1-1-8　专利布局的策略性原则示意

第二节　专利布局的整体目标

选择任何方式或形态的专利布局，首先需要明确专利布局的意图或者目标是什么。

这种意图或目标即体现为专利布局的整体策略。

从企业自身的视角出发，其专利布局的意图无非是保护自身和对抗竞争对手，此外，考虑到市场应用相对于技术研发的滞后性和不确定性因素，企业的专利布局还需要考虑对未来的储备。因此，总体上，依据专利布局的意图可以将专利布局的整体策略分为保护式布局、对抗式布局和储备式布局，至于所谓的防御、攻击、阻隔等均是这几种策略的具体体现。

一、保护式布局

对于以自身特色技术或产品立足的企业而言，建立好自身的专利保护网是其基本需求，其一切的专利布局目标和市场意图都是凭借强大的自我专利保护网实现的。强大的自我专利保护网既是最好的防御措施，也往往是最有力的攻击武器。

保护式专利布局，一般是围绕企业自身的技术创新活动开展的，其专利一般都和企业自身的技术或产品方案密切相关。这些专利的主要目标是对企业技术创新成果以及应用这些成果的产品提供充分的专利保护屏障，借此确保企业在该成果上的技术控制和竞争优势，提高技术跟随者尤其是竞争对手的规避设计难度和研发成本。构建保护性布局时，各种要素都要进行充分考虑，既要有高质量的基础专利，又要有足够的各种外围扩展专利，还需要对保护体系进行长时间的精心维护，就像建立城池的保护体系一样，厚重的城墙、宽广的护城河、强猛的炮火和精锐的护卫军士均是不可缺少的，凭此，既可以断绝其他人的入侵念头，也可以对靠近城池的潜在威胁者实施打击。

在开展保护式专利布局时，要注重以下几个方面。

1. 对原始创新的强基保护[1]

原始创新是企业最为核心的竞争力，对原始创新的保护是否得当、有效，往往会决定企业的生死。对原始创新保护的强弱，并不仅仅取决于布局形态的选择或是专利数量的多寡，而是首先要对保护的主题和内容进行反复考虑和设计，形成强保护范围的基础专利，一定要避免落入仅对具体实现手段或具体方案进行保护的误区。为此，要注重对原始创新的挖掘和提炼，从具体的技术方案或实现手段出发，由表及里地剖析创新的本质或者发明的构思，尽量将具体的技术手段与创新的本质或发明的构思进行剥离，对创新的本质或发明的构思选择合适的保护主题并选择抽象化或概括化的方案进行专利布局（见图 1-2-1）。

---

[1] 杨斌．专利布局设计方法浅析［A］//中华全国专利代理人协会．提升知识产权服务能力 促进创新驱动发展战略——2014 年中华全国专利代理人协会年会第五届知识产权论坛优秀论文集［C］．北京：知识产权出版社，2014：313-322.

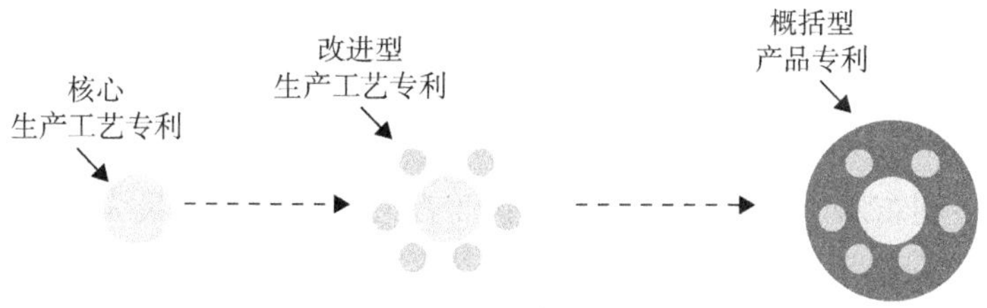

图 1-2-1　概括型产品专利与工艺专利的配合示意

【案例 1-2-1】硬质金属材料的基础专利设计

某企业通过工艺改进，获得了一种性能超过同类产品的硬质金属材料。那么，在选择具体的专利保护方式时，一种常见的做法是对其工艺改进之处进行保护，并围绕工艺的改进点设计若干专利进行交叉保护。但是，如果探究发明的本质会发现，其性能的获得是因为在这种工艺下材料的微观组织结构与同类产品发生了较大的变化。因此，如果将微观结构的特点进行概括，并将其作为关键特征来形成产品专利，那么至于是采用何种工艺实现的，都会落在这种专利的范围内。

【案例 1-2-2】多孔炭产品的基础专利设计

某企业发现了一种制备高活性多孔炭的方法，具体工艺是以稻壳为原料，经过高温炭化后选择特定的酸清洗后获得。如果仅从实现手段出发，可以在高温炭化处理以及酸洗步骤的具体实现方式上扩展、替换等形成若干专利。但是，无论怎么扩展、替换，受限于技术人员的思维惯性，很难进行穷举式保护。但是，进行深入分析后会发现，高活性的获得是因为其微观多孔洞结构发生改变，而微观多孔洞结构之所以能够发生改变是因为酸与炭化原料中的 X 元素的转化物发生了反应并将其溶出。因此，可以将发明的本质归结为 X 元素的转化和去除，而其外在表现为处理后原料中 X 元素的含量下降。如果将 X 元素含量的变化作为关键特征形成产品或方法专利，则可以覆盖任何能够实现这种变化的手段。

【案例 1-2-3】手机指纹解锁的基础专利设计

某手机厂商通过产品研发，发明了一种利用指纹进行手机解锁的方法。具体解锁方法为：将手机用户的指纹录入手机中作为模板指纹，在进行手机解锁时利用位于手机正面的靠近下边框的独立的指纹采集器采集用户的指纹，将采集到的指纹与手机中存储的模板指纹进行对比，如果一致则执行解锁操作。在进行专利申请时，该手机厂商发现，如果将专利方案限定为指纹解锁，并将指纹采集器限定为位于手机正面的靠近下边框的独立指纹采集器，将导致专利的保护范围较小。而进入深入研究分析后发现，实际上位于任意位置的指纹采集器均可实现发明目的。因此，在进行专利申请时，在权利要求中并未限定指纹采集器的位置，将手机解锁方法扩展到了所有依赖指纹进行解锁的方式，从而无论通过位于何种位置的指纹采集器采集指纹，都会落入该专利的保护范围。

2. 对原始创新的扩展保护

从保护式专利布局的角度，对原始创新而言，要想实现其最大的价值，获得更为严密的保护，就需要将各种可能的专利布局点位掌控在自己的手中，尽量不让竞争对手有隙可乘。为此，必须注重对其创新方案的扩展保护。扩展保护可以包括：应用场景的扩展、具体实现方案的替换、部分实现手段的替换等。其中，对应用场景的扩展，不仅要向这类技术常见的应用场景扩展，还需要向其可能的、潜在的应用场景进行扩展；而针对实现方案或实现手段的扩展替换，除了考虑现有技术条件下可利用的手段的替换外，还应该考虑到未来新技术发展所带来的新方式、新手段。[1]

【案例 1-2-4】基于原材料基础专利的扩展布局

可以将上述案例 1-2-2 中的多孔炭应用于空气净化、污水净化、医用敷料、化妆品载体、催化剂载体等多种应用场景，并根据应用场景设计尺寸、形态和具体的处理方式（见图 1-2-2）。再例如，对上述案例 1-2-1 中的硬质金属材料，为了获得其特定的微观结构，除了可以通过调节热处理方式实现外，还可以扩展为通过对原料粉末进行特殊的预包覆处理来实现；而对于其中的预包覆处理，除了当时技术条件下的球磨混料涂覆外，后期可以进一步结合新技术扩展为气相沉积涂覆、溶胶凝胶法涂覆等。

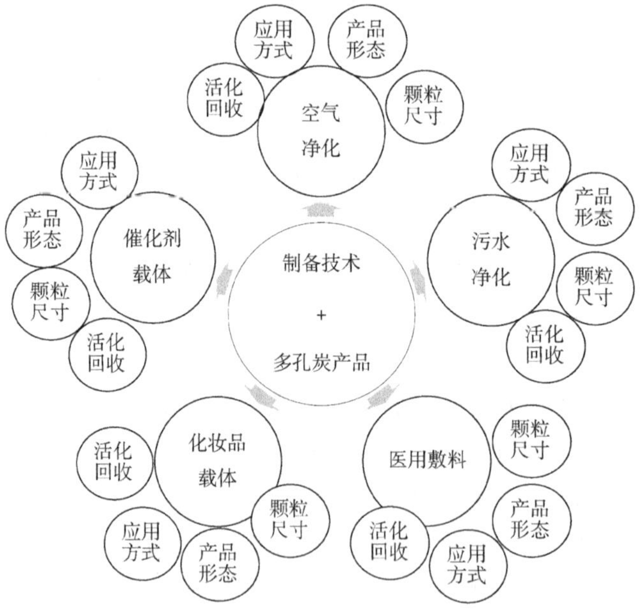

图 1-2-2 多应用场景扩展专利布局示意

---

[1] 杨斌. 专利布局设计方法浅析［A］//中华全国专利代理人协会. 提升知识产权服务能力 促进创新驱动发展战略——2014 年中华全国专利代理人协会年会第五届知识产权论坛优秀论文集［C］. 北京：知识产权出版社，2014：313-322.

【案例 1-2-5】基于手机指纹解锁基础专利的扩展布局

该手机厂商进入深入研究分析后发现，可以将案例 1-2-3 的发明思路应用于人脸识别解锁、虹膜解锁、指纹解锁等其他生物特征解锁方法。虽然人脸识别解锁和虹膜解锁在当时由于硬件和算法原因仍无法大规模在手机上商用，但该手机厂商认为随着技术的进步未来有应用人脸识别以及虹膜识别等生物特征解锁方法进行手机解锁的可能性。因此，在进行专利申请时，将手机解锁方法扩展到了所有依赖生物特征进行解锁的方式，从而无论是指纹解锁、虹膜解锁，还是人脸识别解锁，都会落入该专利的保护范围。

3. 对原始创新的延续保护

对于一些非常重要的技术创新，由于其技术从提出、实现到工业化生产以及市场化大规模应用所需要的时间往往很长，20 年的专利保护期有时并不能满足企业对创新保护的需求。为此，为了实现保护式专利布局的意图和目标，一定要跟随该技术创新的产业化和市场化进度，通过不断提出后续的专利申请，实现对原始创新的延续性保护。由于越后期申请的专利，距离真正的工业或市场化应用场景越近，因此这些专利往往更侧重于对工业或市场化过程中实际技术问题或实际需求的解决，在具体实现方式或技术手段上应该更加优化或更具成本竞争力。当然，随着技术的发展和研究的深入，后续的专利申请也可以是寻找到更具潜力的新的应用场景，还可能是对发明的本质有了新的认知并据此提出的新的保护方式。

【案例 1-2-6】抗癌新型化学药专利的延续和扩展布局

某公司在对一种抗癌新型化学药进行专利布局的过程中，首先对包含化学药的通式衍生物申请了专利；之后，又针对关键中间体和更高效的制备方法提出了专利申请，进而能够在工业化生产中高品质和高收率地制备该类物质，并在这类药品临近上市前申请了一批组合物、联合用药、不同剂型等专利；后续又从该通式衍生物中筛选出了临床效果最佳的化合物申请了专利，并不断开发适用于不同癌症的组合物，从而实现了对该抗癌化药的长期保护，实现了对市场的长期垄断和控制。

【案例 1-2-7】基于手机解锁基础专利的延续和扩展布局

在针对案例 1-2-5 的手机生物特征解锁方案进行专利申请之后，该手机厂商首先将指纹解锁的方案商业化；随后，在该专利提交申请的大概 5 年之后，随着人脸识别技术具有应用可能，该手机厂商针对该专利中的人脸识别解锁方案进行进一步的研究和优化，发明了 3D 结构光人脸识别手机解锁方案，该方案可以很好地防范照片等平面物体的攻击。于是，又针对该 3D 结构光人脸识别手机解锁方案申请了专利。从而实现了对人脸识别解锁方案的长期保护，有助于实现对相关市场的长期控制。

4. 对原始创新的迷惑保护

为了避免竞争对手透过专利申请的公开内容快速地跟随、模仿企业的原始创新，甚至提出更好的规避设计方案，在开展保护式专利布局时，有时还可以通过对专利内容和布局结构的设计，有意隐藏企业真正的研发方向或最佳的实现方式，达到迷惑竞争对手、延长其技术验证的时间甚至将其引入错误的研发方向的目的。

例如，在化合物类专利申请中，故意将最优选的某类化合物放在中间偏后的权利要求中，而将效果差的化合物放在权利要求的前面。再例如，围绕某一功能的多种实现方案均提出了专利申请，除了申请基础专利外，在进行扩展布局时，在数量布局上有意突出了成本最高的实现方案，而工业化价值最大（例如成本与性能平衡度最佳）的实现方案的申请数量并不突出，或者有意对其中的一些关键技术诀窍进行隐藏，让竞争对手误以为该方案效果不好而放弃开发（见图1-2-3）。

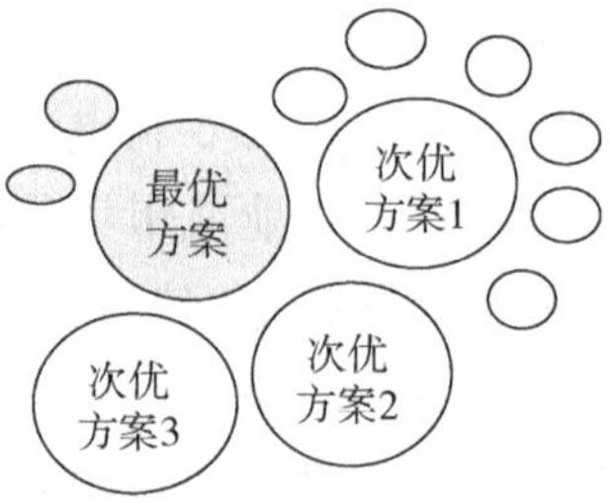

图1-2-3 迷惑性专利布局示意

保护式专利布局的精髓是构建严密的专利防御网络，以使企业免遭竞争对手的致命打击。而要构建严密的专利防御，则需要精准选择专利布局的点位，这就需要围绕产业关键技术路线中的关键技术节点、关键产品中的关键技术特征进行精准的专利卡位布局。

5. 对原始创新的产品专利与技术秘密相结合的保护

竞争对手通过研究目标企业公开的专利中透露出的产品、技术实现的细节信息，进行模仿和再创新。对于一些方法专利，这些模仿和再创新很难寻找侵权的证据。但也不能单单只是考虑用技术秘密来保护，一旦产品公开或者上市，这些技术很可能无法再继续作为技术秘密，就什么权利都丧失了。更为可惜的是，如果竞争对手抢先把企业作为技术秘密的技术申请成为专利，企业反而会受制于这些专利，无法自由使用。

因此，要充分考虑技术秘密和专利的各自特点和差异性，在创新产品和技术保护时充分发挥两者各自的优点，策略性地运用，从而达到有效的保护效果。这样，在综合采用技术秘密和专利相结合的方式来保护创新产品或者技术时，竞争对手即便是获知了企业公开的专利内容，但因为缺少达到更好效果的技术秘密来配合，即使能把技术实现，在市场上也不具竞争优势；而如果竞争对手对企业构成技术秘密的部分形成了突破，或者通过其他渠道获知了企业的技术秘密后，又受制于企业的专利。

如果有些技术想采用技术秘密来保护，但事实上很难做到保密的，就不适合采用技术秘密的方式。例如：硬件类的产品上市后，只要把产品打开，很多内部结构就会被竞争对手获知，很难做到保密；对于软件类的产品，一些创新的功能、UI 界面同样无法做到保密；对于化工类的配方、工艺，如果竞争对手通过反向实验、测试就能获知的，也不适合采用技术秘密的方式。

在采取专利与技术秘密相结合的方式时，需要注意已申请专利的“充分公开”。《专利法》第 26 条第 3 款规定：“说明书应当对发明或者实用新型做出清楚、完整的说明，以所属技术领域的技术人员能够实现为准。”简言之，所谓公开充分，是指公开的内容要达到本领域的技术人员不经过创造性的劳动就可以实施，能够解决专利中所说的技术问题，达到专利中所声明的技术效果。因此，专利必须公开到一定程度才能满足要求，否则就会视为公开不充分而遭到驳回或者无效。但需要注意的是，所谓的“公开充分”中，技术公开到什么程度其实是有个度的，这个度就是要解决的技术问题，也就是说如果专利申请中公开的内容达到了能够解决专利中所指出的技术问题时，就满足了公开充分的要求，否则如果所描述的方案不够详细和具体，保留了关键的诀窍没有披露，不能解决所说的技术问题，那就属于公开不充分，就要承担不利的后果。因此，从这个角度而言，要想不公开过多的技术诀窍、关键参数等，那就要调整所要解决的技术问题，从而保证所指出的技术问题能够被公开的技术内容解决，当然此时会面临技术方案是否具备满足专利性要求的问题，就需要具体来分析才能判断。

也就是说，专利申请时要求提供的是解决技术问题的技术方案，但并没有要求企业一定要把最好的实现方案在专利中披露出来，因此在申请专利时对于关键的部分可以有所保留，只要达到公开充分的程度即可，这样就可以避免泄密。当然，针对不同的情况，有些处理上的技巧，例如对于配方类的专利，可以保护一个数值范围，而把达到最好效果的关键数值点予以保密，或者在专利涉及软件算法时，只披露能够达到技术效果的常规算法或者非最优算法等。❶

【案例 1-2-8】中国科学院上海硅酸盐研究所平板陶瓷膜专利布局

陶瓷膜（ceramic membrane）又称无机陶瓷膜，是以无机陶瓷材料经特殊工艺制备而形成的非对称膜。陶瓷膜分为管式陶瓷膜和平板陶瓷膜两种。管式陶瓷膜管壁密布微孔，在压力作用下，原料液在膜管内或膜外侧流动，小分子物质（或液体）透过膜，大分子物质（或固体）被膜截留，从而达到分离、浓缩、纯化和环保等目的。平板陶瓷膜板面密布微孔，在一定的膜孔径范围内，渗透的物质分子直径不同则渗透率不同，以膜两侧的压力差为驱动力，膜为过滤介质，在一定压力作用下，当料液流过膜表面

❶ 贾振勇．如何处理专利与技术之间的秘密关系？［EB/OL］．［2005-5-25］．https://www.sohu.com/a/396764657_120469811.

时，只允许水、无机盐、小分子物质透过膜，而阻止水中的悬浮物、胶和微生物等大分子物质通过。陶瓷膜具有分离效率高、效果稳定、化学稳定性好、耐酸碱、耐有机溶剂、耐菌、耐高温、抗污染、机械强度高、再生性能好、分离过程简单、能耗低、操作维护简便、使用寿命长等众多优势，已经成功应用于食品、饮料、植（药）物深加工、生物医药、发酵、精细化工等众多领域，可用于工艺过程中的分离、澄清、纯化、浓缩、除菌、除盐等。

步骤1：确定申请的技术主题。

从图1-2-4中可以得出平板陶瓷膜技术可申请专利的主题包括：多孔陶瓷材料、陶瓷膜元件和陶瓷膜组件。

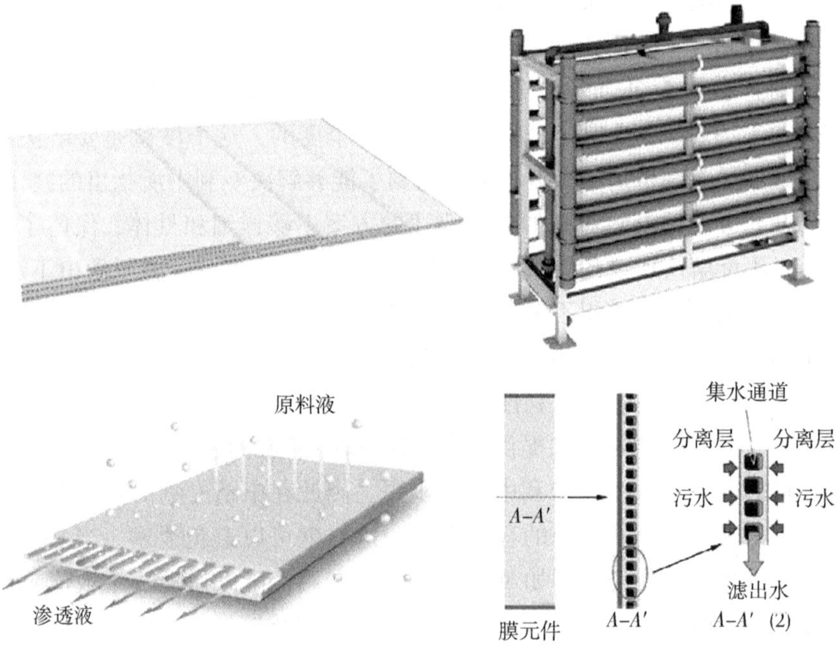

图1-2-4 平板陶瓷膜技术构成

步骤2：分解技术问题。

（1）烧结温度过高的问题。现有技术中，此类多孔陶瓷的烧结温度≥1350℃，所使用的原料以氧化铝、氧化锆、氮化硅等为主，这些原料的烧结温度高，而且此类材料需要在烧结后原料颗粒间留有纳米-微米级的孔隙。降低烧成温度并控制烧结后粉料颗粒间的孔隙与原料组分和原料的粒径分布相关。

（2）孔径分布难以控制的问题。陶瓷膜的孔径分布与其过滤效率直接相关，而决定此性能的是陶瓷分离膜的制备工艺（原料组成、烧成工艺、粉料粒径配比）。

（3）元件变形的问题。这是影响平板陶瓷膜应用的主要技术问题。本项目所研发的平板陶瓷膜元件单件尺寸大（2000mm×1000mm×10mm），厚度仅为10mm，而且在其中还设有供液体流通的通道。这种形制的产品在成形和烧成过程中都会出现变形问题，影响制品形制的因素包括：陶瓷原料配方组分、成形工艺及陶瓷膜元件/组件的结构。

(4) 陶瓷膜组件过滤效率低下问题。在使用一段时间后，陶瓷膜内的孔隙会被堵塞，影响过滤效率，另外陶瓷膜组件内陶瓷膜元件的组装排布方式也会影响其过滤效率。

步骤3：构建专利布局体系。

图1-2-5为陶瓷膜技术专利布局示意。将技术主题、技术问题和解决方案进行结合就构成了此专利布局体系。**本项目的核心创新点在材料和其生产工艺，但关于此的专利申请较少，而在最终的组件产品上布局申请较多。元件/组件产品是最终面向市场的产品，其结构特征是竞争对手最容易获取的技术内容，技术门槛也较低，需要布局大量专利申请。材料和与之对应的技术问题解决起来较困难，无法从最终产品上获取相关技术，而且侵权判定困难。因此，对于材料组分、粒径配比等核心技术多采用技术秘密的方式进行保护。**组件产品中，针对陶瓷膜元件易变形的问题，对应设计的密封结构所申请的专利构成此系列保护的核心。

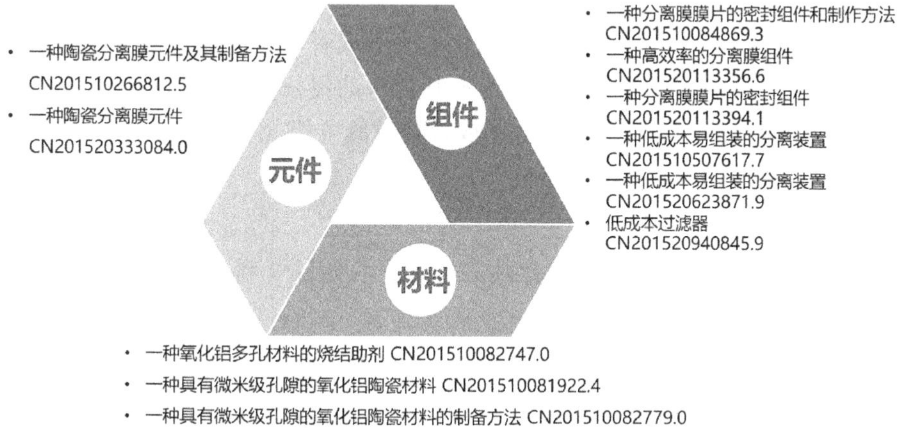

图1-2-5　陶瓷膜技术专利布局示意

创新成果的知识产权保护体系以技术秘密和专利保护相结合的方式为最佳。在专利申请过程中，要以解决核心问题的结构类创新为侧重展开，构建关于产品的专利布局体系。

二、对抗式布局

获得更多的原始创新，并通过保护式专利布局建立强大的专利控制力固然是每个企业所追求的，但是现实情况往往并不能如愿。一方面，由于企业自身的技术实力有限或在该领域的进入时机稍晚，大部分基础专利已经被竞争对手抢先布局；另一方面，终端产品的技术复杂度和集成度越来越高、涉及的产业链条也可能越来越长，各个企业不可能遍及同一产品中的所有原始创新，造成了在基础专利布局方面，各自拥有各自的优势领域；抑或，企业本身的发展战略就是以技术跟随开发为主，此时其创新活动也更多是围绕基础专利实施的产业开发或改进创新。

无论上述哪种情况下，企业都会面临竞争对手在某个或某些技术领域方面的专利威胁，而为了预防和抵御其竞争对手针对企业可能发动的专利攻击，可以采取对抗式专利布局。相对于保护性布局而言，对抗性布局的着眼点是竞争对手的原始创新，是围绕竞争对手在某些关键技术上的专利布局实施封堵式或突围式的布局，针对竞争对手的技术发展方向和产品拓展方向铺设专利，意图在一定时期内减轻或消除竞争对手在特定技术领域或特定地域范围内的专利威胁，为企业赢取足够的市场自由或是技术追赶时间。

在开展对抗式专利布局时，可以有如下策略。

1. 针对竞争对手的关键技术进行外围包绕

进行外围包绕的目的是尽可能在其基础专利的可能的具体实现方式或改进方案中寻找有空白和有价值的布局点，利用竞争对手尚未来得及完善其专利布局，抢先在外围专利或替代方案中占据一定数量的有利位置，使得竞争对手依据其基础专利实施具体技术时，对具体实现方案的任何性能优化、改进或者功能完善，都有可能落入企业的专利保护范围，从而迫使对方在综合考虑其自身的侵权风险、规避设计成本以及规避设计后的市场风险后，不得不考虑合作或者和解的可能（可参考本书案例5-3-3芳纶企业与芳砜纶企业的专利布局策略分析）。

【案例1-2-9】针对某原研药的外围专利布局

A药企研发了一种具有广阔市场前景的原研药，并针对该原研药的晶体等内容申请了专利保护。其竞争对手B药企在发现该原研药的疗效和巨大市场前景后，拟生产该原研药的仿制药。于是，B药企围绕该原研药的核心专利进行外围专利布局，形成完备的外围专利保护圈，从制剂、光学异构体、晶体、中间体、衍生物等多个方面进行研发，并布局专利，这些专利一方面为A药企自身赢得了与竞争对手交叉许可的筹码，同时也限制了竞争对手的外围研发。

2. 基于自身差异化优势进行重点突围

有的时候，仅仅进行单纯的外围包绕，效果可能并不理想。毕竟，企业自身也很难对各种扩展和替代方式进行穷举，或者竞争对手在专利布局伊始，已经对最有价值的外围专利进行了有意的布局，给企业留下的外围包绕布局的空间并不大。这种情况下，企业如果能够仔细对比分析自身和竞争对手在技术上各自的优势和劣势，在自身具有优势的技术方向或技术点上强化研发和专利布局，利用差异化的专利布局优势进行突围，可以有效避免直接的对抗，消除专利风险的可能。

【案例 1-2-10】OPPO VOOC 闪充技术的差异化专利布局

近年来，面对电池扩容难的短板，快充已经成为各大手机厂商抢占市场、提高竞争力的“杀手锏”。

在快充技术领域，高通、MTK（联发科）等芯片公司主推高电压、低电流方案（10V2A）。与此不同的是，OPPO 选择的技术路径是低压思路（5V4A）。

OPPO 针对其 VOOC 闪充整套方案都进行了专利布局，涉及电路、芯片、温控、安全控制等技术，这些都是 OPPO VOOC 闪充的核心专利（见图 1-2-6）。

在快充技术领域，OPPO 不仅是低压快充方案的开创者，也是国家快充标准中低压方案的主导者。OPPO 已在 VOOC 闪充领域获得授权的专利在全球已经超过 1000 件，专利技术涉及芯片、接口、温度控制、安全等一系列技术。

中国通信标准化协会在 2018 年 3 月正式出台了《移动通信终端用快速充电技术要求和测试方法》，最终“高通协议、华为快充协议、USB PD 协议、MTK 协议、VOOC 闪充”五大快充技术也被纳入其中。至此，OPPO 在闪充领域的差异化专利布局取得了较好的效果。

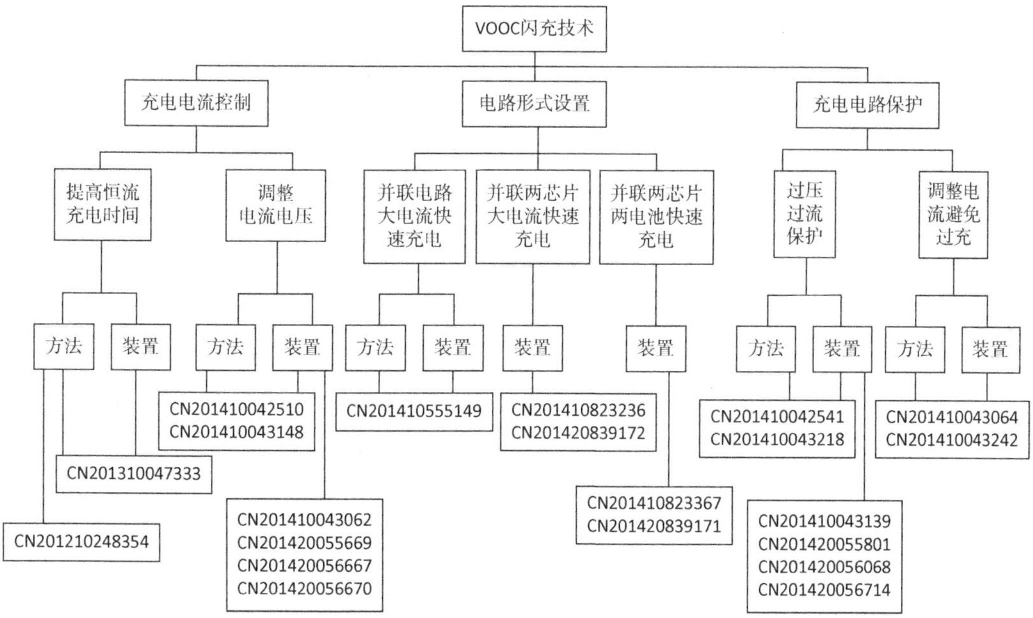

图 1-2-6　OPPO VOOC 闪充的核心专利布局

3. 避实就虚、围魏救赵式地建立局部优势攻击点

主动攻击是最好的对抗方式之一。但在竞争对手的优势领域，企业往往只有被动防御的可能，甚至其防御体系不堪一击。在这种情况下，如果能避实就虚，避开对方专利布局的强处，而主攻对方专利布局的弱处，在其弱处建立起相对性的专利攻击优

势，通过围魏救赵式的方式与竞争对手在不同布局点上建立相互制衡的关系，也同样可以完成专利布局的对抗意图，实现对竞争对手的侵扰甚至是钳制。

具体而言，可以分别从技术点上、产品上和地域上实施围魏救赵式的专利布局。

在技术点上，一个产品方案的完整实施和实现，除了依赖于某些关键点上的技术支撑外，也需要一些看起来较为“次要”但却是“必要的”的点上的技术的辅助和配合。而对方恰恰可能在“次要”点上存在薄弱或空白之处，因此，企业可以考虑在这些“次要”但却是“必要的”的技术点上进行布局。

在产品上，某一竞争对手在某类产品上拥有着技术、专利和市场优势，但同时对另外一类产品保持着极大的兴趣和关注，而这类产品很有可能成为其未来的发展重点。如果企业恰好在后一类产品上具有一定的技术积累和研发优势，则可以通过在这些产品上的专利布局，阻击对手对未来产品的规划，迫使对方和企业在前一类产品上达成和解。

在地域上，如果竞争对手在一些增长潜力较大的地域上存在专利布局薄弱点，那么企业通过加强在这些地域上的专利布局，在这些地域上建立起专利优势，则可以迫使竞争对手不敢轻易发起专利诉讼或者在纠纷发生后在双方当前竞争的地域上达成一定和解（见图 1-2-7）。

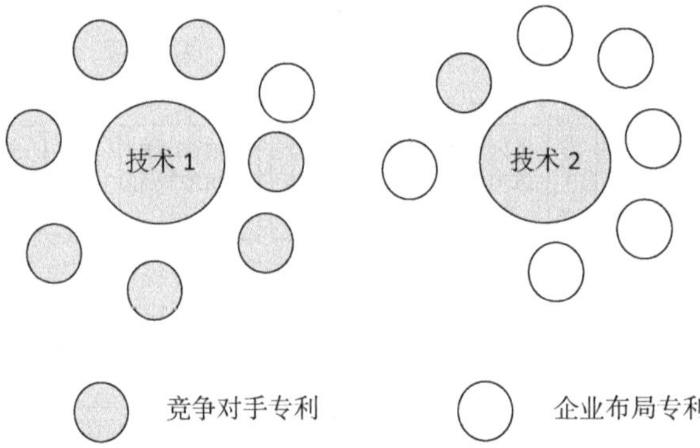

图 1-2-7　针对竞争对手薄弱点进行专利布局、形成对抗优势示意

三、储备式布局

除了最常见的保护式布局和对抗式布局外，具有长期技术研发计划和产品规划的企业还需要考虑储备式布局。这种布局中的专利大多属于前瞻性技术方案和提前圈地性质的技术方案，是为企业未来发展作储备的。而随着相关技术或者市场的成熟，在后续的发展中，储备式布局往往还会成为保护式布局或者对抗式布局的源泉或者基础。因此，在进行储备式布局时，基于对技术和市场走向的预判，可以参考保护式布局或对抗式布局中提到的一些要点。

储备式布局中专利来源可以包括：①因为各种原因暂时未进行产业开发的创新成

果。例如，在企业的研发中，往往会有一些技术方案，暂时未找到合适的应用产品或领域、暂不具备市场应用价值，或是该技术本身或者其实施所依赖的相关技术暂未成熟等。②储备式技术研发中形成的创新成果。例如，企业也可以有意针对某些未来可能会带来高附加值、成为研发热点、突破产品性能瓶颈、主导产业发展、引领市场需求等的技术发展方向而提前进行研发，从而获得若干原始创新。

对于储备式布局，因其储备性和前景的不明朗性，在布局专利时，需要同时考虑其价值性、可变动性和迷惑性。就价值性而言，储备式布局中的专利往往需要少而精，以少量的高质量专利进行预先占位；就可变动性而言，进行储备式布局时需要更加灵活地运用优先权、分案申请、PCT 申请等制度获取更多的布局时间和布局地域的选择性；就迷惑性而言，需要更加灵活地利用先申请后公开制度以及三年的提实审期限来隐藏技术动向和权利诉求意图。

对于储备式布局，需要特别注意的有以下几点。

1. 考虑技术的应用场景的预判

从专利价值的实现角度而言，所谓的储备，其实质应该是面向潜在应用场景的储备。

因此可以说，对潜在的应用场景预判正确了，专利布局也就成功了一半。而对应用场景的预判，既包含了应用场景本身，也包含了对该应用场景中功能需求、性能需求、形态需求、关联技术需求等的预判。在这些预判的基础上，对重要的应用场景进行储备式专利布局，才有可能在未来形成高价值的专利组合。

【案例 1-2-11】二合一平板的专利储备布局

某公司判断未来笔记本和平板二合一的产品可能会发展为一个单独品类，进而针对这种产品可能的应用场景进行了预判。预判的结果是最重要的应用场景包括了移动办公和居家视频观看。围绕这两个场景，又进一步对其关键需求和所需的关联技术做了判断，从而筛选出了键盘连接、屏幕自支撑、扩展接口设计、场景功耗模式切换等关键技术点进行储备式专利布局（见图 1-2-8）。

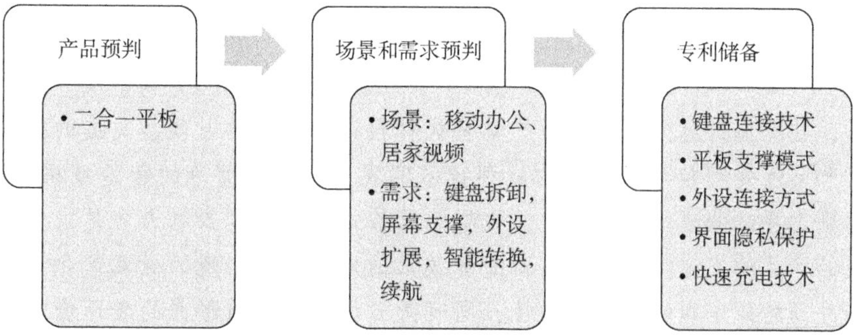

图 1-2-8　基于产品预判储备式布局示意

【案例1-2-12】异型锂电池的专利储备布局

某公司判断异型锂电池会成为消费市场中锂电的一种高附加值品类，进而针对异型电池进行了技术开发。在进行技术开发时，预判异型电池最重要的应用场景包括了各种智能穿戴设备，而智能穿戴设备中最为典型的是智能手环或智能手表。考虑到更长时间的续航要求，实现表带和电池的一体化是一种重要的需求；同时，还需要考虑电池放电时的热能控制问题以避免引起肌体的不适。因此，该公司针对如何实现各种曲率的带状异型电池的制造技术和相关设备，以及异型电池的散热技术等进行了储备式专利布局（见图1-2-9）。

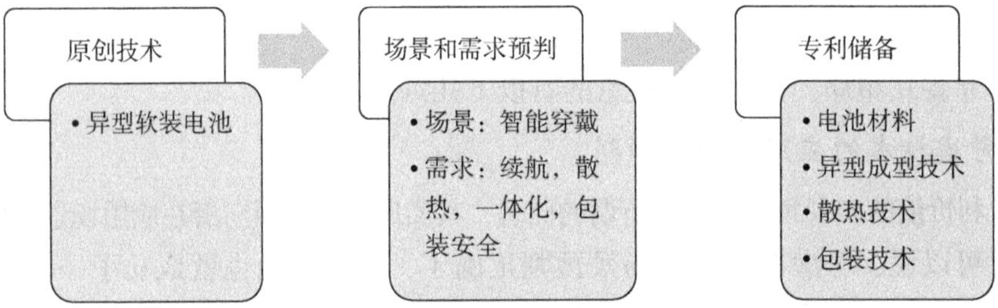

图1-2-9 基于技术应用场景预判的储备式布局示意

2. 考虑技术的全要素革新

从专利的具体内容来看，所谓储备，其实质是对各种潜在的技术形态或技术实现方式的储备。

在储备式布局伊始，往往是基于目前的技术状况和技术认识水平，设计并选择了专利中的关键特征和布局方式。但是，随着新技术的发展和对技术本身认识的深入，构成最初技术方案的一种或多种技术构成要素都可能出现新的变化或更替，这些技术构成要素的变化，可能会给技术方案带来全新的面貌甚至导致新的应用场景的诞生。因此，在储备式专利布局的过程中，一定要考虑到各种技术构成要素革新所带来的变化并因此更新、调整布局的专利。

【案例1-2-13】骨植入材料基于全要素革新的专利布局

例如，在提前针对生物相容性的骨替代材料进行布局的时候，关键的技术需求是成型技术和活性处理技术。最初的成型技术实现方式只有简单的铸造或机加工模式，活性处理则主要是碱液处理。因此，最早的储备式布局中的专利大多是这些技术及其可能形成的产品的宏观微观形态。而随着技术的发展，新出现的微弧氧化技术大幅提升了表面处理的效率和处理后的活性，同时微弧氧化技术所形成的表面微观结构与以往的碱液处理有较大的不同。因此，这个时候，要及时围绕微弧氧化技术及其所形成的表面微观结构进行储备式专利布局。而3D打印技术的出现又进一步引入了新的成型方式，同时这种成型方式所形成的材料的各种性能和微观结构也与传统的铸造技术不同，因此，围绕3D打印技术在骨替代材料方面的应用可以继续开展储备式布局（见图1-2-10）。

图 1-2-10　基于技术全要素革新的专利布局示意

3. 考虑面向标准和产品进化的储备式布局

从专利的实际运用来看，所谓储备，其实质是对未来市场控制力的储备。

而最具市场控制力的方式之一，就是专利的标准化。当企业的专利技术成为产业标准后，该技术借助标准的推行和实施而在产业界和市场中得到迅速、强有力的推广和应用。在技术的推广和应用中，作为技术的拥有者，企业将占据有利的产业主导地位，而专利所赋予企业的技术独占权和收益权，使得企业能够获得强有力的市场控制力。

因此，从实现未来市场控制力的角度而言，企业开展储备式专利布局，可以在构建储备式专利组合时，重点关注可能成为产业标准的技术，并按照标准文本的要求谋划专利布局结构和专利撰写方式。其中，重点关注的技术可以包括：对现有产品的一些关键性能起到大幅提高的技术；对现有工艺的稳定性、环保性、操作简便性、实施成本等有大幅改进的技术；因应新的市场需求而出现的新技术；带来革命性进步、未来能够引领市场需求的新技术；解决方案多样化，或产品类型多样化、存在互联互通要求的技术点等。

提升市场控制力的另一种方式是对主打产品的核心功能进行持续“进化式”的储备布局，以总是快人一步的方式持续掌握技术高点。

【案例 1-2-14】苹果公司滑动解锁专利布局

苹果公司的滑动解锁专利，在笔者看来是非常经典的一个专利挖掘布局案例，苹果公司的专利图和产品界面图分别如图1-2-11和图1-2-12所示。

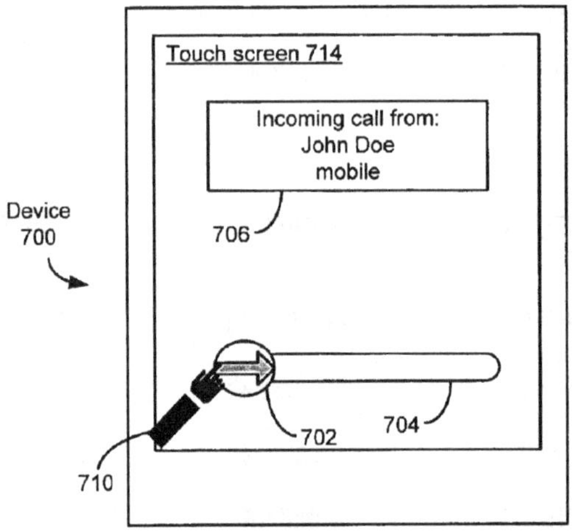

图 1-2-11　苹果手机滑动解锁首次申请专利附图

图 1-2-12　苹果手机滑动解锁界面

苹果公司的专利布局在全球范围内有 46 个申请，82 个公开版本。在全球范围的布局如图 1-2-13 所示。可以看出，苹果公司在全球范围内对该项技术进行了广泛的布局，其中，在美国布局了 11 件，在澳大利亚布局了 10 件。苹果公司“滑动解锁”类澳大利亚专利申请关系如图 1-2-14 所示。下面以美国专利为例，对该专利布局进行分析介绍，以便从中学习更多的布局经验。苹果公司“滑动解锁”类美国专利申请关系如图 1-2-15 所示。

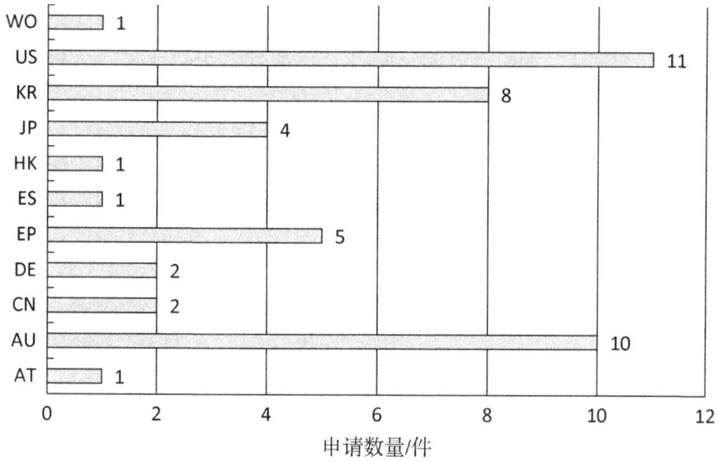

图 1-2-13　苹果公司“滑动解锁”类专利全球地域分布

图 1-2-14　苹果公司“滑动解锁”类澳大利亚专利申请关系

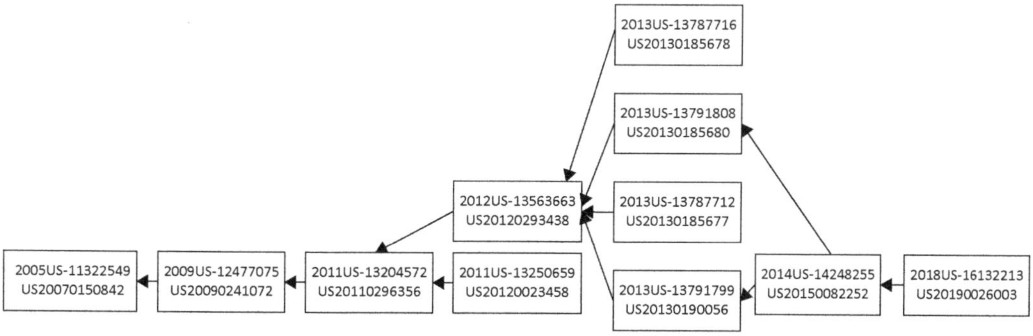

图 1-2-15　苹果公司“滑动解锁”类美国专利申请关系（一）

苹果公司在美国2005年提出滑动解锁专利的首次申请后，截至2020年1月，公开查询到的该专利布局中，合计有11个美国专利/申请，共有10个接续申请（见图1-2-16），总共有235个权利要求，50个独立权利要求（见表1-2-1）。

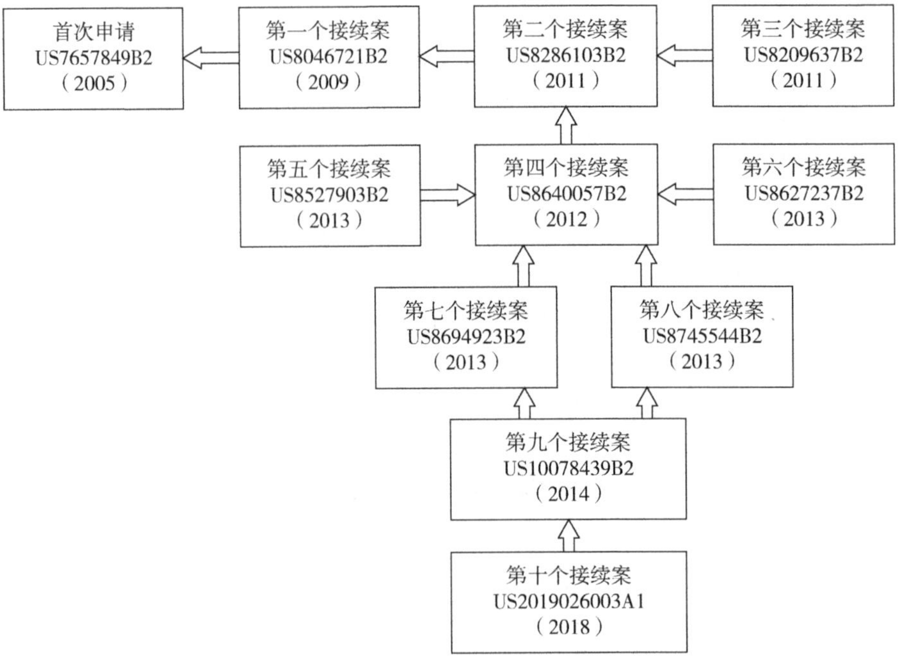

图 1-2-16 苹果公司“滑动解锁”类美国专利申请关系（二）

表 1-2-1 苹果公司在美国的专利申请

序号	提出时间	接续案数	公开号	主 权 项	独权项数	全部权项数
1	2005 年	首次申请	US7657849B2	一种控制具有触摸屏的电子设备的方法，其包括：当设备处于一个用户锁定界面时，检测触摸屏的触摸动作；按照触摸方法，在触摸屏上沿着预先设置的被显示路径移动一个解锁图标，所述解锁图标是一个用于与用户互动解锁设备的图形化交互性用户界面；如果检测到的触摸符合预先设定的手势，则转变设备到解锁用户界面，并且，如果检测到的触摸不符合预先设定的手势，则保持设备处于锁定用户界面	15	23
1-1	2009 年	接续案 1	US8046721B2	一种解锁手持终端电子设备的方法，所述设备包括一个触摸屏，所述方法包括：在与一个解锁图标相对应的第一预设位置检测触摸屏的触摸；依照一种在触摸屏上连续保持的接触在触摸屏上连续地滑动触摸图标，其中，解锁图标是一个用于和用户互动来解锁设备的图形交互性用户界面；如果解锁图标沿着触摸屏的移动导致解锁图标在触摸屏上从第一预设位置到预设的解锁位置运动，则解锁所述手持电子设备	4	15

续表

序号	提出时间	接续案数	公开号	主 权 项	独权项数	全部权项数
2-1	2011 年	接续案 2	US8286103B2	一种解锁便携式电子设备的方法，所述设备包括一个触摸屏，所述方法包括：通过在触摸屏的第一位置解锁图标检测触摸屏的触摸，所述解锁图标是图形化交互性用户界面，依照一种在触摸屏上连续保持的接触在触摸屏上连续地滑动触摸图标，如果解锁图标沿着触摸屏的移动导致解锁图标在触摸屏上从第一预设位置到预设的解锁位置运动，则解锁所述手持电子设备并停止显示解锁图标，如果解锁图标沿着触摸屏的移动不能导致解锁图标在触摸屏上从第一预设位置到预设的解锁位置运动，则保持设备处于锁定状态，并保持显示解锁图标	3	12
3-1	2011 年	接续案 3	US8209637B2	一种方法，包括：在一个具有触摸屏的便携式电子设备上，当所述设备处于用户界面锁定状态时，所述触摸屏上显示一个第一解锁图标和一个第二解锁图标，探测触摸屏上的手势，如果被检测到的手势符合预先定义的涉及第一解锁图标的手势，使设备进入与第一解锁图标对应的第一应用程序；如果被检测到的手势符合预先定义的涉及第二解锁图标的手势，使设备进入不同于第一应用程序的第二应用程序	4	16
4-1	2012 年	接续案 4	US8640057B2	一种控制具有触摸屏设备的方法，其包括：所述设备在锁定状态接收一个与所述设备的一个应用相关的事件，在触摸屏上显示一个解锁界面，所述解锁界面包括被接收到的事件信息，进一步包括一个用于与所述接收到的事件有关的访问功能的解锁图标，所述解锁图标是一个图形化用户交互图案；检测触摸屏上的解锁图标上的满足预先设置条件的手势；响应检测到的手势满足预设条件时，转换所述设备处于一个用户界面解锁状态用于相关的应用程序接收到的事件，并且显示一个应用接口用于与接收到事件有关的应用	3	30

续表

序号	提出时间	接续案数	公开号	主 权 项	独权项数	全部权项数
5-1	2013年	接续案5	US8527903B2	一种方法，包括：一个具有触摸屏的设备，接收一个第一事件，当所述设备处于一个用户界面锁定状态时，响应接收到的第一事件，在触摸屏上显示一个用户界面，所述用户界面包括对应于第一事件的第一解锁图标；当设备处于用户界面锁定状态时，接收一个与第一事件不同形式的第二事件，并且响应接收到的第二事件，显示一个除第一解锁图标之外的对应于第二事件的第二解锁图标	3	30
5-2	2013年	接续案6	US8627237B2	一种方法，包括：在具有触摸屏的电子设备上，当设备处于第一用户锁定界面时，在触摸屏上显示第一解锁图标，其中第一解锁图标对应于设备一个第一应用程序；检测具有第一解锁图标的触摸屏上的手势，手势移动第一解锁图标从第一位置到第二位置通过与触摸屏的连续接触；确定所述被检测到的第一解锁图标上的手势满足一个预先定义的条件，并且转变设备处于用户界面活动状态，显示第一应用程序响应检测到的满足预设条件的手势的用户界面	3	30
5-3	2013年	接续案7	US8694923B2	一种方法，包括：在一个具有触摸屏的设备上，当设备处于一个用户锁定状态界面时，在触摸屏上显示一个解锁图标，其中，一个预先确定的在触摸屏上被执行的手势，用于解锁图标将解锁设备变为用户界面活动状态；检测用户与触摸屏的接触；并且响应被检测的用户接触，在触摸屏上显示一个视觉提醒，显示一个预先定义的需要去解锁设备变为用户界面活动状态的手势	3	30
5-4	2013年	接续案8	US8745544B2	一种方法，包括：在一个具有触摸屏和电话功能的便携式设备上，当设备处于一个第一用户界面锁定状态时，接收一个来电，响应接收电话，显示关于触摸屏上的电话信息并显示一个在触摸屏上的第一解锁图标；通过一个在触摸屏上的连续的接触检测移动第一解锁图标的手势；确定检测到的手势满足预先确定的条件；并且过渡所述设备成为一个用户界面活动状态提供接收到的来电的有权使用，其中，所述设备在触摸屏的来电显示交互式的用户界面	3	21

续表

序号	提出时间	接续案数	公开号	主　权　项	独权项数	全部权项数
6-1	2014 年	接续案 9	US10078439 B2	一种控制带有触摸感应显示屏电子设备的方法，包括：当设备处于用户界面锁定状态时，在触摸感应显示屏上以第一状态显示解锁图像；在远离解锁图像的位置检测触摸感应显示屏上的预定义手势；根据预定义的手势持续修改触摸感应显示屏上的解锁图像；响应检测到预定义的手势在移动到至少预定位置后结束：停止显示解锁图像；和响应检测到预定义的手势在移动到预定位置之前结束：使设备保持用户界面锁定状态；和将解锁图像修改回第一个状态	6	18
7-1	2018 年	接续案 10	US2019026003 A1	一种电子设备，包括：触摸感应显示屏；一个或多个处理器；和存储一个或多个由一个或多个处理器配置的一个或多个程序，包括以下指令：在电子设备处于第一状态时在触摸感应显示屏上显示一个或多个视觉提示，在触摸感应显示屏上指示预定义手势的一个或多个视觉提示，该提示将电子设备从第一种状态转换执行时，保持第二种状态；当电子设备处于第一状态时检测触摸感应显示屏上的触点；检测触摸感应显示屏上触点的移动；响应检测触摸感应显示屏上触点的移动，根据触点的移动不断修改触摸感应显示屏上的解锁图像；确定检测到的触点移动是否与预定义的手势相对应；根据确定检测到的触点移动对应于预定义的手势，将电子设备转换为第二种状态；和根据确定检测到的触点移动与预定义的手势不相符，使电子设备保持在第一状态	—	—

下面对苹果公司的该专利布局，从接续时间和发明主要要素上进行分析。从申请年份上，回顾整个智能手机的发展历程，2005 年，苹果一代手机还没有问世，在那时苹果公司应该已经在内部研发这种类型的产品了，方案一旦提出来，专利很早就申请了。在 2007 年苹果推出相关手机产品后，逐步地滑动解锁，演变成了苹果手机的一个标志，2009—2014 年，苹果公司围绕该发明核心，进行了一系列的专利布局，对基于各种应用场景的产品进化，不同发明要素相互结合，接续申请了许多专利（见表 1-2-2），使得该专利布局达到了至今统计出来的 50 个独立权利要求、合计 235 个权利要求的庞大专利权项群。

表 1-2-2　苹果公司的接续案数量

申请年份	接续案数量/个
2005	首次申请
2009	1
2011	2
2012	1
2013	4
2014	1
2018	1
合计	10

专利布局是一个双向的，“此消彼长”的过程。作为自身专利布局策略的延伸，如何让竞争对手的专利布局工作破局也应该得到足够的重视。特别是针对主要的竞争对手（往往也是一些研发能力较强的公司），对其专利申请工作进行跟踪，找到对方潜在的“大杀器”，通过一些必要的手段向专利局提交更有杀伤力的现有技术，让对方的核心专利申请不能很快得到授权或不能授权，或者通过专利无效程序将对方的核心专利无效掉，这种做法通常可以收到“事半功倍”的效果。

【案例 1-2-15】通信行业5G和移动终端的前瞻式布局

前瞻性专利布局指的是对未来3~5年甚至更远时间内才有可能实施的技术提前规划并加以专利保护的专利布局策略。为什么要布局实施条件暂不具备的专利？是为了抢占先机以获得更多基础专利和更高的布局效率。早期布局的专利，可以争取到较大的保护范围，容易获得高质量的基础专利。另外，由于在先技术相对较少，单位成本下能获得的有效专利数量也较高。

在无线通信行业，绝大部分标准必要专利都是通过前瞻性专利布局方式获得的。从3G通信标准施行以来，这个行业一直遵循先制订标准、再按标准开发产品的方式。因此无线通信行业专利巨头都特别擅长前瞻性专利布局。

还记得华为Polar码和高通LDPC码标准之争吗？2016年11月17日，在3GPP RAN1 87次会议的5G短码方案讨论中，经过非常激烈的竞争，华为公司主推的Polar Code（极化码）方案，正式成为5G控制信道eMBB场景编码方案。而华为布局5G-Polar码专利，最早在2012年。图1-2-17为5G-Polar码相关专利布局趋势。可以明显地看到，华为规模化的5G-Polar专利布局最早在2012年，2014年达到第一个顶峰，代表着基础专利布局基本完成。而高通则押宝LDPC码，在2015年之后才逐渐有相关专利布局。从时间上看，华为领先高通4年，这也是华为能在Polar码上取得标准必要专利优势的重要原因。

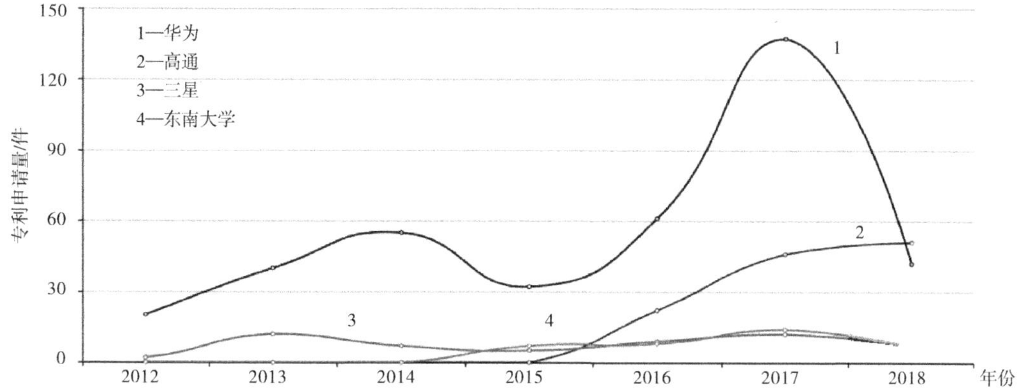

图 1-2-17　5G-Polar 码专利主要申请人的专利申请趋势

在三星传统优势技术领域，三星专利布局优势非常明显。如图 1-2-18 所示，以应用到移动终端的柔性显示技术为例，三星在 2013 年专利布局数量达到 250 件左右，第一批重要专利基本掌握在三星和 LG 手里。有组织的、大规模的专利布局一直持续到 2015 年，三星基本完成移动终端柔性屏上的专利布局。

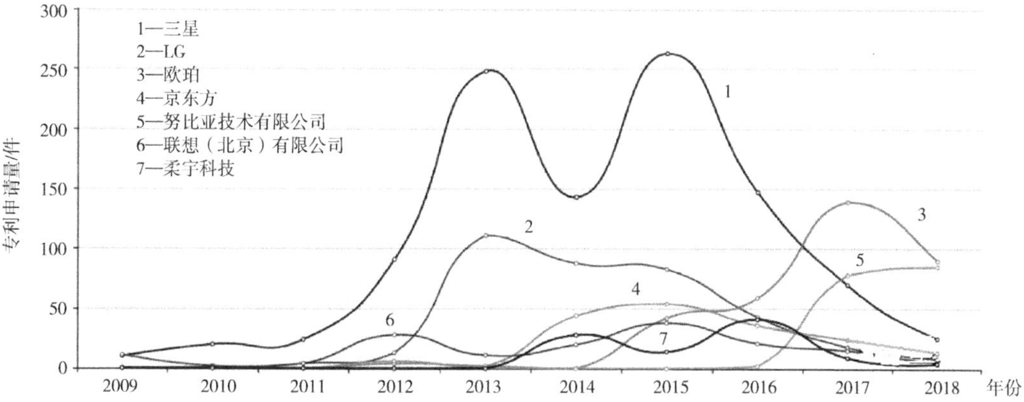

图 1-2-18　移动终端（柔性屏）主要专利申请人的专利申请趋势

可以说，目前世界上所有的专利巨头都非常重视前瞻性专利布局。但要提前多少年进行专利布局取决于企业对市场爆发、标准化进展、竞争和合作态势的判断。比如无线通信标准，基本上每 10 年更新一代，因此专利巨头们会提前 5～10 年进行准备。也就是说，现在 5G 标准一确定，就要开始准备布局 6G 标准必要的专利了。综合考虑专利布局前瞻性的需要和专利有效时间，普遍认为提前 3～5 年布局未来可能实施的专利性价比较高。

第三节　专利布局的考虑因素

在专利布局方案的制定和具体实施过程中，技术层面通常是企业的首要考虑因素，这其中包含技术的演进趋势、技术的生命周期、技术的应用前景和预计规模、竞争性路线的替代和选择等。除此之外，下列因素也会对专利布局的结构分布、数量规模、部署重点等产生影响，需要企业加以关注。需要说明的是，以下各个因素，以及各因素所考虑的子要素都仅仅是从某一维度进行的分析，并不能覆盖所有的要素。

一、产业层面

1. 产业的创新特点

专利布局要与产业的创新特点相贴合、相匹配。比如，医药产业的专利布局关注的主要是化合物组分、晶型、制剂、用途等，着重从药品物质构成和衍生应用等方面来进行专利布局；机械产业的专利布局关注的主要是产品功能、结构、零部件连接关系、原材料等；而通信产业的专利布局关注的则是底层通信技术、核心部件（如芯片、存储器等）等。可见，不同产业的专利布局关注的重点各异，不能一概而论。因此，在针对特定产业设计专利布局时，需要全面、准确地了解和把握特定产业的创新特点，并据此出发研究设计符合产业特点的专利布局策略。

2. 产业的竞争格局

专利布局工作要紧扣产业竞争的基本格局。基于不同的产业技术演进路径，会有不同的产业阵营，各个产业阵营的竞争环境会有不同。即使同一产业阵营之内，也会有领军型企业、追随型企业和新进入型企业等。另外，产业竞争格局并不是一成不变的，往往会随着新技术的发展以及各种原因造成的产业结构的重大变化而进行重大调整。在产业竞争格局发生重大变化的时候，企业应及时针对性地调整专利布局的方向，以免被动地被行业所淘汰。

3. 产业的发展阶段

在不同的产业发展阶段，专利竞争态势和未来的市场预期不同，相应的专利布局重点也会有所差异。在产业的发展萌芽期，企业专利布局的重点在于及早对一些基础性技术和共性技术进行专利申请，完成专利圈地。在产业的成长期，企业专利布局的重点在于在重要的技术应用和改进方向上占据一定的优势地位。在产业的成熟期，企业专利布局的重点在于根据市场状况对专利的数量、结构分布进行调整，并对可能的替代性技术和产品进行储备性专利部署。

4. 产业专利分布现状和变化情况

产业内专利的分布现状在一定程度上反映了该领域所受到的关注度和风险分布状况，而从其变化情况则可以了解到行业的发展动向。企业应根据行业总体情况来调整自己的专利申请量和增长率，以及专利部署的结构分布，以维持企业的专利竞争地位。

5. 其他需要考虑的产业因素

此外，还可能需要考虑产业垂直整合情况、全球产业布局分工情况、产业升级改造态势、产业政策的制定和调整情况等。

二、企业层面

1. 企业的专利战略定位

企业专利布局战略应与企业整体战略规划相匹配、相协调，不能孤立、片面地考虑专利布局战略。这是因为，在企业运作过程中，专利布局本身并非一项独立运作的业务，与其直接相关联的有产品、技术研发和市场运营业务，因而对于专利布局战略来说，其应当主动服务于、服从于企业整体战略（见图 1-3-1）。

如果企业的专利定位仅仅是用来防御，以保护自己的产品更好地进行市场拓展，那么专利的积累只要和产品紧紧结合即可，不需要太多的前瞻性申请和储备性申请；而如果公司未来的专利定位是实现专利许可、授权甚至作为诉讼的标的，则需要注重挖掘和部署一定数量的具备行业控制力的专利。

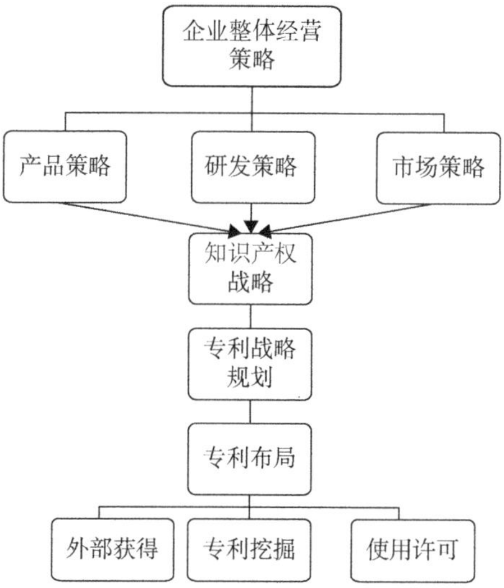

图 1-3-1　企业的专利战略定位

2. 企业相关人员的数量和资源投入

专利的产出源泉是企业研发团队的技术革新，因此专利申请量的规模要与技术人员的数量成一定的比例，过大则会造成专利质量下降，过小则会出现专利保护流失的情况。对于投入大量研发资源、决定企业未来生存的重点项目，在专利布局上要加以侧重，保证专利申请的数量和质量，形成有效的专利保护和专利对抗能力。此外，还需要考虑企业在知识产权工作方面的人员配置和资源投入情况。

3. 企业产品的市场占有情况

随着企业产品市场占有率的提升，技术模仿者会大量出现，同时由于影响到竞争者的利益，专利纠纷出现的概率也会随之增加。如果知识产权积累的规划没有跟上，可能会对企业的发展产生不利影响。因此，随着市场占有率的提升，有必要增加专利申请的数量、提高专利的技术覆盖范围、完善保护性专利布局。

4. 企业的市场扩张情况

企业需要根据未来几年市场的扩张情况来确定专利的积累量以及部署地域。例如，当需要增加产品种类或准备进入某个地域时，相关的专利布局也需要及时跟上，保证满足基本的保护效果；当企业的产品种类和销售地域相对比较恒定时，企业的专利积累在数量规模上也应趋于稳定，同时更加关注结构的优化调整，以免不必要地消耗企业成本。

5. 企业的商业运作模式

不同的商业模式对专利布局的规模、结构和类型的选择有所不同。从企业向市场输出的内容可以分为产品输出、技术输出、技术与产品均输出；而从产品方面又可以分为原料产品输出、终端产品输出、原料与终端产品均输出。一般而言，越是偏向于技术输出的企业，其对核心专利的质量要求和专利在各种应用场景的布局要求越高；而越是偏向于终端产品输出的企业，其对涉及操作、结构、外观等外围专利的布局要求越高；而偏向于原料产品输出的企业则会更为注重商业秘密的保护。

6. 其他需要考虑的企业因素

此外，还可能需要对企业的上下游合作情况、技术合作方式、生产外包情况、标准化战略等进行考虑。

除了上述保护类型的专利类型，还可以从专利申请的商业目的分为以下四类：

（1）已有成果的有效保护——A；

（2）技术趋势的合理预测——B；

（3）有针对性的防御公开——C；

（4）对抗竞争的权利平衡——D。

这种分类方式主要是考虑企业的不同发展阶段。企业的发展阶段不同，其商业战略会有所不同，企业专利布局的目的也会不同。因此，如果企业产品规划调整、市场战略及研发投入侧重点发生变化，甚至行业发展节奏改变，企业发展战略指导下的专利布局也应做出结构上的调整，以更好地支持商业战略的实现。根据企业的不同发展

阶段，可针对性地制定出上述四种专利类型的比重结构（见图 1-3-2）。❶

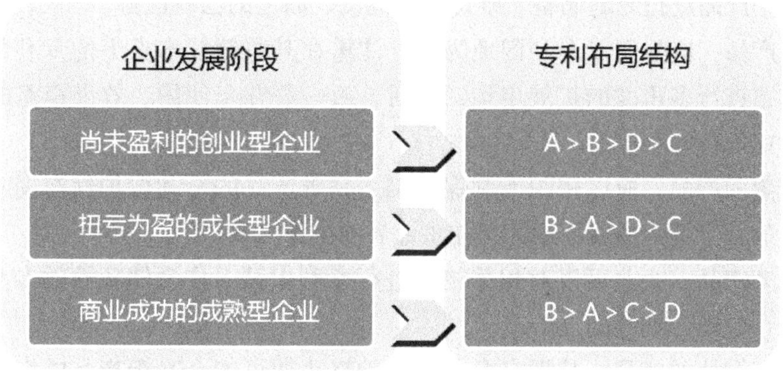

图 1-3-2 企业发展阶段与专利布局结构的关系

伴随着企业规模和市场地位的提升，上述四种类型专利的布局比重也需要做出适应性的调整。

比如：产品市场占有率提高，可适当增加 A 类和 D 类专利的数量，以增加企业的抗打击程度；产品系列中单一产品的市场占有率降低，说明产品失去优势，可适当增加 B 类专利的数量，有目的地开发出新一代产品，以期再次抢占市场；由于某新技术或新商业模式的诞生导致行业发展方向发生变化，如果企业做出了战略调整，企业响应消费者的需求增加了某项目的资金投入，则可适当增加 B 类专利的数量，以期在可能的发展趋势中抢占有利地位；由于专利文献公开的滞后性，在某一时间段内发现竞争对手在某一领域的专利数量骤然增加，则应增加 C 类和 D 类的专利数量，以抢占或破坏竞争对手欲占之位，同时提高企业与竞争对手的专利对抗筹码。

三、产品层面

1. 产品的重要度❷

在专利布局上，企业需要对于重点产品有所倾斜和侧重，这包括：占有大量市场份额、销售额较高的产品，或者是技术含量相对较高、竞争优势相对较强、为企业带来较大利润的产品，以及市场成长性较好、预期未来的市场规模较大的产品等。

对于这些产品，需要保持较高的专利部署密度和适当的专利增长量，以更好地对产品进行保护，并注重防御竞争对手的专利攻击。而对于普通产品，根据需要在成本允许的情况下进行适当的专利保护即可。

2. 产品的成熟度

不同的产品，其技术设计和市场应用的成熟性有所不同。企业可以根据产品的成

---

❶ 周大成．企业专利布局实践探讨（“345”专利布局方法体系）［EB/OL］．http://www.iprdaily.cn/news_15738.html.

❷ 杨铁军．企业专利工作实务手册［M］．北京：知识产权出版社，2013：101-102.

熟度选择最为经济、合理的布局策略，在新产品上抢占制高点、保障成熟产品的营销自由、为未来产品进行专利储备、维持在待淘汰产品上的已有优势。

针对新产品，应强调以专利圈地为主，注重在其关键技术点上的专利部署，对相关的技术方案进行多角度的扩展申请，同时，对一些并未使用、效果稍差的备选技术方案也可考虑进行专利申请。

针对成熟的产品，应以密织专利保护网、完善产品的专利保护性布局、结合产品本身的方案进行申请为主要原则，并注重部署对抗性专利。

针对未来产品，企业可以对相关技术进行专利申请，作为储备性的专利布局，为后期产品上市打下专利基础。

而针对待淘汰的产品，其现有专利的保护终止期可能会晚于产品的淘汰期，则对这些产品不必进行新专利的布局，而以维护既有专利为主；同时，企业也可以考虑放弃或转让对企业没有价值的现有专利，以降低维持费用。

3. 产品的原创性

对于原创度较高的产品，企业需要在其各个原创设计点进行密集的专利部署，构建完整的专利保护圈，强化其保护性专利布局，通过强大的专利组合来保证其对同类设计的专利控制权，防止其他企业的模仿和规避设计，增加跟随者的进入门槛和成本。

而对于在他人产品基础上进行后续研发的改进型产品，企业可以着重于围绕他人的基础专利布局外围专利，并侧重在其具备一定技术优势的改进点进行密集部署，形成一定的专利抗衡实力。

4. 产品的系列性

对于系列性的产品，企业需要重点针对该类产品中所包含的通用技术部署专利，并对其各种实现和应用方式、改进优化方案、替代方案等进行覆盖。而对于单一产品，则可以侧重该产品与其他产品的差异点或优势点部署专利。

四、竞争对手层面

专利布局的目的之一是与竞争者在专利上达成一种势力均衡或者保持优势的状态。为此，企业需要参考其主要竞争对手的专利储备现状和变化情况，以及其产品和市场扩张情况来制定本企业的专利布局方案，确保企业具备足够的专利对抗筹码。

1. 竞争对手的战略动态

包括竞争对手的技术和产品发展规划，并预测其下一步发展方向，作为企业制定针对性措施的依据。

2. 竞争对手的市场动向

主要涉及竞争对手的市场地位、推广策略和推广能力，包括其所占市场总份额、所在市场区域、市场布局策略，并根据其现有状况评估其未来市场的拓展能力。

3. 竞争对手的产业合作关系

包括竞争对手与其他单位或企业的关系，包括技术研发合作、业务拓展合作、供应关系合作等方面的信息。

4. 竞争对手的专利实力和诉讼习惯

对方的专利实力和诉讼习惯直接决定了对方在竞争对抗中的威胁程度。其中，对于专利实力，既要考量专利的数量和核心专利的拥有量，也要考虑所拥有的专利尤其是核心专利的技术覆盖度和所占据的产业链环节。此外，还需要考虑其专利在各主要市场的覆盖性，这些都将影响对方专利的威胁强度、威胁深度和威胁范围。而通过诉讼习惯，例如纠纷处理结果中的赔偿额度和制裁措施等，则可对对方的侵权诉讼决策和策略做出预判。

五、合作伙伴层面

专利布局的目的之一是在一定程度上保障合作伙伴的经营安全，并在必要的时候对合作伙伴形成一定的制衡，从而使得与合作伙伴的合作保持一种良性状态。为此，企业需要参考其主要合作伙伴的主营业务、主打产品、核心技术、商业拓展情况等信息来制定本企业的专利布局方案，确保企业具备足够的专利保护和制衡合作伙伴。

1. 合作伙伴的商业战略动态

包括合作伙伴的商业、技术和产品战略规划，特别是与企业合作的技术或产品的战略规划，并预测其下一步发展方向，作为企业制定针对性专利布局措施的依据。

2. 合作伙伴的市场动向

主要涉及合作伙伴的市场地位、推广策略和推广能力，包括其所占市场总份额、所在市场区域、市场布局策略，并根据其现有状况评估其未来市场的拓展能力。还应当考虑合作伙伴与企业的竞争对手是否存在合作，未来是否可能合作，相关合作是否会影响企业与合作伙伴的合作等内容。

3. 合作伙伴的产业竞争关系

主要涉及合作伙伴与其他哪些单位存在商业或技术竞争，在竞争中所处的地位，竞争的优势以及劣势等。还需重点考虑合作伙伴和企业目前是否存在竞争关系，以及未来是否可能存在竞争关系等。

4. 合作伙伴的专利实力

合作伙伴的专利实力直接决定了企业针对合作伙伴进行专利布局时的专利布局方向和策略。对于专利实力，既要考量合作伙伴在合作领域的专利的数量和核心专利的拥有量，也要考虑合作伙伴在其他领域所拥有的专利的情况。

【案例1-3-1】富士康针对连接器进行专利布局

众所周知，富士康不仅是全球领先的电子产品代工巨头，也是专利拥有量非常庞大的专利大户。在富士康的诸多专利布局策略中，针对合作伙伴适当进行专利布局即为其中非常重要的一项。作为一家代工企业，其合作伙伴就是苹果等电子设备终端厂商。所有的电子设备，都有一些把“电子讯号”和“电源”连接起来的组件，而“电子讯号”之间也需要连接的桥梁，这些组件和桥梁就是连接器。它虽然是配件，却被看作传递电子产品指令的中枢神经。随着电子电器产品的精密化程度越来越高，连接器的精密要求也越来越高。为了更好地实现与终端厂商的代工合作，富士康在连接器领域进行了大量的布局。

据报道，富士康已经针对连接器在全球布局了8000多项专利。2002年，富士康接下配套英特尔市场主流CPU的P4连接器，仅这一个产品就申请了涵盖材质、固定角度和散热方式等方面的199个专利。可以说，正是由于在连接器方面的全球领先的专利布局，帮助富士康创造和守住了全球代工霸主的地位。富士康针对于合作伙伴的产品密切相关的连接器进行专利布局的做法值得很多企业借鉴。

第四节　专利布局的业务逻辑

专利布局的总体考虑，除了涉及前面介绍的专利布局的基本原则、整体目标和考虑因素外，通常还会涉及专利布局的业务逻辑，即专利布局的基本理念，维度层次，短、中、长期规划和方案来源。本节将针对相关内容进行简要介绍。

一、专利布局的基本理念

专利布局的基本理念，是指企业尤其是企业知识产权管理人员在进行专利布局时所秉持的基本观念。为切实做好专利布局，真正通过专利布局提升企业的商业竞争力，企业特别是企业知识产权管理人员在进行专利布局时应当秉持如下五个理念：始于商业、专于技术、精于法律、适度前瞻、与时俱进。

1. 始于商业

始于商业，就是要求企业的专利布局应当以企业的商业战略作为基础和出发点。每一项专利布局，都应当是为了提升企业的商业竞争力而进行的。这就要求企业知识产权管理人员应当深入了解企业的商业战略、业务模式、商业竞争情况等商业信息并及时更新，用商业思维指导自身的专利申请与布局工作，将是否对企业的商业有价值作为所有专利布局工作好坏的唯一衡量标准。

【案例 1-4-1】旷视坚持基于商业规划开展专利布局

例如，AI 独角兽企业北京旷视科技有限公司（以下简称“旷视”）自知识产权团队成立之后，始终坚持基于公司的商业规划开展专利布局工作。随着公司商业实践的深度和广度的扩大，专利布局的深度和广度也相应不断拓展。在不到 4 年时间里，旷视累计在中国、美国、欧洲、印度等国家和地区完成专利申请与布局过千件，很好地支撑了公司的业务拓展以及融资等重要事项。

2. 专于技术

专于技术，就是要求每一项专利布局所布局的专利中对技术的描述都应当是准确的。技术是专利的基础，每一位在企业内具体负责专利布局的知识产权管理人员都应当努力学习所在行业的基础技术，让自己成为所在行业的技术专家。唯有如此，才能真正保证每一项专利申请的质量。

3. 精于法律

精于法律，就是要求每一项专利布局都应符合专利布局的国家的相关法律法规的基本要求。任何脱离当地法律法规规定的专利布局，最后都很可能是空中楼阁。这就要求企业负责专利布局的从业者，应当对所在企业专利布局地域的法律法规有足够深入的了解和把握。

4. 适度前瞻

凡事预则立，不预则废。适度前瞻，就是要求在企业专利布局工作中针对商业、技术和法律三个维度适当向前看，提前做好预案。例如，企业知识产权管理人员应当结合所在企业的商业战略等信息预测公司的商业拓展趋势，提前在未来可能进入的目标市场国家针对相关技术进行专利布局。例如，对于某些新业态相关专利的审查相关法律的变化趋势，企业知识产权管理人员也应当提前做好预判，以更好地安排自身相关工作。

5. 与时俱进

与时俱进，就是要求企业的专利布局应当及时顺应商业、技术、法律的变化而相应做出对企业最有利的调整。世界唯一不变的是变，企业面临的内外部商业环境、企业自身的商业规划、企业自身的技术研发规划以及企业所处的法律环境等，几乎总是处于一定的发展变化中。企业的知识产权管理人员，要善于把握前述这些信息的变化，并及时针对相关变化相应调整专利布局工作的方向和/或具体内容，以保证专利布局的质量和效果。

【案例1-4-2】某科技公司随GUI获得保护发力相关专利布局

例如，某科技公司的产品涉及大量的实体产品外观创新以及针对图形用户界面（GUI）的创新，但是由于在2014年5月1日之前中国并未针对GUI外观设计给予保护，该公司在此前的外观设计专利布局只能限定为实体产品的外观。随着我国《专利审查指南》的修改，从2014年5月1日起中国对图形用户界面外观设计给予了专利保护。于是，该软件公司相应调整了对外观设计专利的布局策略，在针对实体产品外观进行专利申请的同时，持续发力针对GUI外观设计进行专利布局，2014年当年即累计在中国申请完成GUI外观设计专利布局数百件。

二、专利布局的维度层次

专利布局是企业对自身的发明创造进行有规划、有策略的专利配置，以形成对企业的商业经营有利的专利格局的过程。对于企业而言，专利布局通常包括布局总体规划、专利组合布局以及单件专利布局三个维度层次。这三个布局层次依次分别对应专利布局的宏观、中观和微观，对于企业而言都至关重要，不能有所偏颇。

1. 布局总体规划

企业专利布局的总体规划，简称布局总体规划，是“宏观”层面的专利布局，是指针对企业的全部专利布局所进行的宏观上的总体筹划，通常包括专利布局的类型、数量、领域、地域、时间等内容。布局总体规划是企业专利布局的宏观层面的战略性规划，其应当与企业的商业经营战略以及技术研发规划相一致。

对于布局类型而言，企业应当善于综合利用发明、实用新型、外观设计等各种专利类型，以及商标、商业秘密、著作权、域名等其他知识产权类型，以形成对自身商业经营最为有利的知识产权布局格局。对于布局时间而言，企业既要重视时间周期的布局规划，又要重视时间节点的布局规划，不可厚此薄彼。对于布局地域而言，既是利益相关方的商业经营地，又是知识产权保护力度大的法域的国家和地区，应当成为专利布局的首选地域。对于布局领域而言，企业应当选择与自身当前及未来商业战略相一致的技术领域重点进行专利布局。对于布局数量而言，企业应当基于其自身的研发实力，结合企业商业战略、企业产品市场占有率、行业专利现状、竞争对手专利情况等内外部因素来确定。

关于专利布局的类型、数量、领域、地域、时间等内容，请参见本书第二章等章节的相关内容，此处不再展开。企业在进行专利布局时，应当首先做好布局总体规划，从全局的维度为企业的专利布局找准方向。

2. 专利组合布局

专利组合布局，是“中观”层面的专利布局，是指将彼此之间有所差别但又相互关联、存在一定内在联系的多个专利进行有效组合而形成专利集合的专利布局过程。专利组合布局通常是针对某个项目或某个产品进行的。合理的专利组合布局，可以有效保护企业的相关项目或产品的技术创新，提升企业的商业竞争力。

通常而言，相对于单件专利布局，专利组合布局具有很多优点，例如，可以弥补单件专利在技术保护上的局限性，可以弥补单件专利在时间保护上的局限性，可以消除专利文件撰写瑕疵的不利影响，有利于提升企业专利的整体价值等。

关于专利组合的类型以及具体运用等内容，请参见本书第二章等章节的相关内容，此处不再展开。企业在进行具体专利布局时，应当格外重视以专利组合的方式对发明创造进行全方位、多维度的保护。

3. 单件专利布局

单件专利布局，是“微观”层面的专利布局，是如何对单件具体专利进行规划和布局的过程。任何专利组合都是由若干件的单件专利组成的，单件专利的布局质量直接决定了专利组合的质量。因此，如何保证每一件专利的布局质量就显得尤为重要。为保证单件专利布局的质量，企业应当努力确保每一项专利申请和布局都有利于专利授权，有利于专利确权，以及有利于专利维权。

其中，有利于专利授权，是指该件专利申请应当满足相应国家的专利法规定的专利授权条件。以中国为例，单件专利申请应当满足我国《专利法》第 2 条、第 22 条、第 25 条、第 26 条第 4 款以及《专利法实施细则》第 20 条第 2 款等法律法规的规定。

有利于专利确权，是指单件专利的权利要求和说明书的布局应当有利于应对后续可能被其他方发起的专利无效程序。因此，企业在进行专利申请文件撰写时，不仅要考虑专利授权条件，还应当考虑与专利无效程序相关的法律规定，特别是不同于专利授权程序的相关法律规定。

有利于专利维权，是指专利授权后应当有利于向侵权方进行专利维权。只有有利于向企业希望维权的目标对象（例如制造者、使用者、销售者、进口者等）维权，并且容易进行侵权事实举证的专利，才能在企业的商业经营中真正发挥价值。企业在进行单件专利布局特别是权利要求的布局时，应当格外重视从有利于专利维权的角度进行努力。实际上，大家在专利撰写实务中经常提及的权利要求单侧撰写、从最小可售单元撰写、同时布局到产品和方法、同时布局到组件和装置、同时布局到产业链的上中下游等经验，都是为了实现有利于专利维权的目标。

三、专利布局的短、中、长期规划

短期专利布局规划的主要任务在于为即将上市的产品提供专利保护，针对产品开发中的各项技术成果以及其他创新成果进行专利挖掘和相应的专利申请与布局，应当侧重在其优势技术点上进行重点部署，对于专利申请数量作为 KPI 之一的企业还应注意完成既定的专利申请量指标；同时配合企业的中长期发展规划，执行中长期专利布局的工作，关注下一代产品的专利部署，启动基本的专利保护点的铺设工作。

中期专利布局规划的主要任务在于结合企业的中期（例如 1~3 年）产品规划和商业发展情况，以及竞争对手的专利申请状况，上下游合作伙伴的专利申请情况，完成阶段性的布局目标，根据需求初步完成保护性专利布局、对抗性专利布局或储备性专利布局，在保证质量的基础上形成一定数量规模的专利组合。

长期专利布局规划的主要任务是与企业的长期（例如 3~5 年）商业发展战略、产品规划路线和专利定位相呼应，支撑企业未来的市场发展。一般而言，企业的长期专利布局规划要更加关注提升其专利的整体价值和未来价值。

四、专利布局的方案来源

专利布局的方案来源，是指企业赖以进行专利布局的某个技术方案的来源。通常而言，企业的专利布局的方案来源主要包括：来自企业自身研发项目中的创新成果，来自企业与其他单位（如科研院所、其他企业等）合作项目中的创新成果，来自企业针对竞品进行规避设计的技术成果。其中，对于来自企业与其他单位合作项目中的创新成果的专利布局，尤其应当给予重点关注，以防止本应归属于企业的相关创新成果得不到专利保护。

此外，在某些情况下，企业的专利布局的方案来源还可以包括：购买的其他方的技术方案，以及购买的其他方的专利申请或授权专利。通常而言，主流的专利布局方式就是针对企业自身研发项目或合作研发项目进行专利挖掘和布局。但是，对于直接购买其他方的技术方案以及直接购买其他方的专利申请或授权专利的专利布局方式，企业也应当注意灵活应用，以快速提升自身的专利实力和防控专利诉讼风险，从而更安全地开展日常商业经营活动。

【案例 1-4-3】Facebook 利用购买专利应对专利风险[1]

Facebook 在 2012 年前后遭遇了 30 多起专利诉讼，仅提出 IPO 申请前后，Facebook 就成了 5 件专利诉讼的靶子：3 个来自非实体企业，一个来自 Mitel，另一个则来自雅虎。而根据美国专利和商标局公布的数据显示，截至 2011 年 12 月，Facebook 仅拥有 56 项授权专利和 503 项正在申请的专利，并且 73% 的专利申请是在近 18 个月内提出的。另外，在已授权的 56 项专利中，有 39 项是 Facebook 通过收购所得。换句话说，自 2004 年创立至 2012 年提出 IPO 申请，Facebook 自己所拥有的专利寥寥无几。

面对自己专利短板带来的威胁，Facebook 积极在关键技术领域如社交网络服务、搜索服务、地理位置服务、云计算等方面展开专利布局，通过专利质上的优势来防御潜在的专利攻击。

除了积极研发申请专利之外，Facebook 还通过收购起诉者或者老牌企业的一些专利来避免自己面临的专利威胁，并迅速扩充自己的专利弹药库。如 Walker Digital 公司

[1] 改编自毕春丽，李梅. Facebook 频遭专利诉讼的启示 [N]. 中国科学报，2012-05-10 (B2).

在 2010—2011 年，向 Facebook 提起了三次专利侵权诉讼，2011 年 7 月，Facebook 收购获得 Walker Digital、LLC 公司的 7 项专利。此外，Facebook 还从 IBM、惠普、英国电信等公司购买了多项专利，专利覆盖范围涉及软件、网络工程等诸多领域。

可以看出，专利布局的方案来源不仅可以来自企业自身的研发活动，还可以来自企业直接购买的专利。企业应当科学选择专利布局的方案来源，及时弥补自身的专利布局短板，从而更好地应对来自竞争对手的专利攻击。Facebook 当年的专利布局策略，或许可以成为广大中国企业学习和借鉴的对象，正所谓“多管齐下，快速布局；亡羊补牢，未为迟也”。

第五节　专利布局的一般流程

专利布局涉及因素的复杂性，以及在各个阶段、各个产品、各个技术点上的专利布局目标的差异性，决定了在实际开展专利布局时，需要一个多方参与、综合调查、科学规划的决策过程，以及有序开展、按期部署的实施过程。为此，本节从参与主体、基本环节、实施步骤和阶段性规划方面对专利布局的实施过程整体介绍。[1] 其中，专利布局规划的制定是专利布局承前启后的关键环节，需要格外予以关注。

一、专利布局的参与主体

在专利布局方案的制定过程中，通常会涉及四个主要的部门或内部主体：公司管理层、专利管理部门、市场部门和研发部门（技术部门）。

（1）公司管理层：明确企业目前和未来的发展规划，围绕企业自身的商业发展规划确定专利布局的总体方向和目标。

（2）专利管理部门：在整个专利战略布局过程中起到重要的主导和推动作用。专利管理部门需要与多个部门进行交流和沟通，以全方面了解企业专利布局的方向、目标、需求和重点。

（3）市场部门：明确本企业产品或服务所涉及的市场详细状况、主要竞争对手的市场状况和市场规划信息，以便专利管理部门根据市场的竞争环境和其发展方向确定各个产品和市场地域上的专利布局需求和防御对象。

（4）研发部门：明确企业自身产品的技术特点、技术优势、研发实力，以及该领域整体的技术状况和演进趋势，以便专利管理部门从所掌握的技术资源和技术发展角度确定专利布局的结构重点。

---

[1] 杨铁军．企业专利工作实务手册［M］．北京：知识产权出版社，2013：93-96.

二、专利布局的基本环节

专利布局的基本环节包括市场调查、技术调查、产业调查、专利调查、策略选择、布局规划、布局实施、布局优化等工作。

（1）市场调查：通过收集各类市场信息，了解市场对产品功能的需求、对新技术新功能引入的适应度，了解各地域的市场竞争特点，了解各竞争对手的市场规划情况、产品布局和技术优势。

（2）技术调查：通过收集各类技术情报，了解技术的演进趋势、竞争性技术的发展情况、技术的潜在应用场景。

（3）产业调查：通过收集各类产业报告、产业政策，了解产业的整合、转移态势，产业成长速度和可能规模，产业链的分工、协作及利润分配情况。

（4）专利调查：通过专利检索和分析排查，了解整个行业的专利数量规模和分布状况、近年的申请变化趋势和申请密集领域，主要竞争对手的专利布局状况、近年的申请动态，以此了解专利竞争环境，确定企业在整个行业中的专利竞争位置，为企业进一步明确其专利布局的数量规模、结构分布、每年的申请量指标提供参考。

（5）策略选择：基于上述调查的信息，结合企业自身的技术和产品规划，以及自身的资源和能力，确定自身专利布局策略，以及专利布局所预计达到的目标。

（6）布局规划：基于市场调查、专利调查，配合企业总体的专利战略和发展目标，对专利布局的结构、数量、功效目标、地域和完成时间表做出规划。

（7）布局实施：根据专利布局规划内容，将专利布局的任务按照涉及的技术部门和实现时段进行分解，确定阶段性考核指标。在具体操作方面，围绕具体项目和产品，根据竞争动态，制定更为细致的专利布局策略。充分运用延迟公开制度、分案制度、PCT 制度、PPH 规定等法规和政策灵活性地开展布局。

（8）布局优化：随着一些产品更新换代的停滞、仿制者和跟随者的大量进入、利润的降低，对组合中的部分专利可以进行转让、许可，并不断补充延续性专利和替代专利，扩大互补性专利、竞争性专利、支撑性专利的数量；对于持续优化改进的技术，应重点针对其改进和优化方向，布局相应的专利；对于不断扩展应用领域的技术，则需要围绕其扩展的应用对象，补充该技术在新领域中应用时产生的各类解决方案和相关支撑技术的专利；随着与联盟伙伴或竞争对手之间关系的变化，以及市场地域的调整，修正专利布局的针对目标。

三、专利布局的实施步骤

一般而言，专利布局可以基于下面几个步骤开展（见图 1-5-1）。[1][2]

---

[1] 谢顺星，等．专利布局浅析［J］．中国发明与专利，2012（8）：24-29.

[2] 贾丽臻，等．基于专利地图的企业专利布局设计研究［J］．工程设计学报，2013，20（3）：173-179.

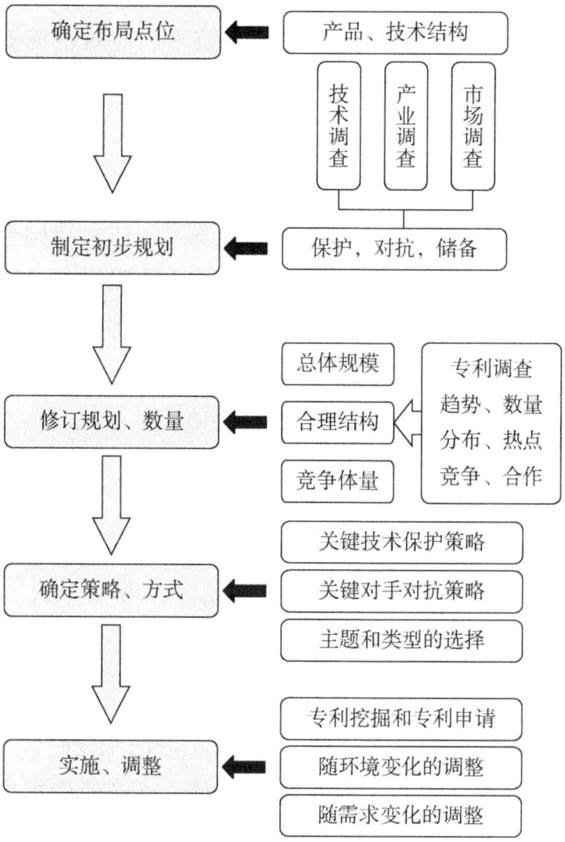

图 1-5-1　专利布局的参考流程

1. 确定所有的布局点位

首先可以基于企业自身的产品结构和相关的技术来源，制作产品-技术结构表（见表 1-5-1）。基于该产品-技术结构表，可以初步确定企业可能进行专利布局的所有技术点位。

表 1-5-1　产品-技术结构表

分类	技术 1	技术 2	技术 3	技术 4	技术 5
产品 1	自研	外购	合作	许可	自研
产品 2	外购	合作	自研	自研	许可
产品 3	自研	外购	合作	许可	自研
产品 4	外购	合作	自研	自研	许可

2. 制定布局的技术、产品、地域和时间结构的初步规划

进一步，基于产业调查、技术调查和市场调查，综合整个产业发展环境、技术发

展环境和市场竞争环境，对目前及未来的产品、技术和专利竞争局面做出判断。基于对这些信息的综合判断，从保护核心产品和关键技术、应对市场竞争需求、储备潜在应用场景等方面确定需要重点开展专利布局的产品和技术点，并对布局的地域和时间做出初步的规划。

3. 修正专利布局规划内容、制定数量指标

接下来，基于专利调查的结果，从总体规模适当、技术结构合理、竞争体量相当等方面审视之前的初步规划并做出必要的调整，尤其是调整布局规划中的技术和产品结构，并提出一定的数量指标。

在修正专利布局规划时，要注意：

以技术竞争力为核心，确定关键技术的布局模块；

以市场控制力为落脚，优化专利布局的整体结构；

以产业影响力为目标，聚焦高价值专利布局点位；

以风险防范力为保障，加强对抗专利的布局强度；

以长期竞争力为战略，注意潜在需求的专利储备。

4. 确定专利布局策略和保护方式

重新审视各类调查结果，从保护和竞争的需求出发，对于关键技术点和关键竞争对手，选择适宜的专利布局策略模式，做出更为具体的子规划。

基于自身的商业运行模式、技术保密程度，对于不同的保护内容，在专利和商业秘密之间做出合理选择。并基于不同的保护主题和时间需求，选择不同的专利类型。

5. 实施、调整和优化

在具体实施过程中，紧跟研发进展情况，不断通过专利挖掘提供高质量的专利交底书，并通过合理设计和选择权利结构获得高质量的专利。

同时，根据竞争环境的变化、技术的更迭、产业政策的调整以及短期商业目标的需求，不断调整专利布局规划的方向、具体结构和数量。

【案例1-5-1】比亚迪专利布局流程❶

1. 确定专利布局类型

确定三种专利布局类型，包括保护型、对抗型和储备型，分别从企业自身技术创新成果的防御保护、针对竞争对手技术创新的以攻代守以及对行业前瞻性技术等的提前圈地进行布局，以上三个不同角度的布局可以基本涵盖对不同技术创新成果的专利保护。

保护型专利布局，主要是指对企业技术创新成果及其应用产品提供充分的专利保

---

❶ 李加林，等. 企业知识产权保护之专利布局策略［EB/OL］. http://www.sohu.com/a/253926343_654270.

护屏障，包括基础专利申请、外围扩展专利申请等。

对抗型专利布局，主要是指针对竞争对手的创新，围绕对手在关键技术上实施封堵或突围的布局，以及针对对手的技术发展方向和产品拓展方向进行布局。

储备型专利布局，主要是指对前瞻性技术和提前圈地性的技术以及预研技术的专利布局，包括前瞻性技术的布局、预研性技术的布局、标准型储备技术的布局等。

2. 明确专利布局的四个维度及九个方向

在确定了三种专利布局类型之后，则要思考各专利布局类型之下需满足哪些布局要求，才是一个相对合格的专利布局。为此，提出专利布局的四个维度及九个方向（简称“四维九向”），如图 1-5-2 所示。

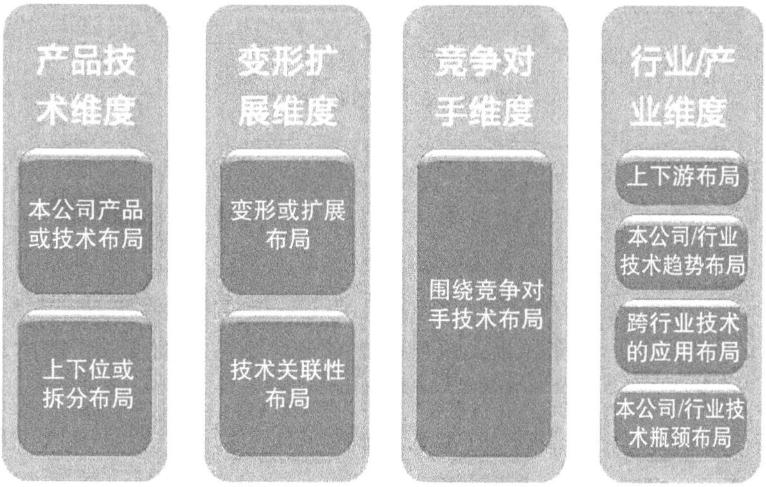

图 1-5-2　专利布局的“四维九向”

3. 专利布局流程

专利布局项目启动到项目结束要经历三大阶段，项目周期约 19 周（见图 1-5-3），具体分为如下几个阶段：

· 布局规划阶段：技术人员和专利人员进行双向培训，专利人员确定布局模型，确定后期工作规划。

· 专利提案阶段：专利人员与技术人员沟通讨论并确定完善和优化技术方案，专利人员评述各技术方案的创新性，技术人员集中撰写技术交底书。

· 专利撰写阶段：事务所代理人集中撰写专利申请文件，技术人员与专利人员集中同步审核专利申请文件后，由团队集体评审，最终集中递交。

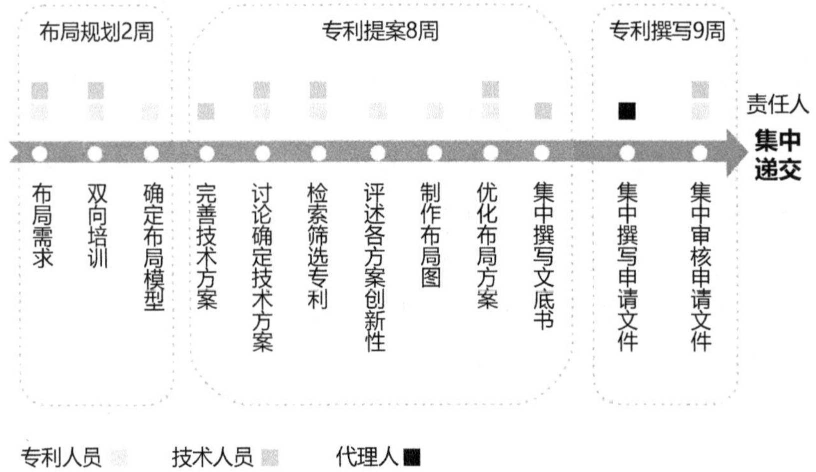

图 1-5-3　专利布局流程

专利布局模型的建立，为技术创新提供了适合比亚迪具体情况的知识产权保护战略，打破了单件专利在技术保护上的局限性，可以有效地实现对技术创新成果的全面保护和对技术演进的动态跟踪，从而增强企业对技术的控制力，增加竞争对手规避设计的难度，并进一步提高专利防御力，确保企业在市场竞争中的专利优势地位。

综合产业、市场、法律等因素，改变以往零散的专利申请模式，构建严密高效的专利保护网，最终形成对比亚迪有利格局的专利组合。

例如，比亚迪汽车工程研究院的基于商业价值的专利布局项目“汽车碰撞安全技术”，围绕专利模型的“四维九向”，总计布局申请专利 95 件，发明专利比例高达 95.8%，如图 1-5-4 所示。

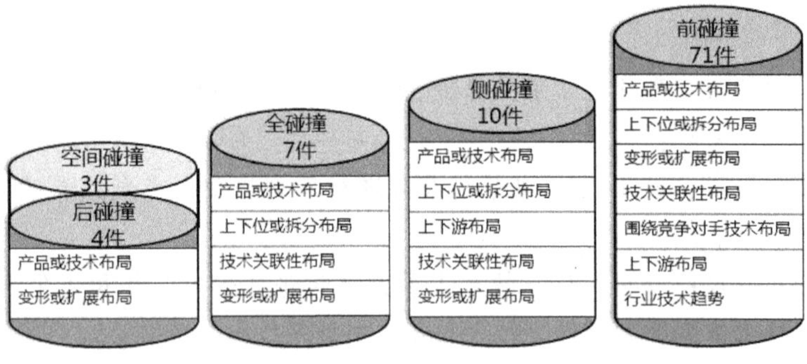

图 1-5-4　比亚迪汽车碰撞安全技术布局思路

第二章　专利布局的结构与模式

本章概述

关于布局的方式，不同的研究者在各自的论述中提出了不同的思路和方案。总体来看，目前的有关论述中，大多偏重于其形态模式的总结，还有论述对专利布局中专利的类型进行了归纳。[1]

虽然这些模式对专利布局的方式进行了较为全面的归纳和总结，但其中并没有很好地区分专利布局的宏观策略、具体技术形态和微观结构，在层次结构方面不是太清晰。而企业实际面临的专利布局情况往往更为复杂，并不是简单地选择一种或几种现有模式就可以实现其专利布局目标，因此在使用现有的这些模式直接指导企业实践的过程中容易产生疑惑或混乱。为此，本章在总结现有的各种关于布局方式的研究论述的基础上，试图对专利布局的方式进行层次化的解析，从宏观、中观和微观三个层面对专利布局进行全貌式的解剖，相信在此基础上，再去考虑各种具体的专利布局形态模式时，企业能够综合各种形态模式，更好地选择专利布局方式，进而实现适合自己的专利布局目标。

本章知识脉络

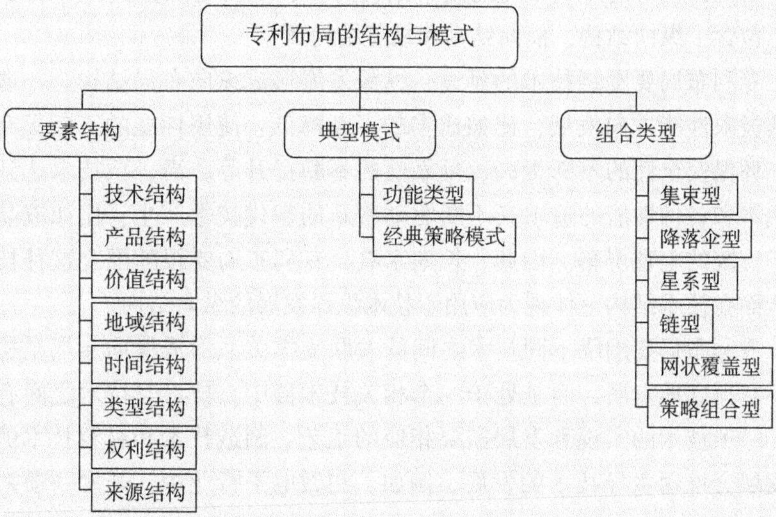

[1] 杨铁军．企业专利工作实务手册［M］．北京：知识产权出版社，2013：108-109.

第一节 专利布局的要素结构

专利布局本质上是一个通过申请专利或以其他方式获取专利的规划和动态部署过程，即通过不同层次的专利申请，让不同作用的一组专利形成专利组合，进而通过专利包的规模及组合优势，实现专利价值和收益的最大化，提高企业竞争力，支撑和促进企业经营和发展。

在实际开展专利布局工作时考虑的因素较多，读者在开展专利布局工作时需恰当组合不同功能层次的专利，来更好地实现专利布局目的。下面，将对专利布局的要素结构进行介绍。

无论是基于何种策略或模式的专利布局，在实际实施时，都需要基于专利的技术性、时间性、地域性、权利性等特点考虑，专利的这些特点实际上也体现了专利布局的基本要素。因此，根据专利的上述特点，可以将常见的布局要素归纳为技术要素、产品要素、价值要素、地域要素、时间要素、权利要素和类型要素。对于这些基本要素及其结构的选择、使用和综合，也是实现各种专利布局意图的基本手段和措施。为此，下面将围绕这些布局要素阐述如何基于各个要素进行布局结构设计，来实现各种布局的意图和策略。

一、技术结构

技术结构是任何一种专利布局的基础要素结构。技术具有延续性、关联性和应用性等特点，因此，在考虑专利布局的技术结构时，也主要是从上述三个方面考虑，在具体结构上包含了纵向结构、横向结构和枝蔓结构。❶

首先，专利布局要围绕技术的延续、纵深发展形成纵向布局结构。一项技术的发展总是向其极限性能方向发展，比如成本的不断降低、使用性能的不断提升、功能的不断完备、环保安全性的不断提高、可靠性的不断提升等。当一项技术达到某一极限时，对于成本和各种性能的追求又不断驱动着新的替代技术产生，比如液晶电视屏幕逐渐取代了传统的电视屏幕。因此，长期来看，专利布局要跟随围绕这种技术的改进和更迭，从而在技术结构上体现为应用于技术纵深发展的纵向结构。

其次，专利布局要围绕不同技术之间的关联支撑关系形成横向布局结构。任何一项技术都不是孤立地发展，而是处于一个相关技术群中，技术与技术之间有着广泛的横向联系。一项技术的实现和发展需要相应的工艺、制造技术和材料技术的支持，相关技术的发展会推动主导技术的发展。例如，在微电子行业中，开发一项新产品要涉

---

❶ 优智博．从技术发展、防御、攻击三方面进行专利布局规划［EB/OL］．wenku.baidu.com.

及40多种材料的电子、化工、机械等许多行业的技术。因此，在任何一个技术发展时期或阶段，专利布局都需要考虑对横向支撑和关联技术的覆盖，从而在技术结构上体现为应用于技术的支撑和关联关系的横向布局结构。

最后，专利布局要围绕各种技术应用场景形成枝蔓布局结构。任何一项技术总是由已知领域向未知的应用领域渗透，不断地开发出新的技术方案和已知技术的新用途，就如同一棵大树不断生长出新的枝蔓，枝蔓越多越茂盛，这棵树所覆盖的树荫面积也越大。比如，有的药物本是用于艾滋病的，结果后来发现有助于治疗其他疾病，并为此开发了新的配方和剂型。因此，专利布局需要围绕各种新的应用领域，不断扩展、完善，从而在技术结构上体现为应用于各种应用场景的枝蔓结构。

【案例 2-1-1】围绕 NFC（近场通信）技术的多维度专利布局

对于 NFC 技术，从纵向而言，可以围绕其数据传输的稳定性、可靠性、加密性和速度要求，对各种改进方案进行专利布局；从横向而言，可以围绕其芯片技术、识别终端、信息提示技术等进行专利布局；而围绕各种应用场景，例如移动支付、仓储管理、物联网构建、智能家居等可以进行枝蔓结构布局（见图 2-1-1）。

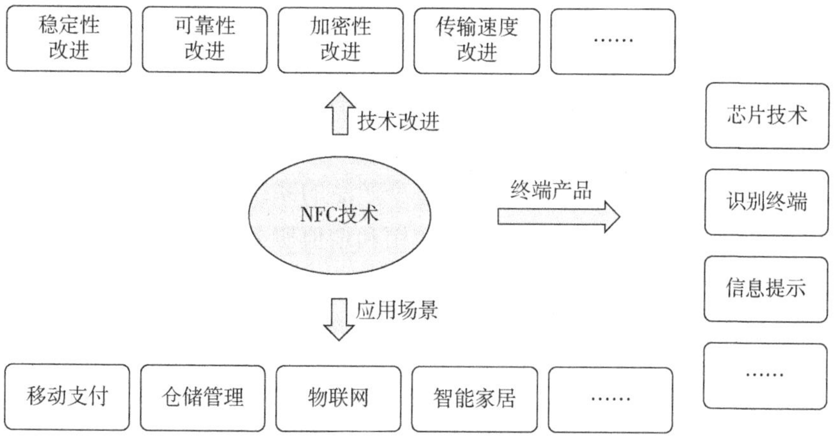

图 2-1-1 基于不同技术维度的专利布局示意

【案例 2-1-2】围绕智能家电领域通信安全技术的多维度专利布局

目前，智慧家居产业在中国乃至全球范围内发展迅速，对于智能化产品来说，通信安全始终是厂商和消费者关注的核心问题，因此也越来越多地受到企业和用户的重视。结合某公司《智能家电安全防护体系解决方案》，将智能家电领域通信安全技术分解为认证鉴权、传输安全以及节点安全3个一级分支，用户注册与鉴权、终端注册与鉴权、应用注册与鉴权、报文验证、报文加解密、密匙协商、承载协议、安全存储、硬件防破解、程序远程烧录以及终端升级等11个二级分支，如图 2-1-2 所示，以此作为专利布局的基础。

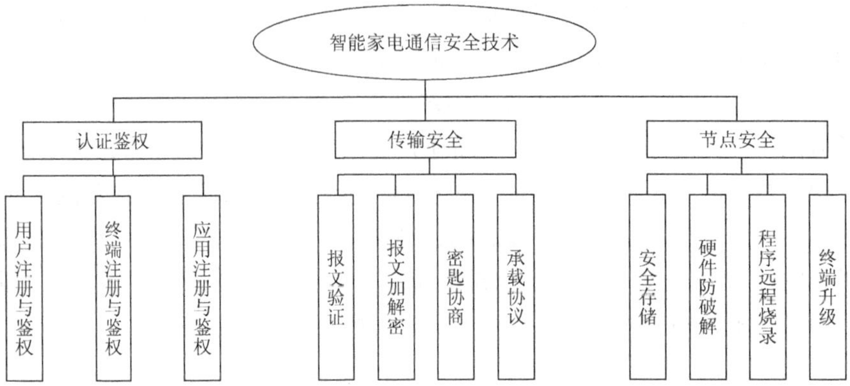

图 2-1-2　基于不同技术维度的专利布局示意

二、产品结构

一般而言，产品是技术的最终应用形态，也往往是技术的应用性和关联性的直接体现，产品的更新换代和技术的纵深发展之间也是相互促进、互为因果的关系。因此，专利布局在围绕具体技术层面、考虑技术结构的同时，也必然需要考虑围绕产品层面的布局结构。

考虑到产品的技术复杂性和集成性的特点，围绕产品的专利布局结构需要重点考虑层级性、交叉性和突出性。

首先，围绕产品进行专利布局时要从整个产品的系统构成方面形成层级搭建的结构。从产品的设计、制造、组装、销售、使用和增值服务的全链条来看，可以将其涉及的技术内容划分为结构设计类、工艺制造类、组装调试类、安装使用类四个层面，每一层面下又包含多个子层，例如：

（1）结构设计类：整机的结构、功能和外形设计，零部件结构、功能和外形设计。

（2）工艺制造类：原材料的选择、检测和处理，中间品及成品的制造及加工的方法、模具和设备，工艺过程的安全、节能和环保设计，中间品及成品的检测、检验和包装。

（3）组装调试类：各功能模块的组合、封装和调试，功能模块之间的结构布局和互通互联，各功能模块的替代性方案和选择，关键模块的安全性和可靠性设计。

（4）安装使用类：安装的设施、工具和工艺，安装设施及其过程的安全、环保和可靠性设计，使用操作的界面、流程和信息反馈，使用后的维修、回收和安全处理设计。

因此，在围绕具体产品开展专利布局时，常见的可行方式是对产品按照上述层面进行逐层解构，并根据解构的结果选择性地进行逐级专利覆盖，形成层级搭建式的专利布局。

其次，围绕产品进行专利布局时要考虑不同产品的交叉共用技术和同一产品中不同层级之间的技术交叉特点。同一类别产品甚至是不同类别产品中，往往有些工艺、结构、操作方式等是完全一致或者共性很大的，在进行专利布局时，有时候需要针对这些共用技术重点开展单独的技术结构布局。

再次，产品某一特殊性能的获得往往是与其制造工艺、产品外形设计甚至是原料选择直接相关的，因此专利布局时需要考虑这种不同层级技术之间的关联关系和交叉影响，所布局的专利既要覆盖各个层级，也需要覆盖彼此之间的交叉关联，这样更利于实现整体的保护。

最后，围绕产品进行专利布局时要突出关键部件、关键功能、关键结构和关键技术等核心内容。企业的任何一个具体产品，都是综合了各种现有的技术和不同程度的技术改进获得的，其在性能或功能的改进上也往往并非完全焕然一新，而是有着自身的特色。而无选择的、宽泛的专利布局只会浪费企业的智力和财力资源，同时也会导致专利布局的产出比和效率降低。为此，企业应该抓住其中创新程度较高、性能改善明显、差异化特点突出的部件、功能、结构进行重点布局，这其中又应该重点关注对该产品带来较高附加值的技术点。

【案例 2-1-3】波音公司对飞机产品中关键部件和关键技术的专利布局

波音公司围绕飞机的关键部件和技术，经过筛选，在各层次结构上有所侧重地在各主要国家进行了全方位的布局（见表 2-1-1）。[1]

表 2-1-1 波音公司基于产品结构的专利布局示意

群组名称	专利数量/件	美国	澳大利亚	欧洲	加拿大	中国	德国	西班牙	日本	奥地利	法国	英国	巴西	意大利	以色列	俄罗斯	瑞典	比利时	菲律宾	南非	最先申请国家或地区	技术分类	专利布局期限/年
复合材料感应加热、固化方法及航空航天构件	42	38	3	1																	美国	机体	14
确定性机翼、翼梁装配	27	6	2	5	5	2	2	1	4												加拿大、中国、德国	机体	12

[1] 乔淑欣．波音公司飞行器相关技术专利布局研究［J］．飞航导弹，2013（10）：26-30.

续表

群组名称	专利数量/件	美国	澳大利亚	欧洲	加拿大	中国	德国	西班牙	日本	奥地利	法国	英国	巴西	意大利	以色列	俄罗斯	瑞典	比利时	菲律宾	南非	最先申请国家或地区	技术分类	专利布局期限/年
控制机翼旋涡的装置和方法	20	4		5	2	2		1	3	3											美国	机体	3
起落架装配复合材料支腿、蒙皮和紧固件	19	10	1	7	1																美国	机体	7
复合材料气动转子叶片装配	17	2					2		3		2	8									英国	动力装置	10
飞机及大型构件	16	5	1	3	3		1		2				1								美国	机体	9
弯曲的复合材料框架及其制备方法	15	4		6	1	1			3												美国	机体	3
飞机后缘襟翼安装机制	11	2					1		1		1	5		1							美国	机体	2
可扩展和可伸缩飞机座位装配	11	3		3			3	1	1												美国	机体	2
飞机机身板	9	7		1			1														美国	机体	3
用于控制飞行器襟翼和阻流板的系统和方法	9	2		2	2	1			1	1											美国	机体	2
低反射直升机天篷结构	8	1			2		1		1	1		1									美国	机体	4
防火减压板装置	8	2		2	1	1	2														美国	机体	4
复合材料的飞行襟翼	8	1		2	2	2			1												美国	机体	1

续表

群组名称	专利数量/件	美国	澳大利亚	欧洲	加拿大	中国	德国	西班牙	日本	奥地利	法国	英国	巴西	意大利	以色列	俄罗斯	瑞典	比利时	菲律宾	南非	最先申请国家或地区	技术分类	专利布局期限/年
采用复合材料拼合紧固系统紧固复合材料构件的方法和装置	8	2		2	1			1	1	1											美国	机体	2
旋翼机俯仰控制系统动态透视缩短反应补偿方法	8	1		2	1		1		1						1						美国	电气系统	1

【案例 2-1-4】华为公司数码卡固定装置的专利布局

图2-1-3和图2-1-4所示的这两组专利是华为公司申请的器件结构相关的专利，主要用于解决终端产品内多卡合一的卡结构问题。每组专利在中国都有一个母案和一个分案，通过对两组专利母案与分案的技术特征的分析，来分析研究其中的专利布局逻辑。

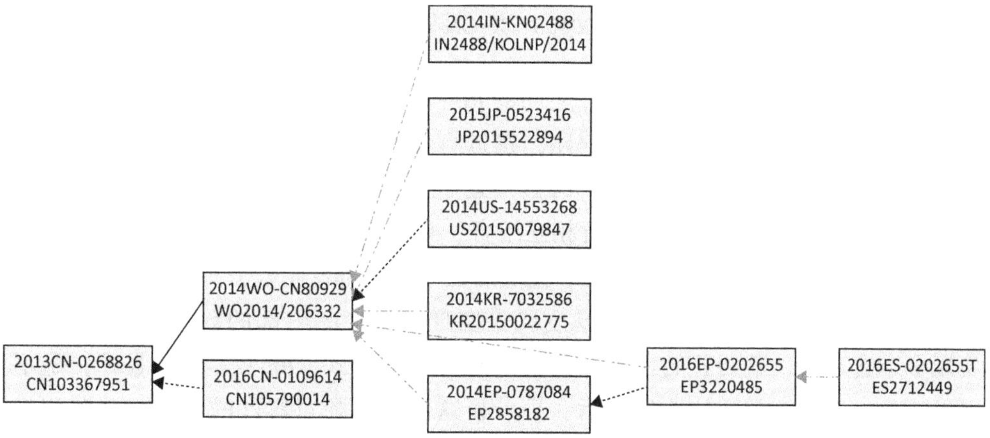

图 2-1-3 华为公司 CN201310268826. 1-CN103367951B 专利全球专利布局关系

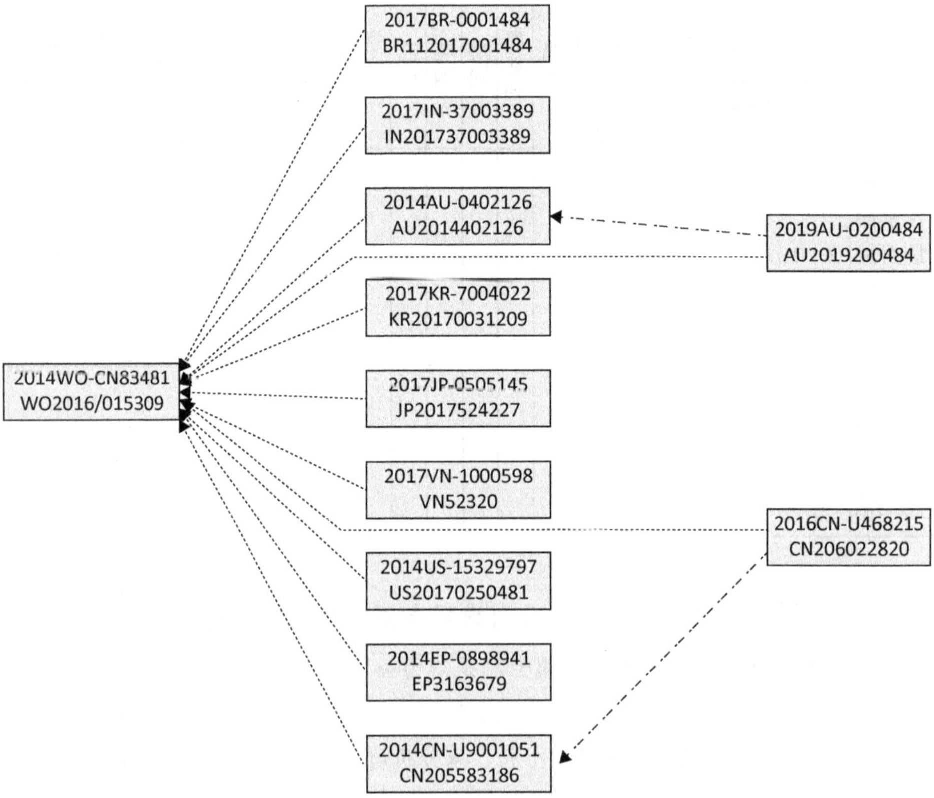

图 2-1-4　华为公司 CN201490001051. X-CN205583186U 专利全球专利布局关系

器件类专利主要通过部件、部件之间的相对位置关系、部件之间的相互作用关系等来实现技术方案，解决某一技术问题，在进行专利布局时，也要充分考虑，最基本的发明构思是什么，根据基本构思，再去构建所能解决问题的最小结构单元，进一步对可以有多种实现方式的部分，进行相互组合，具体请看表 2-1-2 所示的技术特征拆解示例。通过母案和分案的对比分析，能够看出不同的部件组合方式。

如本案例所展示的，解决的问题主要是实现终端产品内部的数码卡的多卡合一，在实现多卡合一时，就要开始考虑，可以有几种实现方式，除了二合一之外，是不是还可以三合二？确定了整体路径之后，再分析这两种路径对器件的组成部分和相互位置有什么要求。接下来还需要逐层考虑，每一级的部件，又有几种可能的划分结构。

器件类的专利布局，相对还是有一定难度的。因为结构特征，有些是固化下来的，但是，在发明构思之初，要多想一步，多确认一下，是否有其他的替代方式，结合发明目的，还是能够扩展出一些其他方案的。

表 2-1-2　技术特征拆解示例

结构类型	申请号	母/分案	主要装置	一级部件	二级部件	三级部件	作用	相互关系
二合一	201310268826.1	母案	数码卡固定装置	托盘	第一凹槽		容置第一数码卡	正交垂直 部分重叠的镂空部分 槽深相同，处于同一平面
					第二凹槽		容置第二数码卡	
					插入端			
					外端			
					台阶结构			设置于第一凹槽与插入端之间的托盘侧边
				卡座	第一弹片			托盘插入卡座中时，第一弹片和第二弹片从镂空部分露出；当所述第一数码卡容置于所述第一凹槽时，所述第一弹片与所述第一数码卡的金属触点相接触；当所述第二数码卡容置于所述第二凹槽时，所述第二弹片与所述第二数码卡的金属触点相接触
					第二弹片			
					插入面		托盘的插入端从插入面插入卡座	托盘置于卡座中时，外端与插入面重合

续表

结构类型	申请号	母/分案	主要装置	一级部件	二级部件	三级部件	作　用	相互关系
二合一	201610109614.2	分案	数码卡固定装置	托盘	第一凹槽		容置第一数码卡	正交垂直 部分重叠的镂空部分 第一数码卡为 Nano SIM 卡 第二数码卡为 Micro SD 卡
					第二凹槽		容置第二数码卡	
				卡座	第一弹片			托盘插入卡座中时，第一弹片和第二弹片从镂空部分露出；当所述第一数码卡容置于所述第一凹槽时，所述第一弹片与所述第一数码卡的金属触点相接触；当所述第二数码卡容置于所述第二凹槽时，所述第二弹片与所述第二数码卡的金属触点相接触
					第二弹片			
三合二	201490001051.X	母案	三合二卡座		第一区域	第一弹片组		当所述限位结构插入所述卡座底座时，所述第一限位部分用于将第一数据卡限位于所述第一区域，所述第二限位部分用于将第二数据卡或者第三数据卡限位于所述第二区域；所述第一区域与所述第二区域沿着所述限位结构的插拔方向前后分布在所述卡座底座的表面
					第二区域	第二弹片组	不同位置	
						第三弹片组		

续表

结构类型	申请号	母/分案	主要装置	一级部件	二级部件	三级部件	作　用	相互关系
三合二	201490001051. X	母案	三合二卡座	限位结构	第一限位部分	承载第一数据卡	第一限位部分是第一凹槽，第一数据卡为Nano SIM卡	所述第一弹片组用于：在第一数据卡限位于所述第一区域时，与所述第一数据卡的金手指电连接；所述第二弹片组用于：在所述第二数据卡限位于所述第二区域时，与所述第二数据卡的金手指电连接；所述第三弹片组用于：在所述第三数据卡限位于所述第二区域时，与所述第三数据卡的金手指电连接
					第二限位部分	承载第二数据卡或第三数据卡	第二限位部分是第二凹槽，第二数据卡为闪存TF卡，第三数据卡为Nano SIM卡	
					拉手		所述限位结构的一端固定连接有拉手，且拉手包含针孔，所述第三数据卡置于所述第二凹槽时，所述第三数据卡的缺口远离所述拉手	
	201620468215. 0	分案	三合二卡座	卡座底座	第一区域	第一弹片组		第一弹片组用于： 在第一数据卡限位于所述第一区域时，与所述第一数据卡的金手指电连接 所述第二弹片组用于： 在所述第二数据卡限位于所述第二区域时，与所述第二数据卡的金手指电连接 所述第三弹片组用于： 在所述第三数据卡限位于所述第二区域时，与所述第三数据卡的金手指电连接
					第二区域	第二弹片组	不同位置	
						第三弹片组		

续表

结构类型	申请号	母/分案	主要装置	一级部件	二级部件	三级部件	作用	相互关系
三合二	201620468215.0	分案	三合二卡座	限位结构	第一限位部分	用于将第一数据卡限位于所述第一区域		
					第二限位部分	用于将第二数据卡或者第三数据卡限位于所述第二区域		

比如本案例，实现数码卡的固定，托盘和卡座是两个必需的结构，后续托盘，如果是容置两个数码卡，又需要两个凹槽来用于放置数码卡；卡座上面就对应需要两个弹片，弹片用于与数码卡上的金属触点相接触。为了使卡座和托盘相互配合起来，组成一个固定装置，托盘上面还需要有一个插入外端和台阶结构，相应的卡座上面需要有一个插入面。

经过这样的方案考虑，基本的方案框架结构就出来了，那是不是有些地方还有其他的替代方式呢？比如，方案中的插入端、插入面和台阶结构，与实现本发明最主要的发明目的，两种数码卡的二合一，是不是一定必要呢，如果不是的话，那么在布局时，是不是可以再组合成其他的方案？

三、价值结构

专利布局的目标之一是获得高价值的专利资产。这种价值的高低可以通过专利的诉讼、许可、出售等过程中的显性收益来体现，或参比同类专利在这些过程中的显性收益多少来体现，也可以通过对竞争对手和模仿者所产生的市场准入限制效应发生的规模大小、地域广度和时间长短来体现。

因此，无论是从收益角度还是从限制排他角度而言，专利布局的终极目标均应该是获取高价值的专利组合。相应地，对专利布局结构的设计和考量，除了传统的技术结构、产品结构外，更加需要关注其价值结构。也就是说，应该更多地着眼于产业中高价值端的专利布局。

对于专利价值的判断，目前的判断指标和判断方法非常之多，但总体而言，专利布局的总体价值大小往往是由其中若干基础专利及其外围专利所覆盖的关键技术所体现出来的产业控制性、前瞻性和市场影响力所决定的。因此，从价值角度出发进行专利布局时，除了要对专利撰写质量和外围布局设计提出更高要求外，对布局技术点的选择更为重要。

一般而言，高价值的专利往往容易出现在产业的三个端点上，即基础原料端、用户使用端和产业标准端。由于所有的产品都不可避免地要用到基础原料，这种产品要能够被大范围的市场接受，也必须要符合产业标准，而这种产品要能够在各种竞争者中脱颖而出，也必然需要在满足用户使用需求方面具有独特之处。因此，基础原料端、用户使用端和产业标准端是任何一个试图在市场上成功的产品所无法绕开的方面，而在这些位置拥有了若干高质量专利，也就相应地获得了最广泛的产业控制性和市场影响力。

【案例 2-1-5】日亚等知名公司抢占产业链高价值端的专利布局

以日亚公司的专利布局为例，❶ 其专利布局重点覆盖了基础原料端的衬底、外延、

❶ 罗佳秀．日亚全产业链布局专利，后来者壁垒重重［N］．中国电子报，2012-11-23.

芯片等领域，还重点覆盖了终端应用端中附加值最高的显示屏和背光源领域（见图2-1-5）。在手机领域，苹果公司的锁屏专利就是占据了用户使用端的关键技术，高通公司是在产业标准端拥有大量的基础专利，而在锂电池领域，日本三洋等公司曾经占据了基础原料端的关键技术和专利。可以说，这些公司都是因为其专利布局覆盖了高价值端，控制了产业的关键端点从而实现了其市场的垄断地位。

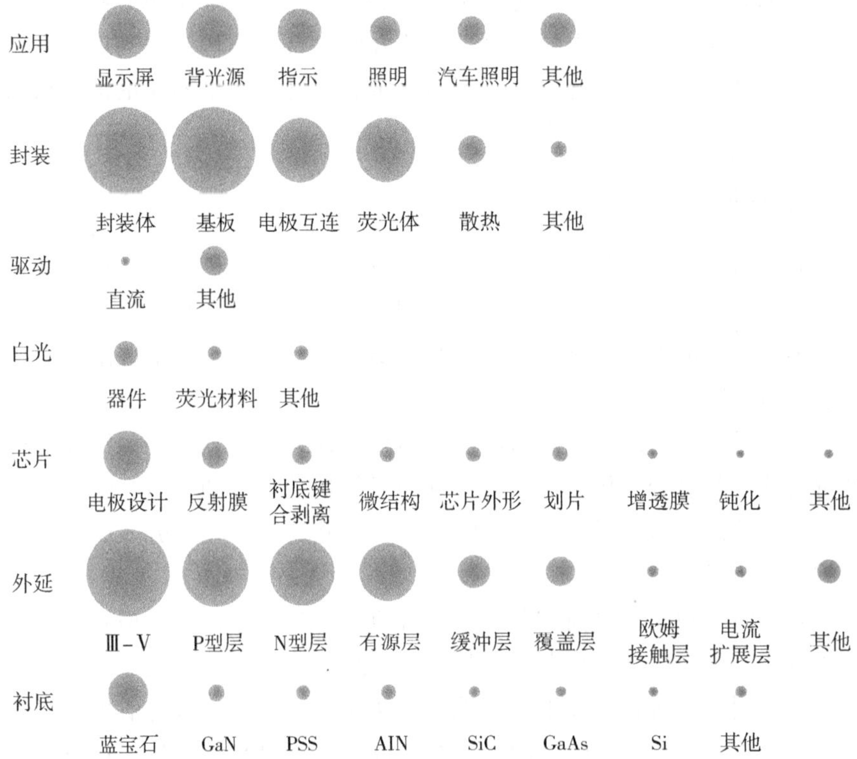

图2-1-5　日亚公司基于在不同产业链位置的专利布局示意

四、地域结构

基于专利制度的地域性特点，任何一件专利所能发挥的作用都是限定在特定地域范围内的。基于用户习惯、风俗、生活环境、商业规则等的地域差异，很多产品的成功也往往是和地域的特点结合在一起的。因此，从专利布局的实效性角度看，在从技术、产品、产业链等角度明确了布局点位后，专利布局的地域结构的选择是实现专利价值的重要因素。

从企业自身市场和竞争对手市场两个方面进行考虑，可以将布局划分为五种类型，并根据各个地域类型的特点布局相应的专利。[1]

[1] 杨铁军．企业专利工作实务手册［M］．北京：知识产权出版社，2013：99-100.

1. 企业现在的自有市场地域

在该地域中，企业和竞争对手之间没有直接的产品竞争关系。企业在这类地域主要是构建保护性专利，并适时地进行储备性专利布局，通过专利巩固其技术控制地位，防范他人的技术模仿。在这些地域布局的专利数量应保持一定的规模，并应该向其中的重点市场倾斜，并防范竞争对手向这些地域的专利渗透，适时部署一定数量规模的对抗性专利。

2. 竞争对手现在的自有市场地域

同样地，在该地域中，企业和竞争对手之间没有直接的产品竞争关系。企业在这类地域应主要立足于为未来可能的产品进入提前进行储备性专利布局，以及为对抗竞争对手在其他市场发起的专利诉讼而布局一定的对抗性专利。在这些地域中，无论是储备性专利和对抗性专利，布局的重点在于精而非多，并且向竞争对手的重点市场倾斜。

3. 企业和竞争对手现在的共有市场地域

这些地域往往也同时是企业和竞争对手眼中的重点市场，在该地域中，企业和竞争对手之间存在着激烈的产品竞争关系。企业在这类地域的专利布局要立足于保护现有市场份额、争取下一代产品的竞争优势，有效防范对方的专利攻击，因而需要同时进行保护性专利布局、储备性专利布局和对抗性专利布局，布局的数量规模要和竞争对手的专利数量保持一定的比例，并且在个别领域建立起一定的专利优势。

4. 企业未来的市场地域

在该地域中，企业的重点在于提前针对所准备投放的产品进行保护性专利布局，并适当进行储备性专利布局，及早占据专利控制地位。

这类地域，又可以细分为三种：未来的自有市场地域、未来可能进入的对方现有市场地域，与对方共同的拓展地域。其中，第二种已经在前面提到过，企业需要重点关注的是第三种地域。对于第三种地域，其往往是整个行业的潜在新兴市场，很可能成为企业未来利润的主要来源，企业在布局专利的数量和质量上都要加以重视，可以和现有市场保持同等规模，针对在该地域双方可能投放的产品提前进行专利布局。

5. 竞争对手未来的市场地域

这类地域，也可以细分为三种：未来的自有市场地域、未来可能进入的企业现有市场地域、双方共同的拓展地域。

其中，后两种已经在前面提到过。而对于第一种，企业的专利布局主要选择对竞争对手的商业发展较为重要的区域进行储备性专利布局，提前进行专利圈地，希望其能够在未来发挥限制竞争对手发展、对抗其专利攻击的作用。

【案例 2-1-6】某公司商用空调产品线基于地域结构的专利布局

以某公司的商用空调产品线的专利布局为例。在制定海外专利布局规划时，需要从三个维度进行考虑，第一是企业现有的市场格局以及未来的市场拓展规划；第二是了解行业专利布局现状，尤其是主要参与者的专利地域分布；第三是根据市场拓展规划对目标市场进行知识产权法律环境调查，并根据调查结果确定最终的专利布局目标国家和地域。以下将根据这三个步骤梳理某企业商用空调产品线基于地域结构的专利布局。

第一步，对商用空调产品线的市场格局及未来的市场拓展计划进行梳理，结果见表 2-1-3。

表 2-1-3　某企业商用空调产品线现有的市场格局以及未来的市场拓展规划

产品线	当前重点市场	潜在市场	业务单位推荐申请区域
大多联	土耳其、俄罗斯、阿联酋、印度、巴西、墨西哥、越南	韩国、阿根廷、波兰、西班牙、泰国、巴拿马、菲律宾、南非	美国、澳洲、俄罗斯、欧洲、印度、韩国、巴西
小多联	波多黎各、德国、俄罗斯、西班牙、土耳其、印度、澳大利亚	突尼斯、波兰、法国、韩国、摩洛哥、阿根廷、阿联酋、波兰、墨西哥、意大利、印度尼西亚	欧洲、澳洲、韩国、印度
美式风管机	美国、厄瓜多尔、巴拿马、哥伦比亚、波多黎各、洪都拉斯	阿联酋、加拿大、帕劳、土耳其、巴拉圭、阿根廷、秘鲁、墨西哥、多米尼加、苏里南	美国、加拿大
屋顶机	美国、委内瑞拉、阿联酋、阿根廷、厄瓜多尔、沙特阿拉伯、南非、智利	巴拿马、菲律宾、乌拉圭、土耳其、玻利维亚、伊拉克	美国、南非、阿根廷
模块机	伊朗、西班牙、智利、俄罗斯、意大利	格鲁吉亚、罗马尼亚、韩国、马来西亚、爱沙尼亚、吉尔吉斯斯坦、印度尼西亚、阿联酋、巴拉圭、保加利亚、匈牙利	俄罗斯、意大利
热泵热水机	澳洲、法国、南非、西班牙、葡萄牙、土耳其、意大利、新西兰	匈牙利、比利时、瑞典、波兰、韩国、中国台湾、东南亚	澳洲、法国、南非、西班牙、葡萄牙、土耳其、意大利、新西兰、韩国、中国台湾

第二步：通过检索分析，得出商用空调产品线现有的专利地域分布现状，结果见表 2-1-4。

表 2-1-4　商用空调产品线专利地域分布现状（单位：件）

地区	欧洲	美国	日本	韩国	新加坡	澳大利亚	加拿大	中国台湾	中国香港	越南	印度	南非	土耳其	中国大陆
H 公司	3	7	0	0	0	0	0	0	0	0	0	1	1	2766
G 公司	30	16	6	11	0	6	6	0	2	5	6	0	0	3948
D 公司	1984	1260	16346	1079	280	1528	39	124	23	3	106	11	3	2265
T 公司	387	761	14590	500	38	12	25	152	5	1	28	143	4	1216

第三步：分析当前市场和潜在市场的知识产权法律环境，确定最终专利布局的主要国家和地域。

以上只是给出了一个基于地域结构的专利布局范例，读者可根据自身企业所处的发展阶段和市场状况，按照以上三个步骤完成自己企业的基于地域结构的专利布局。

五、时间结构

基于专利申请本身和保护具有限定期限的特点，以及技术和产业发展的时间演进特性，在专利布局时必须考虑其时间结构。对专利布局时间结构进行合理设计的主要目的在于，平衡专利保护期的有限性与产业成长发展的漫长性之间的矛盾，使专利申请的时间步伐尽可能地贴近技术产业化的步伐，既不过早地泄露技术研发动向，也不丧失对关键技术点的占位时机，从而为其核心技术尽可能地争取最为有利的保护时间结果。

对专利布局时间结构的设计，主要包含两个方面。

1. 针对特定专利的申请时间结构的设计

与专利申请有关的时间点非常多，包括了优先权日、申请日、国际申请日、公开日、国际公开日、进入国家阶段日、授权公告日、期限届满日、分案申请日等。同时，还有很多期限要求，例如 18 个月公开的期限，20 年或 10 年的保护期限，最迟 3 年提实审的期限等。总体而言，这些时间点和期限将专利申请划分为四个不同阶段：申请但技术保密的阶段，申请且技术公开的阶段，申请且技术公开但权利范围未定阶段，获权后的基本稳定阶段。在这些阶段，同时还可能存在着专利申请地域未决阶段。

而与时间选择相关的专利制度设计则包括了一定期限内的主动公开和请求审查制、优先权、不丧失新颖性的宽限期、《巴黎公约》、PCT 申请、分案申请等。

因为，对于某项特定专利，企业完全可以根据技术研发的进展、竞争对手的研究动向、市场需求的动态变化、产业成熟化进程等灵活地运用上述制度，在一定范围内自由地选择技术公开、权利确定、地域确定的时间点，达到隐藏自身的专利布局意图、丰富专利布局内容、积累产品差异化竞争优势、选择最为有利的确权时机、消耗竞争对手的研发投入、引诱模仿者的大量跟进等各种目的。

在技术研发初期，为防止被竞争对手探查到企业的研发动向，企业既可以延缓专利申请，也可以尽可能地利用各种制度延长从提出申请到首次公开的期限，从而在这段技术保密期内，紧盯市场和产业动态，尽快地研发出更为成熟的技术方案，或是进行更为有效的专利布局。而在专利技术公开后，如果市场尚在培育阶段，企业也可以尽可能地利用各种制度有意地延迟确定最终权利范围的时间点，从而迫使跟随者或者竞争对手或者需要花费更大的成本开发规避技术，或者不敢贸然大幅推进其产品上市计划。例如在进行标准相关专利布局时，可以通过 PCT 等途径进行布局，延长专利处于悬而未决状态的时间，同时密切跟踪标准的进展，在合适时机完善修改专利的保护范围，从而确保专利与标准的对应性。再例如，在确定专利的布局地域时，对于某些新兴市场，可并不急于进入，等待其竞争对手的产品进入或者模仿品大量崛起时，再通过 PCT 途径、《巴黎公约》途径或者 PPH 途径进行快速布局。

【案例 2-1-7】立普妥同族专利的布局策略❶

辉瑞公司对阿托伐他汀的某项晶型药物开展专利布局时，首先于 2001 年在美国提出临时申请 US20010302049P，通过该临时申请可以获得较早的申请日或优先权日（仅限美国）。从临时申请日起 12 个月内，申请人于 2002 年 5 月 21 日提交了该临时申请的正式申请（US20020184669），该正式申请与最早的临时申请作为美国专利申请 US6605729B1 共同的优先权文件。正式申请文件在被审查的过程中（USPTO 不对临时申请进行审查，只对正式申请进行审查），申请人又依据不同的策略提交了公开在后的申请（2004 年至 2008 年）。其中的专利申请中，引用之前的所有申请文件的部分都被列出而作为在后申请的优先权文本，例如，US2004054193 为 US6605729B1 的继续申请，该继续申请将此前的临时申请（US20010302049P）、正式申请（US20020184669），继续申请获得的申请（US20030456046）作为其优先权文本。US2006241169 利用了相同的继续申请策略，US2008214651 为 US2006241169 的分案申请，从而 US2006241169 所引用的优先权文本均被列出，US200828752 又为 US2006241169 的继续申请（见图 2-1-6）。从中可以看出，一件专利族中采用了临时申请、继续申请、分案申请等不同的申请策略，分布于非美国地区的专利申请均依赖美国的临时申请作为优先权文本，同时也依据当地的专利制度采用了相似的申请策略。例如，在中国和日本采用了分案申请的策略。通过仔细阅读该专利族中的同族专利可以看出，其并未反映出明显的技术发展变化，仅仅是申请人为获得不同的保护范围而采取了一些申请策略。

---

❶ 张辉，等．立普妥同族专利构建策略探析［J］．中国药学杂志，2014，49（5）：437-440.

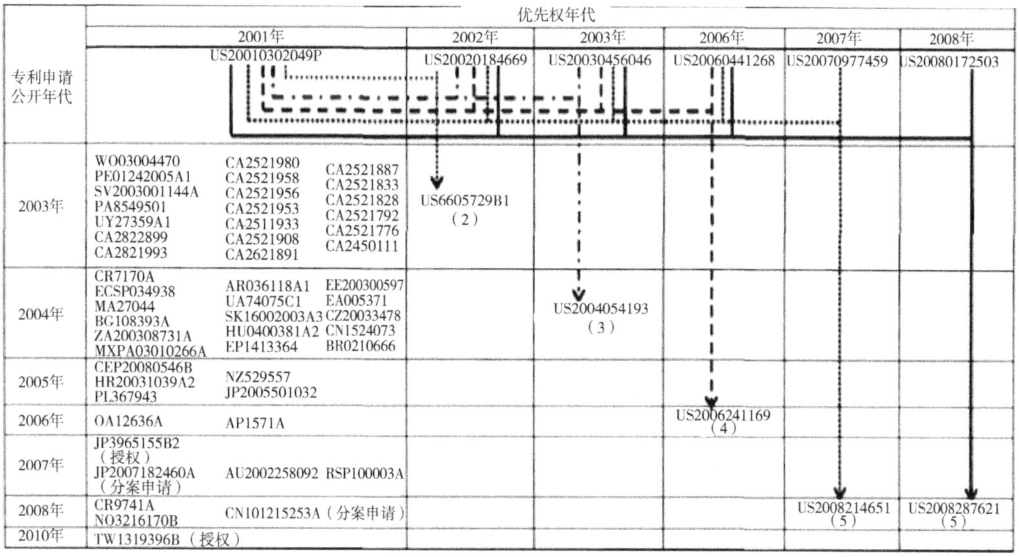

图 2-1-6　立普妥同族申请时间策略示意

2. 根据产业实现进程的布局时间结构的设计

由于从技术提出到产业实现甚至是产业成熟过程中，技术的具体实现方式、应用场景、支撑材料和关联技术都可能会发生较大变化，因此在专利布局的过程中，既可以在早期进行大量的外围布局，也可以随着产业实现的推进程度和竞争对手的跟随进程逐步地布局外围专利，从而变相地延长其核心技术的保护期限。

【案例 2-1-8】吉非替尼专利随产业开发进行的时间布局❶

阿斯利康公司在 1995 年（见优先权日，下同）就申请保护了吉非替尼的化合物，但并没有马上申请大量的吉非替尼外围专利，而是时隔近七年之后，直到 2002 年、2003 年才围绕吉非替尼开展了专利网的布局。这种申请策略与吉非替尼的开发进展有着紧密的关系。吉非替尼 2002 年 7 月在日本首次上市，2003 年 5 月美国食品药品管理局批准在美国上市，2005 年 2 月中国国家食品药品监督管理局批准在中国上市。可见，随着吉非替尼临床研究的进行，以及对药品上市前景的看好，阿斯利康公司在 2002 年首次上市前申请了一系列吉非替尼的相关专利，包括晶型专利、组合物专利和药物制剂专利。紧接着，在 2003 年又申请了中间体专利、组合物专利和分析方法专利（见图 2-1-7）。

❶ 肖西祥．新化学实体药物专利布局策略：以阿斯利康公司药物吉非替尼在华系列专利为例［J］．中国发明与专利，2012（1）：53-55.

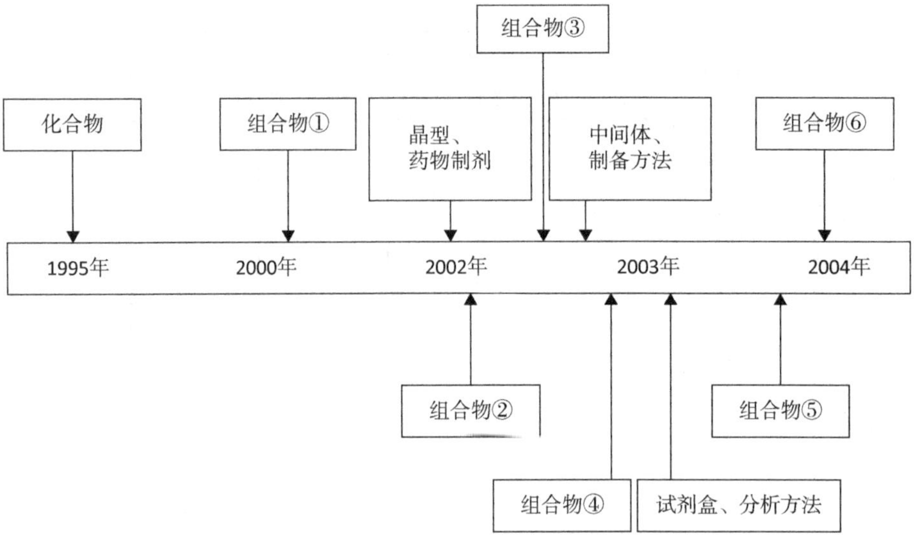

图 2-1-7　吉非替尼系列申请的时间布局示意

六、类型结构

根据技术方案自身的特点、重要程度、紧要程度以及保密程度，企业可以选择发明、实用新型、外观设计三种不同的专利保护形式，也可以选择商业秘密的方式进行技术成果的保护。

1. 发明专利

发明专利的保护客体包括产品、方法和用途，其授权条件要求较高，审查周期长，同时保护年限最长为 20 年。发明专利适用于对重要度较高创新成果的保护。同时，发明专利在申请后最长可以在 18 个月后公开，并可以最长在满 3 年时提交实审请求，因此，为企业提供了更多的时间来隐藏技术路线，完善成熟技术，修正产品和市场战略，从而为企业提供了更多策略性操作空间。

2. 实用新型专利

实用新型专利的保护客体包括产品的形状、构造或者其结合，其授权条件要求较低，审查周期短，较容易获得快速授权，其保护年限最长为 10 年。一般而言，实用新型专利可以适用于一些改进点不大的产品结构的保护。同时，实用新型专利也可以用于一些短期策略性的布局，例如对自身或竞争对手即将进入市场的产品，可以通过实用新型专利快速完成布局，形成自身的专利保护网或者阻击竞争对手的技术方案，也可以短期围绕某一技术点获取大量专利权，形成更多的谈判筹码。

3. 外观设计专利

外观设计专利的保护客体包括产品的形状、图案或者其结合以及色彩与形状、图案的结合，其授权条件要求较低，审查周期短，较容易获得快速授权，其保护年限最长为10年。对于外观设计专利的申请策略类似于实用新型专利。同时，产品更易于通过独特的外观加以分辨和区别，其侵权举证难度也较低，因此，越来越多的企业更为重视产品的外观设计专利权的布局。

4. 商业秘密

商业秘密是企业对其知识产权所采取的内部保密、不对外公开的方式。商业秘密仅能保证自身的技术机密不被外人获取，一般不能针对第三人主张权利。商业秘密一旦泄露，将很难像专利那样通过侵权举证的方式追讨利益。因此，商业秘密适用于难以通过反向工程破解、具有独特竞争力、参与和知晓人员较少的核心技术的保护，例如一些特殊的配方和工艺等。对于被侵权后很难发现或举证的技术，像生产工艺参数、生产中的测试维修方法等，如果确有价值且可保密，也建议采用商业秘密的方式进行保护，而不是通过申请专利的方式进行保护，因为专利的特点就是公开换保护，像这种技术一旦公开了，其他人即使使用了，也很难发现或举证，相当于没有得到保护，白白做贡献了。商业秘密保护年限与泄密时间相关，需要专门人员和制度保障。

综上，只要申请策略恰当，高品质的实用新型专利甚至可以起到“以一当十”的效果，其保护范围会大大超越发明专利，甚至构成重要并且稳固的“基础专利”。此外，外观设计专利申请在专利布局设计中的运用也不能忽视。

【案例 2-1-9】肾动脉支架的专利类型布局

某企业生产肾动脉支架，技术部门经过长期研发，研制出了钴铬合金的支架，该研究成果不仅规避了竞争对手的专利，而且比竞争对手的技术效果还要好。为此，企业设计了三种专利申请类型：①对于钴铬合金支架的制造方法，采用发明专利的类型来申请；②对于钴铬合金肾动脉支架的整体结构，采用实用新型专利的类型来申请；③对于钴铬合金肾动脉支架的外形，采用外观设计的类型来申请。此外，尽管采用发明专利申请保护了钴铬合金支架的制造方法，但对制造过程中所使用的活化处理液的配方采用了商业秘密保护方式：对于该处理液的配方仅有公司核心领导层的少数人掌握，并且由三个工艺团队分别负责供料筛料、浓缩液配制和稀释调制及处理过程。

【案例 2-1-10】光伏聚光玻璃的专利类型布局

某企业开发了一种具有微透镜结构的大尺寸玻璃制备技术，可以在整个玻璃平板上低成本地形成规则排列的凹凸部分，从而能够实现对太阳光的汇聚作用，如果用在光伏发热或光伏发电装置的基板或封装构件中，可以有效地提高转化效率，其制造和安装成本都远低于传统的聚焦技术。企业了解到已经有其他单位也有意开发类似的技术，为了抢占专利先机，该企业首先围绕其成品玻璃的基础结构提交了实用新型和外观设计专利申请，很快获得授权，有效地阻击了竞争对手。后续又围绕制造方法和改进结构提交了发明专利申请，其实用新型和外观设计专利实际上构成了该企业的核心专利。

七、权利结构

无论是单件专利还是同一族中的多个专利，专利布局所最终形成的都是以若干权利要求为代表的确定了保护范围的专利权利。保护范围的大小取决于这些权利要求中关于技术特征的组合方式，以及这些权利要求彼此之间的组合方式，这些组合方式构成了专利布局的权利结构。

可以说，专利布局的整体过程无论是开始自技术结构、产品结构还是地域结构的设计，最终都要通过具体的权利结构来落实。对权利结构的设计是否得当，既决定了专利的质量高低，也在一定程度上反映了企业专利布局的意图。

具体而言，权利结构既包含了显性的权利结构，也包含了隐性的权利结构。其中，显性的权利结构主要是指各项独立权利要求，以及独立权利要求与从属权利要求的搭配，主要是通过各个关键技术特征的组合、替代，在保护主题、保护范围、保护角度上协同、交错搭配实现的。而隐性的权利结构，则是指说明书中出现的一些未纳入权利要求保护范围的技术方案或者技术特征。一方面，其后续可能通过主动修改、分案申请等多种方式，将说明书中的方案或特征补入权利要求中形成新的权利范围，或是在权利范围的解释阶段形成有利于自身的解释；另一方面，即使未纳入权利范围，说明书中的这些方案和特征及其组合也阻碍了竞争对手关于类似专利的获得。因此，一份好的专利申请文件，应该同时考虑其显性的权利结构设计和隐性的权利结构设计。尤其对于后者，需要在说明书的撰写上花费大量精力。

【案例2-1-11】苹果公司核心专利的权利结构设计

苹果公司在其触控解锁专利中，将滑动解锁技术的过程设计为三个步骤：①是否主动将设备设置成解锁状态；②具体的移动解锁图像方法；③判断条件：满足条件则解锁，否则不解锁。对每个步骤，又设计了不同的实现方式，通过将这些实现方式在三个步骤中的不同组合，可以实现数十种解决方案。但经过筛选，从实际应用角度，预定显示路径、预定手势、预定位置是最具价值的技术特征，在权利要求的设计上，优选对这三个技术特征进行了多种组合，并且针对这三个技术特征，说明书中都给出了具体的实施例。针对预定显示路径，说明书又给出四个实施例，包括：①从一个角开始沿着触摸屏圆周顺时针拖曳解锁图像并返回；②沿着一条直线路径将解锁图像从触摸屏的一个边缘拖到其相对的边缘；③一条或多条直线；④扭曲和转向的线路。针对预定手势，说明书中提供的实施例为：将解锁图像拖曳到触摸屏上满足一个或多个预定的解锁判据的位置。针对预定位置，说明书中提供的实施例包括：从触摸屏的一个角拖曳到该触摸屏的另一个角；从触摸屏的一个边缘拖到其相对的边缘。可以看出，该专利无论是在显性权利结构还是隐性权利结构的设计上，都考虑到了对所有可能想到的技术方案尽量全面覆盖。

1. 独立权利要求的布局

根据独立权利要求之间的逻辑关系，如将独立权利要求之间的既相互独立又相互关联的关系分为以下三种类型[1]：

（1）串行独立权利要求

串行独立权利要求，可以概括为“元件—单元—系统”级独立权利要求。由于多个独立权利要求之间必须存在包含或者递进的关系，必然是同类的多个独立权利要求才能构成“元件—单元—系统”模式，既可以同为产品权利要求，也可以同为方法权利要求。

虽然多个独立权利要求之间存在包含或者递进的关系，但它们拥有不同的“主题名称”，例如：“1. 一种灯丝 A。2. 一种用灯丝 A 制成的灯泡 B。3. 一种探照灯，装有用灯丝 A 制成的灯泡 B 和旋转装置 C。”

（2）并行独立权利要求

并行独立权利要求，可以概括为“产品—制造方法—加工设备”级独立权利要求，这种权利要求的撰写模式主要针对产品与方法相结合的发明或者实用新型。如果该方法专利相对于现有技术有着技术上的改进，而通过该方法所得到的终端产品相对于同领域产品也存在着结构或功能上的进步，那么仅撰写为方法权利要求或者产品权利要求都不能全面且同时对该发明或者实用新型以及其制造方法进行保护，此时，撰写并行独立权利要求既可以将方法以及终端产品同时进行保护，又可以通过上下文之间的联系让审查员更加全面地了解发明内容，从而获得更全面的保护。

例如：“1. 一种钢带增强塑料复合排水管道，……；

2. 一种制造权利要求 1 所述的钢带增强塑料排水管道的方法，……；

6. 一种实施权利要求 2 所述方法的制造钢带增强塑料排水管的装置。”

（3）对偶的独立权利要求

对偶的独立权利要求，是指当两项发明或者实用新型之间互为表里，存在对应关系时，比如发射/接收，加密/解密，图像压缩/解压缩，插头/插座等，可以将这两项发明或者实用新型分别写成独立权利要求并纳入同一个权利要求书，既可以同为产品权利要求，也可以同为方法权利要求。这种撰写方式的优势在于，由于两项发明创造相互匹配，放入同一个权利要求书中能够便于审查员对于技术特征的全面理解。

例如：“1. 一种加密的方法，其特征在于，……，采取 X 算法，对信号进行加密运算；……。

2. 一种加密的方法，其特征在于，……，采取 X′算法，对信号进行加密运算；……。(所述 X′算法是 X 算法的逆运算)。”

---

[1] 王若宸. 试论权利要求布局的“四意识”[J]. 中国发明与专利，2016 (8)：74-78.

2. 从属权利要求的布局

通常情况下，根据从属权利要求中附加技术特征与独立权利要求中必要技术特征的关系，可以将从属权利要求分为追加型和细化型❶。

例如：

“1. 一种半导体结构，其特征在于，包括 A 和 B。

2. 如权利要求 1 所述的半导体结构，其特征在于，还包括 C。

3. 如权利要求 1 所述的半导体结构，其特征在于，所述 A 包括 D 和 E。”

上述从属权利要求 2 为追加型，即其中的附加技术特征 C 是在独立权利要求的必要技术特征 A 和 B 的基础上增加的技术特征。从属权利要求 3 为细化型，即其中的附加技术特征 D 和 E 是对独立权利要求中的必要技术特征 A 的进一步限定。因此，可以从追加和细化两个角度对从属权利要求进行布局。

但是，布局从属权利要求的真正目的应当以商业价值为出发点，不具有商业价值的技术方案即使保护得很好也没有实际价值。另外，从属权利要求本身也应当具备可防守性，不能在独立权利要求不具有新颖性和创造性的时候，从属权利要求的附加技术特征毫无防守能力，像“多米诺骨牌”一样倒下去。

那么，具体该怎么做呢？可以按照如下步骤来操作（见图 2-1-8）：

第一步，罗列出实施方案的重要技术特征的清单；

第二步，去除限制较多且防守性能较差的技术特征；

第三步，根据产品需要实现的性能设计权利要求的防守性技术特征列表；

第四步，分析每一个防守性技术特征的商业价值和可防御性；

第五步，布局撰写从属权利要求。

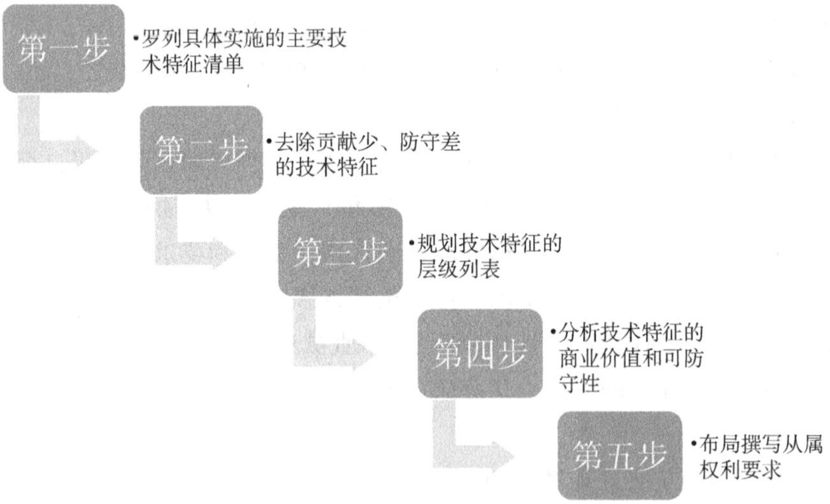

图 2-1-8 从属权利要求的合理布局步骤

❶ 董世蕊. 专利申请文件中权利要求应如何布局［N］. 中国知识产权报，2012-11-14（005）.

【案例 2-1-12】第一把椅子的发明[1]

假如最开始的椅子只是一个实体的“木桩”，一发明人发明了带有“腿”的椅子（见图 2-1-9）。那么如何设计出具有防守功能且具备一定商业价值的从属权利要求呢？

第一把椅子　　　　针对椅子的现有技术

图 2-1-9　椅子第一把

按照前面的方法，第一步，罗列出实施方案的技术特征的清单：

- 腿与座位垂直。
- 腿数正好是四条。
- 腿由木头制成。
- 腿长相等。
- 腿是圆柱形的。
- 腿有圆的底部。
- 腿有 3 平方英寸的横截面。
- 腿在长方形座位的角。
- 腿永久地连接到座位（例如，树脂用作黏合剂）。

第二步，去除限制较多且防守性能较差的技术特征：

“腿有 3 平方英寸的横截面”是其中之一。而且，它的可防御性值得怀疑。如果椅子腿在现有技术中是已知的，那么它们的横截面的大小无疑将被视为常规选择的问题，并且因此是显而易见的。

第三步，根据产品需要实现的性能设计权利要求的防守性技术特征列表：

1　具有一个或多个细长支撑的座椅（“腿”）（独立权利要求）

2　　腿至少有 3 条

3　　　腿非共线

---

[1] 改编自 Ronald D. Slusky. Invention Analysis and Claiming, A Patent Lawyer's Guide［M］. Chicago, IL: ABA Publishing, 2007: 64-72.

4　　　腿与椅面垂直
5　　　腿在有角椅面的角
6　　　腿数量正好是4条
7　　腿展开
8　　　腿不能超出椅面边缘
9　　水平连接件
10　　腿垂直于椅面
11　　腿永久地连接到椅面上

第四步，分析每一个防守性技术特征的商业价值和可防御性：

直接后退位置2：三条或更多腿

商业价值：至少有三条腿以主要方式解决了稳定性问题，市场可能会欢迎这一特征，因此竞争对手的座椅设备很可能会吸收该特征。

可防御性：加入一个支撑是现有技术中已知的最大数目，那么有三条或更多条腿可以说是非显而易见的，因此似乎是可防御的后退位置。

直接后退位置7：展开的腿

商业价值：这个特征改善了稳定性问题，因此应该在市场上有一定的吸引力。

可防御性：后备位置7似乎是一个可防御的后退位置，因为在先的现有技术中的椅子没有任何东西是展开的。

直接后退位置9：水平连接件

商业价值：这个特征有助于结构稳定性，所以应该在市场上有一定的吸引力。

可防御性：后备位置9是一个可防御的后退位置，因为我们知道没有现有技术具有这种连接件。

直接后退位置10：腿垂直于椅面

商业价值：该特征改善了重量问题，因为垂直腿比展开腿更薄，并且市场——至少在许多商用座椅的装置中，可能会欢迎垂直腿，不管椅子是否还包含任何其他特征。

可防御性：回退位置10可能不是一个特别具有可防守性的回退位置。如果事实证明，现有技术公开了单个细长支撑件的座椅装置，则很可能是垂直于座椅。

直接后退位置11：腿可拆卸地装配到椅面上

商业价值：此特征可解决便携性问题，因此市场-至少在许多商用座椅的装置中，可能会欢迎此特征。

可防御性：回退位置11是一个可防御的后退位置，因为我们知道没有现有技术将腿可拆卸地装配到座位上。

间接回退位置3：腿数至少为三并且不共线

商业价值：由于我们的发明人预计绝大多数商用座椅装置将具有三条或四条腿，并且它们中的大多数将具有分布在座椅周围的腿并且因此是“非共线的”——我们预计大多数商用座椅产品将包含这两个特征。

可防御性：具备一定的可防御性。

间接回退位置4：腿的数量至少为三个并且垂直于椅面

商业价值：因为发明人预计绝大多数商用座椅装置将具有三条或四条腿，并且其中许多——尤其是四条腿——也将他们的腿垂直于座位，我们预计相当数量的商业椅子产品将包含这两种特征。

可防御性：后退位置4的“垂直腿”特征与后退位置2的“至少三个腿”特征的组合，比单独的后退位置2或者“垂直腿”特征与宽泛发明构思的“至少一个细长支撑件”特征组合的后退位置10，更具防御性。

间接回退位置5：腿在有角椅面的角

商业价值：发明人告诉我们，当她的椅子有四条腿，每条腿连接到四边形椅面的角时，椅子特别抗倾翻。因此，我们预计相当数量的商业产品将纳入这一特征。

可防御性：这是可防御的回退位置。现有技术没有披露有角形椅面，更不用说在每个角安上一条腿。

间接回退位置6：正好四条腿

商业价值：根据发明人的说法，四条腿是理想的数字，因为它解决了稳定性问题，同时比相对稳定的三腿装置需要更少的材料。因此，市场对于四条腿比三条腿更需要，并且独立于任何其他特征。就像发明者发现的那样，尽管其“正好”四条腿的要求太过具体，但由于其在诸多方面的优越性，这个回退位置预计会占据很大的市场。

可防御性：准确地说，四条腿似乎是一个比三条腿（即后退位置2）具有更好防御效果的后退位置。即使现有技术中确实提出了具有两个以上细长支撑的概念，对于发明家显而易见的是三条腿，而不是四条腿。四条腿提供了意想不到的结果，因为它已被证明是确保以最低成本和重量提供良好稳定性的最佳腿数。请注意，五条腿不如四条腿，因为第五条腿会显著增加重量却并没有提高稳定性。

间接回退位置8：展开的腿不能超出椅面边缘

商业价值：如果你要使用腿展开的座椅，那么人们不要被其绊倒是有益的，所以商业上提供的带有展开腿的座椅装置可能具有这种特征。

可防御性：不是本领域技术人员已知的一般原理，具备可防御性。

第五步，撰写从属权利要求：

6.1 一装置，包括椅面以及椅面支撑，其在椅面的下层表面将其向上支撑，椅面支撑包括一个或多个细长支撑件。

6.2 如权利要求6.1所述的装置，其特征在于，所述椅面支撑包括至少三个支撑件。

6.3 如权利要求6.2所述的装置，其特征在于，所述一个或多个细长支撑件是非共线的。

6.4 如权利要求6.2所述的装置，其特征在于，所述一个或多个细长支撑件基本垂直于所述椅面。

6.5 如权利要求6.2所述的装置，其特征在于，所述椅面具有多个拐角，并且每个所述细长支撑件基本上在相应拐角处支撑所述椅面。

6.6 如权利要求6.2所述的装置，所述椅面支撑包括正好四个支撑件。

6.7 如权利要求6.1所述的装置，其中所述一个或多个细长支撑件是展开的。

6.8 如权利要求6.7所述的装置，其中所述展开的支撑件不超出椅面的边缘。

6.9 如权利要求6.1所述的装置，还包括至少一个连接件连接至少一对细长支撑件。

6.10 如权利要求6.1所述的装置，其中所述一个或一个以上细长支撑件大致垂直于所述椅面。

6.11 如权利要求6.1所述的装置，其中所述一个或多个细长支撑件永久地连接到所述椅面。

八、来源结构

一般情况下，企业的专利布局以对自身的原始创新、跟随式创新、集成创新等研发成果的挖掘所形成的专利为主。除此之外，还可以包括在委托开发、合作研发中获得的具有专利权或共有专利权的专利，也可以包括通过购买、并购方式所获取的专利，以及其所在的各类企业联盟中成员彼此共享的专利，也可以是通过技术合作、获得专利许可等方式合法使用他人专利。这些专利与企业自身挖掘获得的专利共同构成了企业专利布局的来源结构（见图2-1-10）。总体上，可以具体归纳为挖（专利挖掘）、联（技术/专利联盟）、许（许可/交叉许可）、买（企业并购/专利购买）四类。

图2-1-10 专利布局来源方式

对于专利购买而言，企业在购买前，需要对购买的必要性做出评估，确定哪些技术点或技术方向上存在着专利购买的必要。在专利购买过程中，需要从专利角度、技术角度和市场角度等对专利价值进行全面的评估，以确定其合理的价格并作为与专利权人谈判的基础。

对于技术联盟而言，企业寻求联盟的基础，应该是自身具有一定的技术、市场实力，以及适当的专利储备。企业选择联盟的对象，应该考虑联盟达成的可能性以及所达成的联盟对风险专利的应对能力。例如，联盟可以是平等互补型的，这时候的联盟对象一般为与本企业的产品线重叠、市场规模相当、专利数量相近、专利涉及的技术点存在互补，并且都可能面临来自同一专利权人的诉讼风险的企业；也可以是以特补强型的，即当企业在某些特定的技术点上存在着一定的产品、技术或专利优势时，也可以寻求已有大量专利储备但在这方面需要进行补充的大型企业进行合作，反之企业作为实力较强的一方，也可以选择在某些技术点上独具特色的企业进行合作。还有一类专门去降低和解决被诉风险的联盟，他们收储了大量的有威胁专利，或者获得了有威胁专利的许可，只要加入联盟缴纳一定的会员费用，即可获得这些专利的许可，也是以较低成本替代常规专利布局解决专利风险的可行途径。

【案例 2-1-13】嵌合抗原受体 T 细胞免疫疗法领域三大公司的专利布局策略❶❷

嵌合抗原受体 T 细胞免疫疗法（Chimeric Antigen Receptor T-Cell Immunotherapy，CAR-T）是基于免疫的抗肿瘤过继细胞疗法，是除了细胞因子、肿瘤疫苗、免疫监测点阻断，溶瘤病毒外的热门新兴肿瘤免疫疗法。20 世纪 80 年代，以色列魏茨曼科学院（Weizmann Institute of Science）的免疫学家 Zelig Eshhar 在美国度假时思考了一个问题：是否能让自身免疫系统的卫兵——T 细胞攻击诸如肿瘤的细胞。该想法引起了多个研发机构的兴趣，这些机构包括斯隆-凯特林纪念癌症中心、宾夕法尼亚大学。研发的进展吸引了大量的投资并引起了多家医药巨头的兴趣，其中，Novartis AG（诺华公司）、JUNO Therapeutics（朱诺公司）以及 Kite Pharma（凯特公司）寻求和上述研发机构的相关科学家合作，并成为 CAR-T 技术的研发进展最快的公司。

通过分析嵌合抗原受体 T 细胞免疫疗法领域三大公司的专利之战，深入分析各焦点专利的源头，可以洞察和分析出该三大公司的专利布局策略（见图 2-1-11）。

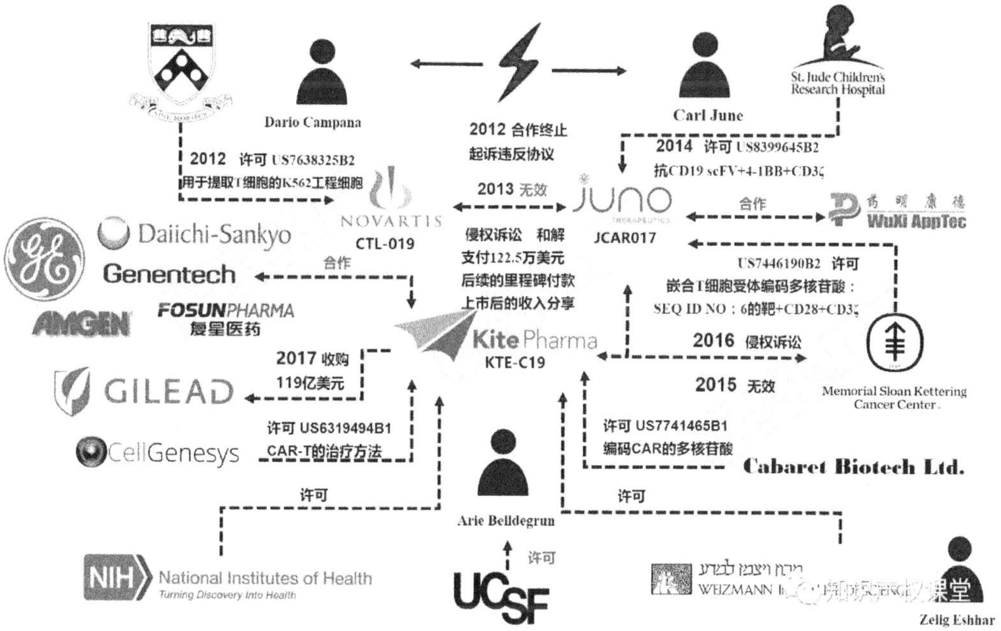

图 2-1-11　CAR-T 技术的专利之战

---

❶ 王菲，等. 由 CAR-T 技术的专利之战来看新兴治疗技术的专利布局（上）[EB/OL]. http://www.sohu.com/a/205041105_689827.

❷ 王菲，等. 由 CAR-T 技术的专利之战来看新兴治疗技术的专利布局（下）[EB/OL]. http://www.sohu.com/a/207907583_689827.

1. 诺华公司的专利布局策略

（1）诺华公司围绕CAR-T技术构建了55项专利（申请）。

（2）收购部分公司的专利。

（3）获得宾夕法尼亚大学相关专利的许可。

（4）与宾夕法尼亚大学合作，共同开发嵌合抗原受体免疫疗法。

（5）诺华公司和朱诺公司就关于CAR-T疗法的专利纠纷达成和解，并签订和解协议。

2. 朱诺公司的专利布局策略

（1）自身申请CAR-T相关专利技术22项。

（2）获得了包括圣裘德（ST. Jude）儿童研究医院、Memorial Sloan Kettering（MSK）研究中心等多家研发机构的专利许可，如圣裘德儿童医院将专利US8399645B2以独占方式许可给朱诺治疗公司。

诺华公司和朱诺公司就关于CAR-T疗法的专利纠纷达成和解，并签订和解协议。

3. 凯特公司的专利布局策略

（1）申请CAR-T相关的专利仅有6项。

（2）与安进（Amgen）公司达成战略研究合作和许可协议。

（3）与Bluebird bio，Inc. 公司达成合作协议使用基因编辑和慢病毒载体共同开发和商业化针对HPV16 E6肿瘤蛋白第二代T细胞受体产品候选物。

（4）凯特公司围绕着自身以及竞争对手的核心技术通过专利许可的方式获得了来自CellGenesys、Cabaret Biotech Ltd.、NIH、魏茨曼科学院以及UCSF等合计10余项的专利权。

图2-1-12是包括宾夕法尼亚大学（宾大）、Cabaret Biotech Ltd.（Cabaret）、Memorial Sloan Kettering（MSK）癌症研究中心、圣丘德（St. Jude）儿童研究医院、National Institutes of Health（NIH）、诺华（Novartis）公司、朱诺（JUNO）公司、凯特（KITE）公司、洛杉矶加利福尼亚大学（UCSF）、蓝鸟生物公司（Blue Bird）以及Cellectis公司等多家研究机构或医药公司的专利申请随年份的分布图，气泡的大小表示申请项（每个同族申请记为1项）的多少。

由图2-1-12可知，诺华、朱诺、凯特、蓝鸟、Cellectis公司均有自己的专利申请，且专利布局多集中于2013年以后，而2013年以前的专利申请则集中在诸如宾夕法尼亚大学、圣丘德儿童研究医院、NIH、MSK癌症研究中心等研究机构中。对于新兴技术而言，最初的研究通常起源于大学或研究中心（统称研究机构）的基础型研究，而基于基础型研究的平台技术专利也通常掌握在相关的研究机构手中，其中专利申请年份跨度最大，数量最多的为宾夕法尼亚大学，这也充分体现出宾大在CAR-T研究方面的引领地位。而商业公司的专利布局往往服务于拟商业化的产品或技术的市场，且专利申请的时机通常需适应于技术的研发进程和上市时间。因此，诺华、朱诺、凯特、蓝鸟、Cellectis 公司的专利均集中于 2013 年后。

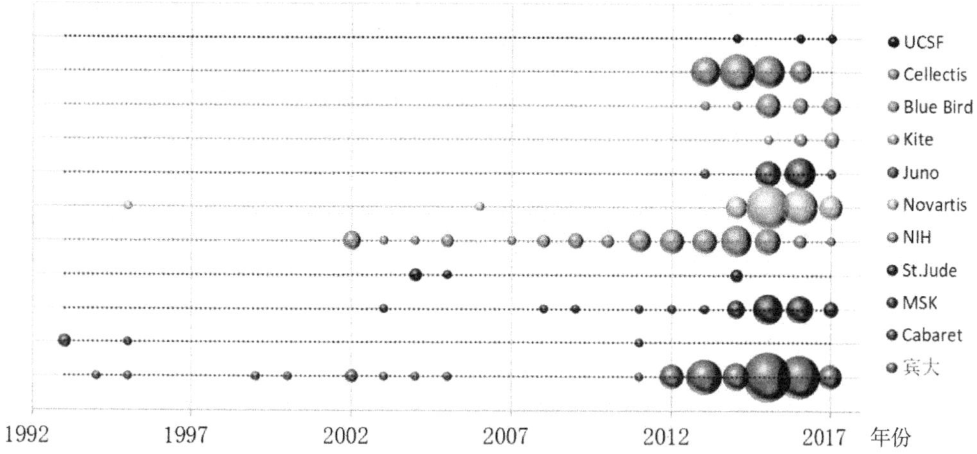

图 2-1-12　CAR-T 技术主要申请人专利年份布局分布

在 2014 年以后，诺华公司和宾夕法尼亚大学专利申请的变化趋势（即气泡的大小）基本一致，事实上，在 2012 年诺华公司宣布与宾夕法尼亚大学合作，共同开发嵌合抗原受体免疫疗法以后，诺华公司 CAR-T 相关的大部分专利申请均为与宾夕法尼亚大学的共同申请。而这种共同申请的模式似乎也是 CAR-T 这一新兴技术专利申请开启的模式，商业公司需要研发机构的技术支持，并且也有商业化专利技术的需求。

在上述八类要素结构中，一般而言，技术结构和产品结构往往是设计或规划专利布局时的首要考虑要素，其次是根据自身发展或者市场竞争需要规划专利布局的地域结构。在此基础上，通过具体的类型结构和微观的权利结构设计来落实在各技术、产品和地域上的专利权利。而在具体的布局实施阶段，则进一步需要考虑突出高价值端的专利布局、考虑申请和公开时机的选择，以及综合何种来源丰富专利布局的内容。这些要素结构之间的运用关系如图 2-1-13 所示。

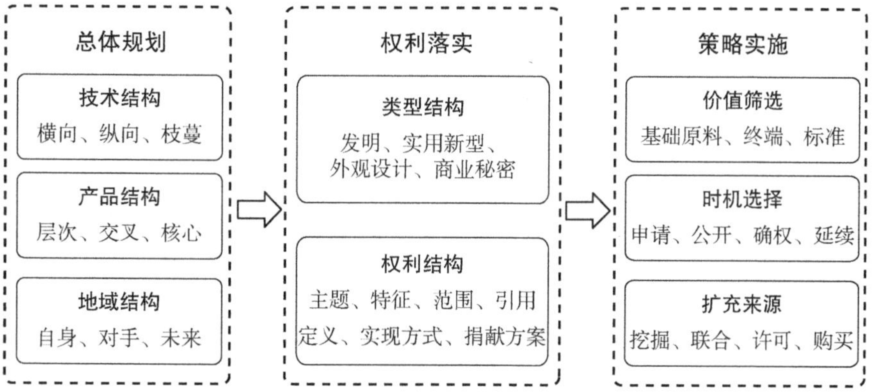

图 2-1-13　各种布局要素结构之间的运用关系

第二节　专利布局的典型模式

专利布局的模式千变万化，但至今为止，Ove Granstrand 教授提出的六种专利布局策略（Patent Strategy）模式仍然是公认的最为经典的专利布局模式，其他各种模式也大多是基于这些模式演变而来的。因此，本节还是将这六种专利布局策略模式作为典型进行介绍。同时，为能够更好地运用这些策略模式，首先对专利布局中的专利从功能类型角度进行了归纳。

一、专利布局的功能类型

从专利布局的整体结构和战略需求来看，其中的各个专利基于自身的特点发挥着不同功能和作用，而基于功能和作用，可以将布局结构中的专利分为以下几种类型（见图 2-2-1）。[1]

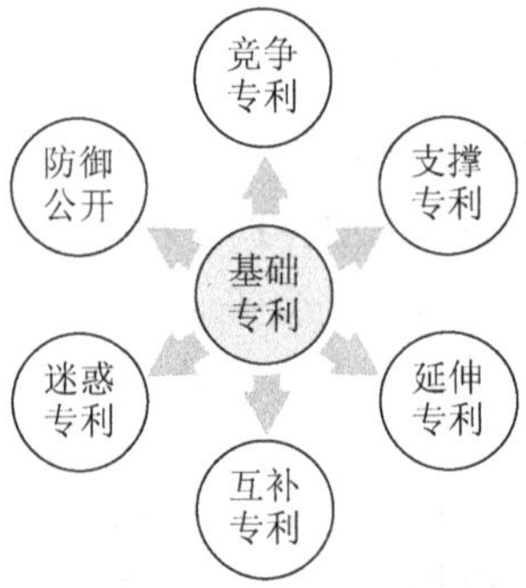

图 2-2-1　专利布局中的专利类型

1. 基础性专利

这类专利主要是覆盖了创新技术成果的核心或基本方案的最主要技术特征，为其提供最大保护范围的若干专利，这些专利发挥了对该技术成果最基础、最重要的保护和控制作用。

2. 竞争性专利

这类专利主要是为解决同一技术问题，或为实现相同或相近的技术效果而采取的不同替代技术方案的专利。通过围绕某一技术方案设置若干竞争性专利，可以在一定程度上阻止他人的规避设计，提高竞争对手的研发成本。另外，其中的一些也有可能成为企业的储备性技术，未来随着技术和市场的发展而替代现在使用的方案。

3. 互补性专利

这类专利主要是围绕核心或基本方案衍生出的各类改进型方案的专利，包括对技

[1] 杨铁军．企业专利工作实务手册［M］．北京：知识产权出版社，2013：108-109.

术本身的优化、改进方案，与各种产品结合时产生的具体应用方案等。互补性专利与基础性专利，在保护范围和保护效果上相互补充、交叉，可以对自身的核心和基本方案的实现提供有效的延伸保护。通过互补性专利也可以有效延长对技术的保护时期。

4. 支撑性专利

这类专利主要是对核心或基本方案的具体实施起到配套、支撑作用的相关技术的专利，例如该方案相关的上下游技术的专利。支撑性专利与基础性专利在对技术的控制作用上相互依赖，可有效扩大企业的技术控制范围，增加企业对产业链的影响力。

5. 延伸性专利

这类专利主要是核心或基本方案在向其他应用领域扩展时，所衍生出的各种变型方案，以及其与这些领域中的相关技术相结合时产生的技术组合方案。延伸性专利为潜在的各类扩展应用建立了保护屏障，使得企业对技术控制的领域得以延伸。

6. 迷惑性专利

企业经过内部判断，可以有意选择若干产业前景或市场前景并不看好，或是成本竞争力不足，或是技术缺陷明显等实际上为企业所放弃的技术方案来申请专利。这类专利其主要目的并不是保护企业的技术方案，而是迷惑竞争对手，让竞争对手难以发现企业真正的技术或产品规划，引导竞争对手选择错误的竞争点位。

7. 防御性公开

为了控制专利申请和管理成本，企业对于部分认为自身价值不大但又有可能为企业所关注或采用的技术成果，可以采用防御性公开的方式。一方面，可以有效阻止其他企业获得该技术的专利，从而避免潜在的专利侵权风险；另一方面，也降低了企业的专利申请和管理成本。

一般情况下，在专利布局结构中，基础性专利构成了核心部分，而根据不同的保护内容和保护目的，可以在其外围有选择地设置若干竞争性专利、互补性专利、支撑性专利或延伸性专利。

另外，一件专利的具体所属类型，取决于其所处的专利布局结构、特定阶段在专利布局结构中发挥的作用等因素。例如，在某一技术方案的竞争性专利、互补性专利、支撑性专利或延伸性专利中，也可能会出现一些创新程度较高、产业和市场应用价值较大的专利，这些专利可能会成为某个未来的专利布局结构中的基础性专利，以这些专利为中心，也可以继续构建相应的外围专利保护圈。

二、专利布局的经典策略模式

瑞典的 Ove Granstrand 教授指出专利布局策略有很多形式，包括以下六种专利布局

模式。❶

1. 特定的阻绝与规避设计

特定的阻绝是指仅用一个或少数几个专利来保护特定用途的发明，申请与维护成本较低。缺点是竞争对手容易利用规避设计来避开专利的效力。也有人称这种专利布局策略为“阻击者策略”。这类布局模式如图2-2-2所示。

例如，三星公司在与苹果公司的第一轮诉讼中被判定其所有涉案的产品均对US7469381构成侵权。但三星随后修改了其产品的设计，从而有效地规避了该专利。

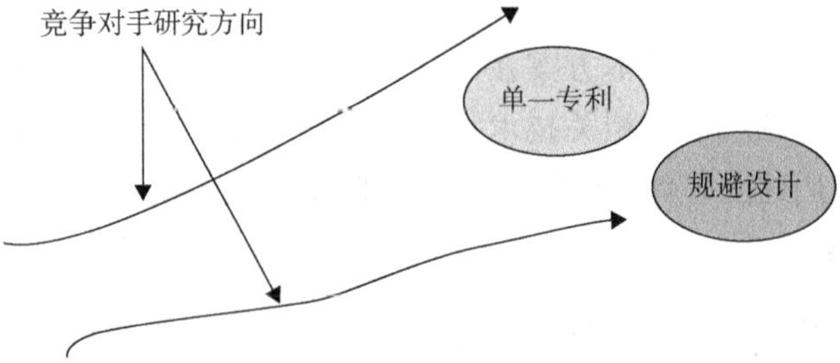

图2-2-2 特定的阻绝专利布局模式示意

2. 策略型专利布局

专利权拥有者想要保有竞争优势，就应该避免让竞争对手有规避设计的机会，否则该专利就容易完全失去价值。策略型专利是一个具有较大阻绝功效的专利，像是某特定产品领域所必需的技术或是路障性专利，其具有阻碍性高、无法规避设计的特点。也有人称这种专利布局策略为“阻塞策略”。这类布局策略如图2-2-3所示。

例如，惠普和佳能等公司针对其激光打印机的耗材接口进行的专利布局就具有这类性质，其目的就是排斥其他厂商生产与其打印机兼容的，但价格相对低廉的耗材。

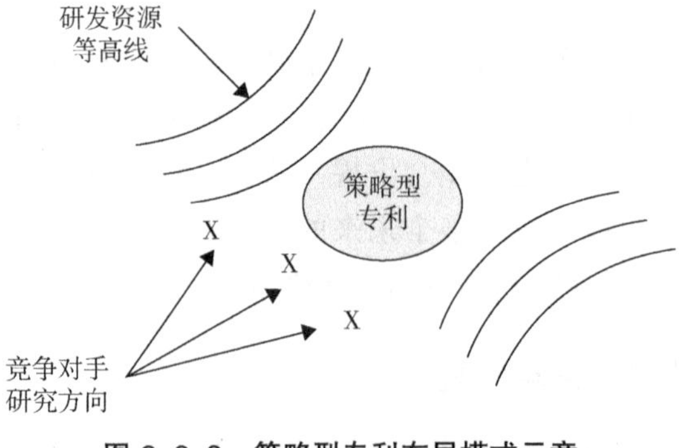

图2-2-3 策略型专利布局模式示意

❶ Ove Granstrand. The Economics and Management of Intellectual Property: towards intellectual capitalism [M]. UK/Northampton: Edward Elgar Publishing, Inc., 1999: 218-222.

3. 地毯式专利布局

如果没有绝佳的策略型专利，也可以形成类似于布雷区的地毯式专利布局。例如有系统地在每一步骤中用专利来形成地雷区，以阻断竞争者进入，而对于强行侵入技术领域的竞争对手，也可通过专利诉讼的方式将其逐出该领域。这类布局模式如图 2-2-4 所示。

地毯式专利布局模式一般可用于不确定性高的新兴技术、各种研发方向都能产出结果，或是专利的重要性尚未明朗化的时期，该种布局有一定条件和要求：足够的资金以及研发能力的配合。如果没有系统性的专利布局则容易演变为专利泛滥，无法发挥预期效果。

需要强调的是，为了避免地毯式专利布局成为“乱枪打鸟”式的布局，需要研发人员的深度参与，通过与专利人员的不断沟通，使布局的轮廓尽量清晰，以降低盲目性。

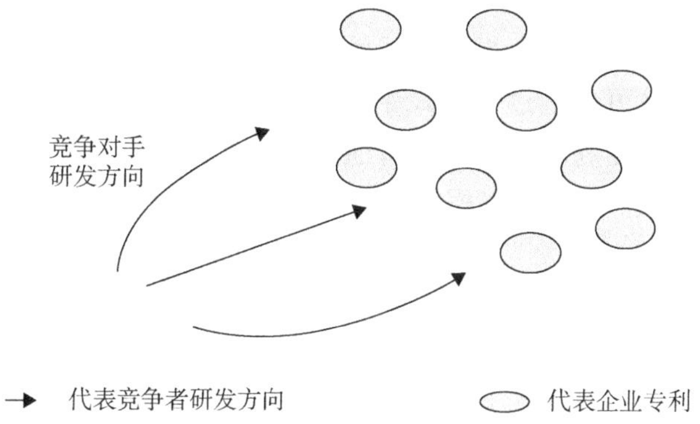

图 2-2-4　地毯式专利布局模式示意

4. 专利围墙型专利布局

专利围墙是利用系列式的专利形成对竞争对手研发的阻碍。例如，一项与化学相关的发明，将其化学方程式、分子设计、几何形状、温度等范围的变化都申请专利保护，形成一道围墙，以防止竞争对手有任何缝隙刻意回避。当许多不同的技术解决方案都可达到类似功能的结果时就可以考虑专利围墙的布局模式。也有人称这种专利布局策略为“隔离策略”。这类布局模式如图 2-2-5 所示。

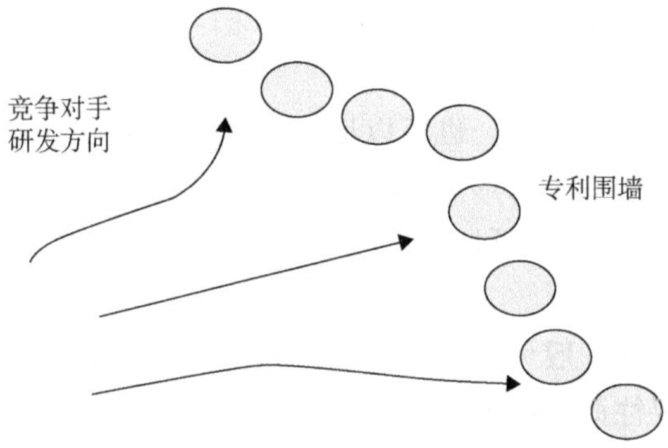

图 2-2-5 专利围墙型专利布局模式示意

5. 包绕式专利布局

包绕式专利布局是以多个小专利包绕着竞争对手的重要专利，这些小专利本身价值或许不高，但其组合却可以阻碍竞争对手重要专利的有效商业应用。例如，以各种不同的应用来包绕基础型专利，很可能就使得基础型专利的价值荡然无存，当竞争对手有基础性专利时，就可以透过包绕式专利作为交互授权谈判的筹码。另外，如果企业本身有重要的基础型专利时，应先自行通过研发形成自己的包绕式专利布局，避免让竞争对手采取该模式。这类布局模式如图 2-2-6 所示。

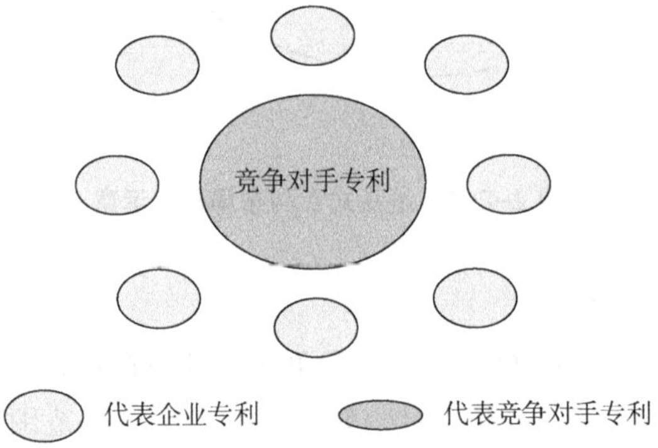

图 2-2-6 包绕式专利布局模式示意

6. 组合式专利布局

以各种结构和方式形成如网络状的组合式专利布局，可以强化技术保护的强度或成为谈判有利的筹码。所采取的子结构中，包绕式专利布局模式就是一个可供参考的模式之一，以一个基础性专利包绕几个次要的应用型专利，甚至以多个包绕式专利布局形成紧密的专利网络，阻绝竞争者的研发方向。这类布局模式如图 2-2-7 所示。

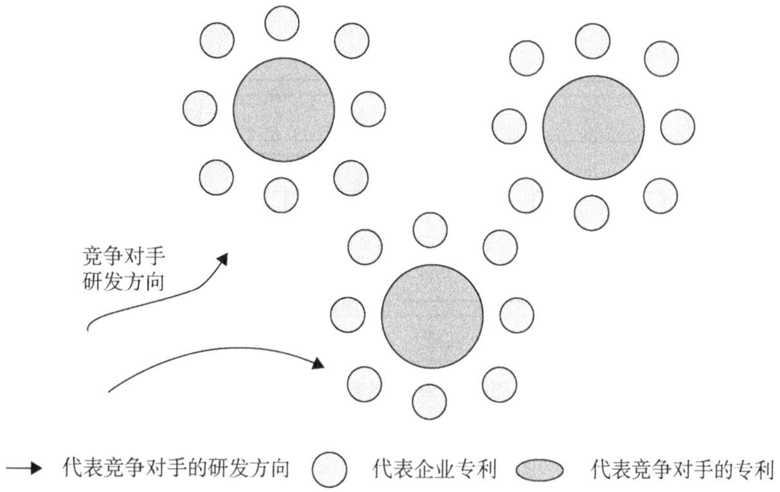

图 2-2-7　组合式专利布局模式示意

第三节　专利组合的类型

布局的每个技术点，实际上都可能是若干专利组成的专利组合。因此，在考虑具体的专利布局方式时，还可以从选择特定的组合类型角度来落实。根据专利组合的结构形态，可以分为集束型、降落伞型、星系型、链型和网状覆盖型五种基本模式。❶ 在这些模式中，以基础性专利为核心，将不同类型的专利与基础性专利进行组合，可以为某项技术或产品提供不同的保护效果。在此基础上，还可以进一步形成策略组合的综合类型。

一、集束型专利组合

集束型专利组合可以基于自身实施的技术方案所要解决的问题，将实现该发明目的的其他多个可能的技术方案进行专利布局。也可以采用特征替换的方式，将发明的技术方案中某些或某个技术特征、特征组合等进行替换，或变换各个技术特征的组合关系形成的新技术方案所进行的专利布局，所替换的技术特征或特征组合可以是功能、效果或结构等相近的部件、成分、步骤等，或者根据相应技术特征所存在的缺陷进行替换。❷ 该组合由某一技术方案的基础性专利，和对应于各种替代方案的若干竞争性专利构成。这种组合类型通常用于核心技术的保护，适用于设置专利屏障，阻碍竞争对

❶ 杨铁军．企业专利工作实务手册［M］．北京：知识产权出版社，2013：110-112.

❷ 杨斌．专利布局设计方法浅析［A］//中华全国专利代理人协会．提升知识产权服务能力　促进创新驱动发展战略——2014 年中华全国专利代理人协会年会第五届知识产权论坛优秀论文集［C］．北京：知识产权出版社，2014：313-322.

手的模仿。集束型专利组合如图 2-3-1 所示。

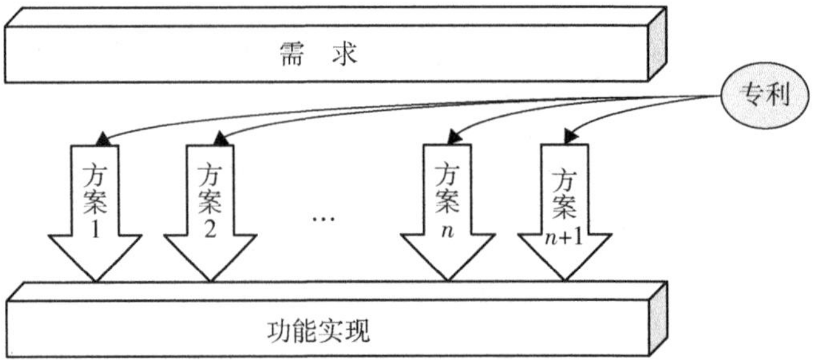

图 2-3-1 集束型专利组合示意

二、降落伞型专利组合

由某一技术方案的基础性专利和其主要的改进、优化方向上的若干互补专利构成，其可以是改进、减少某一或某些技术特征，增加新的技术特征，找到新的技术问题进行完善等。这种组合类型适用于对持续改进技术的跟随式保护，当然也可为竞争对手制造障碍。降落伞型专利组合如图 2-3-2 所示。

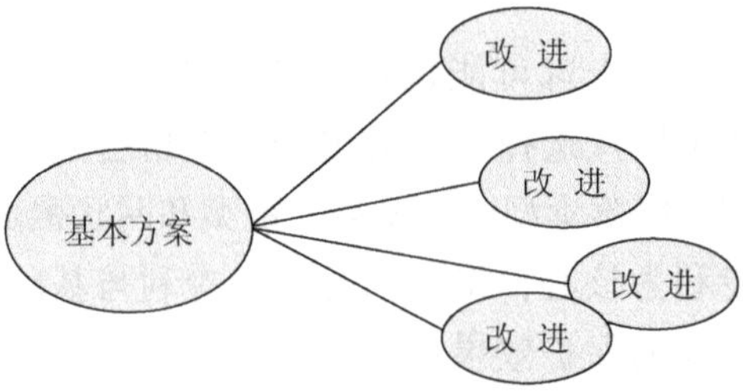

图 2-3-2 降落伞型专利组合示意

三、星系型专利组合

由某一技术方案的基础性专利和应用在各个领域中产生的延伸性专利构成，通常用于为企业拓展其产品种类、在不同领域获得技术控制地位提供专利保护。发明中的某一技术手段完全可能通过迁移扩展应用到多个领域，拓展发明的宽度；通过对发明的“由近及远，深挖扩用”，拓展发明的应用路径和领域，实现专利布局的横向扩展、多面性和多样化。在实施时，根据发明的特点，可以从发明的思想迁移、结构迁移、原理迁移、方法迁移、技术手段迁移、技术问题迁移、用途迁移等方面进行分析。[1] 星系型专利组合如图 2-3-3 所示。

---

[1] 杨斌. 专利布局设计方法浅析［A］//中华全国专利代理人协会. 提升知识产权服务能力 促进创新驱动发展战略——2014 年中华全国专利代理人协会年会第五届知识产权论坛优秀论文集［C］. 北京：知识产权出版社，2014：313-322.

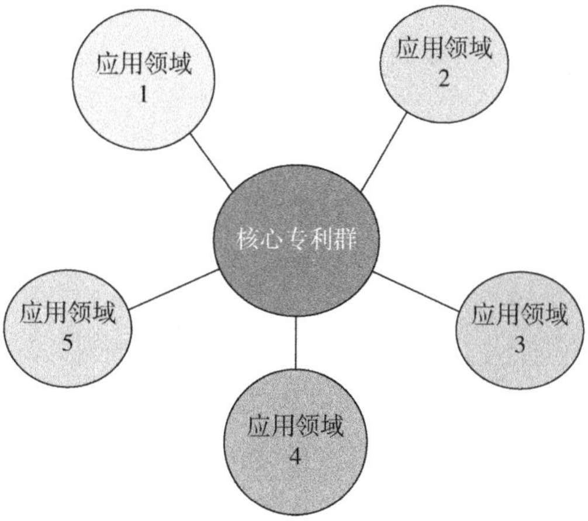

图 2-3-3　星系型专利组合示意

四、链型专利组合

由某一技术方案的专利或专利组合，和为该方案的产业化实现和应用提供支持的上下游支撑性专利或专利组合构成。这种类型通常适用于为企业进行整体的产业布局、整合产业链资源提供专利保护。链型专利组合如图 2-3-4 所示。

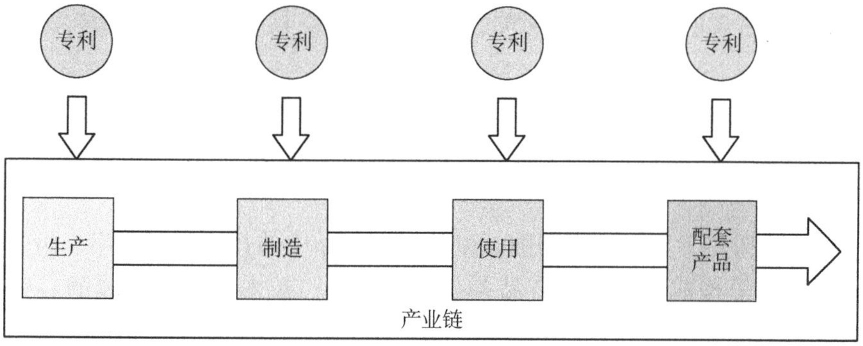

图 2-3-4　链型专利组合示意

五、网状覆盖型专利组合

由一个产品的各个主要技术点的专利或专利组合共同构成，通常用于为企业的某个重要产品提供完整的专利保护网。网状覆盖型专利组合如图 2-3-5 所示。

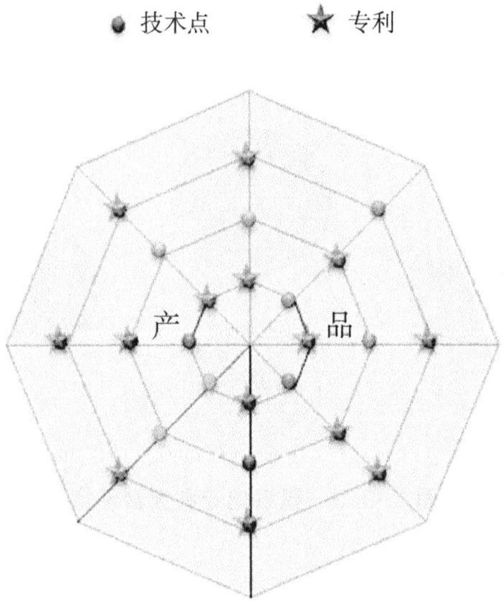

图 2-3-5 网状覆盖型专利组合示意

六、策略组合型专利组合

根据保护对象以及企业专利战略的不同，使用的专利组合类型以及组合方式也千变万化。而基于常规的布局需求和策略，专利组合可以具备如下的结构体系（见图 2-3-6）：

（1）控制关键技术的核心专利群。

（2）由替代方案、改进方案、扩展应用、配套技术等构成的包绕核心专利群的外围专利保护圈。

（3）散布在外围专利保护圈周围，由技术在产品中的具体应用方案、组合方案以及其他相关技术等构成，且围绕产品各个功能模块、技术构成点形成的一系列子专利群。

（4）围绕某些功能模块或技术构成点的子专利群，向外延伸等的上下游扩展专利链。

（5）填补于各专利圈或专利群之间的用于反击对手的专利点，这些专利点和上述专利圈或专利群中的某些专利构成了反击专利。

（6）分布于功能模块或技术构成点的子专利群周边的储备专利。

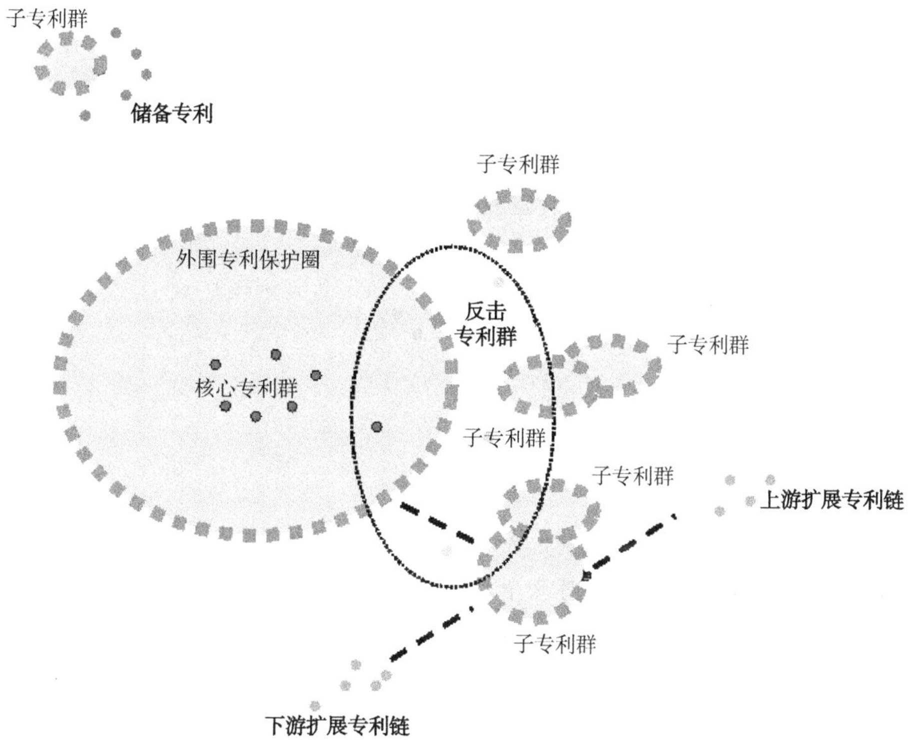

图 2-3-6　专利的策略组合结构示意

需要明白的是，专利布局是一项专业性极高的工作，并非是简单的模式套用，专利的布局模式固然要掌握，但掌握各种专利布局模式绝不是目的，在实际专利布局工作开展过程中需要灵活把握每种模式的特点、长短处，结合市场和企业自身实际去运用，而且要学会打组合拳，单纯的某一种专利布局模式终究是不完美的，需要其他模式配合起来才能实现最大化的保护。

第三章　辅助制定专利布局策略的专利分析工具

本章概述

本章旨在“引导式”地介绍对制定专利布局策略有益的一些专利分析方法和手段，主要从宏观层面、微观层面以及应对竞争对手的角度进行了分类和梳理。一方面可以运用专利分析为自身制定专利布局策略提供决策依据；另一方面还可以运用专利分析透视可借鉴的和需要应对的专利布局策略。

本章知识脉络

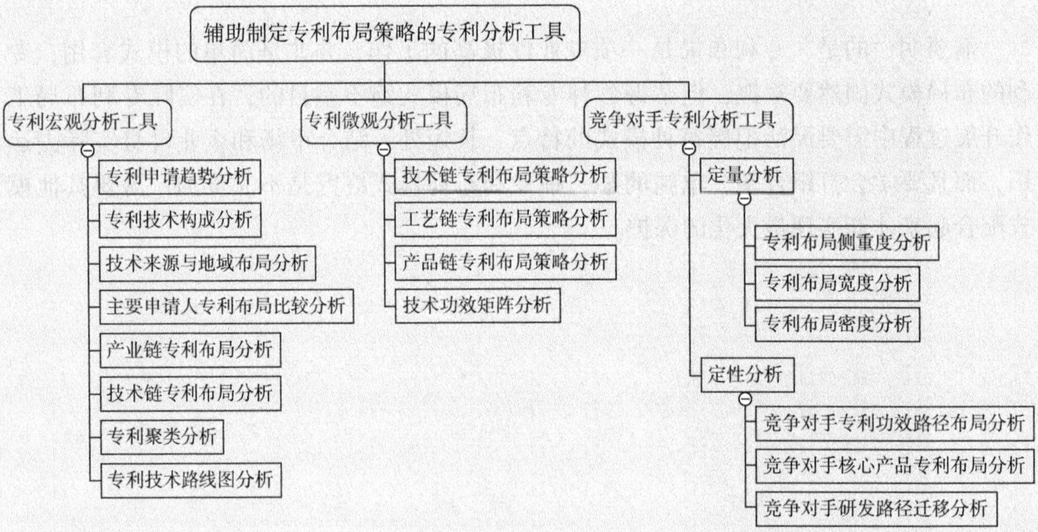

引　言

专利情报分析（以下简称“专利分析”）是指对来自专利文献中大量或个别的专利信息进行加工及组合，并利用统计方法或数据处理手段使这些信息具有总览全局及趋势预测的功能，并使它们由普通的信息上升到企业经营活动中具有价值的情报。

随着专利分析作为一种商业战略工具被越来越多的企业所熟知和娴熟运用，分析他人的专利布局和做好自身的专利布局，已经成为企业专利工作的重要组成内容。利用专利分析工具对他人进行专利布局策略分析或作为制定自身专利布局策略的依据是两种不同的角度，但两者密切关联，主要为达成两个目标：第一，运用专利分析方法对既有专利布局策略的倒推，即倒推视角（此部分内容可以更多地从《专利分析：方法、图表解读与情报挖掘》[1] 中获知）；第二，运用专利分析方法获得未来专利布局策略的参考，即借鉴视角。

在制定布局规划时，专利分析可以帮助企业从宏观层面了解专利技术发展脉络、技术热点和整个领域的专利布局竞争态势，从微观层面进一步明晰可借鉴的布局策略、筛选和判定有价值的空白点，从竞争层面可以分析竞争对手的布局特点和布局策略。企业在制定专利策略时可能使用的专利分析方法如图 3-0-1 所示。

在进行专利布局时，常用的专利分析工具包括技术分解表、技术路线图、技术功效矩阵等。

（1）技术分解表

技术分解表的主要作用是帮助企业逐级地系统梳理某一技术领域或者某一产品中所涉及的各个技术点或者零部件结构。作为变型，技术分解表还可以是对整个产业链或整个工艺流程的分解和梳理。

（2）技术路线图

技术路线图可以帮助快速了解到该领域的基础专利和核心竞争对手，甚至能帮助企业发现和掌握该领域一般的专利布局策略。如果将专利技术路线和产业发展的特点相结合，则可以更为明晰地了解到专利布局与产业发展、调整、转移之间的内在关联，从而帮助企业更好地从产业发展的层面开展专利布局。

---

[1] 马天旗．专利分析：方法、图表解读与情报挖掘［M］．北京：知识产权出版社，2015：265-271.

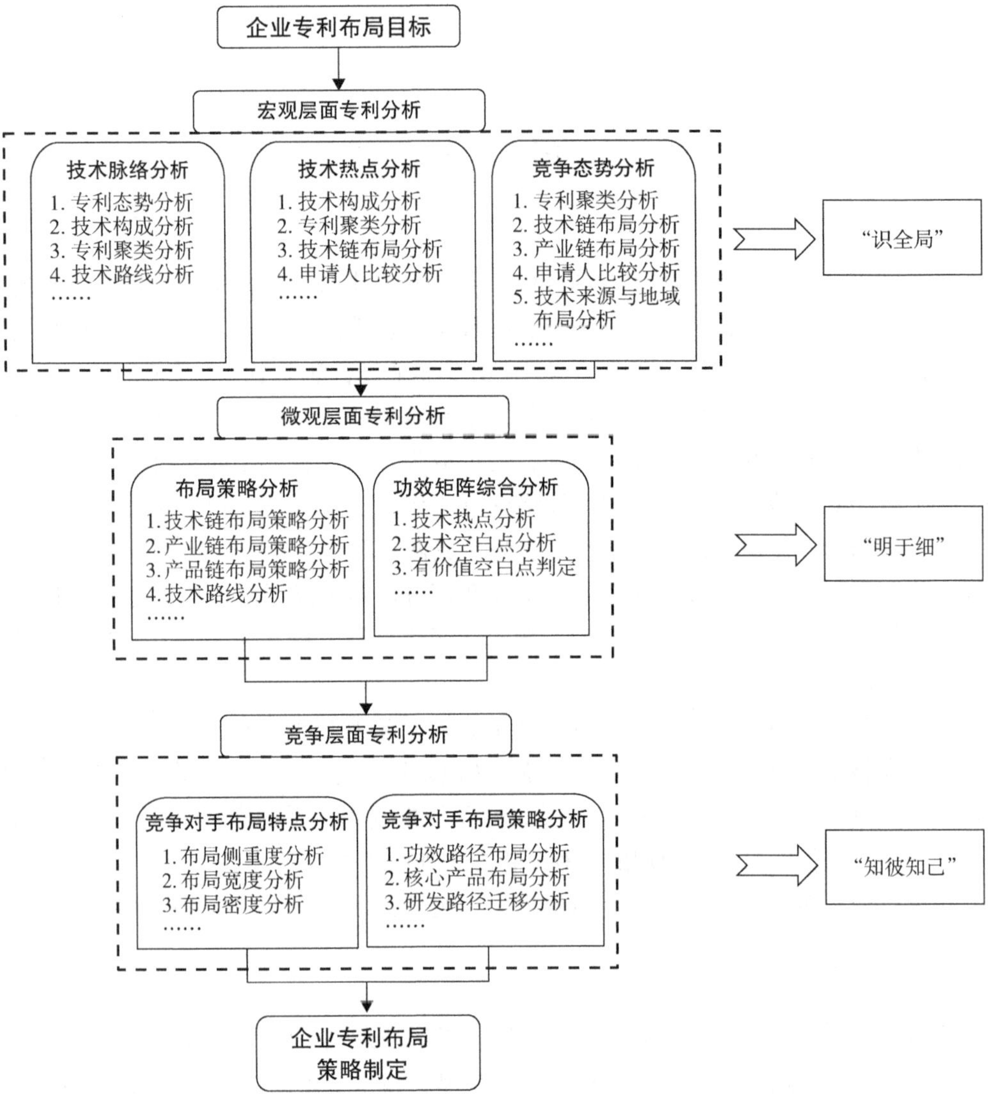

图 3-0-1　企业在制定专利布局策略时可能使用的专利分析方法

（3）技术功效矩阵

对整个行业的专利进行技术功效矩阵分析，则可以了解到整个行业的专利布局情况，看出专利申请在关键技术点上、不同的技术需求上的集中度，较为集中的可确定为重点或热点技术，而申请量较少甚至为零的，可以认为是空白点技术。如果对竞争对手的专利进行技术功效矩阵分析，则可以了解到竞争对手关注的研发方向、专利布局重点和薄弱环节。如果对企业自身的专利进行技术功效矩阵分析，则可以了解到自身的专利布局优势领域、完成情况和后续发力重点。

第一节 专利布局常用的专利宏观分析工具

“不谋全局者，不足以谋一域。”作为一种比较宏观一点的决策，专利布局策略也需要充分地了解“全局层面”的技术发展和市场竞争态势。巨大的专利文献量作为专利分析的“大数据”，可用于分析、归纳、透视各技术领域的整体技术发展趋势和全局市场竞争态势。例如，通过专利申请趋势分析可以帮助梳理技术的发展历程、预判未来技术研发的热点方向；通过技术构成分析可帮助分析专利申请的密集点和空白点、找出核心技术分支及重点专利；通过技术来源与地域布局分析可以帮助辨别各国市场地位及潜在市场、明晰目标市场的专利布局态势；通过主要申请人技术布局比较分析可以帮助分析主要申请人的布局特点和模式、分析主要申请人的布局优劣势以及归纳主要申请人的布局策略；产业链专利布局分析可帮助分析产业链各段专利布局重点、寻找适合的全产业链专利布局模式；技术链专利布局分析可帮助梳理关键技术点、归纳技术延伸方向。此外，还可通过专利聚类分析帮助分析技术空白点、查找研发热点及其变迁、披露新出现的技术主题等；通过技术路线图分析帮助梳理主要的技术演进路径、凸显关键技术节点、辅助研发规划和布局路线、归纳可能的主要技术研发方向等（见表 3-1-1）。

因此，对于制定专利布局策略的决策者来说，通过宏观层面的专利分析可以做到“识全局”。

表 3-1-1 制定专利布局策略时常用宏观层面的专利分析方法或手段及其主要用途

序号	方法或手段	主要用途
1	专利申请趋势分析	（1）梳理技术的发展历程； （2）预判未来技术研发的热点方向
2	技术构成分析	（1）分析专利申请的密集点； （2）找出核心技术分支
3	技术来源与地域布局分析	（1）市场地位分析； （2）明晰目标市场的专利布局态势； （3）挖掘潜在市场
4	主要申请人技术布局比较分析	（1）分析主要申请人的布局特点和模式； （2）分析主要申请人的布局优劣势； （3）归纳主要申请人的布局策略

续表

序号	方法或手段	主要用途
5	产业链专利布局分析	（1）产业链各段专利布局重点； （2）产业链各段专利掌控主体分析； （3）得出全产业链专利布局模式的建议
6	技术链专利布局分析	（1）梳理关键技术点及其专利布局情况； （2）归纳技术延伸方向和专利布局模式
7	专利聚类分析	（1）分析技术空白点； （2）查找研发热点及其变迁； （3）披露新出现的技术主题； （4）不同申请人的布局侧重点比较
8	技术路线分析	（1）梳理主要的技术演进路径； （2）凸显关键技术节点； （3）辅助研发规划和布局路线； （4）归纳可能的主要技术研发方向

一、专利申请趋势分析

在制定专利布局策略时，通过对专利申请趋势进行分析，可以得出：

（1）技术领域全球专利申请趋势。其一定程度上反映出技术的发展历程、技术生命周期的具体阶段，以及预测未来一段时间的发展趋势。

（2）不同技术分支的全球专利申请趋势。其一定程度上反映出目前或者未来技术研发的热点方向。

（3）技术领域不同申请人的专利申请趋势。其一定程度上反映出申请人对技术的关注程度，预测技术领域未来的市场竞争格局。

（4）技术领域不同国家/地区专利申请趋势。其一定程度上反映出各国/地区技术的发展和保护趋势，为选择专利布局目标国和市场开发目标国提供参考依据。

【案例 3-1-1】切削加工刀具全球专利申请趋势分析❶

（1）数据分析

刀具专利申请趋势可以大致分为四个时期：1969 年以前属于缓慢发展期；1969~1990 年属于第一快速发展期；1991~1993 年是调整期（根据我们后续的研究发现，这段时间申请量和申请人数量的下降主要是由于苏联的解体造成的）；1994 年以后属于第二快速发展期（见图 3-1-1）。

---

❶ 改编自杨铁军．产业专利分析报告（第3册）：切削加工刀具［M］．北京：知识产权出版社，2012：37-40.

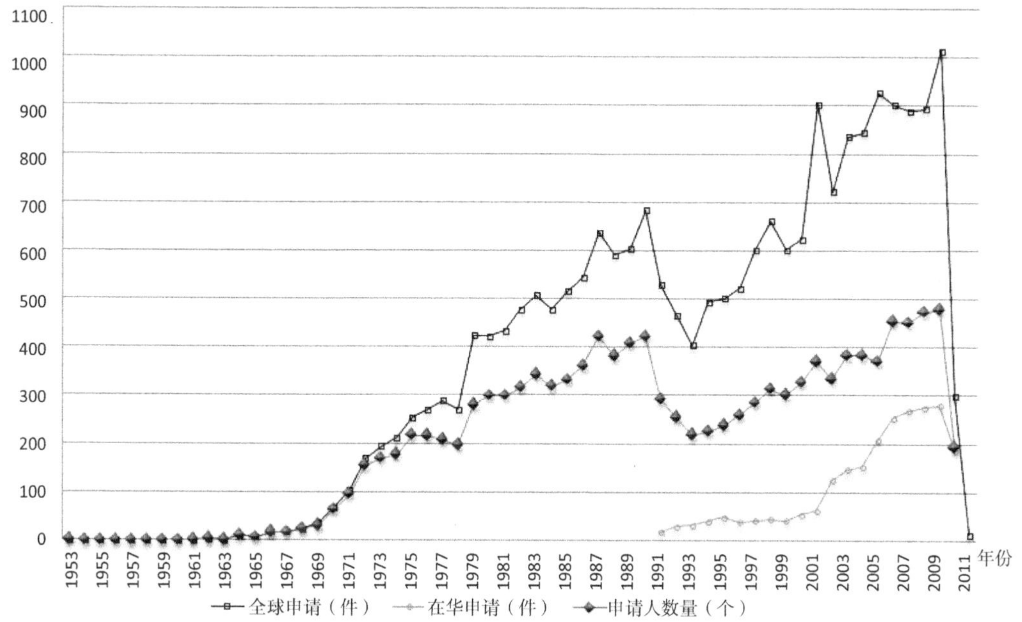

图 3-1-1　切削加工刀具全球专利申请趋势

(2) 技术发展历程梳理

专利申请量和申请人数量的变化趋势必定是由技术的发展来推动的。根据检索到的专利信息勾勒出了刀具重要技术分支的技术图谱（见图 3-1-2）。在缓慢发展期，主要是以硬质合金刀具基体材料技术为主；在第一快速发展期，涂层技术在工艺、材料和结构上实现了全面发展；在第二快速发展期，可转位铣刀技术在刃形、刃数等方面进入了全面发展期，硬质合金和涂层技术持续发展。刀具各项技术的发展不是孤立的，而是相互促进的。例如，最开始的切削加工刀具以高速钢刀具为主，后来因为其不能满足高速高效（会产生高温）的加工需求，人们就开发出了新的热处理工艺，同时，也开始选用一些新材料来替代高速钢，硬质合金刀具就这样应运而生；之后，随着高硬度加工材料的出现，人们发明了涂层技术来提高硬质合金材料的硬度，而涂层技术的出现也使得人们只需要重点关注刀刃的性能即可，这最终导致了多刃的可转位刀具的快速发展。

(3) 未来技术研发预判

从整体上看，刀具专利技术 2010 年前后仍处于蓬勃发展的时期，丝毫没有衰退的迹象。如图 3-1-2 所示，该领域研发热点主要集中在可转位刀具的刃形和涂层材料方面。另外可以看到，刀具技术的相关专利最早是在 1953 年申请的，而国内的第一件刀具相关专利申请是在 1991 年，说明中国刀具专利技术起步较晚，但反过来讲，我们有大量的现有技术可以借鉴，具有后发优势。此外，大量专利技术并没有在中国进行布局，我国创新主体可以利用专利的地域性特点对这些专利技术进行合理应用。

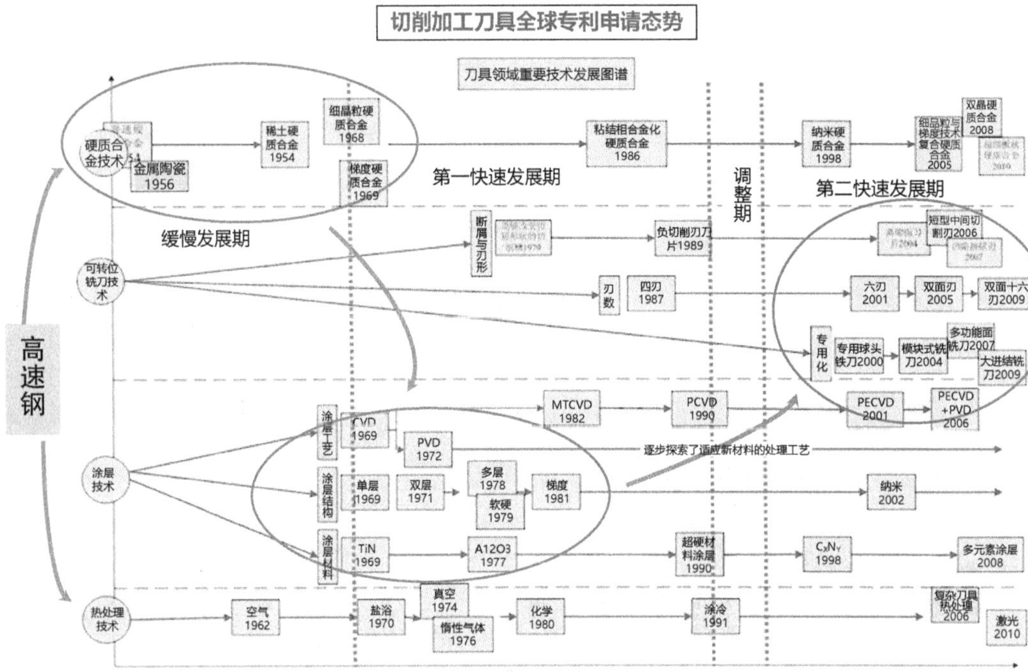

图 3-1-2　切削加工刀具技术发展历程

二、技术构成分析

技术构成分析对象既可以是“技术”“人物”或“地域”相关的专利数据，也可以是“技术”“人物”“地域”、专利类型、法律状态等组合的专利数据，如申请人与申请地域进行组合后，就可以分析某申请人在不同申请地域的专利数据。

通过对不同对象的专利技术构成进行分析，可以：

（1）了解专利申请的密集点和空白点，找出核心技术分支及重点专利。

（2）评估出技术研发集中度，判断分析对象的技术研发和专利布局侧重点。

【案例 3-1-2】切削加工刀具技术构成分析[1]

（1）数据分析

由图 3-1-3 可知，切削加工刀具技术可分为刀具结构、工艺和材料三个分支，其中：结构方面，铣刀和孔加工刀具是专利申请重点；工艺方面，涂层技术是专利申请重点，其次为热处理；材料方面，硬质合金材料是专利申请重点，其次为陶瓷和金刚石。硬质合金和陶瓷一直是申请人较为关注的刀具基体材料，故在材料方面的专利申请量领先。

[1] 改编自杨铁军．产业专利分析报告（第 3 册）：切削加工刀具［M］．北京：知识产权出版社，2012：40-41.

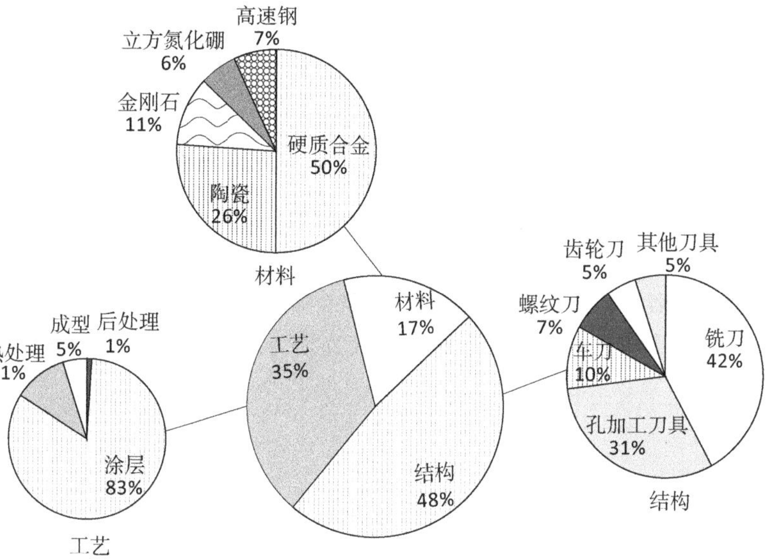

图 3-1-3　切削加工刀具技术构成

(2) 找出核心技术分支

根据申请量份额的比较可以直接得出，铣刀和孔加工刀具是结构方面的核心技术分支；涂层技术是工艺方面的核心技术分支；硬质合金材料是材料方面的核心技术分支。

(3) 专利申请的密集点

切削加工刀具领域的专利以结构和工艺方面为主，铣刀和孔加工刀具的用途最广，故在结构方面的专利申请量领先，因此，铣刀和孔加工刀具是结构方面的技术研发及专利申请热点；被誉为“刀具重大技术革命”的涂层技术一直是刀具行业技术研发的重点，故也属于工艺方面的专利申请绝对重心，因此，涂层技术是工艺方面的技术研发及专利申请热点；硬质合金和陶瓷一直是申请人较为关注的刀具基体材料，它们是材料方面的技术研发及专利申请热点。

三、技术来源与地域布局分析

通过区分专利申请人的国籍可以辨别某领域的主要技术来源国，结合专利申请的全球布局情况，可达到如下目的：

(1) 辨别各国市场地位以及与之对应的专利布局态势、挖掘潜在市场。

(2) 分析国家或地区的技术优势和侧重情况，及专利输入输出情况，查找技术起源国。

【案例 3-1-3】切削加工刀具领域专利申请流向分析[1]

（1）数据分析

由图 3-1-4 可知，日本籍申请人在本国和海外的申请量均最大，而其他国籍申请人对日本的输入比例较小；俄罗斯籍申请人虽然申请量居全球第二，但主要集中于国内，对外几乎没有专利申请，其他国家申请人在该国的专利申请也很少；瑞典籍申请人在本国的申请量比例明显偏低，较为重视海外布局；中国籍申请人 94% 的专利在本国申请，海外申请量很少，而其他国籍申请人也较为注重在中国的专利布局。

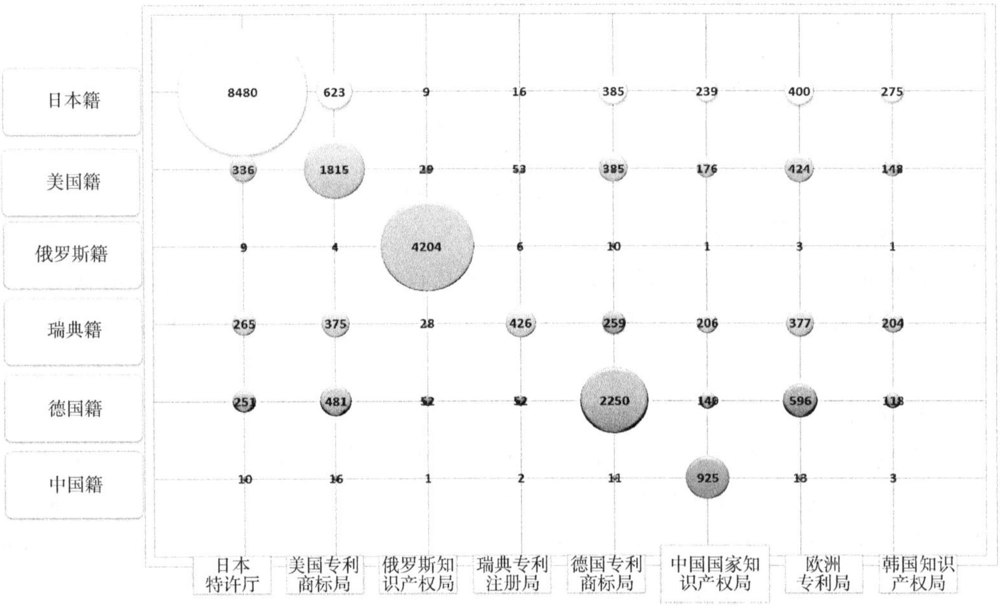

图 3-1-4　切削加工刀具领域技术来源与专利地域布局

（2）市场地位分析

从主要技术来源国的专利地域布局情况可知，美国和欧洲是切削加工刀具的主要市场地，各国申请人都有大量的专利布局。其后依次是日本、中国、韩国。各国在俄罗斯的专利布局都很少，可见其不在切削加工刀具的主要市场地之列。苏联解体后，俄罗斯经济实力减弱，不仅切削加工刀具出口量减少，而且国内制造业对刀具的需求量也降低，故该国申请人的专利申请主要集中在国内，国外申请人也很少在该国部署专利；瑞典企业在刀具领域的技术全球领先，但是由于国内市场较小，产品主要出口国外，故较为重视在国外的专利保护；由于中国市场对刀具的需求很大，市场也较开放，故国内外申请人均较为注重在中国的专利布局。

---

[1] 改编自杨铁军．产业专利分析报告（第3册）：切削加工刀具［M］．北京：知识产权出版社，2012：48-52.

(3) 明晰目标市场的专利布局态势

可根据图3-1-4中的目标市场地的专利布局情况，来分析其专利布局态势。如将日本作为进入的目标市场，分析得知，各主要技术输出国在日本都有大量的专利布局，特别是日本籍申请人在本国申请量巨大。因此，在日本的专利布局比较密集。如将中国作为目标市场来看，由于中国市场对刀具的需求很大，市场也较开放，虽然国内外申请人均较为注重在中国的专利布局，但专利布局量不是很大。

(4) 挖掘潜在市场

潜在市场是相对主要市场而言的，可从专利布局较弱的国家或地区进行分析。由图3-1-4可以看出，韩国在切削加工刀具领域的专利布局密度相对较弱，可作为潜在的市场对象进行进一步的分析。

四、主要申请人专利布局比较分析

通过比较某技术领域主要申请人的专利布局情况，可以：

(1) 得出主要申请人的布局重点、布局特点和布局模式。

(2) 进一步判断各主要申请人的布局优劣势，归纳主要申请人的布局策略。

【案例3-1-4】燃气轮机叶片领域主要申请人专利申请布局比较❶

(1) 主要申请人布局重点

从图3-1-5中可知，各企业的专利申请侧重有所不同。通用电气比较重视叶片密封、叶片翼面和叶片冷却；西门子的叶片密封和叶片支承技术旗鼓相当，其次是叶片冷却；三菱重工比较重视叶片密封；联合工艺和阿尔斯通的技术重点分布在叶片冷却方面，而斯奈克玛的研发重点则放在叶片支承和叶片加工工艺上。

(2) 各申请人布局特点及模式

通用电气在各技术分支均处于领先地位。由于其技术实力较强，采用的是在各个技术分支上均衡布局。而其余的主要申请人由于无法与其抗衡，则多采用“聚焦式”和“差异化”的专利布局方式。如联合工艺和阿尔斯通把主要的研发力量布局在叶片冷却方面，斯奈克玛的研发重点则放在叶片支承和叶片加工工艺上，三菱重工则放在叶片密封上。

可以看出，技术实力较强的企业可以在技术分支上实施全面布局，以免将来在某项技术上受制于人。技术实力较弱的企业则最好采取“聚焦式”和“差异化”的专利布局策略，至少掌握一两个技术分支的核心技术，保留与其他企业进行交叉许可的可能性，以争取一定的发展空间。

❶ 改编自杨铁军. 产业专利分析报告（第17册）：燃气轮机［M］. 北京：知识产权出版社，2014：52-53.

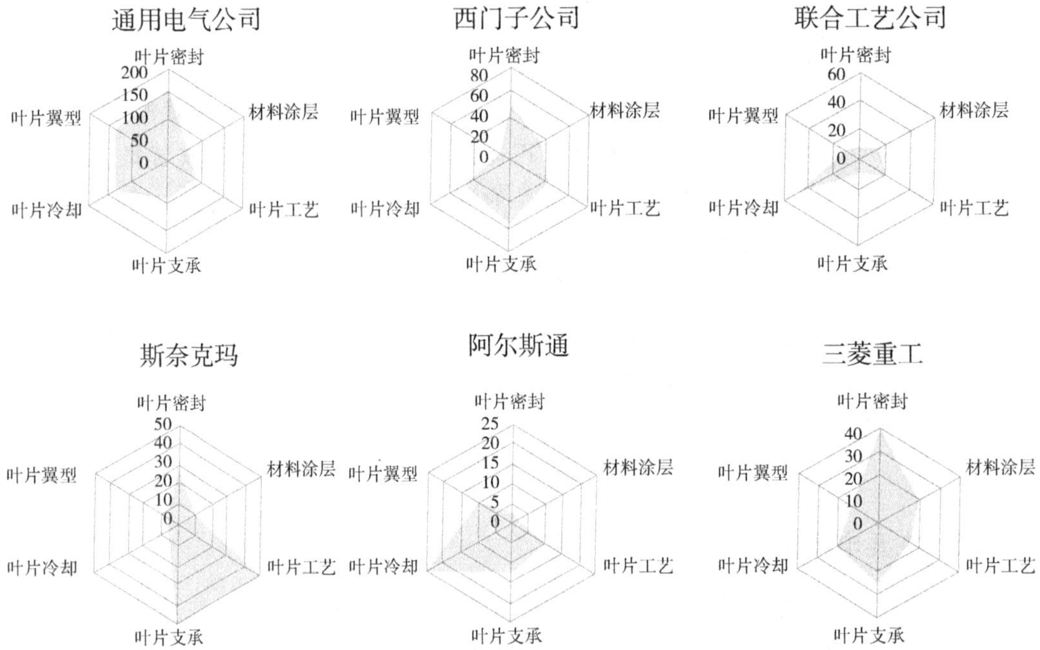

图 3-1-5 燃气轮机叶片领域主要申请人专利申请布局情况比较

五、产业链专利布局分析

通过分析产业链的专利布局情况，可以得出：

（1）产业链各段专利布局重点。

（2）产业链各段专利掌控主体。

（3）全产业链专利布局模式的建议。

【案例 3-1-5】芳砜纶领域全产业链专利布局分析❶

（1）产业链各段专利布局重点

从图 3-1-6 中可知，芳砜纶上游产业链涉及芳砜纶纤维及其制造方法、改性后处理方法和生产设备等，其中芳砜纶纤维的生产工艺是专利布局的重点；中游产业链涉及芳砜纶制成的纱线、非织造布、复合材料等，其中芳砜纶制成的纱线是专利布局的重点；下游产业链涉及具体的应用产品，包括防护材料、过滤材料、纸材等，其中防护材料是专利布局的重点。

（2）全产业链专利布局模式的建议

从图 3-1-6 中可知，芳砜纶全产业链又可细分为四个子产业链。其中上游基本一致，但中下游开始分离。在进行产业链专利布局时，应当从四个子产业链分别入手。

防护材料子产业链的中游主要包括由芳砜纶制成的纱线、织物及其制备方法和设

---

❶ 改编自杨铁军．产业专利分析报告（第 14 册）：高性能纤维［M］．北京：知识产权出版社，2013：111-112.

备，下游主要包括芳砜纶防护制品，如防护服、防护手套、保温被等。

过滤材料子产业链的中游主要包括由芳砜纶制成的非织造布、过滤材料及其制备方法，下游主要包括包含芳砜纶过滤材料的袋式过滤器。

复合材料子产业链的中游主要包括包含芳砜纶的复合材料，下游主要包括由上述复合材料制成的通风管、柔性软管等。

纸材子产业链的中游主要包括包含芳砜纶的造纸浆粕和纸材，下游主要包括由上述纸材制备的标牌、证券纸、线材、导体、层压体结构件、电气器件等。

当制定企业自身的专利布局策略时，还需要结合供应商、客户、竞争对手以及自身在整个产业链的位置和动向等因素。

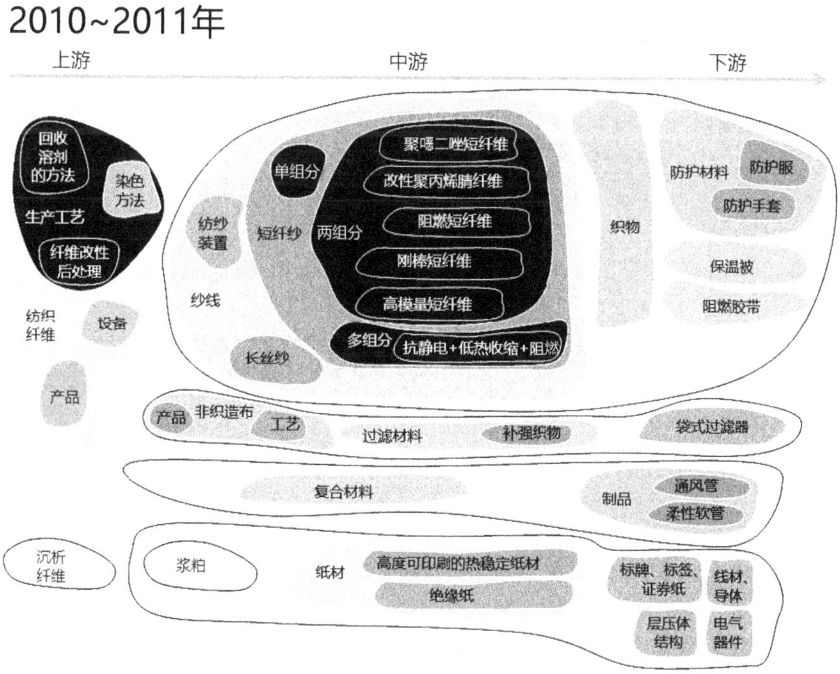

图 3-1-6　芳砜纶领域全产业链专利布局

六、技术链专利布局分析

通过对某技术领域关键技术节点的梳理以及专利布局情况进行分析，可以：

（1）梳理组成某技术领域的关键技术点。

（2）总结各关键技术点的专利布局思路。

【案例 3-1-6】灌装生产线关键技术专利布局情况分析❶

（1）关键技术点梳理

根据图 3-1-7 可知，A6 液体灌装生产线的四类关键技术点为：瓶套主体的成型技术、注模技术、气相过氧化氢杀菌技术、无菌隔离技术（图中未显示）。

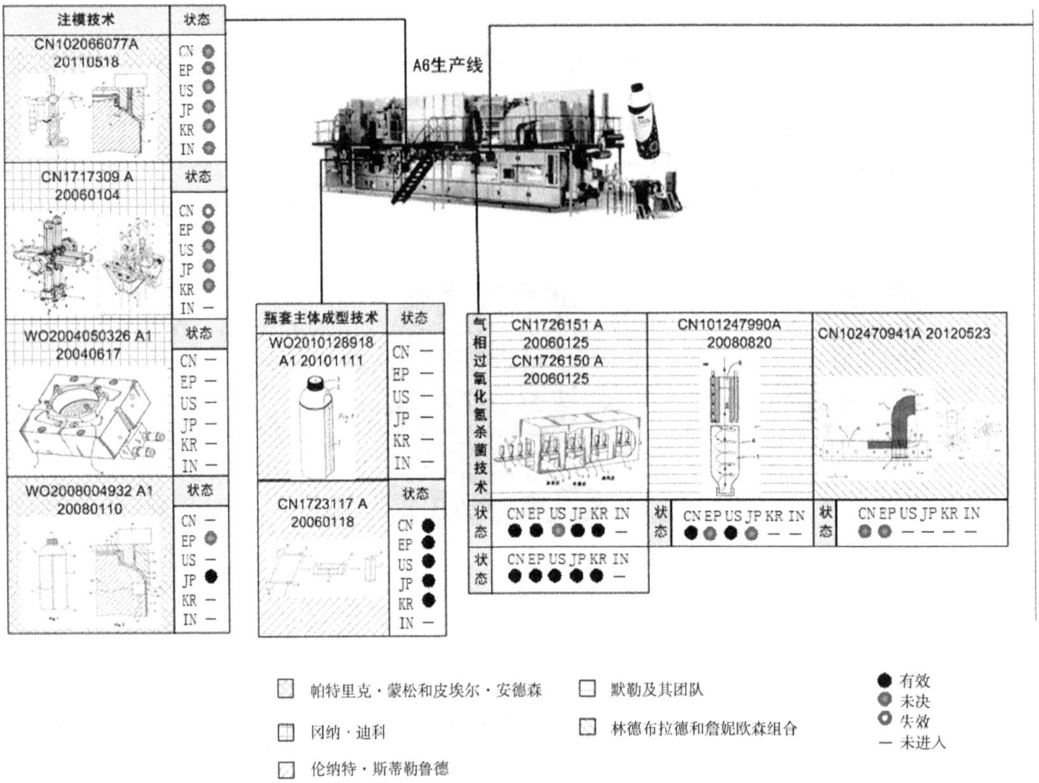

图 3-1-7　A6 灌装生产线关键技术

瓶套主体的成型技术的核心技术思想为：将一定宽幅的片状材料裁切为特定长度（纸瓶主体长度），使其从圆柱状心轴下部对称向上卷绕包裹，使片状材料的两侧边在圆柱状心轴的上方重叠，并用加热装置（电加热等）使片状材料两侧边熔融结合。之后将形成的纸套送入后续的注塑成型装置。

注模技术的核心技术思想为：借助四工位瓶颈注塑成型装置进行，先将预先成型的纸套和瓶盖套在杆状模具上，然后将对应瓶颈的部位转动进入模具内腔，快速注塑形成瓶颈，快速凝固的瓶颈将瓶盖和纸套连接在一起形成纸瓶，纸瓶从杆状模具上退出，进入后续杀菌和灌装工序。

❶ 改编自杨铁军. 产业专利分析报告（第8册）：液体灌装机械［M］. 北京：知识产权出版社，2013：68-70.

气相过氧化氢杀菌技术的核心技术思想为：气相杀菌技术包括三个基本步骤，首先是加热，其次是通入杀菌气体，最后通入无菌热空气去除残余杀菌剂。由于从纸套成型、瓶颈注塑到杀菌，整个生产环境一直保持无菌状态，因此对杀菌气体的通入时间和量都比较少，因此无菌热空气能够满足杀菌剂残余量的要求。

无菌隔离技术的核心技术思想为：通过物理或化学方法隔离细菌通往灌装液体的通道。

（2）围绕关键技术点的专利布局思路

①积极利用PCT途径申请多国专利

针对这些关键技术点，核心申请人大都通过PCT途径申请专利，并制定进入多个国家，如针对瓶套主体的成型技术，有一项国际申请（WO2010128918A），在注模技术的四项相关专利中，有两项国际申请（WO2004050326A和WO2008004932A）。

②对核心的创新点进行全面的保护

针对气相过氧化氢杀菌技术的四项相关专利中，有两项是关于气相杀菌的方法和控制，第三项是专门针对杀菌气体通入方式进行的保护，第四项是对产生无菌气体的装置进行了保护。

③对解决相同技术问题的不同技术方案进行周密的保护

在无菌隔离技术方面涉及四项专利，这四项专利分别从不同的角度对无菌隔离技术进行了分解和保护。CN102470945A保护了封挠杀菌区的过氧化氢气体逸出方案，能够减少杀菌剂用量和简化所需处理设备；CN101233050A的方案是气相过氧化氢处理时，每个区域之间设置物理间隔和气体屏障，以保证区域之间的隔离；CN102470940A旨在解决保持工作区正压，避免折叠密封之前的二次污染；CN102470942A则侧重于无菌空气的引入方案，解决营造无菌环境的问题。

④不同的研发团队围绕不同的功能进行“聚焦式”布局

上述所列十多项专利共涉及五个发明人团队，其中帕特里克·蒙松和皮埃尔·安德森组合发明了关于瓶颈一次注塑成型的核心技术；冈纳·迪科作为利乐的机械设计师元老亲自为这种注塑成型技术设计了相关的模具和机构；伦纳特·斯蒂勒鲁德发明了瓶套的成型工艺。此外在杀菌方面，默勒团队研发了气相杀菌技术，而林德布拉德和詹妮欧森为这种杀菌方式配置了无菌环境。

七、专利聚类分析

由于专利文本聚类分析主要是对专利文本中的技术内容（如技术术语、技术特征等）的分析，是对专利的技术主题的挖掘，因此，通过专利文本聚类分析，可以实现以下目的：

（1）分析技术空白点，披露新出现的技术主题。文本聚类分析可以客观地表明技术领域的热点，同时也可以发现某些技术领域新出现的技术主题。上述技术主题相对于该领域的技术热点，可称为技术空白点，有可能是未来技术发展的趋势，需要引起关注并规划好技术路线。

（2）查找研发热点及其变迁。通过对不同时期的技术主题下的专利进行文本聚类分析，可以了解该技术的发展态势，探索技术路线，辅助制定研发策略。

（3）不同申请人的布局侧重点比较。可以实现不同企业之间的专利布局对比，发现各自的优势和劣势，从而进行相应的专利布局。

【案例 3-1-7】ThemeScape❶专利聚类分析❷

图 3-1-8 显示了某技术领域 1282 篇专利的技术总体分布，每个技术区域使用三个英文关键词表示相关技术。颜色深浅表示专利量的大小，按照白色、棕色、深绿色、绿色和蓝色依次递减。

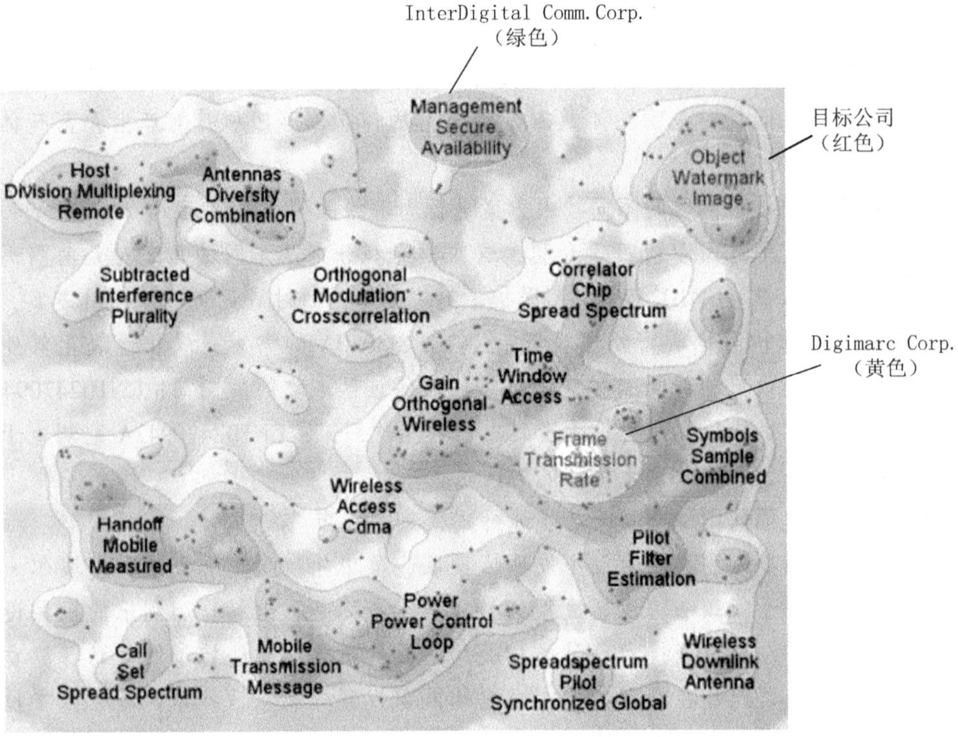

图 3-1-8　ThemeScape 专利聚类地图

（1）不同申请人布局侧重点分析

为了解各公司的技术分布情况，便于我们识别各公司的技术侧重点，我们将目标公司、InterDigital Comm. Corp.、Digimarc Corp. 在地图上以不同颜色点标识，如红色表

❶ ThemeScape 是一个专利地图分析工具，其原本属于 Aurigin Systems 公司开发的 Aureka 工具，后来随着汤森路透公司对 Aurigin Systems 公司的收购，ThemeScape 专利地图分析模块被集成在 Thomson Innovation 中。ThemeScape 专利地图模块，实际上也是利用文本聚类方法，针对专利的标题和摘要生成专利地图。

❷ 吴正．可视化工具在专利分析中的应用［J］．数字图书馆论坛，2009（10）：64-67.

示目标公司，绿色表示 InterDigital Comm. Corp.，黄色表示 Digimarc Corp.，如图 3-1-8 所示。从图中可以看出，这三家公司有着各自的技术重点，如 InterDigital 主要分布在扩频、导航等方面（绿圈），而 Digimarc 公司则在水印和图像方面有大量专利（黄圈）。从图 3-1-8 可以看出，三家公司的研发方向完全不同，各有技术优势。这说明企业在了解竞争对手的专利布局基础上，找到竞争对手尚未涉及或涉及较少的技术领域，集中深入研发并申请专利保护，也能形成自己的技术优势。

（2）技术布局空白点分析

图 3-1-8 中专利布局较少的蓝海区域就是专利布局空白点。

（3）未来技术研发方向分析

此外，还可结合时间进行多张专利聚类地图的比较，判断最新出现的技术主题，这些最新出现的技术主题就有可能是下一步的主要研发方向。

【案例 3-1-8】专利引证聚类分析

Ambercite[1] 是一家澳大利亚公司，其开发了一系列专利引证分析工具，其中 Network Patent Analysis 工具可以根据专利的引证关系进行聚类分析，如图 3-1-9 所示。

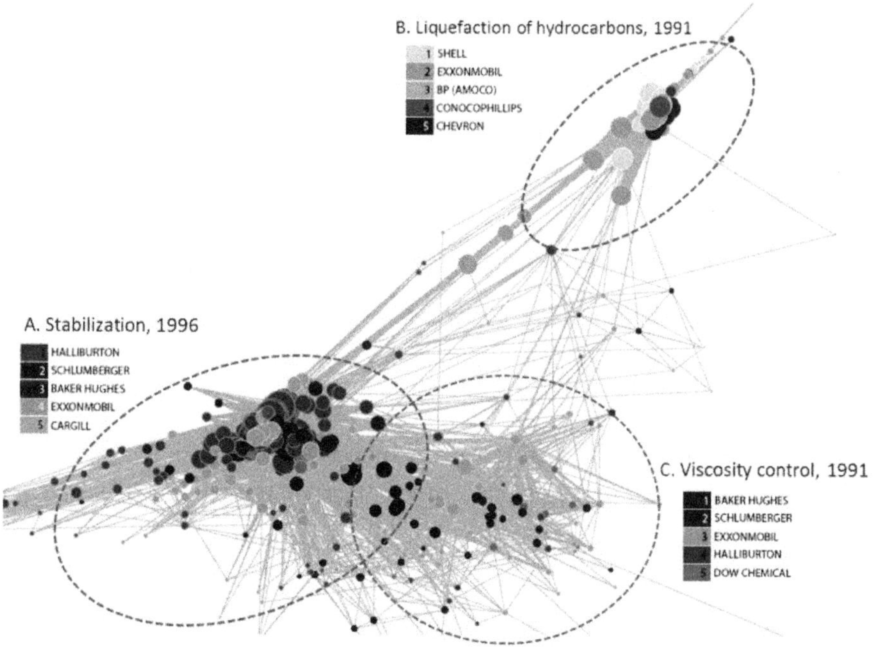

图 3-1-9　Ambercite 的 Network Patent Analysis 工具的专利引证聚类分析

[1] Ambercite [EB/OL]. http://www.ambercite.com/.

技术主要发展方向分析：

在上述聚类分析图中，每一个点表示一个专利，用不同的颜色表示不同申请人，由于每一个专利与其他的专利具有很多的引证关系，线越宽表示专利之间引证关系越多，而引证关系越多则表明该专利越重要，表示该专利的点也就越大。根据专利引证关系，可以形成不同的聚类。如果在某一个聚类中，代表某家公司的专利的点越多而且越大，表示该公司在该技术领域占据主导地位。例如，图3-1-9中就存在A、B、C三个聚类，分别表示三个技术方向。图3-1-9中还揭示了上述三个技术方向的技术关联程度以及在每个技术方向中各家公司的技术实力。

八、专利技术路线图分析

专利技术路线图分析主要揭示的是某领域的主要技术发展路径和关键技术节点，对于一个技术领域的主流技术发展状况来说具有很好的认知功能。其次，技术路线图分析能够从技术链的完整视野提供较为全面的决策信息，具有不可替代的决策功能。此外，技术路线图可以清晰直观地展现技术发展路径和关键技术节点。对于专利布局而言，通过专利技术路线图分析，可以：

（1）梳理主要的技术演进路径。

（2）凸显关键技术节点。

（3）辅助研发规划和布局路线。

（4）归纳可能的主要技术研发方向。

【案例3-1-9】刀具涂层结构技术路线分析❶

（1）梳理技术路径和关键技术节点

从时间上看，刀具涂层结构中20世纪60~70年代出现的为单层涂层（如：DE2142601A，1970-11-25，山特维克），随后出现了双层涂层（如：DE2253745A，1971-11-12，山特维克），多层涂层（如：EP006354A，1978-6-22，斯特拉姆），梯度涂层（如：JP4615279A，1979-11-12，东芝图格莱株式会社，涂层中氮元素呈梯度分布），软硬涂层（如：JP15168281A，1981-9-25，三菱金属），纳米涂层（如：SE0202632A，2002-9-4，山高刀具，PVD涂覆AlN纳米涂层）。但是单层涂层是所有涂层结构的基础，每当有新的涂层材料或者新的工艺方法在单层涂层上得到应用，就会在其他涂层结构上得到应用。例如：在单层涂层结构上首先出现$\gamma-Al_2O_3$涂层（如：SE7706706A，1977-6-26，山特维克），在此基础上多层涂层结构开发出了$\alpha-Al_2O_3$涂层（如：EP659903A1，1993-12-23，山特维克），纳米涂层结构（如：EP07117460A，

❶ 改编自杨铁军．产业专利分析报告（第3册）：切削加工刀具［M］．北京：知识产权出版社，2012：115-117.

2006-10-18，山特维克）中的氧化物涂层则以多层涂层结构的 $\alpha-Al_2O_3$ 涂层为基础。

以单层涂层技术为例，提高涂层的硬度是其主要技术需求之一，首先得到应用的是碳化钛涂层，然后出现了 Al_2O_3 涂层，接着金刚石、类金刚石得到应用，后来还出现了超硬材料氮化碳涂层。这就是单层涂层围绕提高涂层硬度技术需求的技术发展路线。当然，这些材料的更替也会逐渐应用到其他涂层结构上以满足类似的技术需求（见图3-1-10）。

（2）技术发展方向预测

可以根据技术路线分析图进行短期的技术发展方向预测（见图3-1-11）。

如就具体技术分支而言，纳米涂层2010年前后申请量逐渐增大，纳米涂层可能将是2010年以后的重点发展方向之一，具体为：①纳米涂层的层数将会出现超多层，例如300层（如：US20110171444A1，伊斯卡，多层纳米涂层），层厚以纳米为计量单位，这是因为随着纳米技术在刀具涂层的应用，每一层的厚度可以纳米级来衡量检测，为了使刀具涂层获得尽可能多的性能，可以通过增加涂层的层数来实现。②纳米涂层的晶粒形态纳米化，即晶粒形态为纳米晶粒，晶粒形态越细，越能获得物理化学性能稳定的涂层，从而提高涂层的耐磨性能。因此，从粗晶粒到细晶粒再到超细晶粒，下一步是以纳米晶粒（如：US20100081539A1）为主要发展方向。③纳米涂层的每一层的元素成分多元化，如：TiAlCrFeCN（如：RU2362835C1）。涂层成分多元化，有利于提高每一层的综合性能，在纳米层级上可以较为精准地控制每一种元素的比例，进而得到每一层所需具有的各项特殊性能。④纳米涂层的排列规律多样化，既有对称多层结构（如：EP0709483A），也有非周期性的叠层多层结构（如：US6103357），还有可能出现多层涂层结构中部分为对称多层结构、部分为非周期多层结构。

如就材料而言，单层涂层材料从TiC，到 Al_2O_3，再到金刚石、类金刚石、立方氮化硼，再到超硬材料（如：氮化碳，C_xN_y），每一次新的材料的应用都是因为硬度的提高，而在最近的超硬材料研究中，石墨烯（Graphene）是目前理论研究的热点。根据已经研究的成果知道，石墨烯具有超高的硬度并同时具有良好的韧性，随着研究的深入，石墨烯很有可能成为新的超硬材料的代表，并在刀具涂层领域得到广泛应用。

如就技术需求而言，提高单层涂层的耐磨性能是近期的技术需求，对涂层材料晶体结构的改进是可行的方向之一，结合这方面最新出现的专利技术，例如晶体取向变化的专利技术，或者是采取混合晶向方式的专利技术，那么采用改变晶体取向和混合晶向方式就可能是单层涂层材料未来一段时间技术发展的方向之一。

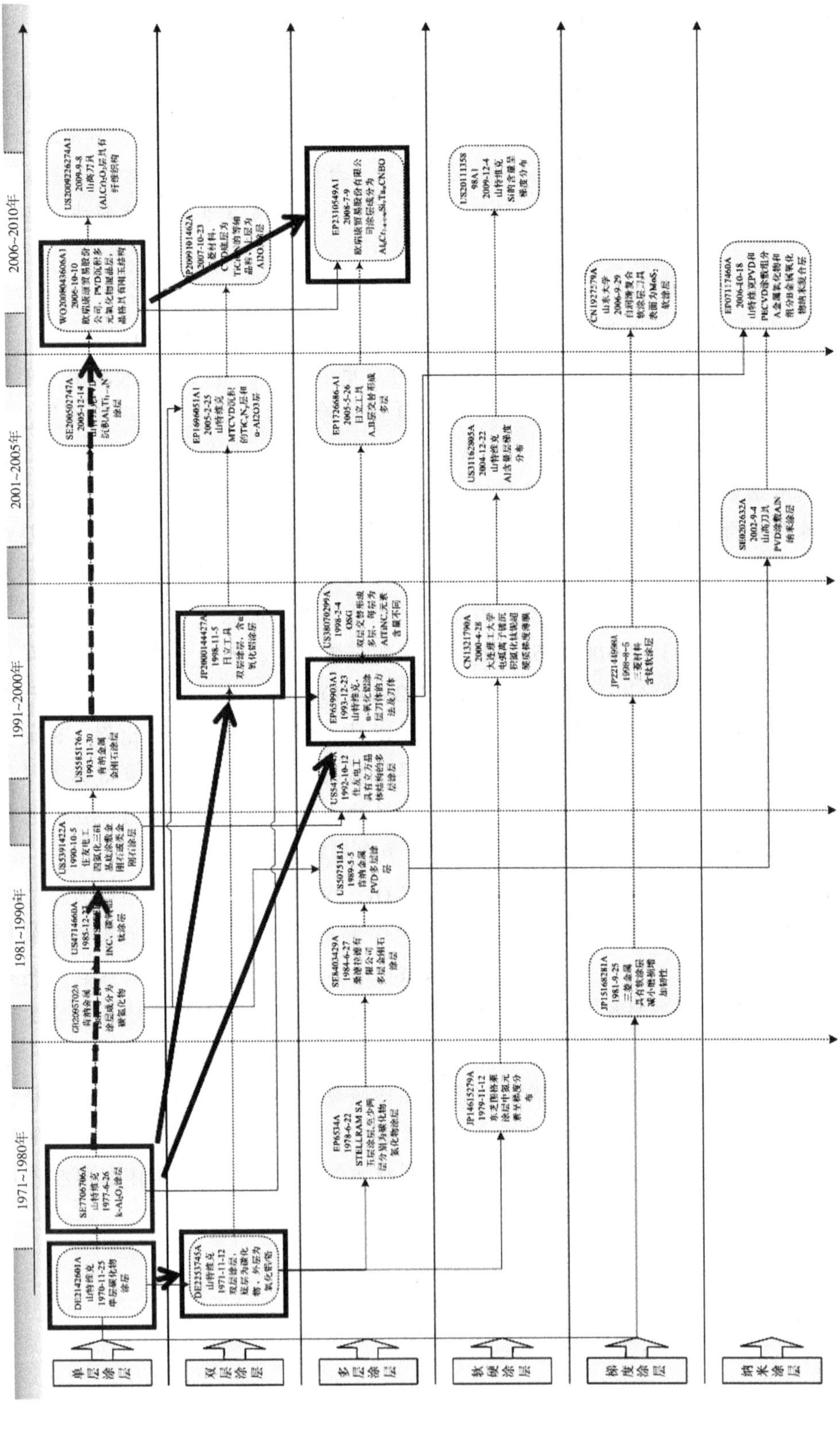

图3-1-10　刀具涂层结构专利技术主要路径和关键技术节点分析

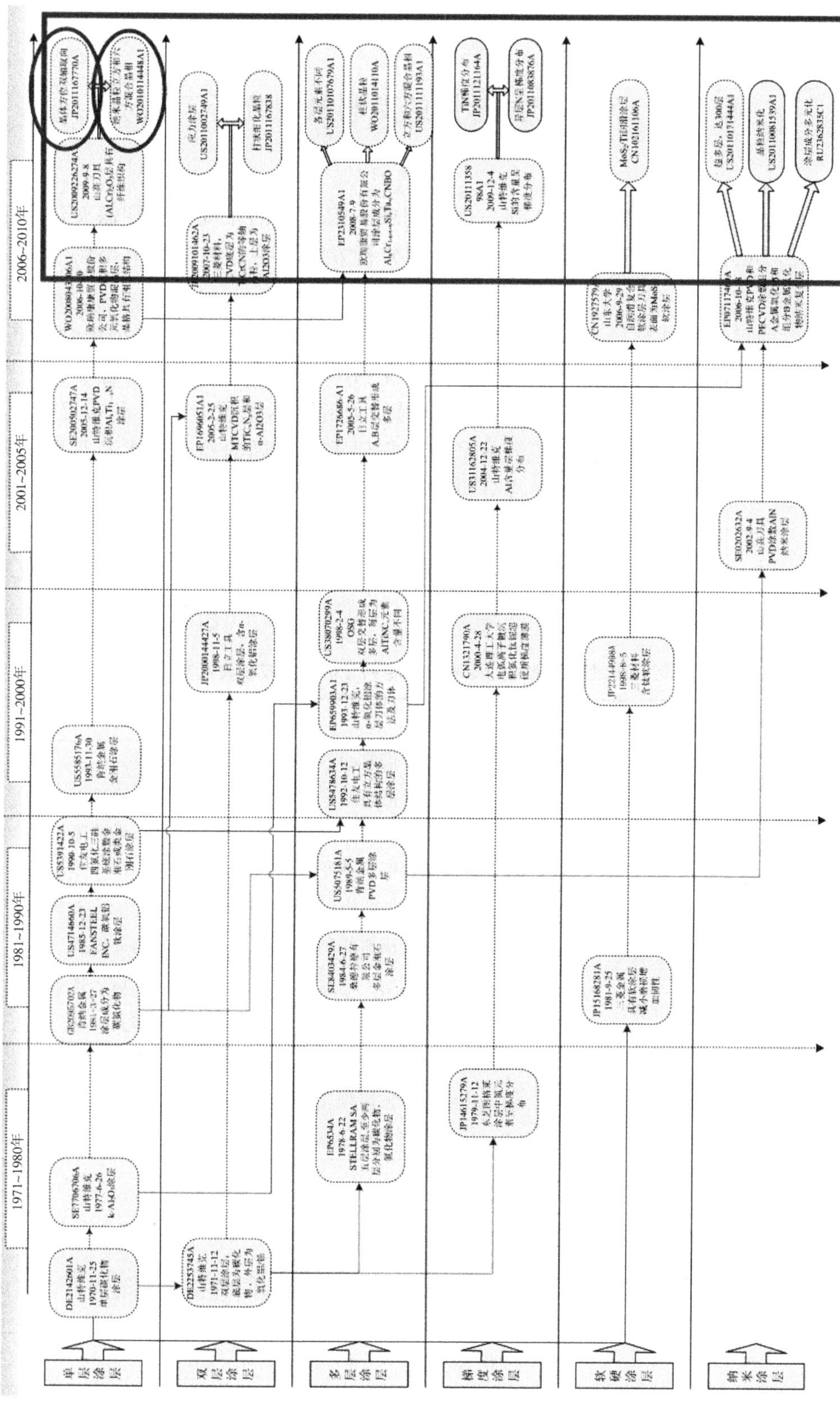

图3-1-11　刀具涂层结构专利技术发展方向分析

第二节 专利布局常用的专利微观分析工具

“天下大事，必作于细。”具体到一件专利或一组专利的布局，往往需要深入了解具体的、实际的情况，这时微观层面的专利分析方法和手段就会派上用场（见表3-2-1）。

例如，通过技术链专利布局分析可以获知本领域值得借鉴的专利类型组合模式、专利技术类型配比、专利技术类型布局顺序、专利的地域布局情况；通过工艺链专利布局分析可获得某技术工艺中需要重点布局的关键技术手段及其专利布局模式；通过产品链专利布局分析可获得某产品系列中需要重点布局的核心技术及其专利布局模式；通过有价值技术空白点查找分析并结合目标企业技术实力进行专利布局策略制定。

因此，对于制定专利布局策略的决策者来说，通过微观层面的专利分析可以做到“知明细”。

表3-2-1 制定布局策略时常用的微观层面专利分析方法或手段及其主要用途

序号	分析方法或手段	主要用途
1	技术链专利布局分析	（1）分析值得借鉴的本领域专利类型组合模式； （2）分析值得借鉴的本领域专利技术类型配比； （3）分析值得借鉴的本领域专利技术类型布局顺序； （4）分析获得本领域专利的地域布局情况
2	工艺链专利布局分析	（1）分析获得某技术工艺中需要重点布局的关键技术手段； （2）分析值得借鉴的某技术工艺中的专利布局模式
3	产品链专利布局分析	（1）分析获得某产品系列中需要重点布局的核心技术； （2）分析值得借鉴的某产品系列专利布局模式
4	功效矩阵分析	（1）技术重点及技术热点研判； （2）技术空白点研判； （3）有价值技术空白点查找

一、技术链专利布局策略分析

狭义的技术链是指围绕一个核心的创新点或发明点就相同的技术主题展开，多由不同类型的专利组合而成。通过对狭义的技术链的专利布局情况进行分析，可以：

（1）分析值得借鉴的本领域专利类型组合模式。

（2）分析值得借鉴的本领域专利技术类型配比。

（3）分析值得借鉴的本领域专利技术类型布局顺序。

（4）分析获得本领域专利的地域布局情况。

【案例 3-2-1】发那科公司激光扫描式焊缝跟踪技术链专利布局[1]

发那科的保护策略很典型，其多个不同技术均采用了类似的保护策略。这里以激光扫描式焊缝跟踪技术为例，对其保护策略加以分析说明，希望能带给国内的企业一些启示。

（1）专利类型组合模式

如图 3-2-1 所示，发那科自 1990 年至 1997 年就激光扫描式的焊缝跟踪方法提交了 29 件专利申请，其中以最初的一个申请为核心，其他均围绕该核心展开。这种展开涉及方法本身（绿色小球）、设备（蓝色小球）和应用（橙色小球）三大方面。

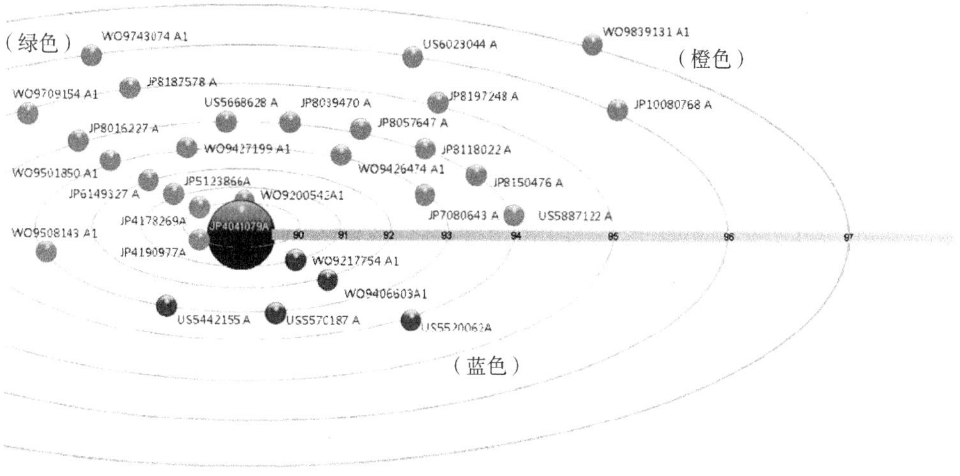

图 3-2-1 发那科公司激光扫描式焊缝跟踪技术链专利布局

（2）专利技术产业链布局

前期整体上是以方法为主，可以保护不同设备中通用的技术；后期主要以应用为主，不仅可以保护下游的应用环节，还可以进一步延伸专利保护周期。如在应用方面，又从搭接焊、对焊、角焊、管焊、堆焊以及摆弧焊等各个方面进行专利保护，而后又就如角焊的堆焊这种类似形式进行专利保护，足可见对核心技术的全面保护的重视程度。

---

[1] 改编自杨铁军. 产业专利分析报告（第 19 册）：工业机器人［M］. 北京：知识产权出版社，2014：232-234.

（3）专利技术类型布局顺序

发那科公司的专利类型在其布局时呈现明显的优先顺序。首先，申请设备这样保护强度较大的产品专利，其次，申请通用的方法专利，以对其设备专利进行“隔离式”的保护，最后，大范围申请应用专利，以撬动更大的市场空间。

二、工艺链专利布局策略分析

工艺链是技术链的一种，是指围绕工艺步骤展开的关键技术链。通过分析某研究对象围绕工艺链的专利布局情况，可以：

（1）分析获得某技术工艺中需要重点布局的关键技术手段。

（2）分析获得值得借鉴的某技术工艺中的专利布局模式。

【案例3-2-2】Iogen公司❶的纤维素制备乙醇工艺链专利布局分析❷

Iogen公司的核心生产工艺主要由原料的预处理、合成酶、酶水解和乙醇发酵四部分组成。

（1）关键技术手段分析

Iogen公司申请后已公开的纤维素乙醇专利（族）为20余件，这些专利主要集中于纤维素乙醇的预处理和酶水解工艺领域，而预处理和酶水解工艺正是纤维素乙醇生产发展的核心。

（2）专利布局模式分析

①“装置+工艺”双管齐下

Iogen公司在预处理工艺步骤中突出的专利布局特点是将反应器的发展与预处理工艺进步相结合。除蒸汽和稀酸预处理外，Iogen公司在具体的预处理领域的专利技术并不多，其重点主要分布在反应器的设计上（见图3-2-2）。这说明，反应器的设计发展是纤维素乙醇生产中预处理工艺水平进步的基本要求。

②聚焦核心技术功效

与分步糖化发酵法（SHF）相比，同步糖化发酵法（SSF）将酶水解和乙醇发酵结合起来，在同一发酵罐中进行，使发酵罐内的纤维素水解速度远低于葡萄糖消耗速度，将糖转化成乙醇会为动力学方面创造有利条件，并提高了纤维素酶的效率，这意味着酶复合物的综合利用格外重要。因此在这一领域，Iogen公司在酶的遗传工程改造方面

---

❶ Iogen公司（Iogen Corporation）创建于20世纪70年代，位于加拿大安大略省（Ontario）的渥太华（Ottawa），是加拿大一流的私营生物技术企业之一。Iogen公司拥有世界上最先进的纤维素乙醇制造技术（EcoEthanol），以及造纸、纺织和畜牧饲料的工业用酶制造技术，尤其是在原料预处理、酶技术和发酵工艺方面占据领先地位。核心的酶技术包括蛋白质工程、酶表达、发酵工程、酶制剂、酶应用工程以及酶促反应操作等。

❷ 游文娟，陈大明. Iogen公司的纤维素乙醇专利技术分析［EB/OL］. http://www.hyqb.sh.cn/publish/portal3/tab1031/info2619.htm.

的专利技术较少，却在纤维生物水解酶（CBH）、葡聚糖内切酶（EG）以及β-葡萄糖苷酶的综合利用领域拥有较多的专利技术。

此外，纤维素乙醇的生产成本仍然相对偏高，提高生产效率、降低成本是技术发展的必然要求。除预处理反应器的设计中考虑水解产物等的分离工艺外，离子排斥色谱分离等专利技术的应用也体现了Iogen公司在纤维素乙醇的分离工艺方面的研究成果。另外，Iogen公司拥有无机盐、有机酸/盐回收工艺，以及硫酸和氨回收工艺的专利技术，且这些技术在多国申请专利。这说明，分离和回收这些“辅助”技术也是纤维素乙醇生产发展的必要条件。

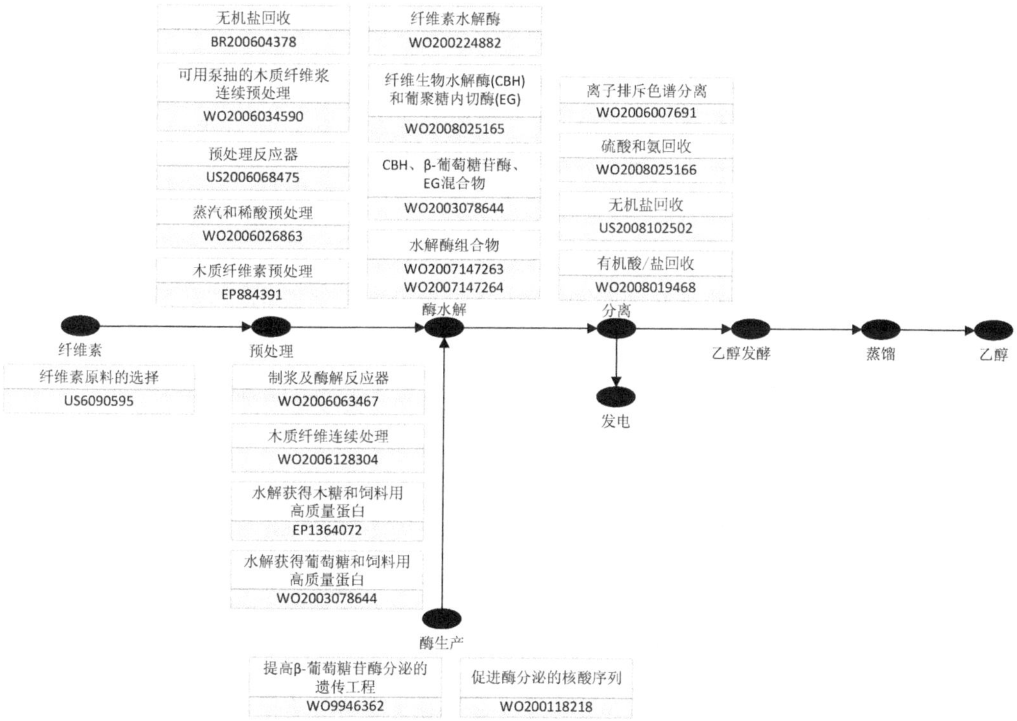

图 3-2-2　Iogen公司的纤维素制备乙醇工艺链专利布局

三、产品链专利布局策略分析

多数产品都会发展成产品家族系列，属于制定产品专利布局策略通常需要考虑的因素，特别要关注产品族内的差异以及产品功能和性能的改进。通过某一产品链的专利布局策略，可以：

（1）分析获得某产品链中需要重点布局的核心技术。

（2）分析获得值得借鉴的某产品链专利布局模式。

【案例 3-2-3】三菱重工各级产品的专利布局情况分析

（1）专利地域布局有考究

如图 3-2-3 所示，三菱重工可以说在全球进行了比较广泛的专利布局，这与其市场发展是分不开的。根据不同型号的燃气轮机的订单情况，三菱重工对每一代产品都进行了针对性的地域布局，并根据具体市场情况不断进行专利布局调整，如最新的 G 级、J 级产品订单主要在美国、韩国、欧洲和日本，其在这些地区都加紧了专利布局。

另外，三菱重工没有申请专利的市场销售地多为不发达地区，如南美和北非等，主要是这些国家和地区的专利保护制度还不够完善。

（2）专利战略目的有区分

在欧美市场，由于具有如美国通用电气、德国西门子、法国阿尔斯通等技术实力较强的企业，三菱重工通过布局防御性专利来增加竞争筹码；而对于中国、韩国等具有巨大市场潜力的亚洲地区，为了给中韩企业制造专利壁垒，对其系列产品都进行了保护式的专利布局。

（3）布局动向值得关注

在近几年，三菱重工越来越通过 PCT 途径来加快专利布局的步伐，专利布局的量也越来越大，其布局动向值得持续关注。

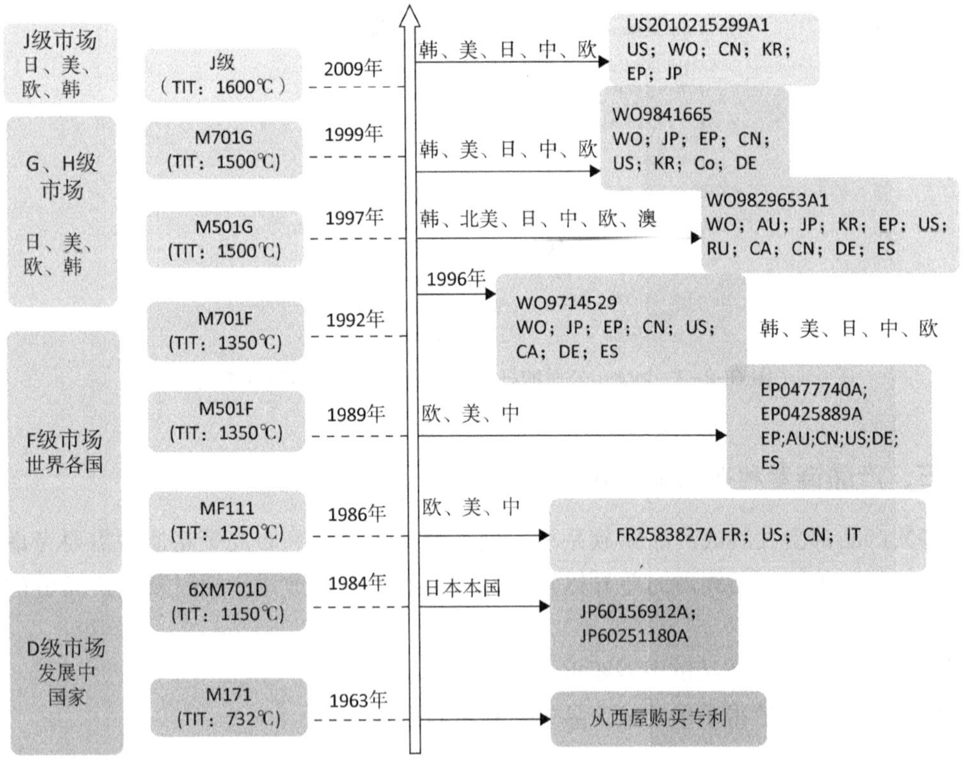

图 3-2-3 三菱重工各级产品的专利布局情况

四、技术功效矩阵分析

寻找有价值的技术空白点，对于追赶型的企业尤其重要。技术功效矩阵分析可以帮助寻找有价值的技术空白点，通过技术功效矩阵分析，可以：

（1）研判技术重点及技术热点。

（2）研判技术空白点。

（3）查找有价值的技术空白点。

【案例 3-2-4】切削加工刀具涂层技术热点和技术空白点分析❶

参照图 3-2-4、图 3-2-5、图 3-2-6，分析如下：

（1）技术发展重点判定

单层涂层和多层涂层的申请量所占份额较大，涂层材料的耐磨性也是申请人一直布局的重点领域，因此，综合考虑上述信息，切削加工刀具涂层技术的技术发展重点为如何提高单层涂层和多层涂层的耐磨性。

（2）技术热点判定

技术发展的重点一定也是技术发展的热点，因此如何提高单层涂层和多层涂层的耐磨性也是本领域的技术热点。此外，2000 年以后发展比较迅速的技术点还有提高单层涂层和多层涂层的耐热性。

（3）技术空白点判定

除上述的技术发展重点和热点外，其余的技术点均是本领域的技术空白点。

（4）有价值的技术空白点判定

梯度涂层申请量增长迅速，可能出现了较大的技术突破，结合另外两幅图，提高梯度涂层的耐磨性和耐热性可能是本领域具有开发价值的技术空白点。

提高纳米涂层的耐热性是比较有发展潜力的技术突破点，因为纳米涂层技术研发的连续性好且申请量逐渐增加，纳米材料在耐磨性能方面比较具有优势，而耐热性是阻碍其技术广泛应用的主要阻力，而 2009 年前后纳米材料的申请量大都布局到该技术点上，体现了科研人员的研发思路较多，可能取得了一些突破，具有一定的介入价值。

而软硬涂层领域，技术研发的连续性不好，在各技术需求方面的申请量布局都不突出，反映出该技术分支的研发前景尚不明朗，基础研究应当是研发重点，不建议作为有价值的技术空白点。

---

❶ 改编自杨铁军．产业专利分析报告（第 3 册）：切削加工刀具［M］．北京：知识产权出版社，2012：101-126.

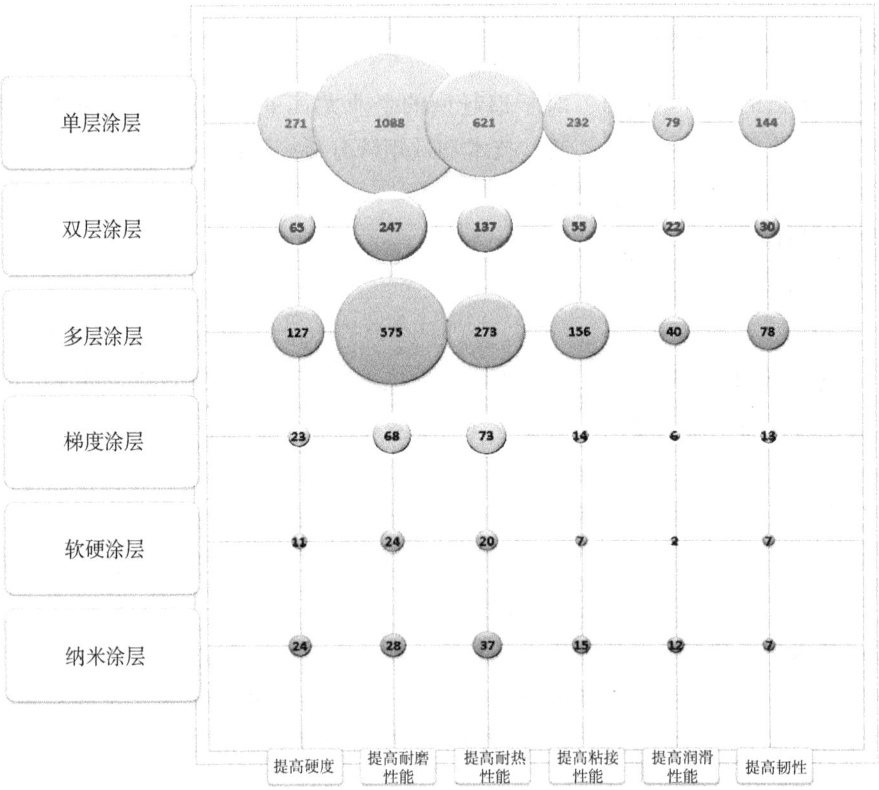

图 3-2-4　切削加工刀具涂层技术功效矩阵分析（申请量：项）

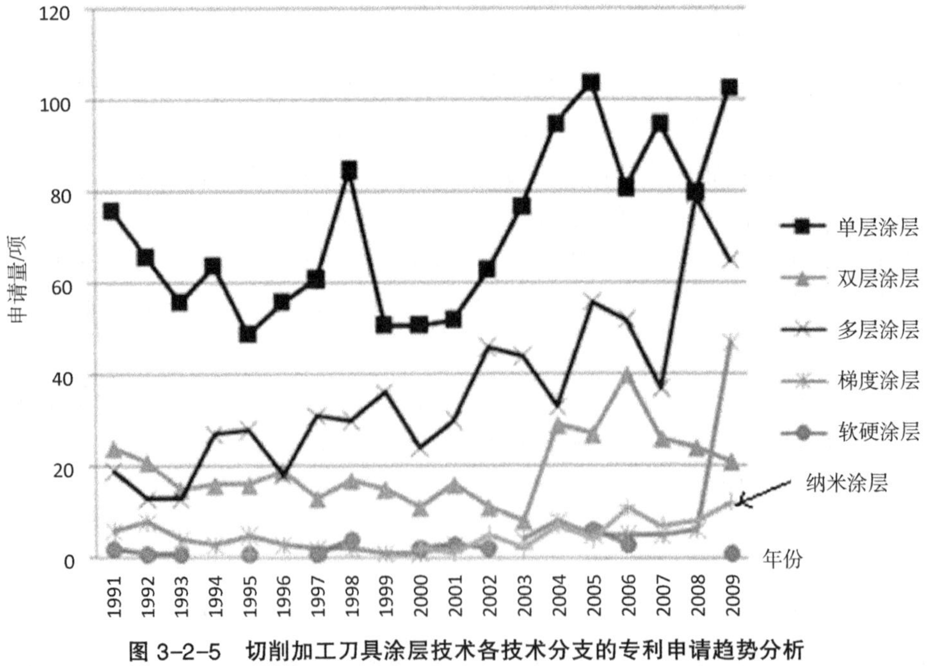

图 3-2-5　切削加工刀具涂层技术各技术分支的专利申请趋势分析

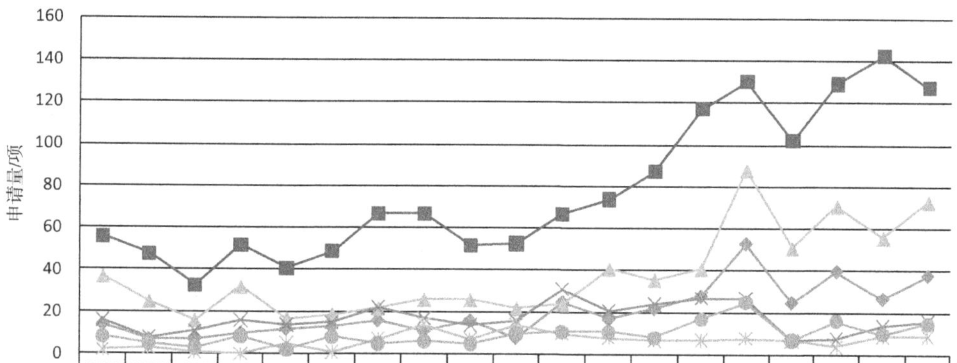

	1991	1992	1993	1994	1995	1996	1997	1998	1999	2000	2001	2002	2003	2004	2005	2006	2007	2008	2009 年份
硬度高	14	7	7	10	12	13	16	11	16	8	25	17	22	28	53	25	40	27	38
耐磨	56	48	33	52	41	49	67	67	52	53	67	74	87	117	130	102	129	142	127
耐热	37	25	16	32	17	19	22	26	26	22	24	41	36	41	88	51	71	56	73
粘接牢	16	8	11	16	14	15	22	17	14	16	31	21	24	27	27	7	8	14	16
润滑	2	3	1	0	5	1	7	14	7	14	10	8	7	7	8	7	4	9	9
韧性	8	5	3	8	2	8	5	6	5	10	11	11	8	17	25	7	16	10	15

图 3-2-6　切削加工刀具涂层技术各技术需求的专利申请趋势分析

第三节　专利布局常用的专利竞争对手分析工具

“知己知彼，百战不殆。”在市场竞争环境中，要想抑制竞争对手转而发展自己，就需要详细了解竞争对手的专利布局情况，进而需要运用相关的围绕竞争对手的专利分析方法和手段（见表 3-3-1）。

针对竞争对手专利布局情况的专利分析方法主要有两类：一是定量分析，主要包括用于评价某申请人在某领域的专利布局重视程度的专利布局侧重度分析，用于评价某申请人在某领域的专利布局技术广度的专利布局宽度分析，还有用于评价某申请人在某领域的专利布局密集程度的专利布局密度分析；二是定性分析，主要包括竞争对手围绕技术功效路径的专利布局分析、竞争对手围绕核心产品的专利布局分析，以及竞争对手研发路径转移分析等。对于上述两种类型专利分析方法获得的分析结果，既可以用于分析者自身借鉴使用，也可以用于应对该竞争对手的决策依据。

因此，对于制定专利布局策略的决策者来说，通过针对竞争对手的专利分析可以做到“知彼知己”。

表 3-3-1　制定布局策略时常用针对竞争对手的专利分析方法或手段及其主要用途

	序号	分析方法或手段	主 要 用 途
定量分析	1	专利布局侧重度分析	评价某申请人在某领域的专利布局重视程度
	2	专利布局宽度分析	评价某申请人在某领域的专利布局技术广度
	3	专利布局密度分析	评价某申请人在某领域的专利布局密集程度
定性分析	1	竞争对手围绕技术功效路径的专利布局分析	分析可借鉴的竞争对手围绕技术功效路径的专利布局模式； 提出针对竞争对手围绕技术功效路径的专利布局模式的专利布局应对策略
	2	竞争对手围绕核心产品的专利布局分析	分析可借鉴的竞争对手围绕核心产品的专利布局模式； 提出针对竞争对手围绕核心产品的专利布局模式的专利布局应对策略
	3	竞争对手研发路径迁移分析	提出针对竞争对手研发路径转移情况的专利布局应对策略

一、定量分析

对于竞争对手专利布局情况的专利分析主要有技术侧重度分析、技术宽度分析和相对专利密度分析。

1. 专利布局侧重度分析

技术侧重度用于测算某申请人在某领域的专利布局重视程度，指标值越大说明重视程度越高。

技术侧重度=某申请人在某领域的专利申请量/自身专利申请总量的比值

2. 专利布局宽度分析

技术宽度用于测算专利申请的技术广度，指标值越大说明研发的技术分支越多，外围专利的控制能力越强。

技术宽度=某申请人专利申请涉及的某领域的技术分支项数/该领域总的技术分支项数

3. 专利布局密度分析

相对专利密度用于测算专利申请的密集程度，指标值越大说明整体专利布局越密集。

相对专利密度=某申请人在某领域的专利申请总量/该申请人涉及的该领域的技术分支项数

【案例 3-3-1】X 技术领域申请人技术构成比较分析❶

图 3-3-1、图 3-3-2、图 3-3-3 分别示出了 X 技术领域六家公司的技术侧重度、技术宽度和专利密度的信息。分析如下:

（1）不同分析对象的技术构成异同

就技术侧重度而言，除 B 公司的技术侧重度明显偏低外，其余五家公司均较为相似，前十位的技术分支专利申请量均占总量 50% 以上；

就技术宽度而言，B 公司的技术宽度远高于其他几家公司，其次为 C 公司；

就相对专利密度而言，F 公司的相对专利密度明显高于其他五家公司，而 B 公司则明显偏低。

（2）结合其他信息分析原因

就技术侧重度而言，从业务范围来说，B 公司为日本工业的重量级企业，业务范围极广，不仅涉及 X 技术领域，还涉及 X 技术领域的多个关联技术领域，故技术侧重度偏低；

就技术宽度而言，C 公司为日本在 X 技术领域的另外一家龙头企业，业务范围几乎涵盖了 X 技术领域的所有重点技术分支，故技术宽度偏高；

就相对专利密度而言，A、D、E、F 均为欧洲公司，并且成立已超过百年，但是仅在 X 技术领域的部分重点技术分支中处于全球领先地位，F 公司的相对专利密度偏高也就不足为奇。

（3）分析结论

就综合实力而言，C 公司在 X 领域的技术实力较强，技术集中度、技术宽度和相对专利密度均处于六家公司的中上水平；B 公司由于业务较为广泛，其专利申请的技术宽度最高，而技术集中度及专利密度则较低，技术关联性可能相对较弱；其他四家公司的业务集中度较高，在各自擅长的技术分支专利布局较为密集，尤其以 F 公司最具特点。

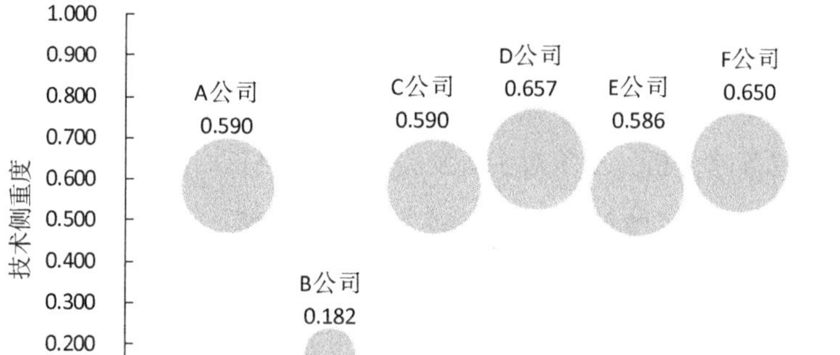

图 3-3-1　六家公司技术侧重度指标对比

❶ 马天旗．专利分析：方法、图表解读与情报挖掘［M］．北京：知识产权出版社，2015：28-29.

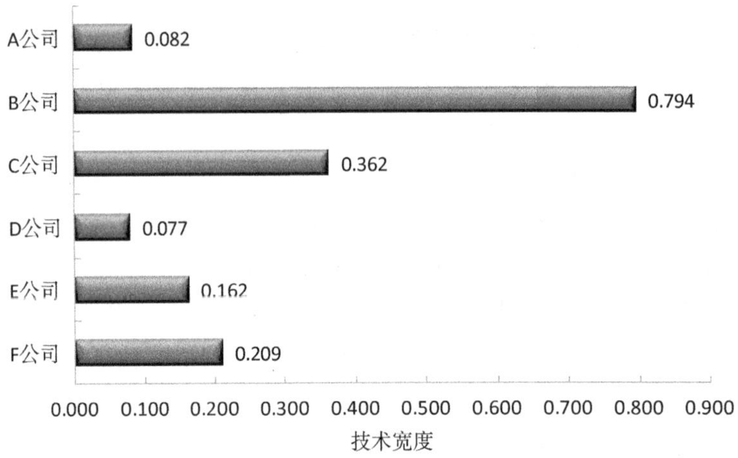

图 3-3-2　六家公司技术宽度指标对比

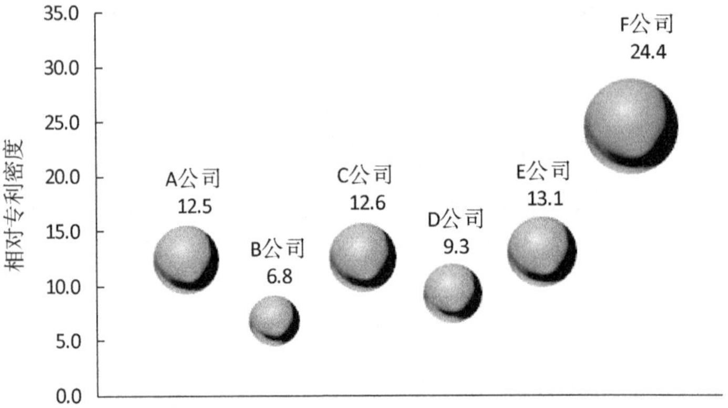

图 3-3-3　六家公司相对专利密度指标对比

二、定性分析

分析竞争对手专利布局策略的定性专利分析方法有很多，由于篇幅受限，本章中仅介绍以下三种：竞争对手围绕技术功效路径的专利布局策略分析、竞争对手围绕核心产品的专利布局策略分析、竞争对手研发路径迁移分析。

1. 竞争对手围绕技术功效路径的专利布局策略分析

分析竞争对手围绕技术功效的技术演进路径可以：

（1）分析可借鉴的竞争对手围绕技术功效路径的专利布局模式。

（2）提出针对竞争对手围绕技术功效路径的专利布局模式的应对策略。

【案例 3-3-2】TOKICO 公司喷涂机器人领域的专利功效路径布局分析❶

(1) 信息分析

由图 3-3-4 可知，TOKICO 公司在喷涂机器人领域主要集中解决提高喷涂效率的技术问题，主要围绕利用人工示教的技术手段进行机器人定位、改变示教点位置、提高轨迹的平滑性、避免干扰等多个方面进行了较为全面的专利布局。

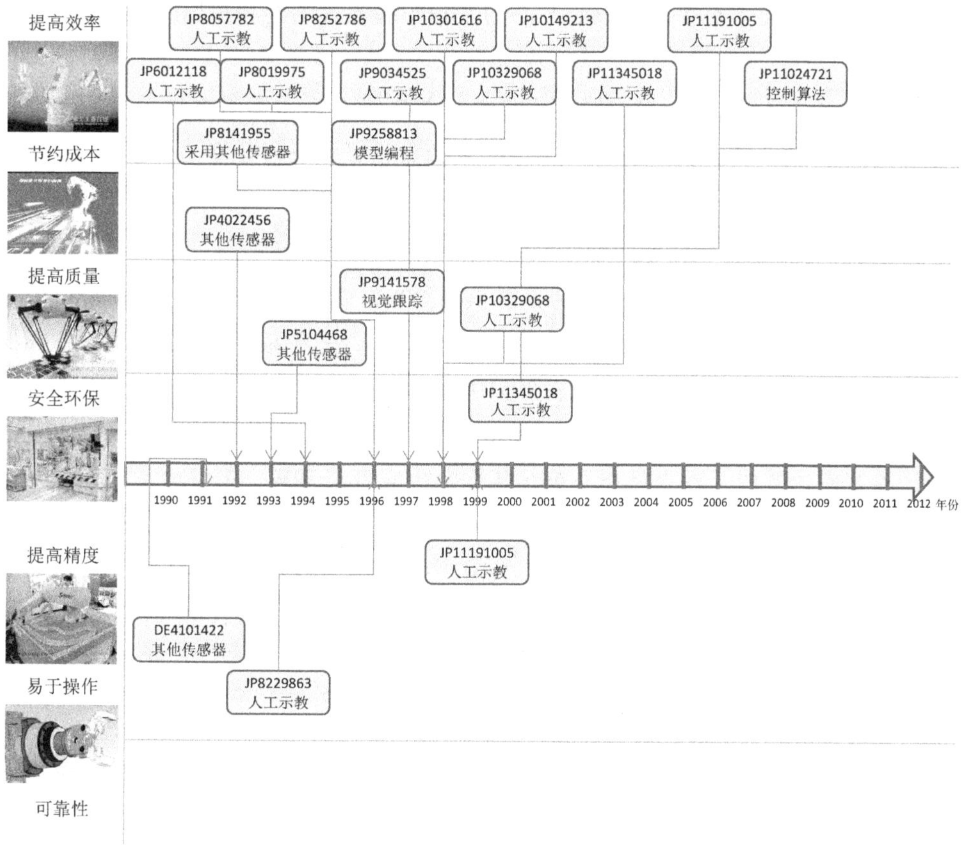

图 3-3-4　TOKICO 公司喷涂机器人领域的技术功效路径布局

(2) 经验教训

但 TOKICO 公司采取的解决上述技术问题的技术手段也相对单一，其他竞争对手如德国的 DUERR 公司、瑞士的 ABB 公司则通过建模、仿真、优化控制方法、改进视觉传感器等手段进行了更为全面的专利布局，使得长期作为领头羊的 TOKICO 公司逐渐失去了其主导市场的能力和技术优势。

因此，在进行专利布局时，不仅要对解决技术问题拟采用的技术手段进行专利保

❶ 改编自杨铁军．产业专利分析报告（第 19 册）：工业机器人［M］．北京：知识产权出版社，2014：261-262.

护，而且要对具有相同技术功效的所有其他替代性的技术手段尽可能地进行专利布局，不能“一叶障目，不见泰山”。

2. 竞争对手围绕核心产品的专利布局策略分析

针对竞争对手围绕核心产品的布局策略分析可以：

（1）分析可借鉴的竞争对手围绕核心产品的专利布局模式。

（2）提出针对竞争对手围绕核心产品的专利布局模式的专利布局应对策略。

【案例 3-3-3】EOS 围绕核心产品的专利布局思路[1]

如图 3-3-5 所示，EOS 围绕核心产品的专利布局思路可以总结为以下三个特点：

（1）“核心部件”为王

EOS 公司针对四代产品的专利保护主线是其所重点研发的“核心部件”。针对第一代产品（EOSINT M250），重点保护的是其具有 200W 的 CO_2 激光器（EP9603382A），其激光扫描速度为 4m/s，聚集光斑 0.4mm；针对第二代产品（EOSINT M250Xtend），重点保护的是金属粉末预热装置（DE1995100016972），其能够调节高度和角度，能够控制粉末合适的加热温度，提高加工效率和加工精度；针对第三代产品（EOSINT M270），其重点保护的是激光烧结系统，其最大功率为 5.5kW，采用的是配备 200W 的镱纤维固体激光发射器（EP2006004849A），最小光斑仅为 100μm，是 EOSINT M250 的 1/3~1/2，因此功率、密度大幅度提高；针对第四代产品（EOSINT M280），其重点保护的是 LPM 系统（DE102009016585A），其使得在烧结的全过程都可以监控激光的状态，以 100~500μm 的可变聚焦直径，熔化 20~80μm 的金属粉末，尺寸精度可以达到 ±20μm，可以最大限度保证成型产品的质量。

（2）“材料”+“应用”两翼齐飞

从 EOS 公司这四代产品的性能上看，重点关注“材料”和“应用”的两翼。如材料从 EOSINT M250 中需要渗树脂的 EOSINT M Cu3201（其是 Ni、CuSn、Cu_3P 的混合物）到适用钛合金、铝合金、不锈钢、纯钛、马氏体钢、难熔金属、金属间化合物、金属基复合材料等多样性材料的 EOSINT M280；如应用从适于制作滚轴和注塑模具的 EOSINT M250 到成为航空航天、机械模具、医疗、汽车、消费品、电子等行业低碳先进快速制造主流设备的 EOSINT M270。

（3）“显性”和“隐性”的技术壁垒相配合

如果把专利比作“显性”的保护手段，那么技术秘密就是“隐性”的保护手段。对于较难破解的技术秘密来说，其技术壁垒的效果更为突出。如针对 EOSINT M250 开发出金属粉末混合物 EOSINT M Cu3201、DirectSteel50-V1、DirectSteel20-V1、Direct-

---

[1] 改编自杨铁军．产业专利分析报告（第18册）：增材制造［M］．北京：知识产权出版社，2014：124-126.

Steel50 等，这些材料的具体制备方案在 EOS 公司的所有专利申请中均未体现，给出了材料的“What”元素，没有给出“How”元素。对于激光烧结的材料，EOS 公司通过专利和技术秘密两个手段充分实现了对市场的控制和垄断。

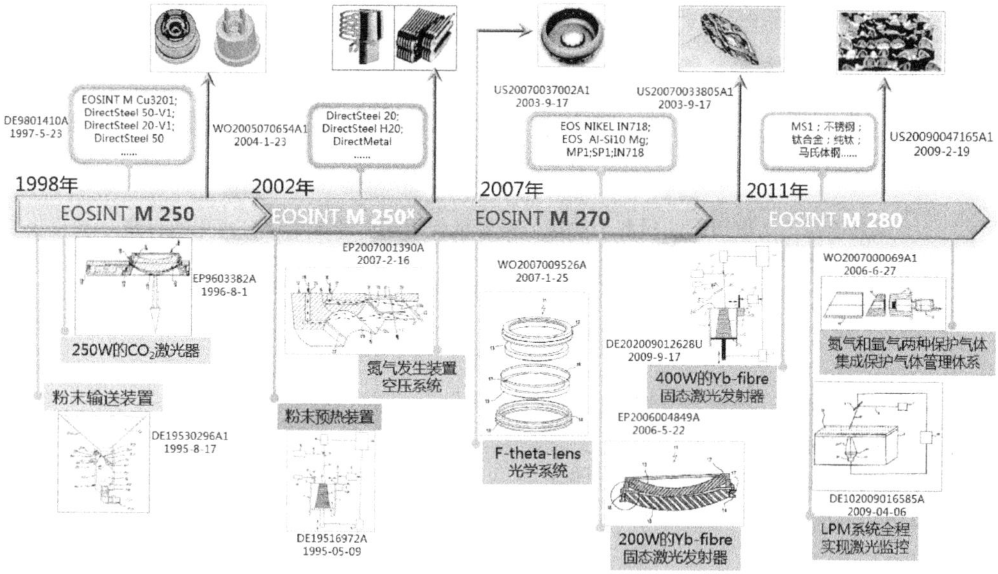

图 3-3-5 EOS 围绕核心金属烧结设备的专利布局思路

3. 竞争对手研发路径迁移分析

通过竞争对手专利布局重心的变化可以推演出其研发路径的迁移。这一信息对于应对竞争对手的研发路径变化，进而制定自身的专利布局策略非常重要。

【案例 3-3-4】我国农机行业主要国外技术竞争对手研发迁移分析

在专利分析中，常细化到针对某一技术的各个分支上的申请比重来进行比较，从而能够获知竞争对手的技术侧重点。这在各类专利分析中较为常见，因此在此不再举例说明。当发现竞争对手在某个领域、某个技术分支或某个重点技术上的申请量有明显减少之后，应当适当扩展到其他相关领域、技术分支或重点上，进一步分析竞争对手是否有技术重点转移或者新的技术出现，以及时做出对应的策略。通常相关领域、技术分支或者技术重点可以通过国际专利分类号（IPC）的变化体现出来，也可以通过技术主题或技术分支概念术语来体现。

当重要竞争对手在某一技术分支的申请量逐年降低的时候，预示着该技术可能是接近淘汰的技术，或者该竞争对手有意从该技术分支逐步撤出；当竞争对手在某一个技术分支上的年申请量增加的时候，说明该技术分支可能是近年来或者该竞争对手近期的技术研发热点。

由表3-3-2的数据可知，初期较为侧重的分支F02B3随着时间的推移其使用频次下降，这说明久保田在这个分支上的研究力度和保护力度正在逐渐减弱。而分支F02D1在各个阶段均能保持较高的使用频次，说明这一分支对久保田柴油机技术的发展来说一直处于重要地位。分支F02B19在第一和第三阶段占有重要位置，而F02D41在第三阶段才呈现一定的比重，这说明在某一些时间段内，久保田在这几个分支上进行了重点研究，这一方面可能是市场原因造成的，另一方面可能是久保田在这些分支上有了新的技术进步。在最后一个阶段中，出现了F01N3和F02M59这两个分支，这也许就是久保田新的技术发展方向，需要重点关注。

表3-3-2 久保田柴油机各个阶段公开专利使用最多的3个主分类号统计❶

阶　段	使用最多的3个主分类号	占所在阶段的百分比（%）
1990~1994年	F02B3	30.2
	F02D1	11.9
	F02B19	7.5
1995~1999年	F02D1	20.5
	F02B3	18.5
	F02D31	10.2
2000~2004年	F02D1	15.8
	F02B19	15.5
	F02D41	8.8
2005~2008年	F02D1	18.2
	F01N3	13.2
	F02M59	6.6

❶ 刘红光，吕义超．专利情报分析在特定竞争对手分析中的应用［J］．情报杂志，2010，29（7）：35-39.

第四章　新创企业的专利布局

本章概述

为了解决新创企业在专利布局中遇到的困难和问题，本章针对不同类型的新创企业，具体分析了新创企业专利布局需要考虑的因素、常用策略和基本流程，并结合实际案例给出了面对不同形势的新创企业在专利布局策略制定中的经验和教训。

本章知识脉络

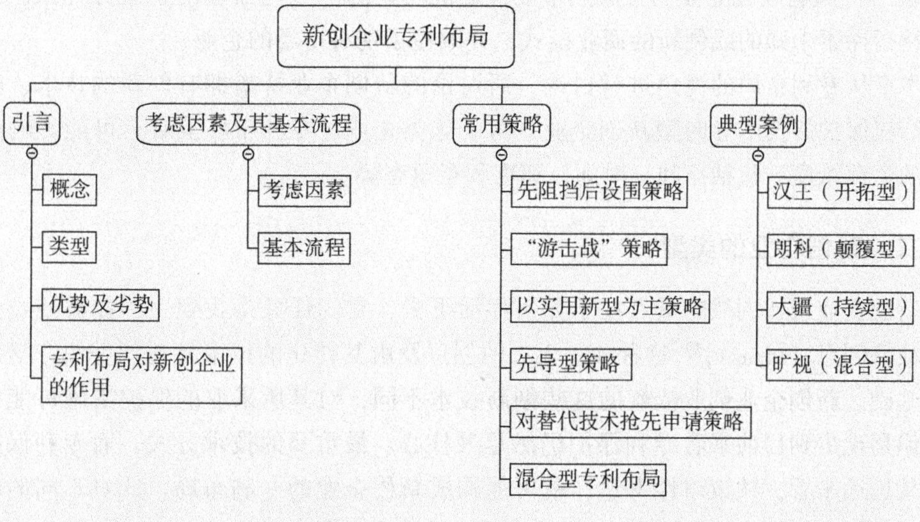

引　言

一、新创企业的概念

新创企业（startups），又称初创企业，是近年来被广泛讨论的话题，但其还没有严格的学术定义。按字面理解，新创企业是处于发展初期的所有具有法人资格的实体，例如中小企业、个体工商户、小型商户等。据全球创业观察（GEM）报告界定，新创企业为成立时间在42个月以内的企业。[1]

现在人们提及新创企业通常有其特定所指，例如美国小企业管理局（U.S. Small Business Administration）将新创企业描述为典型的以技术为导向的具有较高增长潜力的企业，[2] 而不是泛指所有刚刚成立的公司。更为普遍接受的新创企业概念是由Steve Blank和Bob Dorf提出的，他们认为“新创企业是为了寻求可重复并可扩展的商业模式的组织”，[3] 其将新创企业与在成熟市场经营的小型商户（例如餐馆）区分开来，新创企业特指探索未知的或创新的商业模式，并颠覆了现有市场的企业。

本章从专利布局的视角进行讨论，所讨论的新创企业特指拥有创新的技术、亟需知识产权保护的技术导向型新创企业。对于这类企业，专利布局策略有可能影响企业本身的生存维度，包括空间、时间、速度和竞争态势。

二、新创企业的类型

新创企业最初的战略重点在于如何存活下去，它的任务是找到一种能够使企业存活的独特创意（ideas），[4] 这种独一无二的创意及由其转化的技术是新创企业存活和发展的基础。新创企业创业依赖的这些创新技术不同，对其所采取的保护措施可能有多种，但是至少到目前来看专利保护仍然是最核心、最重要的技术方式，而专利保护的整体从长远来看，从策略性考量，就可能构成新创企业的专利布局。针对不同的新创企业，专利布局策略也将有所区分，为了方便后续专利布局策略分析，根据技术创新的难易程度将新创企业分为以下三类。

（1）开拓型新创企业。即拥有全新的在技术史上未曾有过先例的技术的新创企业。

---

[1] Paul D. Reynolds, et al. Global Entrepreneurship Monitor-2000 Executive Report [R]. 2000: 1.

[2] Startups & High Growth Business [EB/OL]. www.sba.gov, 2016.

[3] Steve Blank, Bob Dorf. The Startup Owner's Manual: The Step-By-Step Guide for Building a Great Company [M]. K&S Ranch, 2012: 1-10.

[4] Graham Paul. Startup Equals Growth [EB/OL]. www.paulgraham.com/growth.html, 2012.

这类新创企业创新难度大，因而数量较少，其拥有独一无二的技术性创意或技术，一旦进入市场，引起关注，很可能招致大量模仿，因此非常需要专利对其技术性创意或技术作出保护。例如利用计算机实现汉字输入的汉王科技，其创始人研究的汉字手写识别和输入技术在当时开创了计算机汉字输入的先河，从其之后的发展来看，如果在早期重视专利布局，企业在创业中面临的困难将更容易解决（详见本章第三节案例）。

（2）颠覆型新创企业。颠覆型新创企业拥有颠覆性创新技术（disruptive technology），颠覆性创新采用全新的工程技术或科学原理，通常能开拓全新的市场和潜在的应用或指数级拓展原有市场容量，这种创新是新创企业成功进入市场的基础，常常对现有企业造成巨大的冲击，甚至会对整个行业进行重新定义。拥有颠覆性技术的新创企业，可以打破行业中大企业的领导地位，从大企业忽视的空白市场或少有关注的技术点入手对整个行业造成颠覆性改变，甚至造成原有大企业份额的快速丢失乃至被逐出市场。颠覆型新创企业与开拓型新创企业的区别在于，前者的技术创新是在现有的主流技术基础上通过改变、替换、增加或减少技术手段等做出的新的技术方案，并通常能将该主流技术淘汰，后者的技术创新则是开创了历史先河，是相关技术的雏形和基础，相比较来说，开拓型创新比颠覆型创新更加困难，因而实例更少。

计算机技术的演变就是颠覆性创新技术的典型实例，每一次创新技术的颠覆都导致主流市场不断变化，相应的新创企业也是你方唱罢我登场。在大型计算机时代，IBM公司等是行业的领导者，但由于他们的用户没有使用小型机的需要，且小型机性能要低于大型计算机，因此 IBM 等忽略了小型机的发展（即大企业忽视的空白市场），使一系列新创企业——Digital Equipment，Data General，Prime，Wang，Nixdorf——创立并占领了小型机市场；而当新的颠覆性创新技术——台式个人计算机（PC）出现后，小型机制造商的繁荣期也被终结了，取而代之的是另一系列企业，包括苹果、IBM 等；紧接着，PC 企业的优势地位被便携式计算机的出现所颠覆，涌现出东芝、夏普等新的优势企业。[1] 每一次的技术颠覆，都是拥有颠覆性创新技术的企业看到了原有企业忽略的市场空白点或者现有技术的技术方案，找到了用户的新“痛点”或给用户提供远远高于现有技术的效用或经济价值，这种创新技术脱胎于现有技术，但正是这种不同以往的切入点，给这类新创企业带来成功的可能。同时由于其对传统企业的破坏性竞争，必然引起巨大反弹，因此对于颠覆型新创企业采用合适的专利布局策略保护创新是非常必要的。

（3）持续型新创企业。即基于连续（sustaining）创新的新创企业。连续创新是站在前人基础上做出的，致力于对现有技术持续的改善，例如技术改进、组合、转用等。这种创新与前两种对比来说相对较为容易，大部分创新都属于此类，因此持续型新创企业是新创企业中的大多数。这类新创企业在创业过程中遇到的阻力更大，大多来自

---

[1] Gideon Parchomovsky，R. Polk Wagner. Patent Portfolios［J］. University of Pennsylvania Law Review，2005，154（1）：75.

行业内已经建立的具有一定规模的成熟企业，它们作为竞争对手对新创企业的发展形成壁垒。典型的如小米科技，作为一家成立仅六年、以智能手机为主要产品的科技企业，能够在竞争激烈的智能手机市场上站稳脚跟，除了其商业模式的成功之外，还因为其拥有的底层操作系统的优化、设计能力，并且采用多元的专利布局策略与众多竞争对手周旋，不仅加快自有专利申请的步伐，还参股知识产权运营公司，使其成为小米在遭遇专利诉讼时的外援，并通过收购联芯技术平台，收获通信领域核心专利。❶ 小米科技创始人雷军在接受媒体采访时表示，“专利是手机行业的游戏规则之一”，专利纠纷就是小米的“成人礼”，专利积累还需要一定的过程，小米公司会按照国际游戏规则来处理专利问题。❷ 可见，小米科技作为手机行业的新创企业已经充分认识到专利布局的重要作用。

三、新创企业在专利布局上的优势及劣势

与已经发展成熟的企业相比，尤其是与大企业相比，新创企业在专利布局上具有以下优势和劣势。

1. 优势

（1）机动灵活

机动灵活体现在两个方面：第一个方面是指新创企业在技术开发或产品开发中非常灵活，它们不受惯有技术偏见和成熟产品线的束缚，敢于打破陈规和偏见，跳出固有的局限，用自己的独特思路产生新的技术成果。从发达国家特别是美国的经验来看，小企业特别是新创企业的创新能力远高于大型、超大型企业，大公司的创新往往是通过并购新创企业进一步深挖开发而来。这其中新创企业的机动灵活是其创新能力强的重要因素。

第二个方面，新创企业的专利申请量较小，专利布局策略由企业创始人等少量人员制定，初期专利布局策略较为简单，如果遇到技术发展或市场变化比较容易作出快速反应，灵活地改变专利布局策略，相比于拥有大量专利的大企业来说在遭遇突变时有巨大优势。新创企业在专利布局上的这种机动灵活性对于其开展技术创新非常有利，能够帮助其从容面对与成熟大企业的竞争。

（2）企业创始人重视

大部分新创企业的创始人都具有技术背景，❸ 而技术出身的创始人相比其他人更加注重技术创新，重视专利对技术的保护作用，由其直接领导、推进或参与的专利布局策略制定工作将更加富有成效。例如2017年被《麻省理工科技评论》评为“全球十大突破技术主导者”“全球50大聪明企业”的AI独角兽企业北京旷视科技有限公司，其

---

❶ 程贵锋．专利是防御也是进攻，看小米专利布局的危与机［EB/OL］．www.huxiu.com/article/103831.

❷ 王宇，雷军．专利是手机行业的游戏规则之一［EB/OL］．www.iprchn.com/index_newscontent.aspx? newsid=91907.

❸ 柳玲，马宏珺．给中小企业专利申请的几点建议［J］．企业技术开发，2014，33（25）：69-71.

创始团队非常重视专利对技术型创新企业的作用。在公司刚成立时，印奇、唐文斌、杨沐等公司创始人就提交了第一件专利申请。在2014年公司准备商业化的阶段，创始团队就及时搭建了专业的知识产权管理团队。得益于创始团队的重视，旷视的知识产权工作非常出色，旷视早在2017年就被评为了国家知识产权示范企业。[1]

（3）研发人员积极配合

技术是新创企业的第一生命力，因此技术研发人员在新创企业相比在大企业具有更高的地位，其工作更受重视，不仅物质待遇，而且精神激励，都让新创企业的研发人员工作积极性更高，能够主动配合完成专利布局工作。

当然，由于新创企业的技术研发人员往往研发压力很大，也存在无法及时配合专利挖掘与布局的情况。

2. 劣势

但是，作为新创企业，也必然有很多劣势影响其专利布局工作。

（1）资金不足

新创企业面临的最大问题是资金不足，专利布局工作在初期通常只发生成本，而无法产生显性效益，因此资金问题对于专利布局策略的制定有重大影响。

（2）缺乏专利人才

新创企业由于资金、企业稳定度等方面的原因对专利人才的吸引力不及成熟企业，因此新创企业常常面临专利人才缺乏的问题，一般很少拥有专门的专利人才。当然，也有不少新创企业由于重视专利工作，通过各种方式吸引到了非常专业的专利人才，例如大家比较熟悉的旷视、商汤等公司就是如此。

（3）时间紧迫

新创企业在初期各项工作非常密集，而专利布局工作也对时间要求很紧迫，如果错过了恰当的专利布局时机，会产生较为严重的后果。

（4）规模小、风险大

新创企业专利布局规模较小，在初期很难与成熟企业竞争，若竞争对手通过新创企业的专利布局发现它，甚至重视它，会给新创企业带来较大风险。

（5）知识产权管理欠缺

如前所述，创新技术对新创企业尤为重要，而对创新技术的保护需要企业有完善健全的知识产权管理体系，但这点对于新创企业较难做到，既缺乏相应资金支持也没有相关人员配备，大部分新创企业甚至连专职的知识产权管理人员都无法设置。同样，也存在一些例外，比如旷视、商汤等企业的知识产权管理就非常专业。

受以上几点的影响，新创企业对自主知识产权的保护力度不够，专利布局不够完善，如果其创新成果得到市场认可，就很容易招致大量仿制者，而这很可能会给新创企业带来致命打击。

---

[1] 邹碧颖. 旷视科技：创新求变，大有可为［N］. 中国知识产权报，2018-07-27（06）.

四、专利布局对新创企业的作用

对于具有较高增长潜力的新创企业来说，要确保其创意被保护。在企业的早期策略中，创意就是其动力。保护创意或产品的方法包括专利、商标、版权等，其中专利是对技术和产品的有力保护。对比调查拥有专利的新创企业和大企业发现，新创企业对其专利的实际利用率远高于大企业，拥有专利的新创企业基本都认识到专利对其的重要作用，并且与没有专利保护的新创企业相比，拥有专利的新创企业存活率更高。这些拥有的专利中单独的专利能对企业起到的作用非常有限，而达到一定规模的专利组合比单个专利相加所能起到的作用更大，❶ 即对于企业来说专利起到的作用，是“1+1>2”的效果。可见，专利布局对于新创企业非常重要。

1. 提高企业竞争力

新创企业一方面不断加强技术创新，另一方面注重对创新成果进行专利保护，两方面结合使新创企业在激烈的市场竞争中能够与成熟企业抗衡，甚至逐步占据优势。制定专利布局策略能够让新创企业主动把握这种优势，从而赢得竞争。成立于2014年的虚拟现实公司是一家专注于虚拟现实、增强现实、可穿戴式设备研发的科技公司，2014年该公司推出亚洲首款量产虚拟现实头盔，2015年6月推出全球首款量产2K虚拟现实头盔。公司首席执行官王洁介绍：“公司在不到两年的时间里不断取得突破，秘诀就是在技术上的不断创新和及时进行专利保护。”❷ 该公司的专利布局策略是定期对相关的技术研发方向进行专利分析，了解该领域最新的技术动态，进而为公司下一步研究提供参考。在研发过程中一旦遇到比较重大的技术突破，会进行重点专利布局，而公司在海外的专利布局，也助力公司产品出征海外。

2. 吸引投资

专利是企业创新技术的体现，是评估创新技术价值的重要依据。单独专利的价值体现总是低于专利组合的价值，新创企业使用合理的专利布局能够提高本身技术资产的价值，更容易吸引投资，克服投资中常出现的融资约束问题，增加融资谈判中的砝码。很多高科技企业凭借恰当的专利布局加强了资本实力，例如车联网领域的高科技企业思建科技有限公司，针对其核心技术提交了多项发明、实用新型和外观设计专利。其创始人葛建东介绍，依靠这些专利布局，公司收到了国内多家知名投资机构抛出的橄榄枝，❸ 成功获得两轮合计上亿元人民币的融资。九州华兴集成电路（北京）有限公司的创始人丁丹也表示：“不论是公司融资还是与合作伙伴进行商务谈判，对方评估公司潜力和产品竞争力的重要指标就是自主知识产权。正是依靠这些知识产权，我们才

---

❶ France Brevets. Can patent data predict the success of startups [J]. Mines Paris Tech, 2014 (9).

❷ 陈景秋. 虚拟现实公司：专利“强体”赢得先机 [N]. 中国知识产权报，2016-03-02 (06).

❸ 陈景秋. 思建科技：专利打造车联网生态圈 [N]. 中国知识产权报，2016-03-30 (07).

驶入了发展的快车道。”❶

3. 助力销售

专利是企业创新实力的体现。通过合理的专利布局，新创企业能够向客户更好地展示自身的技术实力和专利实力，从而使客户更愿意购买相关产品或服务。很多新创企业，由于在具有核心技术的同时具有良好的专利布局，在市场开拓过程中尝到了甜头。例如某人脸识别技术企业，在商业化之初就针对核心算法、典型应用以及相应的产品外观设计申请了数十项国内外专利，在进行市场开拓特别是与竞争对手共同竞争某家客户的过程中，该企业通过积极向客户提供专利情况说明以及对应的专利清单的方式向潜在客户展示自身的技术和专利实力，成功争取到多家行业头部企业成为自己的客户。这些头部企业之所以选择该人脸识别技术企业作为供应商，主要原因就是该企业比其他潜在供应商具有更合理的专利布局，相对而言其专利风险更小。

4. 作价入股

除了作为一种知识产权存在外，专利还是一种重要的无形资产。科技型的新创企业往往存在着技术好、有专利但自身资金不是很充裕的问题，但往往出于产业布局、弥补自身技术实力不足等方面的考虑，有投资目标公司或新设立公司的需求。这种情况下，可以考虑将自身的专利作价入股，以减少对自身现金流的压力。例如某半导体新创企业，就曾将自己的若干件专利作价入股到某家目标企业，从而成为该目标企业的股东。

5. 税收筹划

专利还可以用于企业的税收筹划，用于帮助企业节省税费。例如，我国对高新技术企业实行企业所得税的优惠政策。新创企业可以利用自身的专利等知识产权去申请高新技术企业，从而享受相应的国家企业所得税税收优惠政策。

6. 建立企业长远发展的“护城河”

新创企业的创新能力比较强，但是总体企业运营的能力，包括组织、流程、人员、资金等方面无法与大企业相比。在此情况下，通过专利布局可以有效建立起有助于企业长远发展的“护城河”。大企业忌惮于新创企业的专利布局，不能自如地开发新品、采用新技术，需要想方设法避开新创企业专利布局的阻碍，由此可以出现有利于新创企业发展壮大的竞争环境和格局。

新创企业在创立之初不能因为各种困难而忽视专利布局工作，“磨刀不误砍柴工”，在研发工作开展之前，预先制定本企业的未来发展战略和与之相匹配的专利布局策略，既能够指引前进的方向，又有助于扫清前进道路上的许多障碍，因此，企业创始团队在公司成立之初就应当重视专利布局的重要性，及时引入专业人员或借助外部专业人员开展专利布局。

---

❶ 王康．知识产权是我们的实力名片［N］．中国知识产权报，2016-04-15（01）．

第一节　新创企业的专利布局考虑因素及基本流程

一、考虑因素

在讨论新创企业采取的专利布局策略之前，先要考虑哪些因素更能影响新创企业的专利布局。这些因素在如第一章中所述的考虑因素范围内，但对于新创企业来说其中一些因素更为重要。

1. 资源因素

对于新创企业来说，是否进行专利布局、如何进行专利布局以及布局到何种程度的前提是企业是否有相应的资源做支持。有多少资源能够用于这项工作，有多大力才能做多大事。企业在技术、资金和人员储备方面拥有多少资源，决定企业专利布局工作开展的程度。

（1）技术基础

如前面多次提及的，对于新创企业来说，创意和技术是企业发展的重要动力。专利布局围绕企业核心技术展开，尤其对于其他资源相对薄弱的新创企业来说，用有限的资源实现对核心技术最优化保护是其专利布局所能达到的最佳效果。技术基础本身是创新能力的根基，也是专利布局的基础。

（2）资金支持

对于多数新创企业来说，资金储备是其自身资源的一块短板，而专利布局尤其是在企业需要海外布局时，所需花费非常巨大。新创企业创立之前或之初，可以利用本身拥有的高价值技术、在传统商业模式基础上改造的新模式或创意，获得国家、社会或个人的资金支持（例如，天使投资、风险投资、国家项目等）。

（3）人员配备

新创企业在创业之初，所拥有的人才主要集中在研发力量上，有限的人力使许多企业难以分出精力进行专利布局设计。但是专利布局涉及专业技术、知识产权、企业经营等多方面的专业知识，必须有专人专职或指定专人兼职具体负责、协调才能做好这项工作。企业从领导层到每个做具体研发工作的技术人员都需要有专门的具备知识产权管理技能的专业人员从中沟通、协作，才能给企业整体专利布局做好规划。

2. 时间因素

开始进行专利布局的时机非常重要。有的新创企业其技术难度高，在创业初期主要精力集中在产品研发上，在研发有所进展后才开始专利布局工作。有的新创企业其技术难度并不高，主要依靠技术性创意作为其独特的商业模式，对于行业内人员来说如果已知该创意，那么将其转化为产品并不需要消耗太大精力，对于这类企业在早期甚至企业创立之前就将创意用专利保护起来更为重要。

在企业初生之际，受资金、人员、技术等资源限制，专利布局可能限于核心技术。随时间发展，新创企业面临的市场、竞争者、客户等都在不断变化，相应地应该在适当的时间点改变专利布局策略。

【案例 4-1-1】VCD 机错失专利布局时机的沉痛教训

世界上第一台家用 VCD 机 1993 年诞生于合肥万燕公司，但是到 1996 年全国 VCD 销量达到 600 万台的时候，万燕的市场完全被新进入者一块块瓜分，万燕先期大量资金投入培育的市场为他人作嫁衣，其没有通过技术垄断独占 VCD 市场，却又过早进入市场，付出了沉痛教训。❶

万燕 VCD 是错失专利布局时机的典型案例。万燕拥有的 VCD 技术在当时作为颠覆性创新技术曾经创造短期辉煌，但因为创始人认为当时国内的法律不健全，即使申请专利也很难收取专利许可费用，因而在早期忽略了对其自主知识产权的保护，没有形成对创新技术的垄断控制，导致其产品上市后被迅速大量仿制，市场占有率急剧萎缩，再加上前期培育市场投入巨大，后期资金难以为继，很快被迫退出市场。

【案例 4-1-2】光峰科技的专利布局成功经验

2019 年 6 月 30 日，深圳光峰科技股份有限公司（以下简称“光峰科技”）于 6 月 30 日在科创板注册生效。作为一家拥有原创技术、核心专利及核心器件研发能力的科创板企业，光峰科技在激光显示领域积累了诸多技术。截至 2019 年 7 月 20 日，光峰科技在全球共计提交专利申请 1729 件，在全球荧光激光显示领域均有布局，主要包括中国申请专利 955 件，国际专利申请 454 件，美国 118 件，欧洲 76 件，韩国 49 件，日本 48 件。并且，在荧光激光显示技术领域，光峰科技不仅专利申请量居于领先地位，而且具有较高的被引核心专利，例如，其核心专利“Multicolor illumination device using moving plate with wavelength conversion materials”（专利号：US11830311）截至 2019 年 7 月 20 日被引频次高达 260 次。❷

光峰科技由于知识产权意识良好，进行了比较完善的全球专利布局，因此大大提升了其在与国内外竞争对手的商业竞争中的核心竞争力。值得注意的是，由于光峰科技的专利优势突出，保证了其在科创板上市成功，而通过上市融资光峰科技将有实力进一步加强研发投入，更有机会在未来的商业竞争中获得优势地位。光峰科技的专利布局经验，值得其他企业学习和借鉴。

---

❶ 于国安．“万燕”开创 VCD 市场的成败［J］．创新科技，2006（2）：48-49．

❷ 孙涛涛，甘子珍．光峰科技：做好专利布局 上市方显光辉［N］．中国知识产权报，2019-07-25（06）．

3. 其他因素

对于新创企业专利布局来说，以上几个因素对其制约最大，但有条件时也应考虑其他因素，例如地域因素、行业因素、竞争对手因素、专利许可及专利运营因素等。

新创企业在创立之初可能仅立足于国内市场，满足于在国内进行专利布局。但随着全球经济一体化不断深化，信息通信技术的快速发展，基于知识经济的新创企业很可能会面临国际化的问题，相应地，专利布局也需要与之对应。新创企业所在行业专利分布现状和趋势、竞争对手的专利布局有时会对新创企业本身的专利布局产生巨大影响。例如在发生专利混战的LED领域，专注于大功率LED户外照明领域的杭州华普永明光电股份有限公司（以下简称“华普永明”）却未发生过专利侵权纠纷，这是因为其在积极进行自主创新和专利布局的同时，还与飞利浦等LED国际巨头签署了专利许可协议，通过获得专利许可解决自身产品可能面临的专利风险。其总经理陈凯介绍：“围绕核心技术提交专利申请进行全球范围内的专利布局，打通产业链上下游，通过交叉许可规避专利侵权风险，这样的发展理念使得华普永明在LED领域纠纷不断的情况下，至今未发生过专利侵权纠纷。”❶

对于某些新创企业，由于资金、管理及人力的问题暂时无法实施其创新技术，可通过专利布局实现技术资产化，进而将其转化为实际产品，因此在布局前应考虑如何为了更方便地实施专利许可而在何时何地申请何种范围的专利。对于某些领域的新创企业，包含专利许可在内的专利运营是其企业经营战略的重要组成部分，那么其专利布局的目的就是专利运营而非实施其专利技术，基于此目的，在考虑专利布局的因素时，会更多在专利许可的方向考虑，例如潜在的受让人的市场需求、产业发展热点技术等。

二、基本流程

新创企业专利布局与成熟企业不同，通常无法像成熟企业那样规模化地布局专利，但在与企业利益密切相关的关键技术上必须布局具有较高价值的专利。而即使只是少量的专利布局也需要新创企业提前制定专利布局策略，使专利为企业的整体战略服务。

新创企业专利布局策略制定的流程，通常不会像规模企业那样面面俱到，而是较为简单，一种可供参考的新创企业专利布局策略制定流程如图4-1-1所示。该流程并未完全像第一章第五节介绍的流程那样多个部门相互配合地走完每一步骤，而是由企业的决策人员有针对性地选择与新创企业专利布局策略制定中相关性高的那些步骤。新创企业专利布局策略的制定流程涉及的部门和人员相对较少，方便策略

---

❶ 崔静思．日亚化学在京起诉亿光电子：专利战倒逼LED产业探寻新出路［N］．中国知识产权报，2016-03-30（03）．

的快速形成、灵活把握且易于修订，对于新创企业创业阶段非常适用。

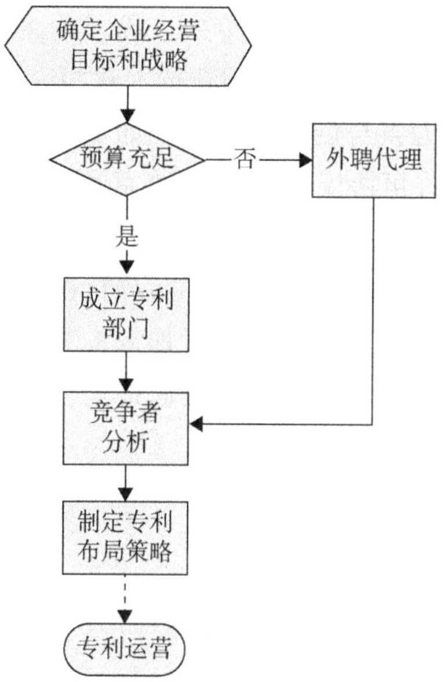

图 4-1-1　新创企业初期专利布局策略制定的主要流程示例

首先，在制定专利布局策略之前，新创企业的管理层需要确定企业经营目标。选定经营目标，即以何种产品或技术作为今后发展的基础，是非常重要的。确立了经营目标，之后的专利布局无论采用何种策略，都以实现该目标为核心和目的。经营目标的确定是新创企业开展之后一切生产经营活动的基础，根据该经营目标企业可以预先确定拟用于专利布局的预算。❶

预算是否充足决定了新创企业专利布局采取的手段以及专利布局的规模。通常如果预算充足，可以组建企业专门的专利管理团队，与企业其他部门（研发部门、市场部门等）合作制定专利布局长期规划，之后完成专利布局工作；如果预算紧张，可以外聘专利代理机构协助企业完成布局策略制定工作和之后具体的专利布局工作。

新创企业进入市场或者在市场中取得一定成绩后，必然会引起他人的关注。对于开拓型新创企业，需要防范潜在竞争者，对于持续型和颠覆型新创企业，既要防范行业内成熟企业的围剿，也要防范随之而来的模仿者。可见，新创企业专利布局策略的制定要充分进行竞争者分析，包括对竞争者组成、类别、技术及专利布局的分析，还包括对整个行业发展趋势及导向的分析。新创企业在其核心技术的基础上，应该向哪些方向发展或突破，在哪些方向更易获得成功甚至进一步壮大，能够从竞争者分析中寻找结论。与之相配合，应该采取何种专利布局策略继而确定，例如在核心产品的不

❶ Rajiv P. Patel. A Patent Portfolio Development Strategy for Start-up Companies [EB/OL]. www. fenwick. com/fenwickdocuments/patent_ portfolio_ dev. pdf.

同应用方向上，具有广阔市场前景的应用技术应该重点布局。

专利布局策略制定之后，某些新创企业可以考虑专利运营，例如在竞争中充分利用专利许可和专利诉讼等，提高企业的竞争力。我国企业进行有目的专利运营的还不是非常普遍，但作为拥有开拓型或颠覆型创新技术并相应做好了专利布局的新创企业，很可能有机会通过专利运营为自身创造价值（例如下文中的朗科，通过海外诉讼得到国外竞争者重视，与其签订许可协议）。而专利布局所产生的专利组合作为新创企业的知识产权资产在这时会表现其重要性，布局合理的专利组合能够为新创企业在竞争中带来实际利益。通过对竞争情况以及自身专利布局情况等因素进行分析，确定自己是否需要向第三方许可或交叉许可其专利，或者加入专利池，是否需要采用诉讼手段维权，如果模仿者众多，是针对所有模仿者都提起诉讼，还是针对不同的模仿者需采用不同的策略。

第二节　新创企业的专利布局常用策略

新创企业制定专利布局策略的目的不同于成熟企业，其首要考虑的问题是如何通过专利布局帮助企业存活下去，生存的问题解决了才有之后的发展壮大。因此新创企业的专利布局策略，尤其是早期规划要与企业实际情况相符，不能完全照抄照搬成熟企业的专利布局模式。新创企业常用的专利布局策略包括以下几种。

一、先阻挡后设围策略

Ove Granstrand 教授的经典模式[1]中，路障式专利布局（或称为策略型专利布局）比较适宜开拓型和颠覆型新创企业在创业初期采用。

开拓型和颠覆型新创企业在创业初期常常受人员和资金限制，不可能像成熟企业那样在专利上投入大量人力物力，但又迫切需要对其创新产品和技术进行基本的保护，防止其产品进入市场后被大量仿制，对企业本身市场造成冲击，因此需要制定一种花费较少、见效较快的专利布局策略。

对处于上述情况的新创企业，尽早针对其核心技术申请一个或几个专利是非常必要的。这些初期专利虽然量少，但必须是精品，专利的保护范围尽可能宽，能够最大范围地覆盖企业创新技术。这种以防御为目的，申请少量核心产品或核心技术专利形成他人路障的布局设计为路障式专利布局，虽然受限于有限的资源而没有通过密集分布的专利对企业核心技术和产品形成全方位保护，但能够防止他人完全模仿自己的技

[1] Ove Granstrand. The Economics and Management of Intellectual Property：Towards Intellectual Capitalism [M]. Northampton，UK：Edward Elgar Publishing，Inc.，1999：218-222.

术，同时专利申请与维护成本低。这样，在创业初期将少量资金、人员等资源用在“刀刃”上，可达到事半功倍的效果。

随着企业发展壮大，资金增加，人员配备完善，原有市场、顾客甚至技术都在不断转变，市场的地域范围也可能由本地逐渐扩张到国外，因此专利布局也需逐渐扩展，在核心产品或核心技术周围申请相关专利，在核心技术的发展方向上也不断挖掘新的专利，而核心专利本身也可利用《巴黎公约》或 PCT 的方式进入其他国家或地区，这些之后跟随的专利与原有的核心专利共同构成专利丛林，成为企业发展壮大的强劲助力。

如图 4-2-1 所示，这种专利策略由成长期的路障式转变为发展期的丛林式，先是被动地阻挡对手，逐渐转变为主动地扩张甚至攻击对手，对于拥有技术优势但初期资金较薄弱的新创企业较为适宜。

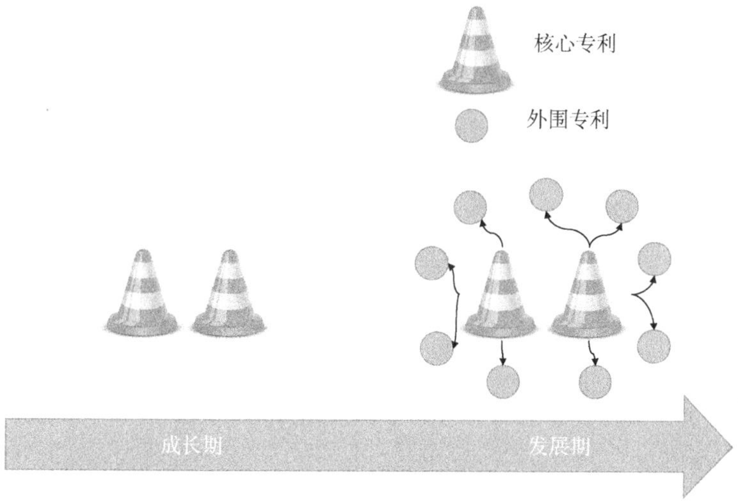

图 4-2-1　先阻挡后设围的专利布局策略示意

【案例 4-2-1】蚁视科技的先阻挡后设围的专利布局

北京蚁视科技有限公司（以下简称“蚁视科技”）成立于 2013 年，涉及穿戴式设备、虚拟现实、增强现实、立体视觉领域。其创始人覃政在偶然的机会获得灵感，研发了复眼光学技术，通过该技术成功设计出一款十分轻薄的虚拟现实眼镜，并在 2012 年申请了一件发明专利（CN201210119666：小孔投射式近眼显示器）和两件实用新型专利（CN201220173416：一种非接触式近眼虚拟立体显示器；CN201220173420：横竖两用立体拍摄附加镜及观屏器），对该核心技术形成最初保护，其中发明专利还通过 PCT 途径进入美国。通过检索，他发现全球范围内没有类似专利申请，看到了虚拟现实技术的良好前景，于是开始创业，一边继续研发，一边通过海外众筹获得资金支持，同时始终重视专利布局，截至 2016 年 4 月，公司已提交相关专利申请 80 余件，PCT 国际申请 5 件，获得授权 45 件。❶ 这些专利类型包括发明、实用新型和外观设计，围绕虚拟现实技术涉及的软硬件系统进行布局。蚁视科技虽然成立时间不长，但其对专利技术的运用和保护帮助它在新的技术领域中快速成长。

二、"游击战"策略

对于持续型新创企业，其进入市场时已经存在众多竞争对手，新创企业很难与竞争对手正面对抗，既不具备正面对抗的经济实力，也没有相应的技术支持。因此，新创企业需要在竞争对手密布的防线夹缝中寻找生存机会，制定企业经营策略，而专利布局策略相应为企业经营策略服务。这样的专利布局如图 4-2-2 所示，通常采用规避设计策略，就像打游击战一样，从敌人薄弱的环节入手，以己之长攻彼之短。例如从与竞争对手不同的研发方向入手，或者从被竞争对手忽视的小众产品切入，或者在大公司忽略的细分市场完成自己的专利布局。

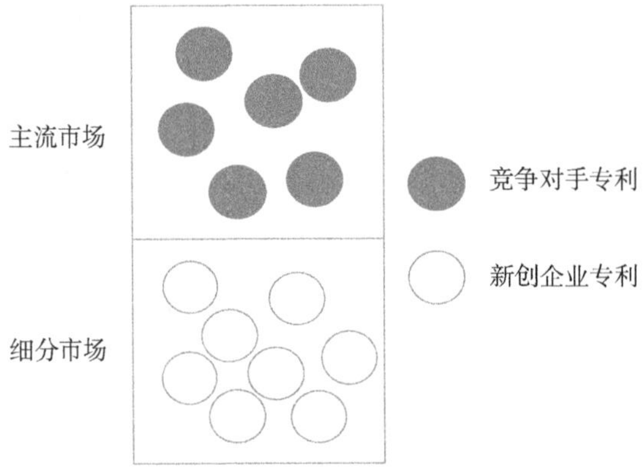

图 4-2-2 游击战的专利布局策略示意

【案例 4-2-2】泰斗微电子的"游击战"式专利布局

卫星导航系统已经形成了较为完整的产业链，其相关产品应用包括交通运输、海洋渔业、水文监测、气象预报、森林防火、救灾减灾等诸多领域。于 2008 年成立的广东东莞市泰斗微电子科技有限公司（以下简称"泰斗微电子"）经营的是以我国自主研发的"北斗"系统为基础的导航产品，其想要与占市场份额 90% 以上的 GPS 导航系统竞争，几乎是不可能获胜的。因此，该公司在初级阶段主打的是兼容 GPS 的导航系统（相应地，其布局的第一件专利申请涉及多模导航芯片，发明名称为"一种兼容 GPS 和北斗导航系统的卫星信号捕获方法"），之后泰斗微电子还在 GPS 导航系统不

❶ 李俊霖，覃政．用专利开掘虚拟现实"金矿"［N］．中国知识产权报，2016-04-20（06）．

具备的功能（如户外遇险时能够向外界通报自己的实际位置）上布局专利，❶ 逐渐开发出既符合市场需求又成功规避竞争对手的核心技术，打破了 GPS 完全垄断我国卫星导航系统市场的局面。

三、以实用新型为主策略

如果企业资金缺乏，又希望快速实现保护，对于硬件产品可以采用以申请实用新型专利为主的专利布局策略。实用新型专利维护成本低，审查程序简单，创造性标准相对低，授权较快，比较适宜对迭代快的硬件产品的保护。因而对创建初期资源有限的新创企业来说，选择实用新型专利类型作为专利布局的主体是保护其技术改良和自主创新的重要途径。但是不能采用仅包含实用新型的单一类型的专利布局策略，最好辅以少量发明专利，将发明专利布局在企业的关键技术上，为企业长远发展做准备。

【案例 4-2-3】正泰电器的实用新型布局策略

浙江正泰电器股份有限公司就是以实用新型专利为主要专利布局类型的企业。截至 2016 年 4 月 29 日其在中国共申请专利 844 件，其中超过一半是实用新型专利（503 件）。并且其实用新型专利价值也很高，在正泰诉世界 500 强企业施耐德专利侵权纠纷案❷中，正泰拿出的武器就是其在早期申请的实用新型专利，最终换来了施耐德 1.5 亿多元的赔偿。可见，实用新型专利如果运营得当，也一样能够给企业带来巨大益处，不能小看实用新型专利在专利布局中的地位。

四、先导型策略

先导型专利布局策略属于较难实施的专利布局策略，需要对竞争对手的研发方向进行预判，因此存在很大的不确定性。但是对于以专利运营为主要业务的新创企业来说，只有早于竞争对手获得专利，才有与其谈判的资本，从而将竞争对手转变为自己的客户。

如图 4-2-3 所示，实施先导型专利布局策略需要掌握行业发展动态、竞争对手专利布局状况及市场状况，依据这些信息结合企业自身经验来判断竞争对手可能的研发方向，一旦确定需加快研发进程，只有抢到早于竞争对手的申请日，这样的专利布局才有意义。因此，采取先导型专利布局策略的企业，其技术团队和知识产权部门必须紧密配合，协调一致，才能有效率地实现专利布局，为企业之后的专利运营打下基础。

---

❶ 李军，张扬．从北斗芯片的专利布局分析泰斗微电子的核心竞争力［J］．数字通信世界，2015（S1）：35-39.

❷ 刘道臣，袁钢．中国专利侵权赔偿第 1 案［M］．北京：知识产权出版社，2013：2-5.

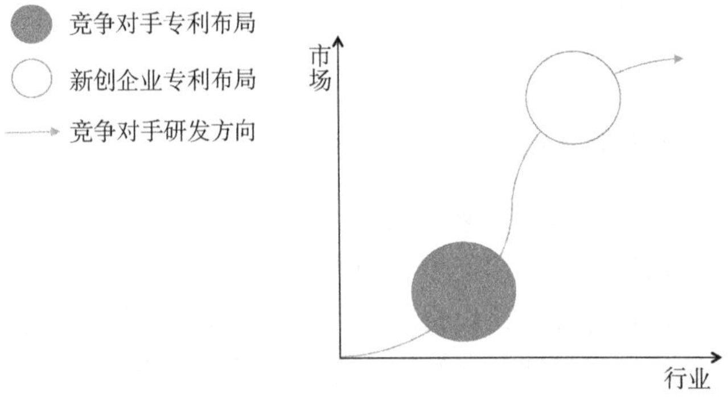

图 4-2-3　先导型专利布局策略示意

【案例 4-2-4】某生物制药研发公司的先导型专利布局策略

某生物制药研发公司，其人员和资金有限，整个公司的职能部门仅包括研发部门及知识产权管理部门。因为该企业的核心竞争力是知识产权，其将有限的资源用于研发，并实施专利保护，所研究出来的成果并不主动实施，公司规模也无法完成这样的任务，而是将专利产品许可给更大的医药公司，由对方完成药物真正商业化的后期工作如临床试验等。❶ 这样的商业模式可以让其节省生产成本，企业的重心放在研发上，专利就是企业的产品，因此专利布局非常重要。在研发之前要先确定专利布局的方向才能使专利产品实现更大的价值，其专利布局主要考虑行业发展趋势、研究热点、需求，尤其是通过分析大型制药企业的专利布局、市场布局，找到其将来可能在某个国家或地区销售的品种，然后提前在相应区域进行相应产品的专利布局。这种先导型的布局得到的专利组合产品能够使企业获得更多的许可收益。

五、对替代技术抢先申请策略

新创企业对于自身的核心技术一定要设置技术的参与壁垒，否则很可能在很短时间内失去技术优势，进而在激烈的市场竞争中走向失败。如果能够将竞争对手可能使用的替代技术也抢先申请专利，就可以阻止其参与到事业中来。❷

六、混合型专利布局

混合型专利布局，是指综合运用本节前述5种专利布局策略以及其他各种可行的布局策略进行专利布局的方式。在实务中我们经常发现，有时单一的某个专利布局策略其

❶ 夏玮．科技型中小企业专利行为分析：上海、慕尼黑四家中小企业案例比较研究［J］．情报杂志，2013，32（4）：97-101.

❷ 丸岛仪一．将知识产权作为武器［M］．文雪，译．北京：知识产权出版社，2013：17-18.

实很难实现我们的布局目的。因此，对于新创企业而言，应当注意综合灵活应用各种现有的布局策略进行自身的专利布局，以最大限度地保障自身的专利布局质量。

此外，虽然很多新创企业由于资金和预算压力，而很难采取某些布局策略。例如地毯式专利布局进行全面大量的专利布局。但是，我们也应当意识到，对于关系企业未来商业发展的技术和产品，有时多投入一些资源和预算进行大量的专利布局其实是非常有必要的。同时，我们也应当注意到，对于某些拿到融资的新创企业而言，资金和预算其实并不是他们进行专利申请的障碍。因此，我们在进行新创企业的专利布局时，不应当受限于上述 5 种专利布局策略。

《孙子兵法 · 虚实篇》有云："夫兵形象水，水之形，避高而趋下；兵之形，避实而击虚。水因地而制流，兵因敌而制胜。故兵无常势，水无常形；能因敌变化而取胜者，谓之神。"其实，专利布局犹如排兵布阵，并无常法。对于新创企业而言，专利布局应当在尊重客观规律的基础上积极顺应内外部商业竞争环境的变化，并时刻牢记专利布局的出发点是商业。唯有如此，才有可能做出对自身商业经营最有利的专利布局。

【案例 4-2-5】日亚化学围绕蓝光 LED 的专利布局策略❶

日亚化学从一个不足 200 人的小公司，成长为世界知名的 LED 领导企业，核心专利和技术是其参与全球市场竞争的有力武器，对日亚化学围绕中村修二作为发明人的蓝光 LED 的专利布局进行分析，可以看出日亚化学在知识产权方面的重视和布局特点。

（1）提前布局

蓝光 LED 的制备是业界公认的技术难题，谁也无法预料蓝光 LED 在什么时候能够真正实现。中村修二凭借执着的信念使难关一个个被攻破，从 1989 年中村修二的第一件专利开始，在 1993 年实现蓝光 LED 的量产之前，中村修二的发明专利申请就已达到了 92 件。如果没有"兵马未动，粮草先行"的提前布局意识，直至蓝光 LED 可预见成功时才匆忙进行专利申请，就会丧失时机。这样以来，日亚化学作为一个小公司，就不能凭借蓝光 LED 的大量核心、基础专利频频向业界巨头发起诉讼，由此获取高额的专利许可费用，更不能垄断蓝光芯片的市场。

（2）多维度保护

蓝光 LED 的实现是一个集衬底技术、晶体生长、MOCVD 设备、器件结构、电极材料与结构、欧姆接触、封装、切割等多方面技术为一体的研究，如果仅有单个或少数专利往往不能对蓝光 LED 及其基于蓝光 LED 的白光 LED 销售市场产生有效保护，也就不能形成有效的技术壁垒，中村修二的研究涵盖了蓝光 LED 制备的每一个技术点，日亚化学也对蓝光 LED 进行了多角度、全方位的专利布局，从而形成了竞争对手难以逾越的技术鸿沟。日亚化学在蓝光 LED 领域的专利申请构成如图 4-2-4 所示。

---

❶ 从案例学习专利布局思路［EB/OL］. https://bbs.mysipo.com/article-8541-1.html.

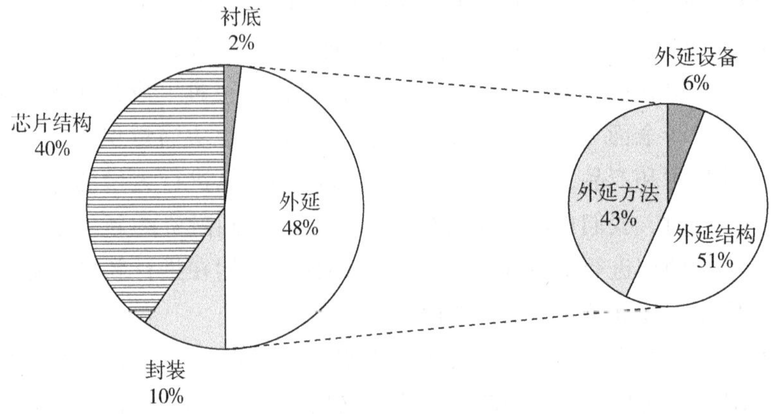

图 4-2-4　日亚化学在蓝光 LED 领域的专利申请构成

（3）重点专利进行海外布局

中村修二提出的蓝光 LED 的技术路径是一条完整的、能够使 LED 商品化的解决方案，属于 LED 的上游核心技术，是日亚化学频频发起专利侵权诉讼的有力武器之一。

由于日亚化学作为一家初创企业，考虑成本问题，日亚化学大部分专利申请仅在本土布局，其中中村修二作为发明人的专利申请的多边申请为 5%，换言之，本土申请量则为 95%。但是具体到蓝光 LED 技术，日亚化学却准确地在涉及实现蓝光 LED 的关键技术进行了海外布局，从一开始的 Two-Flow 设备、实现 GaN 膜的制备技术、PN 结蓝光 LED、双异质结蓝光 LED 等都在主要竞争市场，如欧洲、美国、韩国等进行了专利布局，这些专利是标志性的成果，成了日亚化学重点布局的对象。

此外，日亚化学充分利用了分案申请、巴黎公约合案申请等规则，例如：关于欧姆接触的 CN1102507A，在中国经过八次分案申请，从各种不同的角度，把整个申请文件中可能的技术方案都加以保护起来。

第三节　典型案例分析

一、开拓型新创企业的专利布局

【案例 4-3-1】汉王的专利布局

1. 开拓型创新技术遭遇抄袭

汉王科技股份有限公司（以下简称“汉王”）[1] 的创始人刘迎建在 1980 年就已开

[1] 汉王成立于 1998 年，主要涉及文字识别技术和智能交互产品，前身为北京中自智能系统公司，成立于 1993 年，启动资金 30 万元，最初是涉及汉字手写识别和输入技术的新创企业，现在已经发展成为拥有多项核心技术的上市企业。

始研究汉字手写识别和输入技术，1985 年开发出世界上第一台联机手写汉字在线装置，并于 1986 年申请了发明专利“一种手写汉字的在线识别装置”，不过该专利权不属于刘迎建个人，且在 1995 年被中国专利局（现国家知识产权局）宣告终止。之后，刘迎建以手写识别和输入技术为基础开始创业，由于其早期不重视专利保护，1993 年开发的连笔汉字识别软件只申报了著作权保护，没有申请相关专利，初期产品汉字手写板直到 1997 年才申请了外观设计专利，因此面对之后出现的盗版汉字手写板问题，其无能为力，使该技术授权价格一落千丈。❶

1998 年汉王成立，在此之前刘迎建已经吸取前期创业不重视专利的教训，不仅更加重视技术研发，依靠国家支持继续开展汉字手写识别和输入技术的研发，解决了技术难题，降低了产品成本，成功实现了科技成果的产业化，而且逐渐开展专利布局工作，使企业的核心技术有专利保驾护航。

汉王是典型的软件企业，而我国专利制度规定软件不是专利保护的客体，给汉王知识产权保护提出了新的问题，尤其是在其再次遭遇盗版之后，这个问题的解决更加迫切。2000 年，我国台湾的一家公司盗版了汉王的手写软件后授权名人 PDA，使汉王的授权费一度从 15 美元迅速降到 1 美元左右。2005 年，尽管汉王终于打赢了持续 5 年的官司，但损失超过了 1 亿美元。❷

在多次遭遇盗版打击的情况下，汉王是如何保护自主知识产权，发展成为全球文字识别技术与智能交互产品的引领者呢？本案例从专利分析入手看汉王独特的专利布局策略在企业战略实施中的作用。

2. 前期专利布局薄弱

汉王正式成立前的 1997 年，开始进行专利申请，如图 4-3-1 所示。❸ 初期申请量不高，1997 年和 1998 年各 1 件。第一件专利申请为涉及手写板的外观设计专利。1997~2005 年申请量在 30 件以下波动。初期不仅申请量少，而且重点专利不多，可见这段时期汉王的专利布局工作还处于初级阶段，正在不断积累经验。从 2006 年开始，申请量逐年增加，到 2011 年达到顶峰的 302 件。经过多年的积累以及汉王对知识产权工作越来越重视，成立了专门的知识产权部全面负责知识产权的申报、预警、分析、布局等工作，从而出现了这一时期申请量猛增的局面。从专利类型看，汉王的专利申请以发明为主，实用新型和外观设计为辅。

---

❶ 李清海，等．基于技术生命周期的学科型创业技术选择研究：汉王和方正的成功案例［G］//创业管理研究型案例．天津：南开大学出版社，2009：283-311.

❷ 丁岚，等．汉王科技的创新模式研究［J］．中国软科学，2008（2）：115-121.

❸ 数据来源：中国专利检索系统文摘数据库（CPRSABS）和德温特数据库（WPI），检索入口：申请人“汉王科技”和“HANVON”、发明人“刘迎建”，检索结果：1079 件（CPRSABS），814 项（WPI），检索时间截至 2016 年 3 月 29 日。

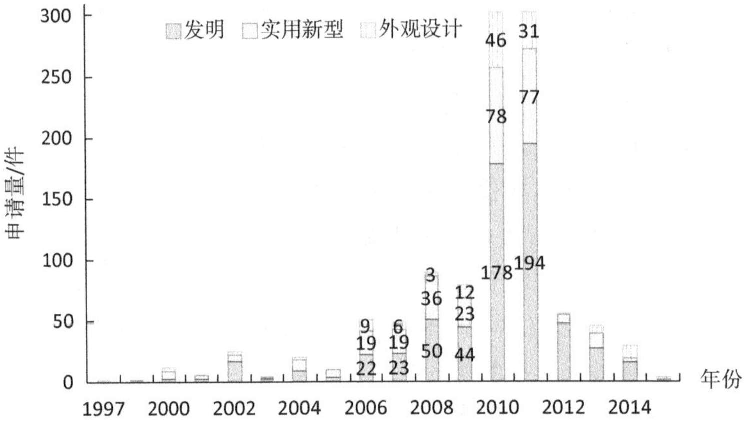

图 4-3-1　汉王在中国申请专利的年份趋势

3. 谨慎选择海外布局

从地域上看，汉王在海外布局的专利量并不大，如图 4-3-2 所示，以美国最多，为 13 件，全部通过 PCT 途径进入该国。采用 PCT 途径的益处在于充分利用其在优先权日期上的优惠（从优先权日起 30 个月的时间来考虑进入哪些国家/地区），使企业有更多的时间考察专利涉及技术的市场表现和前景，从而谨慎选择进行专利布局的国家或地区以及技术分支。汉王专利申请进入海外时间多在 2010 年和 2011 年，属于汉王大量专利布局的时期，其涉及技术包括生物识别技术、手写输入技术、位置识别技术等，是其在初期汉字手写识别技术基础上发展起来的新技术。

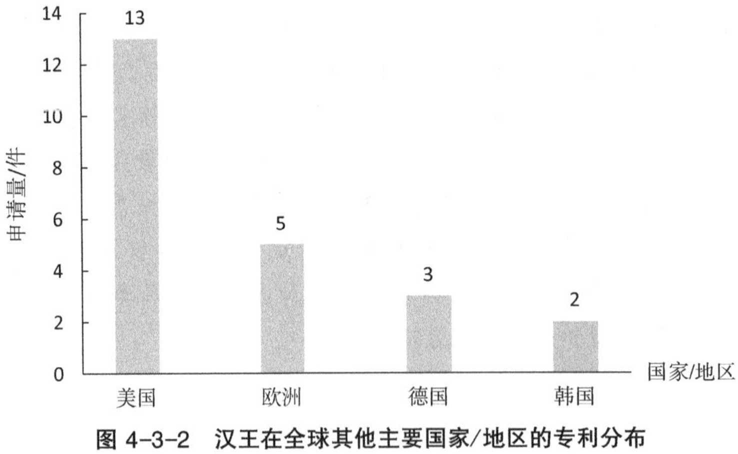

图 4-3-2　汉王在全球其他主要国家/地区的专利分布

汉王在我国大陆地区之外申请的具体情况见表 4-3-1。这 13 项专利族全都进入的国家或地区是美国，已经有 5 项获得美国授权，涉及的技术领域主要包括信息输入技术（9 项）和图形识别技术（4 项），信息输入技术由前期的手写板、手写笔相关技术发展到后来的触控技术，图形识别技术主要关注生物识别技术中的人脸识别。

表 3-3-1　汉王在我国大陆地区之外的申请

序号	优先权号	发明名称	技术领域	公布国家或地区	授权国家或地区
1	CN200510058837	一种具有手写输入和鼠标功能的装置	信息输入	CN、US、TW、SG	CN、SG
2	CN200610011283 HK200700112234	一种改变电容的装置	信息输入	CN、US、JP、KR、DE、HK	CN、US、JP、KR、DE
3	CN200810115547	一种斜坡式图像获取装置及人脸识别系统	图形识别	CN、US、EP、TW、BR、IN、MX、VN	无
4	CN200810117257	一种双摄像头人脸识别装置和方法	图形识别	CN、US、EP	CN、US
5	CN200810117254	一种电磁感应式滚动信息输入方法及装置	信息输入	CN、US、KR	CN、US、KR
6	CN200810223338	具有多点触摸功能的电磁感应装置	信息输入	CN、US、DE	无
7	CN200810223388	多向手写轨迹输入装置和系统	信息输入	CN、US、DE	CN
8	CN200810239875	绘画笔与绘画板距离的测量方法	信息输入	CN、US、EP	CN、US
9	CN200910085535	电磁板压感的测量方法和装置	信息输入	CN、US	CN
10	CN201010261291	人脸识别方法和系统及红外背光补偿方法和系统	图形识别	CN、US、EP	CN、US
11	CN201010607546 CN201110141320	图像序列拼接方法和装置	图形识别	CN、US、EP	CN
12	CN201110064952	触控装置及其控制方法和具有该触控装置的电子设备	信息输入	CN、US、TW	CN、TW
13	CN201110358211	位置指示装置及方法	信息输入	CN、US	CN

4. 技术纵向和横向布局

如表 4-3-2 所示，从汉王专利的技术分布看，核心技术信息输入和识别技术上布局了大量专利，由识别技术发展出的新技术之一——生物识别技术在市场上获得广泛应用，前景良好，也是汉王专利布局的重点，这些在技术衍生方向上的专利布局满足了技术纵深发展的需求。同时，针对不同细分市场的软硬件产品申请发明及实用新型专利，包括通用产品如识别笔、电纸书、绘图板、生物识别等，以及针对行业应用的识别技术解决方案，如防盗装置、电子印章、电子钥匙等，将核心技术横向扩展到多个应用领域和行业，通过纵横立体布局对核心技术实现全方位保护。

表 3-3-2　汉王专利申请的主要技术分布　　单位：件

IPC	技术领域	发明	实用新型	合计
G06F3	信息输入	236	112	348
G06K9	图形识别	118	21	139
G06K9/00	生物识别	82	31	113
G06F17	电子文档处理	65	2	67
G09B5	电操作的教具	23	34	57
H04M1	移动终端的数据传输	21	9	30

5. 造雷和布雷

汉王的知识产权策略是“造雷、布雷、防雷、排雷”，❶ 而保护知识产权最有效的“雷”之一就是专利。由上述汉王专利分析发现，汉王在“造雷”和“布雷”上面已经颇有成效。

汉王作为一家无上游的开拓型新创企业，技术领先对其非常重要，而在技术发展迅猛的IT领域能做到这一点并不容易。汉王以发展核心技术来提高企业竞争力，以市场为导向，专注于自己具有优势的领域并在细分市场里构筑核心竞争优势，一方面尽量延长原有产品线的生命周期，另一方面不断开发新产品。❷ 因此，汉王的核心技术并未局限于最初的汉字手写识别和输入技术，而是以此为起点逐步形成了核心技术链：手写识别技术—手写板硬件技术—OCR（光学字符识别）技术—智能识别技术，围绕这一核心技术链所做的专利布局（见图4-3-3），为汉王之后的“防雷”和“排雷”工作奠定了坚实基础。

从汉王专利布局来看，其为了用专利保护软件产品，都采用软件结合硬件的间接保护方式。手写识别技术与手写板在早期即已捆绑在一起申请专利，2002年申请的“用于计算机录入的无线、无源手写板”是该技术的基础专利，已在多个国家和地区布局同族专利，在此基础上逐渐发展出有线电磁式、无线有源式、无线无源式三种手写输入装置，并进而将手写识别技术结合到其他外部输入设备（如手写笔、绘图板、鼠标、电磁笔等）。电磁触控装置和电纸书都是在手写识别技术基础上发展的新技术，是汉王新产品研发成功的典型，尤其电磁触控技术在全球处于领先地位，因此也是汉王2007年之后专利布局的重点。

❶❷ 汉王：创新造就新市场［N］. 中国企业报，2008-12-19（14）.

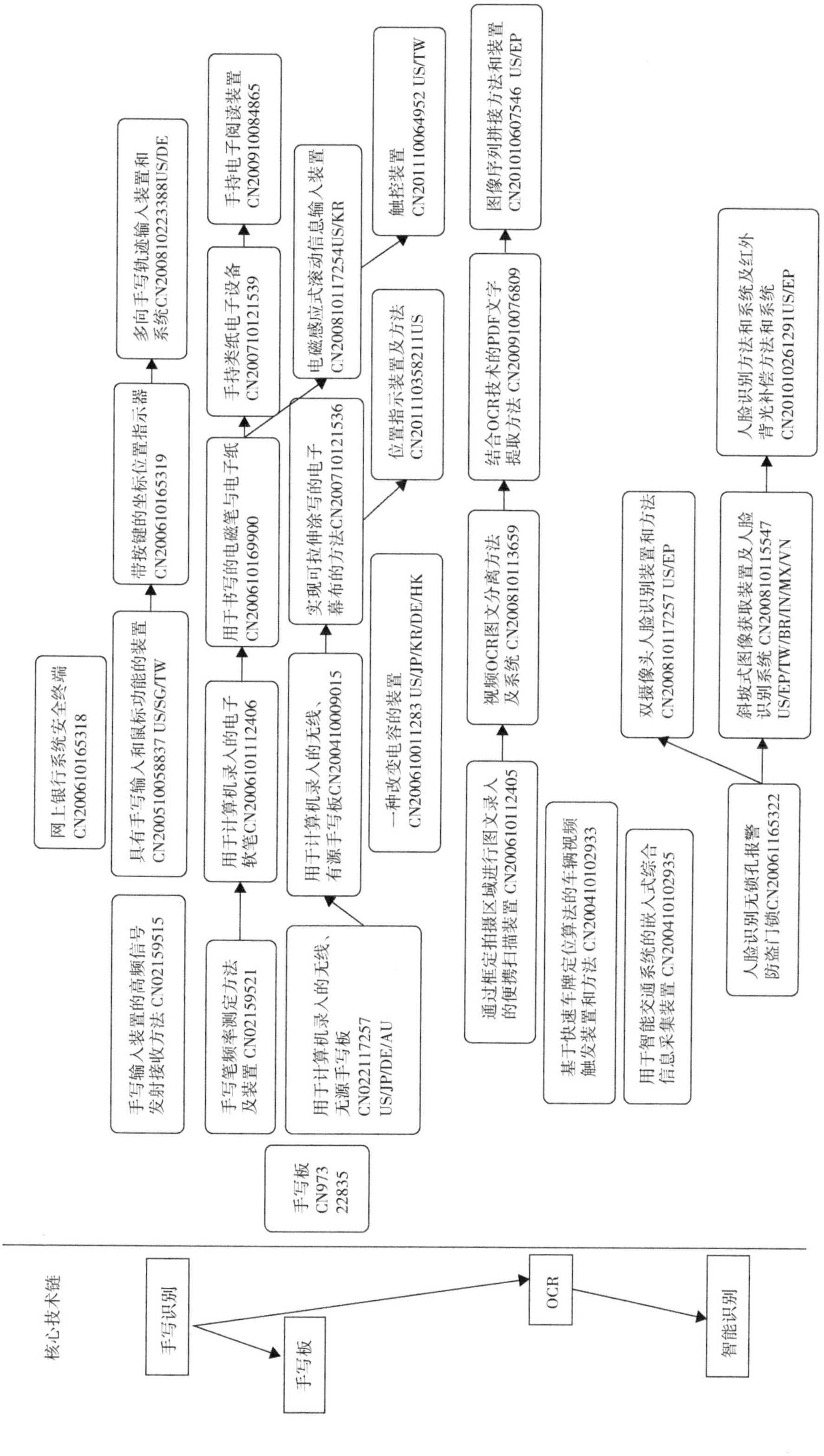

图4-3-3　汉王的主要专利布局

OCR 技术是汉王将手写输入技术授权给多个国内外知名手机厂商使用后发展起来的，❶ 其被成功移植于手机的软件平台上，此后该技术应用越来越广泛，覆盖了文字扫描识别、银行票据识别、证照识别、车牌识别等多个应用领域。汉王不仅在 OCR 技术本身申请了大量专利，在这些应用领域上也布局了众多申请，对该核心技术形成了全方位的保护。

在汉王核心技术链的终端是智能识别技术，其中人脸识别技术是其主要发展方向。在全球安全问题越来越受关注的今天，该技术自然成为关注热点，汉王也顺应形势发展将人脸识别技术向更专业更深入的方向研究，涉及的重点专利在多个国家和地区布局，满足相关产品进入的海外需求。

6. 启示

从汉王案例中首先可以接受教训，避免重蹈覆辙。汉王由于初期对专利布局重视不够，导致早期专利布局空缺，以至于对之后市场出现的大量仿制无能为力，只能眼看着自己的手写板市场被瓜分。可见，新创企业在初期就应该重视专利布局，即使条件有限也应该在有限条件的基础上做初步的针对核心技术的专利布局。具体如何在早期成功进行专利布局，可以参考后面朗科公司的案例。

汉王开始重视专利后，专利布局工作越来越成功，这与其拥有专门的知识产权部门❷关系密切，这点值得其他新创企业借鉴。汉王围绕核心技术链，随着技术发展路线布局专利形成专利链，同时还沿着技术的应用领域和行业横向扩展，布局大量小专利形成专利网，专利链和专利网结合对企业的核心技术形成严密的保护。此外汉王选择处于技术链核心位置并且海外有产品需求的核心专利在海外布局，为企业产品走出国门提前做好准备。海外布局方面，汉王的经验是采用 PCT 途径，因为该途径可以给企业有更充裕的时间结合技术发展状况、市场发展状况来考虑需要进入哪些国家/地区。

二、颠覆型新创企业的专利布局

【案例 4-3-2】朗科的专利布局

1. 中国企业也能凭专利运营挣钱

深圳市朗科科技股份有限公司（以下简称“朗科”）于 1999 年创办，是世界上最早涉足闪存技术及移动存储领域的公司之一。❸

2004 年 6 月 1 日，中国 IT 知识产权第一案“朗科诉华旗侵犯专利权案”法院一审

---

❶❷ 汉王：创新造就新市场［N］. 中国企业报，2008-12-19（14）.

❸ 朗科创始人邓国顺发明的闪存盘作为一种颠覆型创新技术，完全颠覆了当时的软盘市场，使软盘产品退出历史舞台。朗科将其产品命名为“优盘”，并注册了商标（2010 年 3 月国家工商总局商标评审委员会认定“优盘”商标为商品通用名称，予以撤销注册），后来此类产品的名称“U 盘”即来源于此。

判决宣布朗科胜诉，判决被告向朗科公司赔偿侵权损失合计100万元。2006年7月8日，朗科和华旗联合宣布达成和解协议。❶

2004年8月13日，朗科公司起诉索尼电子（无锡）有限公司，要求索尼公司立即停止其对朗科公司在闪存盘方面的一项核心专利的侵权行为，同时索赔人民币1000万元。2006年11月23日，朗科与索尼公司达成庭上和解，朗科撤回民事诉讼，索尼决定从朗科购买USB闪存盘产品。❷

美国时间2006年2月10日，朗科公司向美国德克萨斯州东区联邦法院递交诉状，控告国际IT巨头——美国PNY科技公司侵犯了其美国专利（美国专利号US6829672），该案被称为中国IT企业在国外专利维权第一案。❸

自2002年起，朗科逐步、有计划地在全球范围内实施专利维权战略，通过专利诉讼、协商谈判等方式维护其专利，逐渐形成通过专利运营实现盈利的商业模式。❹ 尤其是从2006年到2009年，朗科通过专利授权许可的收入占主营业务收入的比例分别为3.79%、9.37%、16.50%、10.18%。❺ 2010年1月8日，朗科在创业板正式上市，此时距离其创业才不到11年，而上述独特的专利运营模式尤为外界关注。朗科创始人之一邓国顺在接受媒体采访时面对外界对专利运营模式的质疑回应称："国外的高通就能靠专利挣钱，中国企业也能凭专利运营挣钱!"❻ 那么朗科如何在众多新创企业中凭借专利运营脱颖而出，不断创造中国知识产权维权领域中的多个第一呢?

朗科专利运营模式的成功是建立在其对核心技术周密持续的专利布局基础上的，为了研究其专利布局策略，需要从专利分析着手。❼

2. 从设置路障到形成专利丛林

从时间上分析朗科创立以来在中国申请的三种类型专利（朗科的专利申请主要由发明专利和外观设计专利构成，实用新型专利较少），由图4-3-4年代趋势来看，1999~2001年处于萌芽期，申请量较低，每年都少于10件。但是从专利申请的实质内容来看，1999年的发明专利（CN99117225）为其闪存盘产品的基础专利，主题为"用于数据处理系统的快闪电子式外存储方法及其装置"，以该专利为优先权从2000年开始陆续通过《巴黎公约》方式进入美国、欧洲和日本等国家/地区，并在2004~2012年陆续获得授权，可见朗科在初期就布局了高质量的专利。2002~2008年处于快速成长

---

❶ 王虎学．数码新领袖冯军［M］．北京：现代出版社，2009：123-126.

❷ 朱雪忠．企业知识产权实操大全［M］．广州：广东经济出版社，2008：870-871.

❸ 王虎学．数码新领袖冯军［M］．北京：现代出版社，2009：123-126.

❹ 深圳市朗科科技股份有限公司2014年年度报告［R］．2015-03-31：11.

❺ 陈朝晖．企业专利商业化模式研究［M］．北京：知识产权出版社，2014：220.

❻ 谷慧．专访朗科邓国顺：中国企业也能凭专利赚钱［EB/OL］．（2010-01-10）．tech.163.com/10/0111/00/5sn4fdjr000915bd.html.

❼ 数据来源：中国专利检索系统文摘数据库（CPRSABS）和德温特数据库（DWPI），检索入口：申请人"邓国顺""朗科科技""LANGKE TECHNOLOGY"和"NETAC TECHNOLOGY"，检索结果：328件（CPRSABS），141项（DWPI），检索时间截至2016年3月29日。

期，其中2004年达到申请高峰，发明专利申请量达到53件，实用新型1件，外观设计16件。2009年之后，朗科的专利申请逐渐减少，尤其是发明专利的申请量较少，基本都少于10件。

朗科作为拥有颠覆型创新技术的新创企业，创业之初与大部分新创企业一样也面临资金困难，但其创始人非常重视知识产权保护，因此采用了少而精的路障式专利布局；随着企业发展，不断吸引投资，资金实力的充足支撑企业的专利布局采用更密集的丛林式布局策略，对创新技术形成更加严密的保护。可见，在时间维度上，朗科的专利布局呈现出随企业发展、市场变化等因素不断调整的姿态。

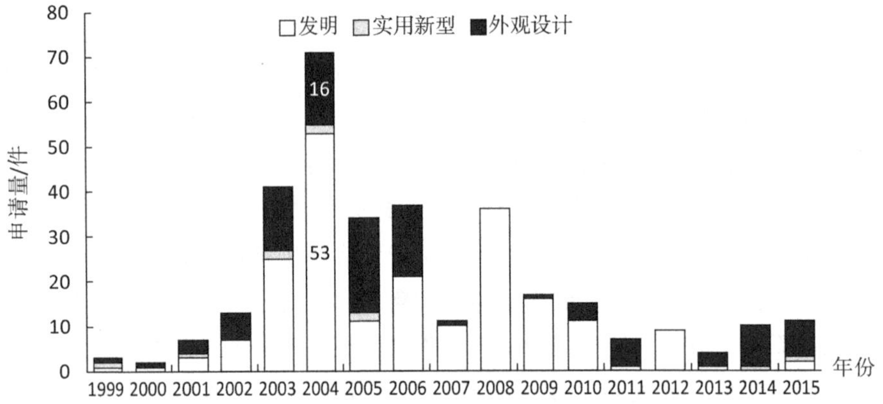

图4-3-4　朗科在中国申请三种类型专利的年代趋势

3. 重点专利全球布局

图4-3-5为朗科在其他主要国家或地区申请专利的情况，其中在我国香港申请量最高，其次是美国、欧洲、日本、韩国及我国台湾，基本囊括了全球计算机产品的主要市场。

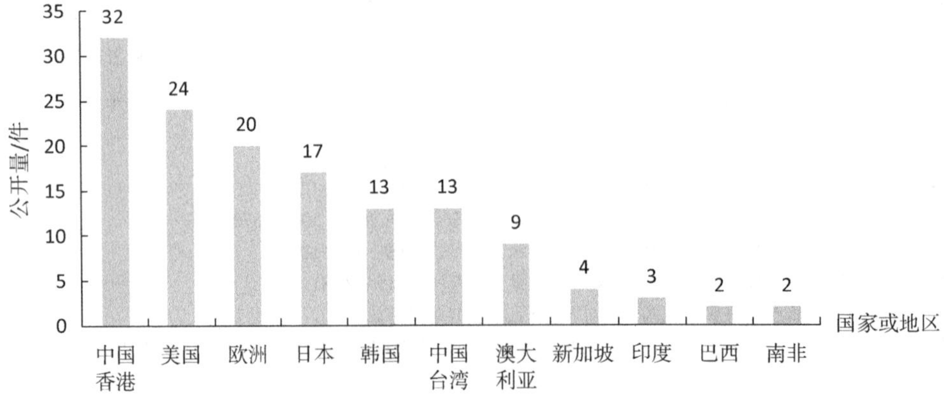

图4-3-5　朗科在全球其他主要国家或地区专利分布

进一步分析朗科的重点专利，发现大多在全球主要国家或地区都有分布，见表4-3-3。这些重点专利涉及电数字数据处理、静态存储器、数字信息传输及该技术在车辆上的应用；施引专利量较高，尤其是1999~2002年的申请，有3项是闪存盘技术的基础专利，被其本身和其他申请人多次引用；从时间看，随着时间发展重点专利的公布地区逐渐从覆盖主要市场的五局（中国国家知识产权局专利局CN、美国专利商标局US、欧洲专利局EP、日本特许厅JP、韩国专利局KR）逐渐向其他国家或地区（包括亚洲的中国香港HK、中国台湾TW、新加坡SG、印度IN、马来西亚MY、俄罗斯RU，其他洲的澳大利亚AU、南非ZA等）扩展；从法律状态看，在中国大陆都已授权，其他国家或地区获得授权的比例也较高。

表3-3-3　朗科重点专利情况

<table>
<tr><th>序号</th><th>优先权号</th><th>发明名称</th><th>技术领域</th><th>施引专利量/项</th><th>公布国家或地区</th><th>授权国家或地区</th></tr>
<tr><td rowspan="2">1</td><td>CN199900117225</td><td>用于数据处理系统的快闪电子式外存储方法及其装置</td><td>电数字数据处理</td><td rowspan="2">53</td><td rowspan="2">CN、US、EP、JP、HK</td><td rowspan="2">CN、US、EP、JP</td></tr>
<tr><td>CN200000114081</td><td>全电子式快闪外存储方法及装置</td><td>电数字数据处理</td></tr>
<tr><td>2</td><td>CN200100129816</td><td>电脑外部设备中附加存储功能的方法及其体系结构</td><td>电数字数据处理</td><td>8</td><td>CN、US、EP、KR、JP、AU</td><td>CN、KR</td></tr>
<tr><td>3</td><td>CN200100114883</td><td>一种多功能半导体存储装置</td><td>静态存储器</td><td>47</td><td>CN、US、EP、JP、KR、AU、MY</td><td>CN、US、EP、JP、KR</td></tr>
<tr><td>4</td><td>CN200200134847</td><td>数据交换及存储方法与装置</td><td>电数字数据处理</td><td>43</td><td>CN、US、EP、KR、JP、AU</td><td>CN、US、JP、KR</td></tr>
<tr><td>5</td><td>CN200200114797</td><td>用于数据处理系统的无线数据通信方法及装置</td><td>数字信息的传输</td><td>6</td><td>CN、US、EP、KR、JP、AU、TW</td><td>CN、KR、JP、TW</td></tr>
<tr><td>6</td><td>CN200200151984</td><td>借助半导体存储装置实现数据安全存储和算法存储的方法</td><td>电数字数据处理</td><td>7</td><td>CN、US、EP、KR、JP、AU</td><td>CN、JP、KR</td></tr>
</table>

续表

序号	优先权号	发明名称	技术领域	施引专利量/项	公布国家或地区	授权国家或地区
7	CN200200152021	一种向移动存储装置发送命令和数据的方法	电数字数据处理	26	CN、US、EP、KR、JP、AU	CN
8	CN200300146090	利用半导体存储装置实现自动执行的方法	电数字数据处理	13	CN、US、EP、JP、KR、HK、SG、IN	CN、US、JP、KR
9	CN200310115102	移动存储装置的数据管理方法	电数字数据处理	5	CN、US、EP、JP、KR、HK、SG	CN、US、JP、SG
10	CN200310117714	闪存介质数据写入方法	静态存储器	4	CN、US、EP、DE、KR、JP、AT	CN、EP、JP、KR
11	CN200410030511 HK200600104173	车载视听系统	车辆视听配件	9	CN、US、EP、JP、HK	CN、US
12	CN200510037574	闪存介质数据管理方法	电数字数据处理	18	CN、US、EP、JP、KR、SG、IN、BR、ZA	CN、US、JP、SG、IN
13	CN200510100041	媒体播放装置上实现多任务的方法	电数字数据处理	2	CN、US、EP、JP、KR、SG、IN、BR、ZA、RU	CN

4. 核心技术大量布局

表4-3-4为朗科发明和实用新型专利申请的技术分布情况，闪存盘产品涉及的技术是其重点布局的方向，包括移动存储技术、存储装置、闪存盘性能提升方法等，另外，在闪存盘技术的其他应用（例如数码相框、车载MP3、车载DVD、无线上网卡等）上也有部分专利申请。

表3-3-4　朗科专利申请的主要技术分布　单位：件

技术领域	发明	实用新型
电数字数据处理	99	6

续表

技术领域	发明	实用新型
静态存储器	35	0
数字信息的传输	17	1
数据识别，数据表示，记录载体及其处理	10	0
图像通信	9	0
载有信息信号的传输	6	0
基于记录载体和换能器之间的相对运动而实现的信息存储	5	0

表 4-3-3 的重点专利技术分布也表明，涉及电数字数据处理、静态存储器、数字信息传输的技术是朗科布局重点专利的主要技术点，可见朗科在核心技术上既有重点专利保质，又有辅助专利保量，对这些核心技术形成全方位的保护。

5. 专利布局策略

通过以上专利分析可以发现，朗科的专利布局策略在时间维度上是初期的路障式结合发展期的丛林式，在地域维度上是以国内布局为基础，重点专利全球布局，在技术维度上是以核心技术为重点布局方向，具体如图 4-3-6 所示。

初期的路障式专利布局采用两个宽范围的基础专利占据了闪存盘技术最关键的技术位置——数据处理系统的存储设备，将竞争对手阻挡在外。这些基础专利是朗科技术的保护伞，而计算机产品在全球的普及程度也逼迫朗科必须走出去，而且时间非常紧迫，因此其以这些基础专利为优先权通过《巴黎公约》的方式先进入美国、欧洲、日本这几块主流市场，在这些地区形成了对核心技术的有力保护。之后朗科在本国的专利布局围绕其基础专利广泛展开，包括移动存储设备及其功能扩展应用、移动存储设备控制方法及其他衍生产品等，数量达到几百件，类型涉及发明、实用新型及外观设计专利。其中的重点专利进入更多更广泛的其他国家和地区，几年时间内朗科已在闪存盘技术上形成了非常全面的丛林式专利布局，具有很强的进攻性，增加了企业在知识产权谈判中的砝码。

详细来说，朗科创始人发现具有市场前景和商业价值的新技术后，在创办企业之前及时申请了该技术的基础专利，防止产品一旦公开即被大量仿制。由于资金受限，创始人在早期仅申请了 1 件发明专利、1 件实用新型专利及 1 件外观设计专利。该发明专利“用于数据处理系统的快闪电子式外存储方法及其装置”（CN99117225）为其基础专利，对其核心技术作保护，而实用新型和外观设计专利是针对其产品在外形上的特殊性实施的保护。实用新型专利权获得较快捷，是发明专利的一个补充，上述发明专利 2002 年获得授权后，该实用新型的使命已经完成，随即该实用新型专利权被放弃。

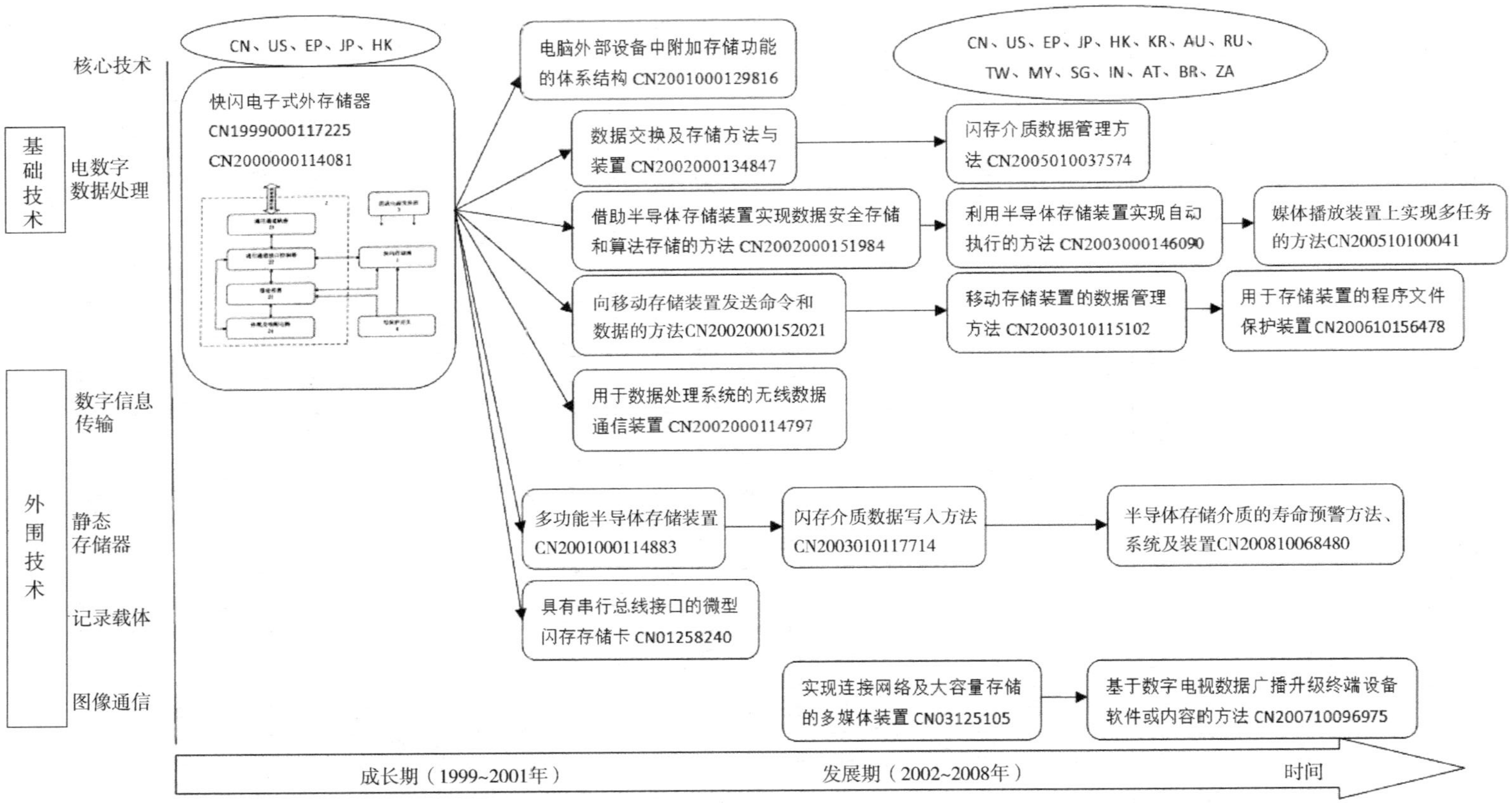

图4-3-6　朗科专利布局策略

2000 年，朗科创始人在此基础上，又申请了 1 件发明及 1 件外观设计专利。虽然初期申请的专利量不多，但两件发明专利都涉及基本的闪存盘技术——数据处理系统的存储设备，朗科将两件发明专利作为多项优先权基础，通过《巴黎公约》的方式进入多个国家和地区。因为这两项发明的内容较为贴近，属于一项技术的系列申请，采用多项优先权的方式可以节约申请和维护成本，并且更容易获得授权。这组同族专利的施引专利量多达 53 件，施引专利的申请人包括苹果、谷歌、英特尔、IBM、微软、三星、东芝、闪迪、日立、中兴通讯等大型 IT 企业，申请年份从 2001 年到 2014 年，跨越较长时间，一定程度上证明该技术在计算机闪存盘领域具有较强、较深远的影响力。

朗科对于这项同族专利的价值非常自信，在其中部分地区的专利还未获得授权时，其已经开始使用这项同族专利作为武器主动出击开展专利运营工作，并且在许多专利诉讼中获得胜利，增强了朗科通过专利运营盈利的信心。为了配合专利运营商业模式，朗科在闪存应用和移动存储领域申请了多项重点专利（见表 4-3-3），专利授权数量不断增加，专利授权区域不断扩大，形成了较为完整的专利布局。

6. 启示

通过朗科的专利布局案例发现以下值得学习的经验。

（1）基础专利先行

针对企业核心技术一定要在早期申请宽范围、高价值的基础专利。随着我国专利制度不断完善，对知识产权保护力度不断加强，经济全球化的不断深入，拥有独一无二创新技术的企业必须尽早申请专利保护，而权利要求范围宽的基础专利能够更有效地实现保护作用，是企业开展后续专利布局工作的基础。

（2）重点专利广布

对于关乎企业技术和市场发展前景的重点专利不能仅局限于国内布局，而应该采用 PCT 或《巴黎公约》的方式在主要市场国家或地区申请同族专利。如果希望快速获得其他国家或地区的专利申请，最好采用《巴黎公约》的方式。

（3）各种专利类型相互补充

中国专利制度中的发明、实用新型和外观设计专利各有其特点，企业应根据专利布局需要选择相应的专利类型。利用中国专利制度中同日申请的规定，可以将发明专利与实用新型专利配合申请，利用实用新型专利补充发明专利授权前的空窗期，发明专利授权后可放弃实用新型专利权的维护，以节约成本。

（4）技术扩展

在核心技术的基础上不断向横向和纵向扩展，利用研发支撑专利布局，利用专利布局引导研发方向，最终形成以基础技术为中心，以外围技术为屏障的技术网和专利网，使企业在市场上的竞争力不断加强。

三、持续型新创企业的专利布局

【案例4-3-3】大疆的专利布局

1. 选对市场，新创企业也能迅速成长为行业巨头

2015年10月公布的福布斯中国富豪排行榜上，深圳大疆创新科技有限公司（以下简称“大疆”）❶的创始人汪滔第一次上榜就以36亿美元的个人资产登上了排行榜第38位。❷汪滔带领大疆走向成功之路并非一帆风顺，也同样经历了大部分新创企业创业初期时遇到的各种困难，但是正如全球企业增长咨询公司Frost & Sullivan的分析师迈克尔·布雷兹（Michael Blades）所说，“大疆的成功在于其开创了非专业无人驾驶飞行器（UAV）市场，所有人都在追赶大疆的脚步”。❸在大疆之前，无人机都是应用在专业领域，产品专业化程度高、对操作要求门槛高、产品价格昂贵，导致无人机无法普及。大疆把无人机扩展到了普通消费者的层面，迅速创造出了一个全新的市场。在全球消费级无人机市场中，大疆已占有近70%的市场份额。❹

随着大疆的崛起，无人机市场不断被看好，跟风者越来越多，消费级无人机的价格不断下探。但大疆并没有与竞争者打价格战，它被称为无人机行业的“苹果”，可见其对技术的追求。大疆能迅速占领消费级无人机市场与其自创立起来就非常注重技术积累有关。自2006年创立起，头三年埋头研发，然后从2009年开始，每年都有新产品问世，不断实现产品的升级换代。大疆无人机的核心研发人员为800~1000人，是目前全球最大的无人机研发团队。❺大疆在竞争越来越激烈的消费级无人机行业如何不断保持技术领先？可以从其申请的专利一窥究竟。

2. 技术厚积薄发

无人机产品自20世纪30年代出现以来，多用于军事领域，经历了几十年的萌芽期和酝酿期后，21世纪开始进入快速发展期，并从军用扩展到民用。而大疆作为一个年轻的闯入者有备而来，在其技术积累到一定程度后开始进行专利布局，如图4-3-7所

❶ 深圳大疆创新科技有限公司成立于2006年，虽然不是最早的无人机生产商，但其成立以来，凭借领先的技术和尖端的产品，逐渐发展成为全球领先的无人飞行器控制系统及无人机解决方案的研发和生产商，是全球商用无人机行业中的领军企业，在全球商用无人机市场中占有近70%的市场份额。其从最早的商用飞行控制系统起步，逐步推出了一系列直升机飞控系统、多旋翼飞控系统及飞行平台、云台系统等产品。

❷ Russel Flannery. New Faces On The 2015 Forbes China Rich List［EB/OL］.（2015-10-29）. www.forbes.com.

❸ Ryan Mac. Bow To Your Billionaire Drone Overlord: Frank Wang's Quest To Put DJI Robots Into The Sky［EB/OL］.（2015-05-06）. www.forbes.com.

❹ 陈姝. 大疆：用技术创新定义中国制造［N］. 深圳商报，2015-09-14（A02）.

❺ 数据来源：中国专利检索系统文摘数据库（CPRSABS）和德温特数据库（WPI），检索入口：申请人“邓国顺”“大疆”“DJI TECHNOLOGY”和“NETAC TECHNOLOGY”，检索结果：328件（CPRSABS），141项（WPI），检索时间截至2016年3月29日。

示。❶ 最早的专利申请为2008年的1件实用新型专利，涉及无人机最关键的控制系统。从2011年开始申请量快速增长，2014年井喷式增长到高峰，达到281件。由于专利滞后公开的原因，2015年的申请量有所下降，但是实际数据很可能超过2014年。可见随着时间的推移，大疆的专利申请越来越活跃，通过前面几年的技术积淀带来之后专利申请的井喷式增长。据称，其研发实验室储备了未来2~3年的最新科技，❷ 使得大疆能不断保持技术先进和产品质量领先，在产品推广和企业文化输出方面也保持了创新和超前的理念。

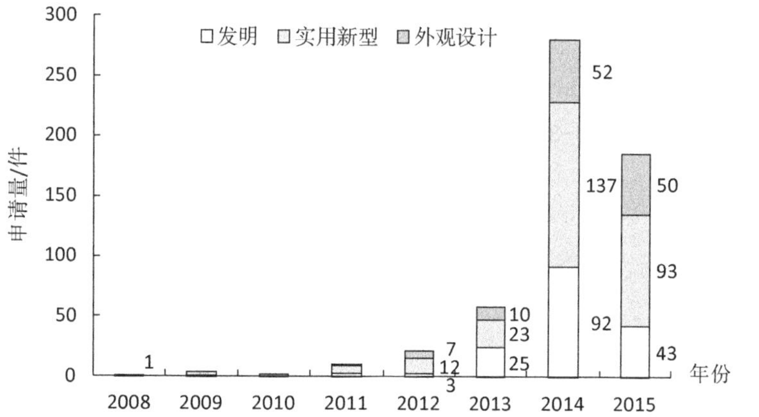

图 4-3-7　大疆在中国申请三种类型专利的年代趋势

3. 广泛海外布局

从专利类型看，大疆的专利以实用新型为主，申请量最高，达到282件，发明次之，为169件，外观设计再次之，为120件。这500多件专利申请中将近1/10以PCT的方式向海外提出申请，这个比例在中国新创企业中是非常高的，这与大疆无人机产品市场构成以海外市场为主有关。大疆的PCT申请进入的国家或地区主要有欧洲和美国，如图4-3-8所示。

2010年，大疆开始在美国、欧洲、日本等国家或地区部署海外专利，主要涉及无人机硬件（电机、限位装置、云台、镜头、配重机构等）及软件（算法、数据传输、距离传感系统、图片处理方法等），几乎囊括了无人机产品的方方面面，为其产品在全球市场保驾护航。如上所述，这些专利全部通过PCT方式进入，某些还申请了多项优先权，这样可以节省部分海外申请的费用。

---

❶ 数据来源：中国专利检索系统文摘数据库（CPRSABS）和德温特数据库（WPI），检索入口：申请人"大疆""DAJIANG INNOVATION"，检索结果：564件（CPRSABS），375项（WPI），检索时间截至2016年3月29日。

❷ 汤玉晶．专利护航，大疆无人机"霸主"地位不可撼动［EB/OL］．（2015-10-29）．新浪博客，玄博商标．

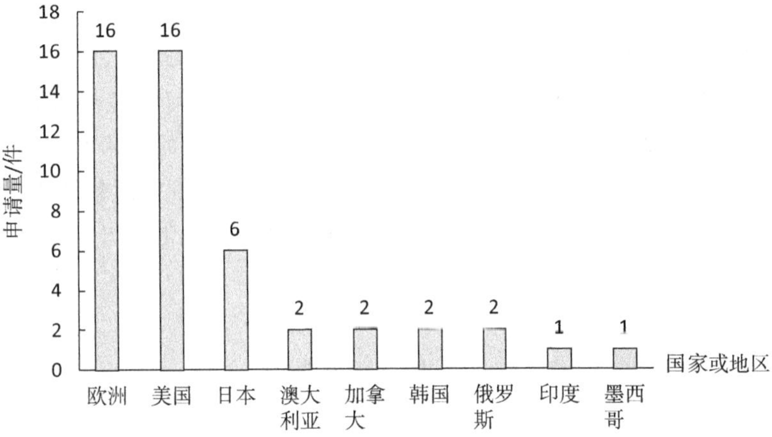

图 4-3-8 大疆在全球其他主要国家和地区专利分布

4. 以控制系统为核心

表 4-3-5 为大疆专利申请的技术分布情况，可以看出，控制系统（G05D）方面其布局的发明专利最多，其次是与云台相关的技术（F16M）、无人机本身（B64C）及与航拍相关的技术（H04N）。而从专利总量来看，与云台相关的技术、无人机本身及辅助设备（B64D）的申请量较多，且实用新型比例高于发明。此外，PCT 申请中与云台相关的技术最多，其次是控制系统和无人机本身。

表 3-3-5 大疆专利申请的主要技术分布　　单位：件

IPC	技术领域	发明	实用新型	外观设计	合计
F16M	机座或支架	23	62	0	85
B64C	飞机，直升飞机	19	34	0	53
B64D	与飞机配合的设备	9	31	0	40
G05D	控制系统	27	10	0	37
H02K	电机	9	14	0	23
H04N	图像通信	13	7	0	20
13-0*	发电配电变电设备	0	0	18	18
16-0*	照相设备、摄影设备	0	0	17	17

* 外观设计分类号。

综合来看，控制系统相关技术是大疆的基础和核心，这也是无人机行业的技术热点，包括飞控系统、导航系统、通信系统以及相关硬件，具体分布见表 4-3-6。

表 3-3-6　大疆控制系统相关专利申请的技术分布　　单位：件

IPC	技术领域	发明	实用新型	合计
G05D1/00	位置、航道、高度或姿态的控制	1	1	2
G05D1/02	二维的位置或航道控制	1	1	2
G05D1/08	姿态的控制	3	1	4
G05D1/10	三维的位置或航道的同时控制	12	2	14
G05D1/12	寻找目标的控制	1	1	2
G05D3/00	位置或方向的控制	1	1	2
G05D3/12	使用反馈的控制	8	3	11

此外，控制系统相关专利申请中包括 6 件 PCT 申请，分别分布在三维的位置或航道的同时控制、寻找目标的控制和使用反馈的位置或方向的控制。

5. 专利布局策略

大疆虽然成立时间不长，但从上面分析可以看到其非常重视知识产权事务。该公司拥有独立的知识产权部门，对于公司需要申请的每一项专利，该部门都会配合公司研发方向认真地分析与布局，将真正能够为产品销售与市场服务的技术精心进行专利布局，实现从后端向前端推进，避免把知识产权的管理工作局限在对专利申请数量的追求上。❶ 而对于那些经过分析后认为值得申请的专利，大疆会依据相关技术的重要性及未来产品化的方向对它们进行分类分级，合理分配人力和财力，并且实时监控潜在竞争对手的专利布局情况，制定相应的应对措施。

从大疆的专利申请概况分析也可以看出这一点，即大疆的专利申请是经过事先布局后做出的，如图 4-3-9 所示。其作为持续型新创企业并没有从一开始就挑战行业的核心位置，而是先利用国外先进技术尚未在中国布局的契机，采用成本低、授权快的实用新型专利快速占位，然后逐步拓展到更广的地域。在较为关键的基础和核心技术上以发明专利为主，辅以实用新型专利；在无人机外围技术上，以实用新型专利为主，配合发明和外观设计专利，并且与其产品主要市场为欧美相适应，欧洲和美国为其海外布局的重点。

❶ 魏小毛，等．大疆创新：知识产权融入公司整体运营［N］．中国知识产权报，2014-08-27（11）．

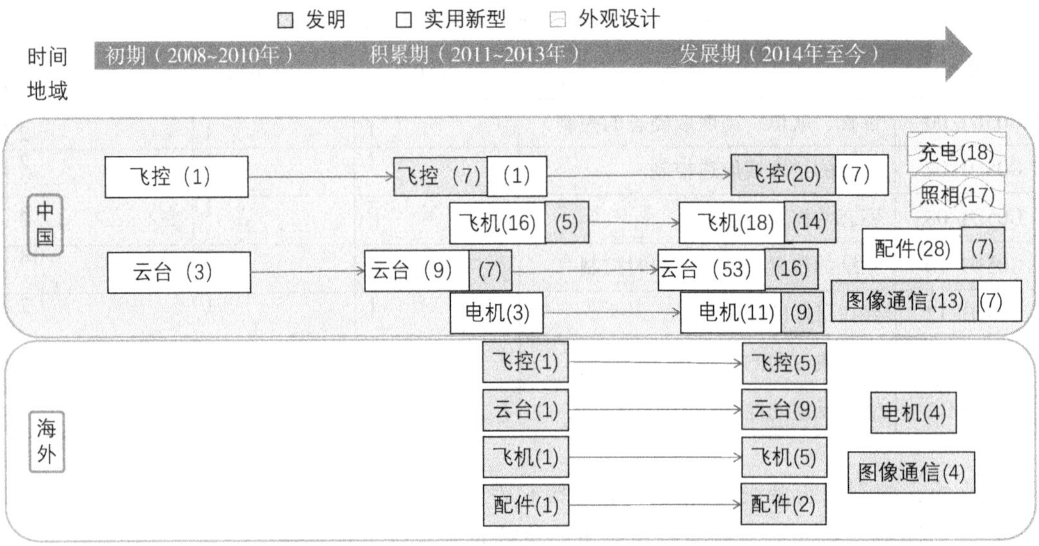

图 4-3-9　大疆的专利布局（括号内为专利件数）

具体来说，大疆最先将专利布局在其基础和核心技术——无人机的控制系统方面。虽然其采用的是实用新型专利，但并不意味着该专利不重要。其具有授权快、成本低、效率高的优点，并且对于技术更新快速的自动控制领域来说，10年的保护期也足够了。初期，大疆还在云台技术上布局了3件专利，包括2件实用新型和1件发明。从之后的专利布局看，控制系统和云台相关技术是大疆重点布局的方向，因为解决了飞控和云台的问题，就能实现消费级无人机的主要用途——航拍，可见在无人机的关键技术点上大疆从早期就开始专利布局，并且随着企业发展不断更新和完善。

在积累期，国内专利布局除飞控技术外，都以实用新型专利为主，唯独在飞控技术上申请了多件发明专利，并且将这种布局保持到发展期。

发展期中专利数量明显增多，除了保持积累期的布局分布外，还在充电和照相设备上布局了外观设计专利，在图像通信技术上布局了大量发明专利并辅以实用新型专利，在其他配套系统上以实用新型专利为主进行布局。

在海外专利布局中，从积累期开始，在飞控、云台、飞机和配件上分别布局了1项专利，到发展期这4个领域的布局都有所增加，并扩展到电机和图形通信技术。

6. 启示

从大疆的专利布局策略来看，有以下值得我们借鉴的地方。

（1）牢牢把握专利布局的时机。大疆创立之初，无人机市场还是专业级、军事级的天下，大疆看到了消费级无人机的未来前景，潜心研发，进行技术积累，在有一定基础后开始申请专利，既没有过早暴露自身对市场的前瞻认识，又抢占了该技术的最早申请日。

（2）重视实用新型专利的使用。在新创企业创业艰难的初期，以其有限的财力、物力和人力不可能大量布局发明专利，而采用发明和实用新型结合的方法能够获得最优效果的专利组合。对于占比较少的核心技术利用发明专利保护，其授权稳定，且保护期长，对于占比较多的外围技术和无人机的辅助设备，利用实用新型专利保护，能够快速获得权利，维护成本低。

(3) 利用 PCT 方式广泛进行海外布局。大疆的无人机产品以海外市场为主，决定其专利申请必须有较大比例在海外布局。这种情况下采用 PCT 方式较为有利，相对费用较低，手续较为简便，时间也比较充裕。

(4) 核心技术和外围技术区别对待。大疆的专利布局策略针对性非常强，在企业亟待发展的核心技术上，步步为营，一点点积累，逐步形成了完整的专利链，为企业拓展市场奠定了坚实的基础，有效地抑制了竞争对手，并成为大疆开展知识产权维权的有力武器；在核心技术辅助的外围技术上，以量取胜，主要由实用新型和外观设计专利组成，配合核心技术专利链形成专利网。依靠这样的专利布局，大疆在无人机行业建起坚实的技术壁垒，占据了高端消费级无人机霸主地位，让竞争对手很难超越。

四、混合型新创企业的专利布局

【案例 4-3-4】旷视的专利布局

北京旷视科技有限公司（以下简称“旷视”）在人工智能算法等领域的创新具有颠覆型创新特点，而在除人工智能算法领域之外的其他创新则具有持续型创新的特点，因此在此称为“混合型”新创企业。

1. 新创企业也能做出世界一流的 AI 技术

2019 年 10 月 8 日，美国商务部产业安全局在其官网上宣布，将包括北京旷视科技有限公司在内的 28 家中国组织和企业列入“实体清单”。❶ 北京旷视科技有限公司这家成立于 2011 年的新创企业，之所以被美国商务部关注，主要是因为其世界一流的人工智能（AI）技术。

2019 年 8 月 29 日，在 2019 年世界人工智能大会上，中国科技部副部长李萌公布了最新一批国家人工智能开放创新平台名单，宣布依托旷视建设“国家新一代图像感知人工智能开放创新平台”。❷

2019 年 6 月 16 日，IEEE 国际计算机视觉与模式识别会议（CVPR2019）在美国长滩拉开帷幕。北京旷视科技有限公司在 CVPR 2019 的 3 项挑战赛中，击败 Facebook、通用动力、戴姆勒等国内外一线科技巨头/知名高校，共计斩获 6 项世界冠军。同时，在会议上，旷视还通过 Oral、Poster、Workshop、Demo、Booth 等形式，同世界分享在

---

❶ 美商务部再将 8 企业列入“实体清单”！多家企业发布公告回应［EB/OL］.［2020-01-02］. http://www.iprdaily.cn/article_22856.html.

❷ 旷视击败 Facebook 等科技巨头　斩获 CVPR2019 挑战赛 6 项世界冠军［EB/OL］.［2020-01-02］. http://www.iprdaily.cn/article_22856.html.

计算机视觉理论与应用领域的最新进展。❶

2019年7月1日，国际权威科技媒体《麻省理工科技评论》（MIT Technology Review）揭晓了“2019年50大聪明公司”榜单（以下简称“MIT TR50”）。旷视凭借其在AI领域的创新能力，以及将AI赋能IoT行业的商业化能力，上榜“MIT TR50”。这是旷视继2017年获得“全球MIT TR50”“全球十大突破技术”（MIT TR10）和两次“全球35岁以下科技创新35人”（MIT 35 Innovators Under 35）四项荣誉后，再次上榜MIT TR50。❷

旷视成立于2011年，是一家专注于机器视觉和AI的科技公司。目前，旷视科技在人脸识别、人体识别、文字识别、物体识别等领域已具备国际领先的技术实力。“旷视科技的使命是‘为了人工智能终将创造的所有美好’。”旷视科技运营副总裁郑绍辉在接受本报记者采访时表示，旷视科技于2011年10月在北京中关村成立，作为一家重视自主创新的AI产品公司，公司致力于运用专利技术打造真正能够看懂世界的机器之眼。❸

旷视坚持创新驱动企业发展，追求通过创新和产业化实现社会价值。成立至今旷视科技创造了多个第一：2012年，上线AI视觉开放平台“Face++”，仅1年时间，该平台就成为全球最大的人脸识别开放平台之一；2015年，发布中国首个深度学习引擎MegBrain并全员使用；2017年，在科技部独角兽榜单中人工智能排名第一，同年，成为首个夺得COCO、Places世界图像识别大赛冠军的中国企业。

旷视科技上佳的表现吸引了资本的青睐。2012~2017年，旷视科技先后获得天使投资、A轮融资、B轮融资和C轮融资，其中，2017年获得的C轮融资金额高达4.6亿美元，这一数字也创造了人工智能领域融资的新纪录。

作为中国人工智能领域的独角兽企业，旷视科技的成长历程和一系列发展成就也备受社会各界关注。旷视在自主研发出世界一流的人工智能技术后，也相应进行了科学完善的专利布局。截至2019年5月，在核心技术的专利化和标准化上，旷视已经提交了超过1000件的AI相关发明专利申请，并参与了19项人工智能国家及行业标准制定。❹ 旷视先后被评为中关村知识产权重点示范企业、北京市专利示范单位、国家知识产权优势企业和国家知识产权示范企业；并且已经获得2件中国发明专利优秀奖。

2. 用AI技术赋能传统行业

据了解，旷视科技是世界上最早一批用深度学习技术实现人脸识别产品商用的人工智能企业，旗下拥有全球最大的人脸识别开放平台“Face++”和第三方人脸身份验证平台Face ID，用户覆盖超过220个国家/地区，其核心产品在金融、安防、手机等行

---

❶ 国家人工智能开放创新平台公布 营收已实现高速增长的旷视入选［EB/OL］.［2020-01-02］. https://baijiahao.baidu.com/s?id=1637201419355376198&wfr=spider&for=pc.

❷ 旷视再次入选《麻省理工科技评论》50家聪明公司［EB/OL］.［2020-01-02］. https://baijiahao.baidu.com/s?id=1643527474153379645&wfr=spider&for=pc.

❸ 旷视科技：AI视觉领域的“独角兽”［EB/OL］.［2020-01-02］. https://baijiahao.baidu.com/s?id=1637846495663311938&wfr=spider&for=pc.

❹ 人工智能头雁——旷视，用知识产权筑牢AI技术护城河［EB/OL］.（2019-06-06）［2020-01-02］. http://cn12330.cn/cipnews/news_content.aspx?newsId=109833.

业市场占有率排第一，并已在各垂直领域推出了包括人脸识别支付、人脸识别解锁、全帧智能抓拍机在内的多个具有开创性意义的 AI 产品。旷视，一方面在算法上不断“升级打怪”，占据技术上的领先优势，另一方面利用 AI 赋能传统行业并进行大胆探索，成为 AI 视觉领域的“独角兽”企业。

2012 年，旷视科技上线了 AI 视觉开放平台“Face++”。该平台是将人脸识别的核心算法存储于云端，以 API（应用程序编程接口）或 SDK（软件开发工具包）形式为企业开发者和人脸识别技术爱好者提供定制化的云计算服务。“Face++”是旷视面向广大开发者的一个开放平台，也是旷视迈出商业化进程的第一步。仅 1 年时间，该平台就一跃成为全球最大的人脸识别开放平台之一。在产业融合方面，旷视推出了“AI+IoT”战略，力图用“AI+IoT”赋能终端实现物理世界的数字化，加速推动人工智能与一、二、三产业相融合，从而闭环数据实现智能化为行业用户提供真正的商业价值。❶

依托在人脸识别技术方面的不断深耕，旷视正在个人消费级 IoT 市场、公共 IoT 市场、商业 IoT 市场不断发力，为这些行业赋能。

在个人消费级 IoT 市场方面，旷视主要是深耕基于智能手机的人脸识别技术。随着人工智能技术的不断发展，生物识别技术已经成为智能手机的标配，从指纹到面部识别，2018 年，各主流终端厂商在智能手机中纷纷普及了人脸识别技术。在手机行业的赋能当中，旷视的产品主要体现在四大领域，这四大领域分别为识别与认证、互联网短视频的应用、计算摄影与 3D AI 的应用和算法。据了解，OPPO 于发布的 Find X 手机上的人脸识别正是由 OPPO 研究院上海软件研究中心 AI 实验室与旷视联合研发的，该款手机实现了 0.1s 内极速识别、0.03s 重建，和误识率低于百万分之一的高精度安全面部识别。

在公共 IoT 市场方面，旷视通过赋能城市中大量的智能前端构建公共物联网络，实现城市级的数据闭环，提升城市管理效率。据了解，旷视整合大数据和计算机视觉技术，将监控系统、人员卡口与智能警务工具及安防业务相结合，解决公安、海关、机场、铁路等机构对于实名制认证、人脸电子围栏、重点人员布控告警等实战诉求。旷视的视觉 AI 技术以及赋能亿万级摄像头，深入城市生活中，在 2018 年帮助全国公安系统抓捕了在逃嫌疑犯超过 5000 人。

在商业 IoT 市场方面，旷视主要应用在零售行业，智能零售解决方案是以旷视智能视觉算法为核心，对线下零售场景中的人、货、场等要素进行全面数字化升级，实现线下零售从数据采集、存储、分析到优化提升的服务闭环，提供完整的端到端的智能服务，满足行业客户对商业运营降本增效的需求。旷视智能零售解决方案旨在用技术实现门店运营的效率极致化和复制简单化。结合零售企业已有的 ERP/CRM 等数据，融合旷视智能终端所感知的综合数据进行机器学习建模，帮助店铺构建精准用户画像，用大数据解决供应链选品、商品货架摆放和个性化营销问题。

---

❶ 旷视科技获年度最佳行业解决方案奖　全面赋能个人、城市、供应链［EB/OL］.［2020-01-02］. https://www.zhihuiya.com/case/info_22.html.

3. 创立之初就重视专利布局

作为一家技术驱动的AI科技企业，旷视在创立之初就非常重视专利布局工作。2012年，即提交了公司的第一件发明专利申请。2014年年底，在公司准备推产品商业化之前，在全公司只有三十几个人的时候，就开始着手寻找知识产权负责人来组建专业的知识产权团队。自2015年年初开始，旷视打造了一个由具有企业专利顾问、律师、专利代理师、专利审查员等从业经历的资深专业人员组成专业化的专利团队，并有条不紊地开始开展专利布局等专利管理工作。旷视的专利管理团队是一支既懂技术又熟悉法律和企业专利管理，还能洞察市场发展的专业化团队，善于用商业思维考虑和解决专利布局问题。

旷视自2011年成立至2014年年底的成立初期，在几乎没有进行商业化的情况下，已经在中国和美国累计提交了17件专利申请（见表4-3-7）。而在2015年，由于开始准备进行商业化探索并成立了专业的内部专利管理团队，当年在国内外累计提交的专利申请就达到了100余件。

表3-3-7　旷视成立初期的专利布局情况

序号	申请号	申请日	发明名称	专利类型	申请国家
1	2012104956250	2012/11/28	基于大规模图像数据的人脸特征提取方法及人脸识别方法	发明	中国
2	2014100533326	2014/2/17	一种自适应的人脸低层特征选择方法及人脸属性识别方法	发明	中国
3	2014100533256	2014/2/17	一种基于级联回归的人脸3D姿态识别方法	发明	中国
4	2014100533237	2014/2/17	一种基于级联回归的人脸关键点定位方法	发明	中国
5	2014100533218	2014/2/17	一种基于级联神经网络的人脸关键点检测方法	发明	中国
6	2014100538669	2014/2/17	一种基于级联神经网络的人脸识别方法	发明	中国
7	2014100538527	2014/2/17	一种基于级联深度神经网络的人脸属性识别方法	发明	中国
8	2014100533951	2014/2/17	一种人脸图像的性别标注方法及人脸性别检测方法	发明	中国
9	2014100538796	2014/2/17	一种人脸图像的身份标注方法及人脸身份识别方法	发明	中国
10	2014100533415	2014/2/17	一种基于多层次语义特征的人脸特征提取方法及识别方法	发明	中国

续表

序号	申请号	申请日	发明名称	专利类型	申请国家
11	2014100533345	2014/2/17	一种基于局部区域匹配的人脸搜索方法	发明	中国
12	14/375679	2014/7/30	LEARNING DEEP FACE REPRESENTATION	发明	美国
13	14/375668	2014/7/30	COMPACT FACE REPRESENTATION	发明	美国
14	14/375674	2014/7/30	FACIAL LANDMARK LOCALIZATION USING COARSE-TO-FINE CASCADED NEURAL NETWORKS	发明	美国
15	14/375683	2014/7/30	FACE HALLUCINATION USING CONVOLUTIONAL NEURAL NETWORKS	发明	美国
16	14/402030	2014/11/18	HIERARCHICAL INTERLINKED MULTI-SCALE CONVOLUTIONAL NETWORK FOR IMAGE PARSING	发明	美国
17	14/406927	2014/12/10	FACE DETECTION USING MACHINE LEARNING	发明	美国

截至2019年12月，旷视的专利申请与布局已经覆盖中国、美国、欧洲、日本、韩国、印度等国家/地区，旷视的累计专利申请量已经超过1000件，并且，已经累计获得中国专利授权两百余件，海外专利授权近二十件。

旷视的专利布局覆盖了旷视的全部主营业务，覆盖了训练引擎、核心算法、基础平台、智能产品及解决方案等各个业务层次，并且已经形成了覆盖城市大脑、手机影像、新零售、工业机器人、金融安全等行业及当前自身主营业务和未来目标业务的多个重要专利包。

由于自创立之初就非常重视专利布局等知识产权工作，旷视的知识产权工作始终走在业内前列，受到了业界、政府机构、行业协会以及广大媒体的广泛关注和一致认可。在北京墨丘科技有限公司创始人CEO、知名专利专家黄伟才先生于2019年年初撰写的《聊聊科创板企业专利评价指标》❶一文中，从专利申请量和高价值专利数量、全球专利布局状况、发明人团队实力三个维度对旷视、商汤、依图等十三家人工智能领域典型企业的自主知识产权实力及专利布局情况进行了评价。旷视获得的评价是“专利布局领先同行1年，高价值专利数量多，全球化布局佳，发明人才团队实力强”，自主知识产权实力被排在第一位，得分为100分，比排在第二名的企业的得分高出近27分。这说明自创立之初就重视专利布局的专利意识以及着力打造专业型的专利管理团队的举措，让旷视的专利布局走在了国内人工智能领域的前列。

❶ 聊聊科创板企业专利评价指标［EB/OL］.［2020-01-02］. http://www.iprdaily.cn/article_21162.html.

截至2019年12月，旷视已经先后被中关村知识产权促进局评选为中关村知识产权重点示范企业，被北京市知识产权局评选为北京市专利示范单位，被国家知识产权局评选为国家知识产权示范企业。在业内多项知识产权相关奖项的评选中，旷视曾获评人工智能领域知识产权领先企业、2018年度IPR最具影响力机构等多项荣誉称号。在2018年和2019年的中国国家专利奖评选中，旷视各有一项人工智能相关发明专利获得优秀奖。因在旷视任职期间在专利布局等知识产权工作方面的卓越贡献，旷视的前知识产权负责人赵礼杰在2018年被中国知识产权杂志评选为中国杰出知识产权经理人。因在旷视创立之日起就高度重视知识产权工作且旷视的包括专利布局在内的知识产权工作成果显著，旷视的联合创始人、CEO印奇在2017年被中国专利保护协会评选为“知识产权领域最具影响力人物”。旷视的包括专利布局在内的知识产权工作已经多次被《人民日报》《中国知识产权报》《中国知识产权杂志》、*IPRdaily*、《中国科技报》《中国青年报》等国内主流媒体报道。

4. 通过专利文化建设助力专利布局

自2015年组建知识产权团队开始，旷视就在重视专利布局的同时非常重视公司内部的专利文化建设，努力在公司内部建立重视科技创新、重视和尊重知识产权的专利文化。

旷视采取了各种可行的措施开展企业的知识产权文化建设。这些措施包括但不限于：知识产权培训、专利申请奖励、专利授权奖励、高价值专利奖励、专利推动奖励、办公室知识产权软装、专利之星表彰、专利石激励、知识产权宣传海报、知识产权简报、知识产权宣传月等。

以知识产权培训为例，旷视每年定期或不定期针对研发人员开展专利基础知识、专利挖掘、专利技术交底书撰写、专利布局等专项培训。并且，对于新入职员工而言，知识产权基础知识培训是入职后的第一必修课。通过一系列的培训活动，培养和提升全体研发人员的专利布局意识。

以“知识产权简报”制度为例，旷视知识产权团队会在每月中旬通过公司邮件系统向包括研发人员在内的公司全员推送一期知识产权简报，每一期简报内容都会简明扼要地介绍专利基础知识、当前国内外相关领域的专利侵权案件、过往的相关领域典型专利诉讼案例等，主要是以本领域案例的形式向研发人员传递专利资讯、宣贯专利知识。

而专利石激励，则是针对每一件专利申请的第一发明人，颁发一块雕刻有专利申请日、申请号、发明名称、第一发明人等信息的黑水晶材质的专利石，通过精神奖励提升大家的专利申请及布局意识和积极性。

通过知识产权文化建设，旷视逐步在全公司内部形成了一种尊重和重视知识产权的文化氛围，全体员工的知识产权意识都得到了明显提升。全体研发人员都具有了比较好的专利保护和布局意识，都非常重视和支持专利挖掘与布局工作，从而最终使旷视成了国内AI领域特别是计算机视觉领域专利布局的先行者和佼佼者。

5. 专利布局策略

旷视历来在专注技术和产品研发的同时，十分注重专利布局。根据旷视的专利布局情况，可以将旷视的专利布局策略总结为三个并重，即当前与未来并重、本土与海外并重、专利与其他知识产权并重。

（1）当前与未来并重

旷视的专利布局，除了立足现在，针对当前的产品和市场进行基础性布局外，还格外重视布局的前瞻性，对未来市场以及未来产品积极进行专利布局。在进行专利布局时，旷视的知识产权团队通常会结合预研和在研的核心技术、企业产品的市场占有率、行业的专利布局现状、竞争对手的专利情况，以及企业的战略定位等因素，来确定重点技术并提交专利申请，以使专利布局更符合公司的战略需求。在进行专利布局时，既重视对公司当前业务有帮助的专利布局，还特别重视对公司未来的业务有益的专利布局，努力在专利布局时做到当前与未来并重。

在重视当前与未来的专利布局的同时，旷视尤其重视高价值专利的挖掘与布局。高价值专利要求技术、法律、市场三个维度都需要具有高价值，为了使公司在研发过程中多形成高价值的专利申请，旷视打造了一支既懂技术又熟悉法律，还具备商业思维的企业专利管理团队。

AI是一个技术创新密集的领域，为了让技术创新得到更好的保护，旷视采用了“点面结合”的专利布局模式，即在“点”上加强对核心算法创新的专利布局，在“面”上，既注重以产品的关键创新为主的专利布局，还兼顾产品的外围创新的专利布局。旷视通过这种点面结合的专利布局模式，比较科学地保证了专利布局质量。

（2）本土与海外并重

旷视的专利布局，除了立足本土进行中国专利布局外，还格外重视海外的专利布局。例如，根据中国知识产权报的报道，“截至2017年12月，旷视已在中国、美国、欧洲等国家/地区累计提交专利申请600余件，发明专利申请占7成，其中中国专利申请数量达500余件，海外专利申请40余件，通过《专利合作条约》（PCT）途径提交专利申请20余件。已有150多件专利申请获得授权，旷视也因此成为当时AI行业内拥有知识产权最多的企业之一”。[1] 而彼时，旷视的业务应该基本上全部在国内市场，而且来自市场的销售收入并不高，公司还没有实现盈利。

作为一家尚未盈利的新创企业，在国内的专利申请量已经超过500件，足以说明旷视对本土专利布局的重视。而在海外市场的直接收益几乎为零的情况下，投入大量资金提前在美欧等海外国家/地区布局了40余件专利申请，足以说明旷视对海外专利布局的重视。旷视的专利布局策略，本土与海外并重是一大特点。这一策略也印证了旷视的专利布局非常重视前瞻性。

（3）专利与其他知识产权并重

旷视在进行专利布局时，非常重视专利与其他知识产权的结合，努力综合利用各类知识产权的优势对创新进行全面的保护。

[1] 裴宏，张彬彬. 旷视科技，让机器看懂世界［N］. 中国知识产权报，2018-01-09（03）.

例如，算法通常是AI企业最基础、最核心的创新内容之一，而算法的不可见性和抽象性，给侵权举证带来了挑战。如何有效保护算法创新成果，成为旷视在专利布局上面临的最大挑战，也是其他AI企业面临的普遍难题。为解决这一难题，旷视采用专利、技术秘密等多种保护方式对算法创新进行全方位的保护。不仅如此，旷视还按照侵权举证的难易程度，将算法创新分为高、中、低三个层级。对于侵权举证难度较大的算法创新，旷视通常选择将算法作为技术秘密的方式进行保护；对于侵权举证难度低的算法创新，旷视则采用提交专利申请的方式进行保护；对于侵权举证难度适中的算法创新，旷视则结合商业其他需求综合判断是采用专利保护还是商业秘密保护。此外，对于商用前景好的算法创新，旷视还会通过软件著作权登记的方式对源代码进行保护。

并且，对于专利保护本身，旷视也非常重视结合发明、实用新型、外观设计等专利类型各自的优势，选择合适的专利类型对相关创新进行保护。从旷视已经公开的专利申请可以发现，旷视对算法创新采用发明保护，对硬件产品创新则根据创造性、商业需求等分别采用发明、实用新型或双申请等方式进行保护，对GUI外观以及实体产品的外观，则积极采用外观设计专利进行保护。

6. 启示

通过旷视的专利布局案例来看，有以下值得我们借鉴的地方。

（1）尽早进行专利布局

旷视由于自创立之初就非常重视专利布局，因此在国内AI新创企业中抢占了专利布局的先机。对于新创企业而言，有专利保护的技术创新才是核心竞争力，有适当专利布局的商业经营才能更安全自主。因此，必须牢牢把握专利布局的时机，自企业创立之日起就给予专利布局以足够的重视。

（2）专利布局要有前瞻性

新创企业在进行专利布局时，应当立足当前，同时要放眼未来，做到当前与未来并重。旷视正是由于在专利布局时极具前瞻性，在重视当前业务的专利布局的同时，非常重视对规划中的未来业务的专利布局，因此提升了自身的专利竞争力，也助力企业本身受到了市场和业界的认可。

（3）本土与海外专利布局并重

新创企业的专利布局，除了应当考虑中国本土的专利布局之外，还应当重视已经进入以及未来可能进入的海外国家和地区的专利布局。只有本土与海外专利布局并重，才能真正做好专利布局，从而为企业的商业经营保驾护航。

（4）专利与其他知识产权并重

对于创新的保护，很多情况下只有专利往往是不够的。企业应当综合利用专利的各种类型以及专利之外的商业秘密、版权等其他知识产权类型的优势，努力实现对创新的全面保护。只有创新真正获得保护，企业的商业经营才有可能真正做到风险可控。

第五章　针对竞争对手的专利布局

本章概述

经济全球化加剧了行业的竞争强度，科技创新成为主导竞争格局的关键要素之一，全球竞争呈现出以知识和技术为特征的新格局，美国、日本、欧洲等发达国家或地区主导了产业竞争格局。以专利为代表的知识产权作为一种新兴生产要素，在全球产业竞争中发挥着越来越重要的战略性作用，专利已经渗透到产业竞争的方方面面，[1] 成为企业间围绕产品、技术、市场博弈的重要竞争手段。针对竞争对手开展专利布局，成为最直接和有效的竞争方式。实际上，企业也习惯于针对竞争对手进行有针对性的专利布局。但由于缺乏系统、全面的专利布局策略，很难形成一以贯之的专利布局理念，专利布局的效率有待提高。

本章在产业竞争理论的基础上，系统介绍企业如何运用专利分析快速、准确地识别竞争对手，进一步分析竞争对手在重点产品和核心技术方面的竞争实力和竞争行为，为不同类型、不同发展阶段的企业提出针对竞争对手进行专利布局的基本策略。最后，通过三个典型案例从不同的思考维度进一步阐述针对竞争对手进行专利布局的操作方法。

本章知识脉络

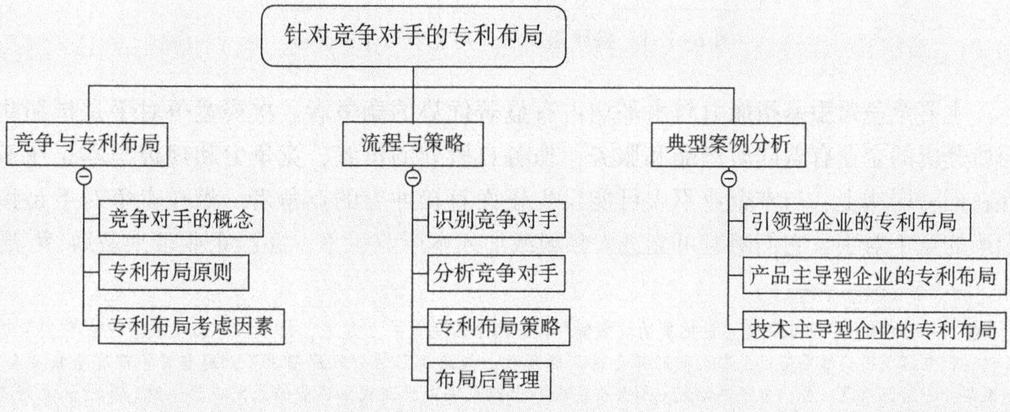

[1] 贺化．专利与产业发展系列研究报告［M］．北京：知识产权出版社，2013：3-5.

第一节 竞争与专利布局

一、竞争对手的概念

竞争的本质是对手之间为了利益而进行的博弈，[1] 竞争对手是竞争的主体。从企业自身视角出发，竞争对手是指竞争环境中与其相似的经营者。这里所说的相似是指具有相似的产品或技术，或具有相似的竞争优势或资源等。所说的经营者包括行业内处于领先地位的经营者、处于同等经营地位的经营者、处于次要经营地位的经营者等。不是所有的经营者都构成竞争对手，只有那些对企业产品、技术、市场地位构成直接有效威胁的经营者才有可能成为竞争对手。

1. 竞争对手的划分

竞争对手有多种分类方式，按照竞争对手的重要程度可以划分为：主要竞争对手、次要竞争对手和潜在竞争对手，[2] 如图5-1-1所示。

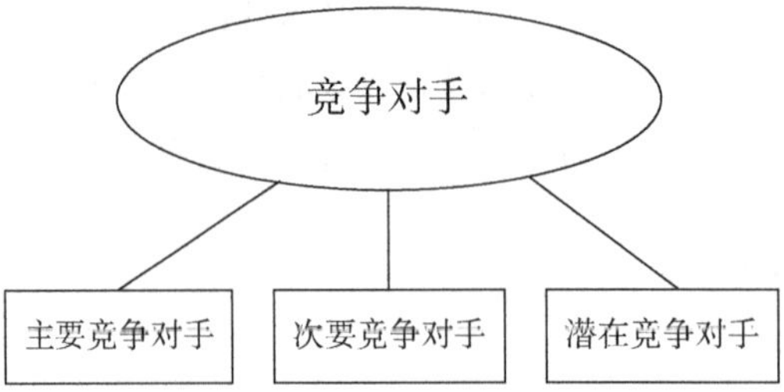

图5-1-1 按照重要程度对竞争对手的分类

主要竞争对手是指能力与水平均占有显著优势的竞争者。次要竞争对手是指那些与所分析的企业有着同质产品和服务，但各自所处的位置、竞争力和规模与本企业不处在同一层次上，与本企业不太可能发生正面直接冲突的竞争者。潜在竞争对手是指隐形的竞争对手，它们随时可能进入领域或加入本产业竞争，并给企业带来威胁。[3] 潜

[1] 关于博弈论，可以用著名的囚徒困境来解释：有两个囚犯被关了起来，每个人有招供或者保守秘密的选择权。如果两个囚徒都不招供，那么他们都会被无罪释放；如果他们两个人都招供了，则有可能都要上断头台。如果某一个囚徒招供，另一个守口如瓶，那么告密者不仅能免去牢狱之灾，还能借此发一笔小财。不过如果两人都选择闭口不谈，那么两人都可能逃脱牢狱之灾。考虑到个人利益，每个囚徒都有可能认定另一方不会出卖自己，而自己却坦白从宽。

[2] M Bergen, Ma Peteraf. Competitor Indentification and Competitor Analysis: A Broad-Based Managerial Approach [J]. Managerial And Decision Economics, 2002 (23): 157-169.

[3] 张虎胆．基于专利网络方法的技术竞争对手识别研究［D］．武汉：武汉大学，2013：33.

在竞争对手包括四类：①虽不在行业内，但却能轻松克服进入壁垒、无须承担过高成本的企业；②进入行业后能产生明显协同效应的企业；③在行业内竞争能够拓展公司战略的企业；④可能实现后向一体化或前向一体化的企业客户或供应商。

例如，比亚迪公司在新能源汽车领域有诸多竞争对手，目前在国内市场，比亚迪纯电动车的主要竞争对手是北汽新能源、江淮新能源，次要竞争对手是特斯拉，潜在竞争对手是以乐视为代表的跨界进入新能源汽车领域的竞争者。当然，随着新能源汽车的技术发展，以及市场竞争环境的不断变化，竞争对手可能会发生变化。

从企业发展的视角来看，竞争对手无处不在，选择技术创新水平和产品水平两个维度作为分类依据，如图 5-1-2 所示，可以得到四种不同类型的企业：引领型、技术主导型、产品主导型和支配型。后文将针对四种不同类型的竞争对手进行详细分析，并给出具体的针对性的专利布局策略。

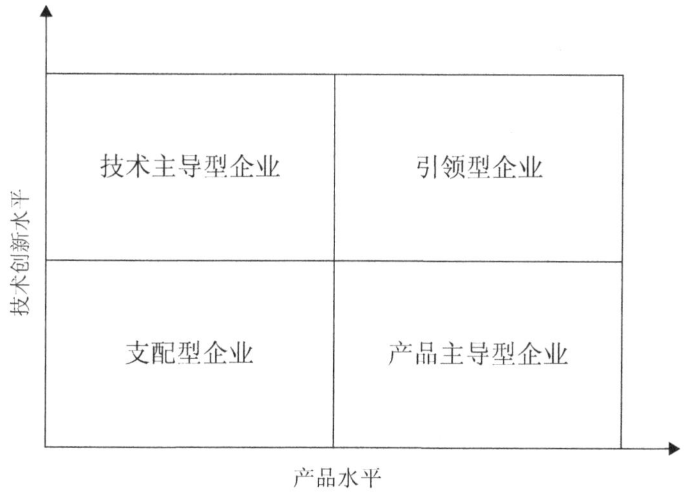

图 5-1-2　根据技术创新水平和产品水平划分的竞争对手类型

2. 竞争对手的动态性

竞争对手不是固定的、僵化的、一成不变的，随着竞争环境的变化和竞争对手发展，原来的次要竞争对手和潜在竞争对手有可能成为主要竞争对手，当然，原来的主要竞争对手也有可能转变为次要竞争对手。从另一个层面来看，企业自身的发展能力和水平也随着竞争环境和市场的变化而变化，当企业自身规模不断壮大，创新能力日益增强时，可能会面临新的竞争对手的挑战，或挑战新的竞争对手。因此，客观地、动态地跟踪和识别竞争对手，对于制定企业竞争战略和专利布局策略至关重要。

例如，20 世纪 90 年代，诺基亚作为全球手机巨头，是三星公司的主要竞争对手。随着手机的技术创新和产品更新，2010 年后，智能手机成为市场主流产品，诺基亚固守传统手机业务，未能及时调整发展战略，导致其很快被市场淘汰。如今，诺基亚已经不再是三星的竞争对手，而在智能手机领域异军突起的苹果、华为等企业成为三星的主要竞争对手，充分说明了竞争对手的动态性。

3. 竞争对手的集群化

在一些竞争激烈的产业领域，比如汽车、电子、通信、互联网等领域，一个企业的竞争对手可能并不仅仅是单个企业或机构，有可能是一个或多个具有某种共同特征或利益的群体、战略群组。[1] 这种群体的表现形式之一就是联盟，联盟通常以共享专利或统一标准为基础。

例如，全球主流整车企业目前正朝联盟化、产品平台化发展，形成了诸如福特联盟、雷诺-日产-戴姆勒联盟、大众-铃木联盟等多家企业战略群，因此，在整车领域的竞争演变为竞争对手多是集群化的汽车联盟。

专利具有独占性和排他性，企业的专利布局从某种程度上能够反映出其战略意图，因此，针对竞争对手进行专利布局一方面能够提高专利布局的针对性，另一方面，也能够聚焦竞争焦点，防止散乱、盲目、无序的专利布局，提高企业专利布局的效率。对于竞争格局明晰的企业，围绕主要竞争对手进行专利布局不失为一种高效直接的方式，往往能够更加精准地打击竞争对手，或防御竞争对手的攻击。对于竞争格局尚未明晰的领域，企业在针对竞争对手开展专利布局之前，需要谨慎识别竞争对手，以防挂一漏万，在综合分析不同层次的竞争对手之后，再制定有针对性的专利布局策略。

二、针对竞争对手的专利布局原则

1. 以我为主，动态优化专利布局策略

专利布局策略的制定要与企业的发展战略统一，专利布局策略是企业竞争战略的重要支撑。在针对竞争对手制定专利布局策略的过程中，要做到以我为主，为我所用，切不可盲目跟风，避免过早暴露企业自身的战略意图。针对竞争对手制定专利布局策略，并不是处处都要跟着竞争对手的节奏走，要结合企业自身的发展阶段和能力水平量力而行，保持企业战略定力，及时跟踪竞争对手的动向，动态调整和优化企业自身的专利布局策略。

2. 聚焦焦点，抓住重点产品和核心技术

针对竞争对手制定专利布局策略，并不意味着针对竞争对手的所有竞争领域开展专利布局。事实上，在所有的技术和产品上布局专利也是不经济的，对于一些资金不雄厚的企业来讲也是不现实的，因此，需要聚焦竞争焦点，在关键技术、关键产品、关键节点、关键区域上布局专利，这可能要比铺天盖地、拉网式布局专利的效果要好，某些时候能发挥出“四两拨千斤”的效果。

3. 先发制人，抢先布局基础专利

针对竞争对手的专利布局不仅要讲究时机，还要讲究先机，尤其当企业在技术上

---

[1] Peteraf M, Shanley M. Getting to Know You: A Theory of Strategic Group Identity [J]. Strategic Management Journal, 1997, 18: 165-186.

具有竞争优势时，专利布局要做到“快、准、狠”。在针对竞争对手的专利布局过程中，比竞争对手快一步申请专利，就占据了先机，慢一步则失去机会。尤其对于一些基础性、原创性技术，一旦被竞争对手抢先一步申请专利，后续将很难补救，企业的整个竞争战略可能都要受制于人。

4. 运营为导向，打通专利运用全链条

专利布局是手段，但专利布局不是目的，专利布局指向专利的运营和运用，尤其是针对竞争对手的专利诉讼。专利布局策略是企业的宏观谋划，没有好的专利布局策略，很难形成系统的、高质量的专利储备，也很难支撑专利产生更大的经济效益。因此，不以专利运营为目的的专利布局策略不是好的策略。在针对竞争对手制定专利布局策略时，不仅要考虑竞争对手已有的专利布局结构，更要预判其可能的布局发展方向，在专利运用的全链条上考虑企业自身的专利如何布局。

三、针对竞争对手的专利布局考虑因素

一般来说，针对竞争对手制定专利布局策略需要考虑四个方面的因素：一是目标企业所在产业的整体状况和发展趋势；二是竞争对手的竞争习惯和能力水平；三是目标企业自身的基础和能力水平；四是处于竞争焦点位置的重点产品或核心技术的演变趋势（见图 5-1-3）。

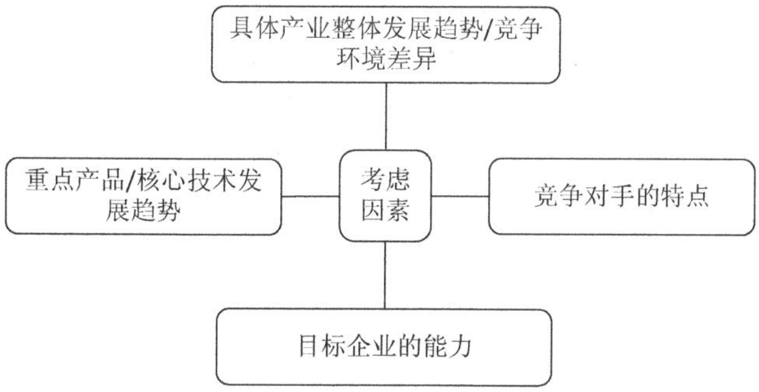

图 5-1-3　针对竞争对手制定专利布局策略的考虑因素

1. 充分考虑具体产业的竞争环境差异

运用波特的五力模型（见图 5-1-4），能够分析某一特定产业的竞争环境，判断产业的整体竞争强度。一般来说，对于一些竞争激烈的产业，比如移动互联网、生物医药等领域，专利布局往往对产业竞争格局具有较强的主导作用。在这样的产业内，企业之间对于技术、产品和市场的争夺格外激烈，专利布局成为向竞争对手发出的重要竞争信号，成为限制竞争对手的重要手段。因此，在针对竞争对手开展专利布局时，更需要有强烈的目标指向性。

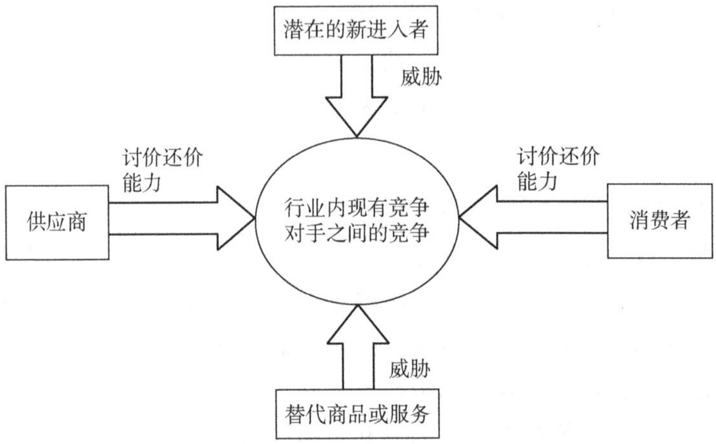

图 5-1-4 竞争结构分析的五力模型❶

另外，对于一些竞争氛围比较宽松的产业，企业之间的直接竞争不显著，或者企业间的竞争不够充分，专利布局通常是为企业产业化保驾护航，很少对其他竞争者发起攻击。在这样的情况下，企业制定专利布局策略时偏防御性，多以满足产业化或产品化发展、保护技术创新成果为目的。

例如，从中国专利密集型产业排名来看，电子设备、橡胶制品业、医药制造业、印刷业、交通运输设备制造业专利密集度指数较高，生活消费品制造、采矿、工业原料加工等产业专利密集度指数较低。从某种程度上说明了不同产业之间竞争强度的差异。❷

2. 充分考虑竞争对手的特点

一方面，掌握竞争对手的产品结构、技术实力和专利布局结构等，了解竞争对手的盈利模式、运营模式、管理模式等，这是一个摸清竞争对手实力的过程，也是寻找或发现竞争对手薄弱环节的过程，尤其是竞争对手的专利布局的漏洞或薄弱区域。另一方面，掌握竞争对手的反应能力，也就是指竞争对手对于外部的竞争信号是否给出反应以及反应的程度，尤其是竞争对手对待知识产权问题的反应：有些企业会采取激进的反应，比如发起侵权诉讼并置竞争对手于无法生存的境地；有些企业可能趋向于保守的反应，比如采取除诉讼之外的方式解决知识产权问题。这对于针对竞争对手制定专利布局策略至关重要。

例如，2014 年 IBM 公司的年报数据显示，该公司每年销售、许可和转移专利的收入超过 4 亿美元。从 IBM 的专利运营形式来看，该公司主要以许可或出售专利为主，很少利用专利壁垒来限制竞争者进入市场，专利诉讼的发生率也较低。Google、Twitter、Facebook 等竞争对手都从 IBM 获取过专利（购买或许可方式），1991 年以来，IBM

---

❶ 迈克尔·波特．竞争战略［M］．北京：中信出版社，2014：3-9.

❷ 贺化．专利与产业发展系列研究报告［M］．北京：知识产权出版社，2013：52-56.

共有 1 万余项专利技术出售或许可。相比于 IBM 公司，美国著名的非专利实施主体（NPE）高智发明公司显得不那么温和，高智发明公司除了向竞争对手许可专利之外，还采用发起专利诉讼的方式来保护其知识产权。事实上，高智发明发起的专利诉讼多是通过其空壳公司开展的。❶

3. 充分考虑企业自身的能力与层次

针对竞争对手专利布局策略的制定应充分考虑企业自身水平，寻找与竞争对手的共同点和差异点。从产业地位来讲，企业所处的位置可以分为：龙头企业、中小企业、新进入者等几种情况，不同产业地位企业的竞争对手不同，应对策略也有区别。对于产业内的中小企业而言，一方面紧跟龙头企业的发展动向，另一方面围绕重点竞争对手开展专利布局。对于新进入产业的企业而言，竞争对手无处不在，专利布局方面可以选择跟随策略或差异化布局策略。

例如，株洲钻石是一家生产传统硬质合金刀具的企业，随着刀具市场的发展，硬质合金刀具逐渐被性能更加优异的超硬材料刀具替代，株洲钻石根据自身产品和技术优势，积极转型，选择推出硬质合金表面涂覆超硬材料薄膜的刀具，提高传统硬质合金刀具的性能，寻求与传统硬质合金刀具企业的差异化发展策略。同时进入超硬材料刀具领域，而国内超硬材料刀具企业主要生产超硬材料聚晶复合刀具，这样，株洲钻石短期内避开了超硬材料刀具企业的激烈竞争，为自身赢得了市场发展空间。

4. 充分考虑产品或技术所处的发展阶段差异

一般而言，产品或技术的发展周期可划分为：萌芽期、发展期、成熟期和衰退期四个阶段（见图 5-1-5），不同的发展阶段表现出的竞争态势也不同。

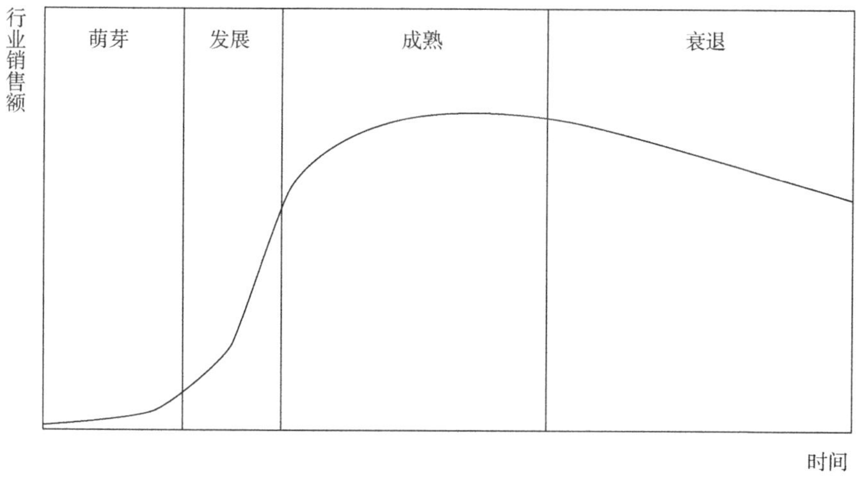

图 5-1-5　产业发展生命周期的四个阶段

---

❶ 毛金生，等．专利运营实务［M］．北京：知识产权出版社，2013：228-230.

萌芽期，一种或一类新的技术或产品刚刚问世，涉足的企业较少，社会影响力和关注度不高，技术和产品也处于完善和改进过程中，产业竞争规则还没有完全建立，产业发展具有不确定性和潜在风险。在这个阶段专利布局是设立竞争游戏规则的重要手段。换言之，谁抢先一步布局专利，谁就可能在竞争中获得主动权和话语权，为后进入产业的竞争者设置一定的进入壁垒，这一阶段是专利布局的重要机遇期。

当产业进入快速发展期后，竞争者蜂拥而至，各种要素开始聚集和增加，企业的主要或直接竞争对手会逐渐清晰，有针对性地开展专利布局显得尤为重要。

当产业进入成熟期后，产业可能发展成为寡头垄断型或分散型格局，产能饱和甚至过剩开始出现，大量中小企业进退两难，这个阶段，专利布局方向在于整合产业链上下游的资源，为转型升级做好准备。

产业进入衰退期后，退出壁垒成为主要的制约因素，企业可以充分利用已有的专利布局降低退出壁垒，实现转型和发展。

第二节　针对竞争对手的专利布局流程及策略

本节从三个方面介绍针对竞争对手制定专利布局的具体策略。首先，识别竞争对手，在已有的竞争对手识别方法的基础上，结合专利信息分析，进一步提高识别的效率，同时也可以发现其他识别方法无法发现的竞争对手信息。其次，分析识别出的竞争对手，主要包括：竞争对手的产品结构、技术创新水平、专利布局结构、专利运营手段等。最后，对比企业与竞争对手，制定相应的专利布局策略，对于不同类型的企业制定不同的专利布局策略（见图5-2-1）。

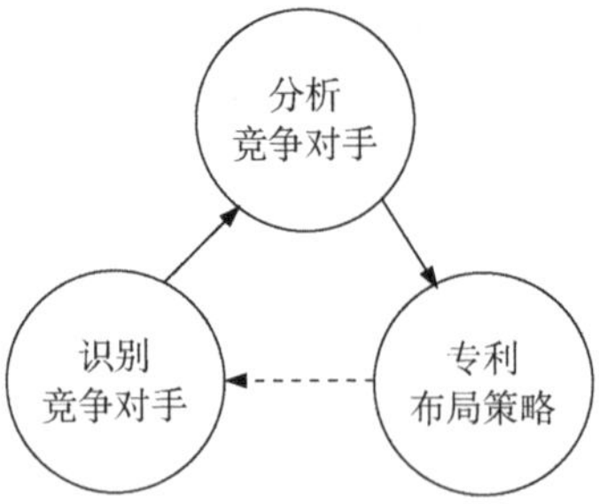

图5-2-1　针对竞争对手制定专利布局策略的基本思路

一、识别竞争对手

竞争对手的识别可以基于资源供给视角、市场需求视角、综合分析视角等。另外，专利信息分析也是一种重要的补充手段。站在企业自身发展的视角来看，每个企业的成长是对竞争环境不断认知的过程，企业一般都能找准竞争视野中的竞争对手，但有些时候难以发觉潜在的竞争对手，而运用专利信息分析容易发现技术上的竞争对手，这些竞争对手有可能是潜在的竞争对手。识别竞争对手应该从企业自身的产品和技术出发，通过对重点产品或核心技术相关的专利进行统计，分析申请人的排名、集中度和活跃度等，帮助企业发现新的竞争对手或潜在竞争对手。

1. 统计专利申请人排名

对重点产品或核心技术相关的专利按照申请人申请量进行统计，从排名情况可以发现专利总量较多的竞争者，这些竞争者有可能是企业的竞争对手。

进行专利申请统计时，可以根据需要选择基本的统计单元。例如，可以按照单件专利申请进行统计，或者可以按照专利家族进行统计。企业在专利申请时，可能就同一份申请文件在多国同时进行专利布局，形成专利家族。专利家族数量较多的企业可以被认为是布局了较多的技术点；单件专利申请较多的企业可以被认为是在全球范围内布局较为活跃。当统计范围设定为全球的专利申请，而企业专利布局的地域策略存在差异时，两种统计方式下的排序往往会不一致。

2. 分析专利申请人的集中程度

专利申请人的集中程度是指排名前 N 位的申请人的专利申请量总和占总专利申请量的百分比，根据具体情况选择 N 的数值。分析申请人集中程度可以进一步缩小竞争对手的识别范围，同时也有助于了解竞争格局和竞争强度。

3. 分析申请人专利活跃度

申请人专利活跃度是指在一段时期内申请人申请专利总量与该申请人总申请量的比值，比如：申请人全部专利的时间跨度为 30 年，在近 5 年内的活跃度超过 50%，说明其近期专利活跃度较高。分析申请人专利活跃度有助于识别和锁定当前需重点考虑和及时跟踪的竞争对手。

4. 分析核心专利或基础专利的申请人

单纯基于专利申请总量来筛选竞争对手，容易遗漏那些总专利量不大但专利质量较高的竞争者，因此，需要对核心专利或基础专利进行筛选，统计这些专利的申请人情况，从中寻找直接或潜在竞争对手。

5. 分析相关技术领域专利的引用情况

专利引用包括前引或后引。[1] 无论是前引或后引，都是以技术的相关性为基本的纽带。前引专利一般体现了技术发展的趋势，后引专利则体现了技术发展所植根的基础。以特定技术领域的专利为出发点，可以确定其前引专利或后引专利的集合。分析前引专利集合的申请人信息，可以识别出未来技术的参与者；分析后引集合的申请人信息，

[1] 专利 A 引用了专利 B，则我们称专利 B 为专利 A 的后引文献，专利 A 为专利 B 的前引文献。

可以识别出基础技术的参与者。从这些参与者中，可以发现直接或者潜在的竞争对手。

6. 监控相关技术领域专利的转让情况

专利收购是企业快速补充自身专利储备的重要途径之一。一些实力较为雄厚的企业往往在涉足新的技术或者产品时，用专利收购来迅速弥补自身专利储备的不足。监控相关技术领域专利的转让情况，可以帮助企业发现新的竞争对手。

二、分析竞争对手

针对竞争对手的布局无论是偏防守的，还是偏进攻的，都应该个性化针对性进行布局。最重要的原则是在最有可能让竞争对手痛的地方布局，包括针对竞争对手市场规模大，且法律政策环境好的国家/地区，营收占比大的产品进行专利布局，有可能你的技术路线和竞争对手的技术路线不同，你要重点分析竞争对手的技术、市场和产品，并针对性布局，如果你的研发跟不上，可以考虑购买等方式。

在收集竞争对手的产品、销售渠道、市场营销、生产经营、研发能力、资金、组织架构、上游供应商、下游客户、合作伙伴等信息的基础上，运用专利信息分析方法进一步分析竞争对手。[1] 下面列出了对竞争对手的专利进行分析的主要内容。

1. 竞争对手产品和技术实力

竞争对手的产品实力主要从重点产品的产量、销售额、市场占有率、经营模式等情况进行分析；竞争对手的技术实力主要从围绕重点产品的专利布局总量、围绕重点产品的研发投入，包括资金、研发人力资源投入进行分析等。对竞争对手产品和技术实力的分析，目的在于准确定位竞争对手在产业中的位置，为后续进行有针对性的专利布局做准备。

2. 竞争对手专利布局结构

对竞争对手专利布局结构的分析一方面可以掌握竞争对手的专利壁垒情况，判断是否存在侵权风险；另一方面试图从专利布局的角度发现竞争对手新技术、新产品发展的情报或信息。[2]

（1）竞争对手专利申请类型分析。分析竞争对手专利申请中外观设计、实用新型和发明各自的数量和比例，进而判断竞争对手更多地是布局技术性发明创造（实用新型和发明）还是装饰性发明创造（外观设计）。

（2）竞争对手专利申请趋势分析。对竞争对手的专利按照时间进行统计，分析专利申请趋势，得出时间维度上竞争对手专利的产出规律，进而判断竞争对手在重点产品或核心技术上所处的发展阶段，针对竞争对手不同的发展阶段进一步制定相应的专利布局策略。

---

[1] 马天旗．专利分析：方法、图表解读与情报挖掘［M］．北京：知识产权出版社，2015：344.

[2] Narin，F. Patents as Indicators for the Evaluation of Industry Research Output［J］. Scinetometrics，1995，34（3）：489-496.

（3）竞争对手专利技术分布分析。将专利按照涉及的技术领域进行聚类统计，梳理技术发展脉络，分析竞争对手的技术分布情况，比如：在哪些技术分支专利布局密集，哪些技术分支属于专利空白领域，采用了哪些重要技术手段解决了哪些关键技术问题等。

（4）竞争对手专利地域分布分析。专利具有地域性特征，出于成本考虑，竞争对手一般在关注的主要市场或潜在市场区域布局专利，因此，将竞争对手的相关专利按照目标国家/地区进行统计，可以分析出竞争对手重点关注的市场区域以及市场分布情况，可为后续制定企业自身的专利布局策略提供依据。

（5）竞争对手的授权有效专利分析。梳理竞争对手当前专利的最新法律状态，识别出哪些专利处于授权且维持权利有效的状态并进行统计分析。多种因素会造成专利申请不能获得授权，或者专利授权后权利处于无效的状态，例如，专利期限届满、专利权人放弃缴纳维护费等。专利申请的状态更多体现的是竞争对手初始的专利布局倾向，而授权有效专利才是专利壁垒的真正来源。

进行竞争对手专利布局结构的分析，可以采用单一维度的分析或者采用交叉矩阵分析。例如，可以对申请趋势、技术分布、地域分布和授权有效专利进行单一维度的分析；也可以分析竞争对手不同申请时间专利申请的地域分布、不同授权有效专利的地域分布、不同技术主题的申请时间分布等。

3. 竞争对手专利运营策略

（1）分析竞争对手的合作关系。产业内各创新主体及创新要素之间的关系错综复杂，通过统计竞争对手的合作申请情况可以发现其合作关系，进一步可以分析出哪些共同申请人可能也是竞争对手，哪些申请人跟已知竞争对手有合作关系，以及合作申请专利的具体技术方向，诸如此类的信息可以提高对竞争对手识别的准确度和全面性。

（2）分析竞争对手的专利运营活动。随着专利运营的活跃，越来越多的专利会发生交易、流转以及权利的变更等，及时掌握和跟踪专利运营动态，当专利权发生许可、转让甚至诉讼时，可能会引入新的竞争者，这些竞争者有可能成为新的竞争对手。

三、针对竞争对手制定专利布局策略

企业的专利布局策略分为很多种，比如：防御型专利布局策略、进攻型专利布局策略、差异化专利布局策略、非对抗型专利布局策略、破坏型专利布局策略，等等。这些策略均是从不同维度或目的来制定的，并非专门针对竞争对手的专利布局策略，其较为笼统，难以形成系统的针对竞争对手的布局策略。

本章第一节对竞争对手的分类中讲到可以从技术和产品实力维度将竞争对手分为四种类型：引领型、技术主导型、产品主导型和支配型，这种分类方法虽然不能涵盖所有的竞争对手类型，但也具有一定的典型性。本节将针对这四种类型的竞争对手分别制定相应的专利布局策略（见表 5-2-1）。

表 5-2-1　针对竞争对手的专利布局策略

竞争对手类型	针对竞争对手的专利布局策略	主要考虑因素
引领型	交叉布局专利策略 外围专利布局策略 差异化专利布局策略	产业发展的不同阶段
技术主导型	沿产业链抢先布局策略 包围式专利布局策略 破坏型专利布局策略	技术发展的不同阶段
产品主导型	沿产品链抢先布局策略 狙击型专利布局策略 构建专利池策略	产品发展及更新的不同阶段
支配型	综合性专利布局策略 非对抗型专利布局策略	支配型企业的成长性

（一）引领型企业

引领型企业是指在产业内技术和产品实力较强、具有主导竞争格局能力的企业。这类企业往往是龙头企业或某些关键环节的优势企业，以技术创新引领和主导竞争格局，在产业竞争中具有举足轻重的作用，比如移动互联网领域的苹果公司、三星公司等龙头企业就属于典型的引领型企业。

1. 引领型企业的特点

这类企业在产业发展的不同阶段运用不同的专利布局策略：在产业发展的初期采取前瞻性专利布局策略，围绕关键技术申请基础专利，对于可能的改进技术方案则吸引其他竞争对手进入，丰田开放电动汽车领域部分专利就是一个典型案例；当产业发展趋于成熟时，随时关注和跟踪行业新进入者或替代品的进展，围绕重要的潜在竞争对手实施沿产业链布局策略，比如：以多个应用性专利包绕或围住竞争对手的专利，阻断竞争对手商业化的途径，在竞争中占据主导权和话语权。

2. 以引领型企业为竞争对手的专利布局策略

（1）交叉布局专利策略。产业发展的初期阶段，引领型企业采取相对宽松的专利布局和保护策略。目标企业需要分析竞争对手的专利布局结构，对于一些基础专利或核心专利，可以围绕其进行改进和再创新，并进行专利布局，形成你中有我、我中有你的布局态势，为后续寻求交叉许可积累筹码。

（2）外围专利布局策略。产业快速发展阶段，引领型企业间往往进行大规模专利布局。此时，目标企业可采取外围专利布局策略，分析竞争对手重点产品和核心技术的发展脉络，寻找潜在的技术空白区和研发的切入点，开展有针对性的技术创新，形成外围专利布局。比如：竞争对手开发一种新药物，并围绕药物的成分、制备方法、用途、制备装置等进行了严密的专利布局，在这种情况下，目标企业可以针对竞争对手的新药物进行外围研究，包括新药物的杂质控制、新药物与辅助药物的联合用药等方面。

（3）差异化专利布局策略。产业发展成熟阶段，引领型企业专利布局已经完善，目标企业难以突破其技术壁垒，一般采取差异化专利布局策略，尽量避开竞争对手的直接攻击，从而在市场中赢得一席之地。

【案例 5-2-1】三星公司石墨烯专利布局策略

三星公司是一家典型的引领型企业，在石墨烯材料发展初期，三星公司就快速反应，围绕化学气相沉积法制备大尺寸石墨烯薄膜技术加大研发力度，突破了一系列技术难题，申请了多项化学气相沉积法制备石墨烯材料的基础专利。在这个阶段，很多企业和研究机构针对三星公司的基础专利进行了深入研究，也布局了一些化学气相沉积的专利。随着技术的快速发展，三星公司开始往石墨烯材料的下游应用拓展，围绕石墨烯材料的制备方法、设备、移除方法等展开全面专利布局。这个阶段很多企业对于三星公司的相关技术进行了大量的外围专利布局，比如：石墨烯的后处理技术。目前，三星公司石墨烯专利布局比较大，涵盖了包括气相沉积在内的多种制备方法，以及主要的应用领域（见图 5-2-2）。其他竞争者面对三星公司的专利布局结构，选择在氧化还原法、SiC 外延生长法等差异化的领域开展研究，并布局专利。

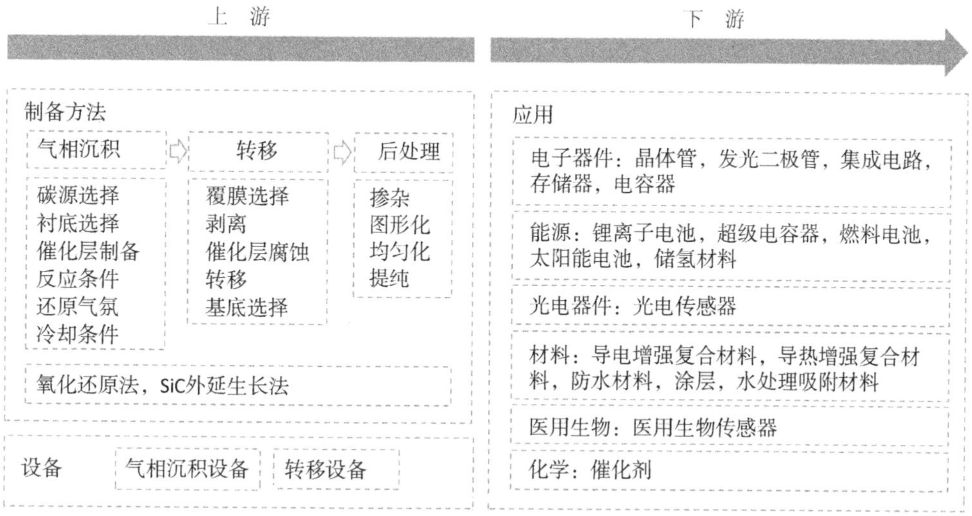

图 5-2-2　三星公司石墨烯专利布局结构

可见，三星公司以化学气相沉积法制备石墨烯薄膜为主线，沿产业链横向和纵向进行了全方位的延伸，属于典型的引领型竞争对手。针对三星公司的专利布局和技术创新特点，很多研究机构和企业的专利布局历程也体现出了交叉布局策略、外围专利布局策略和差异化布局策略，但由于石墨烯产业目前还处于产业化的前期阶段，随着诸如石墨烯薄膜显示元件、石墨烯电极材料的产品化和产业化，针对三星公司这类引领型竞争对手的专利布局策略将更加灵活和多样。

（二）技术主导型企业

技术主导型企业是指技术实力较强但产品实力较弱的企业。这类企业在某些技术领域有优势，有的是从实际产品化阶段发展演变到技术创新和技术服务上来的轻资产企业，比如逐渐剥离了硬件制造专门提供技术解决方案的服务公司；有的则是技术创新还未进入大规模产业化阶段，比如一些创新型企业或以技术研发、技术服务等为主的新创企业。

1. 技术主导型企业的竞争特点

技术主导型企业注重技术创新，具有较强的技术实力，这类企业多采取进攻型的专利战略，往往采取沿产业链布局专利的策略，比如：由上游向中游或下游延伸、由中游向下游延伸、由中游向两端延伸、由下游向中游或上游延伸，通过专利布局提高对产业的控制力。

2. 针对技术主导型竞争对手的专利布局策略

（1）抢先沿产业链布局策略。在技术发展的初期阶段，分析和跟踪技术主导型竞争对手，研判其技术动向，对于一些对未来发展有可能产生重大影响的专利及时进行评估。如果的确有巨大的市场潜力和发展空间，应该在竞争对手还未来得及补强专利布局之前，抢先沿产业链布局专利，在竞争中获得先机，阻断竞争对手产业化的路径和发展空间。

（2）包围式专利布局策略。在技术快速发展阶段，从技术角度关注其专利布局的变化，结合对核心技术的市场潜力分析。如果核心技术产业化或市场化的前景较好，可能成为现有技术的替代技术，目标企业要针对竞争对手采取全面包围的专利布局策略，快速抢占技术空白区域；如果核心技术产业化或市场化的前景不明朗，短时期难以形成对现有产品或技术的冲击，目标企业可以暂不做出专利布局的行动，而是持续关注和跟踪竞争对手。

（3）破坏型专利布局策略。在技术发展的成熟阶段，技术主导型竞争对手着眼于技术的转移转化，技术的产业化步伐加快，目标企业应针对竞争对手的产品化或产业化的关键节点或关键环节布局专利，打乱其产品化或产业化的节奏，压缩竞争对手的发展空间。

例如，杜邦公司对芳砜纶的专利布局过程正体现了以上专利布局策略。芳砜纶是我国一家企业经过多年独立研发而成的纤维材料，比杜邦公司的一种纤维的性能高且生产成本低，而研发芳砜纶的企业仅布局了制备方法的少量专利，杜邦公司在芳砜纶大规模上市之前开始围绕芳砜纶沿产业链布局专利，限制了芳砜纶在下游的应用，之后，芳砜纶的市场化阻力重重。该案例的详细解读见本章第三节。

【案例 5-2-2】美国 Dr. Raymond 围绕哈医大治疗白血病专利的专利布局策略

参见图 5-2-3[1][2]，1995 年哈医大医院申请一件以三氧化二砷为原料治疗白血病组分专利；1996 年技术方案改成组分比例申请美国专利。1996 年，美国《血液》杂志报道了哈医大方案。1997 年美国 Dr. Raymond 在没有开展任何实质性研究的情况下，围绕哈医大一院的技术方案进行改进，提出了美国临时专利申请，利用美国 continuation-in-part（CIP）的申请规则，不断分案及补充数据，获得了砷化物治疗多种实体瘤相关细化专利。Dr. Raymond 除通过专利布局维持自己的竞争优势外，积极在商业上连番运作：成立 PolaRx 公司，开发出药物 Trisenox 并获得了孤儿药指定权。为了拥有持续的竞争优势，PolaRx 公司又从北京人民医院血液病研究所获得了雄黄治疗血癌的专利独占许可以及哈医大一院专利许可。PolaRx 公司被并购，获得 5 百万股（市价约 3400 万美元）+1400 万美元+2% 销售提成。

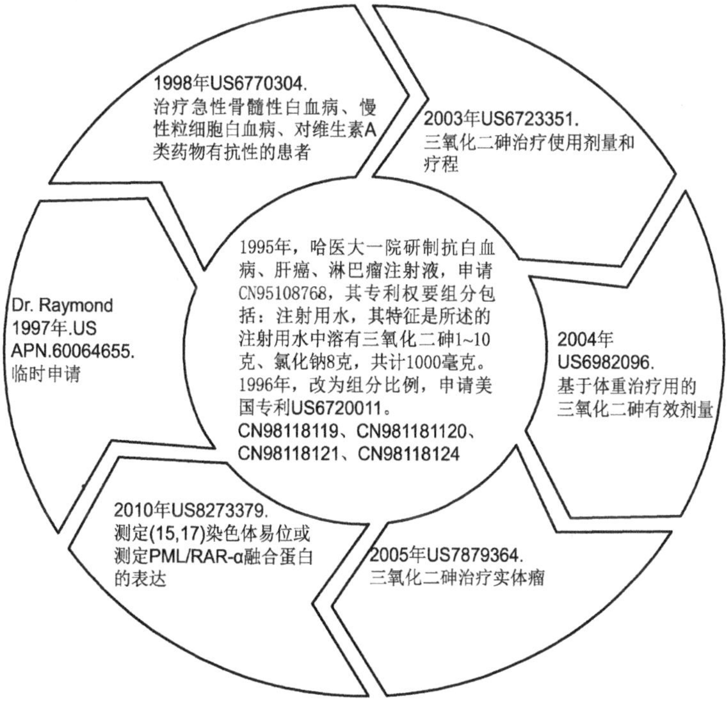

图 5-2-3　美国 Dr. Raymond 围绕哈医大治疗白血病专利的专利布局策略

（三）产品主导型企业

产品主导型企业是指产品实力较强、技术创新实力相对较弱的企业。这类企业的

---

❶ 盛晨芳. 从三氧化二砷治疗白血病的案例看中美知识产权运作能力的巨大差距［EB/OL］. http://blog.sciencenet.cn/blog-875670-665380.html.

❷ 赵明强. 中药创新的典范：砒霜抗癌的专利故事［J］. 中国发明与专利，2012（4）：79-82.

主要竞争战略是想方设法降低自身产品的成本，也就是所说的总成本领先战略。比如：我国很多自主乘用车整车制造企业属于产品主导型企业，在发展初期多仿照国外成熟车型进行产品逆向开发，自主技术创新能力不足，专利布局意识不强，生产和销售的产品经常面临来自竞争对手的专利诉讼，在市场竞争中处于被动局面。

1. 产品主导型企业的特点

产品主导型企业一般靠模仿竞争对手的产品和技术来盈利，自身没有较强的技术研发实力，特别是当竞争对手拥有产品和技术的相关专利的情况下，这类企业所面临的专利侵权风险较大。因此，专利布局策略仍然是以防御为主，比较快捷的方式就是通过转让、许可等形式储备专利，构建自身专利布局。此外，对重点产品进行外围专利布局，降低专利风险和进入壁垒，降低产品的成本。

2. 针对产品主导型竞争对手的专利布局策略

（1）沿产品链抢先布局策略。产品发展初期阶段，抢先布局产品上游和下游技术，压缩产品的发展空间，限制竞争对手的发展。

（2）狙击型专利布局策略。产品快速发展阶段，市场逐步打开，围绕重点产品的发展方向和改进方向，进行技术创新和研发，并布局专利，形成狙击型专利布局，待竞争对手在市场需求的推动下着手进行产品改进时，狙击专利的作用就将发挥作用，成为竞争对手难以绕过的壁垒。

（3）构建专利池策略。产品发展成熟阶段，市场逐步打开，通过购买、获得许可、联盟共享等形式构建产品专利池，为后续针对产品主导型竞争对手开展专利侵权诉讼做好准备。

例如，20世纪90年代，我国最多有上千家生产DVD的企业，这些企业拥有非常少的DVD技术的专利，属于典型的产品主导型企业。而关于DVD的专利几乎都掌握在飞利浦、索尼、东芝等国外公司的手中，并且这些拥有专利的公司还通过构建专利池，形成专利联盟，向中国的DVD生产企业收取高昂的使用费。从DVD的产品发展趋势来看，这些跨国公司实现了沿产品链布局专利的策略，由最早的CD发展到VCD，再到DVD，专利早在新一代产品问世之前就已经布局完善，而我国的制造企业总是落后一拍，被牵着鼻子走，每一代产品都要支付高昂的专利使用费。

（四）支配型企业

支配型企业是指技术创新、产品实力较弱的一类企业，在产业竞争格局中处于被动支配地位。这类企业在技术创新和产品创新方面面临较大的竞争压力，受制于技术创新能力，这类企业往往难以突破龙头企业的技术壁垒。支配型企业可以向两个方向发展：一是往产品主导型企业发展，通过快速收储和积累相关核心和基础专利，降低产品的知识产权风险，同时，扩大生产规模，以规模化经营提高盈利水平；二是往技术主导型企业发展，通过已有产品或技术的改进和升级，并围绕改进的产品和技术布局专利，走产品和技术差异化路线，提高产品的技术含量和附加值，获取更高的利润。

1. 支配型企业的竞争特点

这类企业专利布局薄弱，在夹缝中求生存，专利战略多以防御型为主。专利布局的目的在于降低产品或技术的专利侵权风险，或寻找新的差异化的发展方向，尽量避开竞争对手的直接攻击，从而在市场中赢得一席之地。

2. 针对支配型竞争对手的专利布局策略

（1）综合性专利布局策略。持续关注和跟踪竞争对手专利布局动向，如果支配型企业威胁或潜在威胁到目标企业的市场地位时，目标企业可以灵活使用包围式专利布局策略、狙击式专利布局策略等。

（2）非对抗型专利布局策略。当支配型企业不足以对目标企业发展构成威胁时，目标企业可采取非对抗型专利布局策略。

例如，分析我国的光伏产业可以发现，我国光伏产业呈现出“主要产品市场在外、核心技术在外”的两头在外局面，除无锡尚德、英利等这样的超大型企业外，曾经在全国各地有数千家中小型企业，这些企业既没有技术优势又没有规模优势，属于支配型企业。国外企业如夏普、松下、德州仪器等围绕核心技术布局了大量专利，在产业发展初期，对支配型企业采取“放水养鱼”的策略，当支配型企业规模发展到一定程度后，这些国外企业运用专利布局对支配型企业发起攻击。此时的支配型企业由于规模增大，退出壁垒和风险较大，只能受制于人，为自己生产的产品支付专利使用费或许可费，这无形中增加了其生产和运行成本，也限制了其在市场上的竞争力，在产能过剩和市场需求出现急剧下滑的情况下，很多企业经营困难。

四、布局后管理

在针对竞争对手进行专利布局后，需要注意进行布局后管理，定期跟踪竞争对手的技术和产品的最新情况，结合布局专利的情况进行必要操作，例如发现竞争对手除了改进的新产品，而我们当前布局的专利的权利要求并没有能够覆盖，就应该检讨是否还可以通过分案、继续申请或者部分继续申请等方式把对手的新产品覆盖住。

针对授权后的专利也应该定期进行盘点，了解授权专利与竞争对手技术和产品的对应情况。更进一步地，可以在此基础上提前做好侵权证据收集以及公证等工作，使专利处于随时可以被运用的状态。

通过盘点发现低价值专利，也可以考虑进行主动放弃，从而提高管理效率，节省布局成本。

通过后期对专利的运用，尤其是无效和侵权的实战，可以发现很多前期专利布局时的优势及不足，也要及时把这些经验教训反馈给前端的专利布局工作者，从而提高专利布局的质量。

（1）重点专利族尽可能让至少一件维持在悬而未决状态，通过跟踪技术、标准及产品演进，提出新的分案或继续申请，完善专利布局。同时对于一族专利来说，如果它有一件处于悬而未决状态的专利，那么这族专利的价值也会更高，因为它带给了你可以变化的可能性，如果用于诉讼，对方也会增加其不确定性而更加忌惮。

【案例 5-2-3】美国高通公司 OFDM 专利继续申请策略

很多公司都会巧妙地利用这种方式进行专利布局，例如当前申请人为高通的一件关于 OFDM（Orthogonal Frequency Division Multiplexing）即正交频分复用技术的美国专利，申请号为 16/417427，此专利于 2019 年 9 月 5 日公开，根据其相关专利情况（框图圈出部分），可以看出此专利是一件申请日在 2001 年的专利号为 7295509 的专利经过多个继续申请后目前处于悬而未决状态的一件专利申请，具体申请历史可参考图 5-2-4 所示整理后的流程图，可以看出 16/417427 之前至少有 4 次继续申请的操作，使这一族专利至少有一件一直处于悬而未决状态。

US 20190273586A1

(19) **United States**
(12) **Patent Application Publication** (10) **Pub. No.: US 2019/0273586 A1**
LAROIA et al. (43) **Pub. Date: Sep. 5, 2019**

(54) **SIGNALING METHOD IN AN OFDM MULTIPLE ACCESS SYSTEM**

(71) Applicant: **QUALCOMM Incorporated**, San Diego, CA (US)

(72) Inventors: **Rajiv LAROIA**, Far Hills, NJ (US); **Junyi LI**, Chester, NJ (US); **Sathyadev Venkata UPPALA**, Hyderabad (IN)

(21) Appl. No.: **16/417,427**

(22) Filed: **May 20, 2019**

Related U.S. Application Data

(63) Continuation of application No. 15/226,181, filed on Aug. 2, 2016, now Pat. No. 10,313,069, which is a continuation of application No. 13/619,460, filed on Sep. 14, 2012, now Pat. No. 9,426,012, which is a continuation of application No. 13/158,170, filed on Jun. 10, 2011, now Pat. No. 8,295,154, which is a continuation of application No. 12/171,155, filed on Jul. 10, 2008, now Pat. No. 8,014,271, which is a continuation of application No. 09/805,887, filed on Mar. 15, 2001, now Pat. No. 7,295,509.

(60) Provisional application No. 60/230,937, filed on Sep. 13, 2000.

Publication Classification

(51) **Int. Cl.**
H04L 5/00 (2006.01)
H04L 27/26 (2006.01)
H04L 5/02 (2006.01)

(52) **U.S. Cl.**
CPC ***H04L 5/0007*** (2013.01); ***H04L 27/2602*** (2013.01); ***H04L 27/2614*** (2013.01); ***H04L 27/2636*** (2013.01); ***H04L 5/023*** (2013.01)

(57) **ABSTRACT**

A method for reducing the peak-to-average ratio in an OFDM communication signal is provided. The method includes defining a constellation having a plurality of symbols, defining a symbol duration for the OFDM communication signal, and defining a plurality of time instants in the symbol duration. A plurality of tones are allocated to a particular communication device, and a discrete signal is constructed in the time domain by mapping symbols from the constellation to the time instants. A continuous signal is generated by applying an interpolation function to the discrete signal such that the continuous signal only includes sinusoids having frequencies which are equal to the allocated tones.

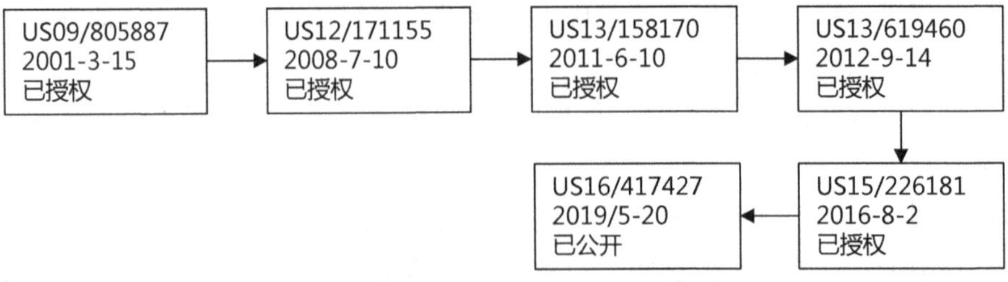

图 5-2-4 OFDM 相关专利申请流程

（2）针对授权后的专利定期进行盘点，了解授权专利与竞争对手技术和产品的对应情况。更进一步地，可以在此基础上提前做好侵权证据收集以及公证等工作，使专利处于想用就可以随时用的状态。如果把专利比作导弹的话，制作好导弹以后，还要给导弹装上燃料，安上核弹头，放到发射架上，使这些专利成为只要按下按钮就可以立即发起攻击的核武器，当你拥有一个可以针对所有竞争对手随时可以发起攻击的武器库时，无论是进攻或防守都可以第一时间做出反应。具体在操作的时候，可以是按照细分技术领域去制造专利武器，也可以是按照竞争对手类别去制造专利武器，无论哪一种，只要比较容易管理和使用就行。这样无论是主动进攻，还是被动防御都可以很快地响应。

（3）通过盘点发现低价值专利，也可以考虑进行主动放弃，从而提高管理效率，节省布局成本。例如某台湾代工企业就主动放弃了大量的专利。图 5-2-5 统计了该公司未缴年费主动放弃专利的情况，以 2001 年申请的专利为例进行说明，整根柱子代表的是 2001 年申请的专利总共获得授权数量（约 1900 件），柱子的下半部分是授权后仍然维持的专利数量（约 500 件），柱子的上半部分是授权后不缴年费主动放弃的数量（约 1400 件），主动放弃比例 72%。通过近些年的统计可以看出，2001 年到 2010 年，其授权后专利的主动放弃比例均在 70% 左右甚至更高，从而有效降低了管理的成本和维护的费用，有利于专利质量的提升。

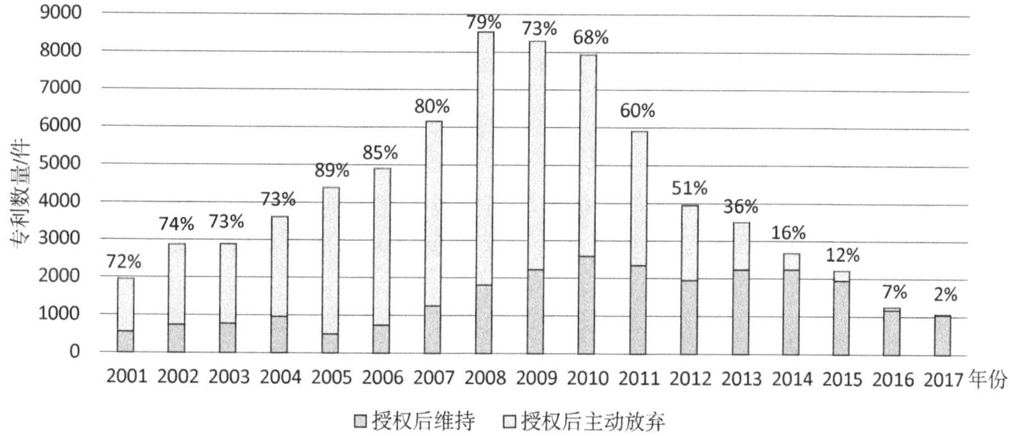

图 5-2-5　我国台湾某企业主动放弃专利情况

（4）根据专利盘点的结果可以识别高价值专利，通过将这些高价值专利制造成专利武器并付诸运用，可以实现专利的价值，在专利运用过程中，经过无效、侵权等实战可以发现很多前期专利布局时的问题和不足；针对低价值专利的放弃，同样也可以总结出一些经验教训，这些经验教训要及时反馈到专利布局的策略中去，进一步去优化和完善专利布局，从而形成一个闭环的反馈（见图 5-2-6），这样可以不断提升专利布局的质量，提高高价值专利的占比。

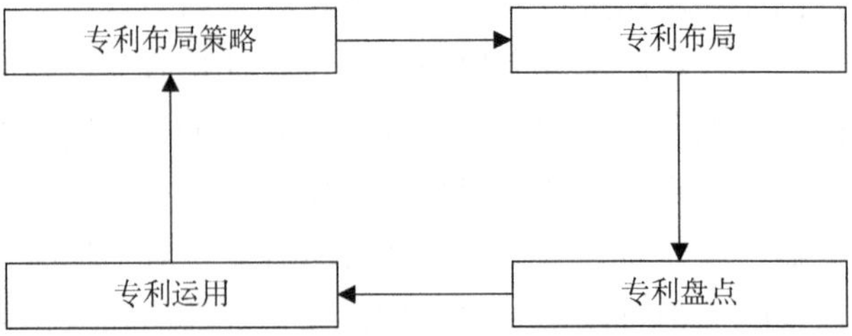

图 5-2-6 优化和完善专利布局流程

第三节 典型案例分析

一、引领型企业的专利布局

【案例 5-3-1】从防侧碰保护系统看汽车企业专利布局策略❶

随着汽车的普及，汽车的碰撞安全性能也越来越受到人们的重视，安全车身是整车碰撞安全系统的重要组成部分，也是车内乘员的最后一道防线。而在碰撞安全中，侧面碰撞在交通事故中较为常见，相较于正面碰撞，侧碰更复杂，危险性更大。在诸多防侧撞保护技术中，沃尔沃公司开发的防侧撞保护系统（SIPS）的安全性和可靠性最突出，在沃尔沃各个级别的乘用车中应用，并在 ENCAP 侧碰测试中成绩均为满分。在 SIPS 的发展历程中，沃尔沃公司是技术的引领者，主流整车车企紧盯沃尔沃的研发热点，加大研发力度，同时零部件制造企业也参与其中，共同推动了 SIPS 技术的进步和持续发展。我们从专利布局的视角来看，这个领域内不同竞争者采取了不同的专利布局策略。

1. SIPS 发展历程

全球各主流整车企业和零部件供应商对 SIPS 的改进分为三个阶段。

第一阶段（1978~1990 年）：沃尔沃前瞻布局，主流整车企业快速跟进。

沃尔沃 1978 年申请专利中阐述了 SIPS 的原理性结构，各个整车企业在这一时期更多的是对这一设计理念的完善及细化，相关的专利主要集中在座椅及其相关车身部件，特别是座椅安装横梁方面的具体结构及连接关系等。这些整车企业中，日产跟进速度最快，其在 1981 年和 1982 年就申请了 3 项专利，从车门、地板、座椅这个与侧面碰撞相关的部件出发，对 SIPS 的构想进行了一次比较全面的优化设计。主流整车企业对沃尔沃 SIPS 的跟进研发和投入实质上推动了该系统的发展（见图 5-3-1）。

---

❶ 改编自：杨铁军．产业专利分析报告（第 9 册）：汽车碰撞安全［M］．北京：知识产权出版社，2013：51-59.

第二阶段（1991~2000年）：产业化促进零部件供应商加速专利布局。

1991年沃尔沃开发出一套成熟的SIPS的车身结构，并应用于量产车型，又随后于1994年首次在量产车型中加入SIPS侧安全气囊，构成了完整的可产业化的SIPS。沃尔沃1978年和1994年申请的两项基础专利被整车企业和零部件供应商大量专利引用，1991~2000年的10年高达80余项。其中，奔驰和丰田比较有代表性，其在座椅方面进行了改进和优化。随着SIPS的产业化，整车企业对于产业链上游、中游供应商的拉动作用明显，很多零配件供应商围绕座椅、安全气囊加速技术改进，并布局专利。座椅方面，日本池田物产在沃尔沃基础专利的基础上，申请的座椅方面的专利最多，而池田物产当时正是日产汽车垂直采购的供应商，这也体现出整车企业后向一体化专利布局的策略，即通过整车设计和产业化，引导其配套零部件供应商开展相关研发，并布局专利。

第三阶段（2001年至今）：专利布局和竞争格局形成。

各大整车企业对沃尔沃的两项SIPS基础专利在车身机构、座椅、安全气囊等方面进行了大量改进。到2001年，改进基本趋于完善，相应的专利申请出现减少的趋势，集中的改进也仅是对座椅和气囊细微结构的优化。这个阶段，SIPS趋于成熟，以沃尔沃主导的竞争格局逐渐形成，各大主流整车企业和零部件供应商也都拥有一些改进的技术和专利，在行业竞争中也有一定的话语权。

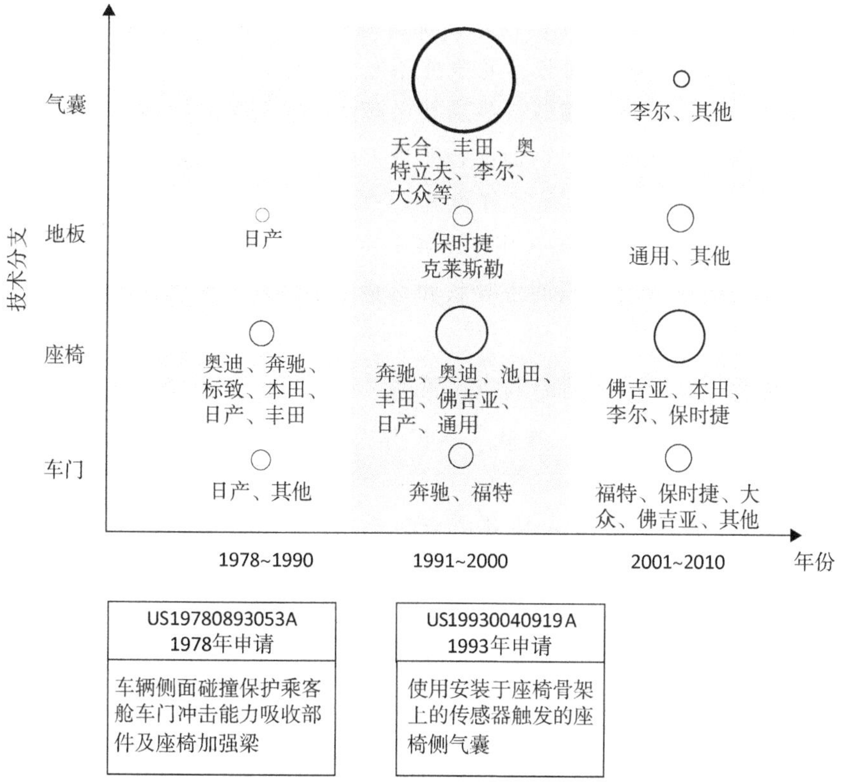

图5-3-1　防侧撞保护系统（SIPS）专利布局演进

（其中气泡表示专利申请，气泡大小表示专利申请数量的多少）

2. 沃尔沃的专利布局

沃尔沃在1978年申请了专利US19780893053A，这件专利名称为“车辆侧面碰撞保护乘客舱车门冲击能力吸收部件及座椅加强梁”，公开了通过加强车门和座椅横梁，并在车门内板和外板之间设置能量吸收部件，减少车辆侧面受到碰撞冲击时对车内乘客的伤害。这项专利也是全球首次公开综合提高侧撞安全性能的设计思想，之后，全球各大主流整车企业和零部件供应商均高度重视，积极跟进，引用沃尔沃这项专利的专利高达60余项，说明在该专利技术的基础上进行了大量改进。沃尔沃在1993年申请了专利US19930040919A，该专利名称为“使用安装于座椅骨架上的传感器触发的座椅侧气囊”，首次将侧安全气囊应用于量产车型，在该专利申请之后，10年内共有其他厂商的80余项专利对该专利进行了引用，可见这一专利在行业内具有非常重要的地位。

3. 沃尔沃的竞争特点

很明显，沃尔沃是SIPS技术的源头，是技术发展的引领者，沃尔沃在1978年和1994年申请的两件专利分别引领技术创新数十年。可以看出，一项原创性、前瞻性专利在产业发展中具有多么长久的生命力和影响力。沃尔沃公司在SIPS开发的过程中始终坚持引领型专利布局策略，在关键的技术阶段和节点，布局关键的基础性专利，其对竞争对手并未采取攻击型策略，也未围绕基础专利开展全方位的专利布局。通常，一项新技术或新产品处于萌芽阶段，竞争并不充分，此时引领型企业希望更多的竞争对手或潜在竞争对手进入这个领域，鼓励技术跟随和再创新。此时，某一龙头企业若采取密不透风的专利布局策略，会加大行业进入壁垒，加大自身在行业中的风险，不利于新技术或新产品的产业化，这或许也就是沃尔沃早期仅仅申请了两件基础专利的原因所在。实际上，即使是在SIPS快速发展走向成熟的阶段，由于沃尔沃拥有两件基础专利，其在行业竞争中有很强的主导权和话语权，因此，沃尔沃也就没有必要在后续进行大规模的专利布局。

4. 整车车企针对沃尔沃的专利布局策略

作为主流整车企业，日产、奔驰、丰田等公司是沃尔沃的直接竞争对手，也是SIPS技术发展的紧密跟随者。

当沃尔沃在1978年申请第一项基础专利后，日产迅速跟进，在基础专利的基础上，进一步再创新，细化和完善车身结构，并在基础专利的基础上进行了专利布局，实际上采取的是前文所述的交叉布局策略。

奔驰公司也结合自身的技术优势对SIPS进行改进，在座椅方面进行了优化，并申请了7项专利，形成了外围专利布局。

丰田则在安全气囊方面进行了改进，申请了8项专利，并且在这8项专利的基础上还衍生了许多外围专利，构成了完善的专利技术保护体系。

实际上，主流车企在SIPS上的快速跟进和外围专利布局，是为其能在量产车型上低成本使用SIPS做准备。

5. 零部件制造企业针对沃尔沃的专利布局策略

池田物产是座椅生产商，天合集团是安全气囊生产商。从这两家零部件供应商来看，沃尔沃是下游整车企业，也是产业内的竞争者之一。池田物产在沃尔沃基础专利的基础上围绕座椅改进布局了一定量的专利，天合集团在沃尔沃基础专利的基础上围绕气囊改进布局了十余件专利。这说明，在产业内竞争对手可能来自产业链相关的不同环节，需及时跟踪和识别不同环节的竞争对手，并针对竞争对手开展差异化的专利布局，在一些优势的领域或环节进行深入研发和创新，差异化布局相关专利。

二、产品主导型企业的专利布局

【案例 5-3-2】仿制药企与原研药企的专利布局策略分析

以色列梯瓦是全球著名的跨国制药企业，致力于非专利药品、专利品牌药品和活性药物成分的研究开发、生产和推广。2012 年，梯瓦的美国年处方量多达 6.29 亿张，占全美处方量的 16.1%，比辉瑞（排名第三）高出 238%，梯瓦是全球排名前 20 位的制药公司，也是世界上最大的仿制药[1]制药公司。

1. 梯瓦针对竞争对手发展仿制药的历程[2]

梯瓦经历了对专利到期的药物仿制、专利挑战、技术优化和改进、开发原研药四个阶段（见图 5-3-2）。

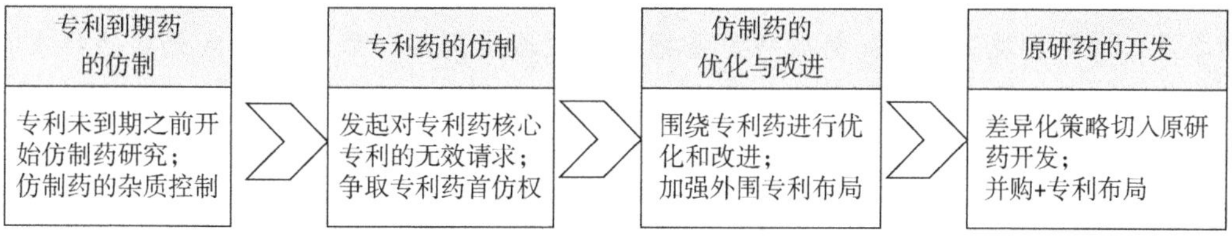

图 5-3-2 梯瓦公司发展历程

第一阶段：对专利到期药物的仿制。梯瓦在全球建立了多个仿制药研发中心，研发内容包括原料药开发、制剂工艺探索、生物等效性研究等。尤其在仿制药杂质控制技术方面，杂质控制是药品质量的关键因素之一，是药物注册的难点和重点，也是困扰着大量仿制药的难题之一。梯瓦在中国相继申请了多项涉及含有杂质的组合物，以及控制杂质方法的专利。这些围绕原研药专利开展的外围专利布局，虽然没有原研企

[1] 仿制药是相对于原研药而言的，原研药又称创新药、专利药、商品名药，是指原创性新药，经过对成千上万种化合物层层筛选和严格临床试验才得以获准上市，通常需要花费 10~15 年和数亿美元。仿制药，又称非专利药，是指与原研药在剂量、安全性、效力、给药方式、质量、作用等方面相同的一种仿制品。仿制药一般与原研药具备相同的活性成分。

[2] 改编自：杨铁军. 产业专利分析报告（第 27 册）：通用名化学药［M］. 北京：知识产权出版社，2014：234-249.

业的化合物的保护力度大，但也为其他仿制药企业设置了进入壁垒，一定程度上限制了其他仿制药企业的介入。

第二阶段：对专利药的仿制。梯瓦拥有专业的律师团队和研发团队，向美国食品药品管理局（FDA）提交了200多项仿制药的生产申请，并同时向其中超过半数的专利发起了挑战。在向品牌制药公司发起专利挑战中，梯瓦在专利诉讼案件仍在进行时，就向市场大量推出新的仿制药。一旦梯瓦预计自己在法庭上可以取胜，将大量的仿制药推向市场则可以获利颇丰。在梯瓦挑战的数个品牌药中，大量的品牌药公司与梯瓦和解。

第三阶段：对仿制药的优化与改进。梯瓦在保证仿制药质量的基础上，进一步对仿制药进行优化和改进，在研发过程中加强专利布局，以实现对该药物的独家垄断。例如梯瓦对利奈唑胺进行了专利布局：对于利奈唑胺的外围专利，梯瓦已经形成了比较完备的外围专利保护圈，涵盖了制剂、光学异构体、晶体、中间体、衍生物等多个方面。2000年4月利奈唑胺上市，梯瓦在利奈唑胺行政保护期❶届满前一年就介入利奈唑胺的仿制，并于2004年申请第一件关于利奈唑胺的仿制药专利，在2004~2007年，梯瓦先后申请了8项相关专利，保护仿制研究过程中取得的成果。依托强大的技术实力，在仿制的初期梯瓦就申请大量的专利，为后期和品牌制药公司的对抗积累了筹码。

第四阶段：对原研药的开发。梯瓦在仿制药领域取得巨大成功，这得益于其清晰的发展战略，以及对原研药及竞争对手的持续研究、消化吸收及再创新；同时，梯瓦围绕重点竞争对手的重点原研药的外围专利布局也为其赢得仿制药乃至首仿药许可打下了坚实的基础。梯瓦在仿制药的基础上，也开展了专利药的开发。在详细研究了市场之后，梯瓦发现高血压、糖尿病等基础用药领域是辉瑞、默沙东等巨无霸的兵家重地，梯瓦不具备优势。专利药的发展空间在于那些容量有限的专科领域。随后，梯瓦在20世纪90年代，通过一系列并购，先后成功开发出多发硬化症治疗药物Copaxone和帕金森治疗药物Azilect等多种专利药。其中Copaxone的年销售额30多亿美元，而该药物从开发到投放市场仅仅花费了1亿美元。梯瓦在原研药物开发方面另辟蹊径，也获得了成功。

2. 针对竞争对手开发仿制药的专利布局策略

明确竞争对手和竞争焦点，加强外围专利布局。梯瓦在仿制药的开发过程中，往往选择市场前景好的原研药，聚焦竞争对手和重点药物，及时跟进，加强原研药的相关技术的研发，比如杂质控制、剂型改进、给药途径改进等。围绕原研药的核心专利进行外围专利布局，形成完备的外围专利保护圈，从制剂、光学异构体、晶体、中间体、衍生物等多个方面进行研发，并布局专利，这些专利一方面为自身赢得了与竞争对手交叉许可的筹码，另一方面限制了竞争对手的外围研发。

充分利用专利无效、侵权诉讼等手段与竞争对手博弈。梯瓦在加强研发和外围专

---

❶ 美国对新药的行政保护期是5年，行政保护期过后，美国FDA即开始受理仿制药申请。

利布局的同时，对竞争对手的核心专利进行深入研究，寻找专利中可能存在的漏洞或可能的技术空白点，对竞争对手的核心专利提起无效，并积极应对竞争对手的侵权诉讼。依靠对仿制药的改进和创新，以及严密的外围专利布局和强大的应对能力，梯瓦赢得仿制药的主动权，成为全球知名的仿制药企业。

3. 开发原研药的专利布局策略

梯瓦在原研药的开发上，采取差异化策略，避开辉瑞、默沙东等强大竞争对手的重点产品领域，转向市场容量小，但竞争强度相对较小的专科领域。在专科用药领域寻求突破，先后完成了治疗帕金森药物和治疗多发硬化症药物的开发和投放市场，赚取巨额利润。依靠对原研药的研发和创新，进行全方位专利布局，捍卫原研药市场。治疗多发硬化症的Copaxone药物专利于2014年保护期满，众多仿制药企业开始向梯瓦发起挑战。梯瓦利用其领先优势持续开发新剂型和新剂量产品，同时开发新的给药装置，不给竞争对手留下机会，全方位巩固在Copaxone药物上的临床优势，对这些技术方向也进行了专利布局，保证了梯瓦在多次诉讼中都占据有利地位。

4. 梯瓦专利布局策略对我国仿制药企的启示

我国医药产业市场潜力巨大，本土制药企业可以借鉴梯瓦的经验，加大重要的仿制药的开发，并对竞争对手的核心专利进行外围专利布局，为争取仿制药的使用许可做好专利储备，在与一些国外龙头制药企业竞争过程中学会运用专利布局为自身赢得生存空间；同时，我国本土医药企业要充分借鉴梯瓦在原研药方面的差异化战略，寻找适合自身发展优势的领域深耕细作，比如在中医药新品种、中西医联合用药等方面，加大研发投入，开展前瞻性专利布局，培育新的增长点。

三、技术主导型企业的专利布局

【案例5-3-3】芳纶企业与芳砜纶企业的专利布局策略分析

20世纪60年代，杜邦公司成功开发聚间苯二甲酰间苯二胺（PMIA）纤维（别名芳纶1313，商品名Nomex）。这是一种能在220℃左右的高温下使用10年以上且不发生分解，并保持一定物理机械性能的耐热纤维。[1] Nomex有机耐高温阻燃纤维材料产品以优异的耐热阻燃性能畅销全球，是全球有机耐高温阻燃市场最主要的产品之一。

几乎在Nomex成功开发上市的同期，我国技术人员也自主研发出一种新的有机高温阻燃纤维材料——芳砜纶（聚苯砜对苯二甲酰胺纤维，PSA），这是我国独立研制开发的一种耐高温纤维，芳砜纶的问世填补了中国耐高温高性能纤维的空白。该纤维在250℃和300℃热空气中处理100h后，强度保持率分别为90%和80%，比Nomex纤维高5%~10%，即便在370℃的高温下强度依然可保持约40%，而此时Nomex纤维已开始

[1] 李宇，等．芳砜纶与芳纶理化性能的比较分析［J］．国际纺织导报，2014（1）：14-16，22-24.

炭化。可见，PSA纤维的耐热性和热稳定性优于Nomex纤维。

Nomex和芳砜纶产品均可以运用于防护制品、电绝缘材料、高温过滤材料以及蜂窝结构材料等，并且芳砜纶在耐热性、纤维加工性、阻燃性、穿着舒适性、易染色性等方面比Nomex表现更为优异，且价格约是后者的1/5。

1. 芳纶和芳砜纶的竞争历程❶

全球耐高温纤维市场需求不断增长，国外市场巨大，利润可观。然而在产业化后的5年多时间里，芳砜纶的产能也未随着市场需求的上升而扩大。2011年，芳纶产品Nomex年产能2.5万吨，全球销售额高达84亿美元，而芳砜纶年产量仍停留在1000吨，在中国境外的销售额仅有约2000万美元。Nomex在国际市场的销售额是芳砜纶的370倍。

芳砜纶产品"走出去"受阻的原因正是由特安纶公司专利布局策略不当导致的。特安纶公司所开发的芳砜纶产品具有替代现有的杜邦公司芳纶产品的可能，特安纶公司芳砜纶产品很可能会挤占杜邦公司芳纶产品的市场份额。在这种情况下，特安纶公司成为杜邦公司的主要竞争对手，杜邦公司早在2003年便开始关注芳砜纶产品。2007年年初，杜邦公司的首席科学家造访特安纶公司，在了解了芳砜纶的产业化进展和知识产权状况后，便提出了全面收购特安纶公司的芳砜纶业务的方案，但收购未果。杜邦公司转而开始运用专利来发起攻击，短时间内进行专利布局，围绕芳砜纶产品建起一道密不透风的专利之墙。

从时间上看，2007年年初杜邦公司造访特安纶公司收购失败，之后很快便开始专利布局：2007年4~12月，杜邦公司提交了14项与芳砜纶相关的PCT申请，短短几个月内便迅速建立起对特安纶公司的巨大优势。2008年和2009年杜邦公司又分别继续提交了2项和1项PCT申请。

从区域上看，这些专利申请随后根据PCT规则进入了美国、中国、欧洲、日本、韩国、加拿大、墨西哥、德国等国家或地区。杜邦公司对芳砜纶相关的专利布局与其主打产品Nomex的市场份额息息相关：哪里有Nomex的市场，就在哪里布下芳砜纶专利；Nomex市场份额较大的区域，往往都进行了大量的专利布局。

从技术上看，杜邦公司的专利布局目的性明显，就是通过布局芳砜纶专利阻止芳砜纶产品进入相关国际市场，从而为其自身主打产品Nomex占领市场扫除障碍。

从专利涵盖的范围看，杜邦公司的这些专利申请涉及芳砜纶纤维的制造方法，纤维布、纤维纸及其制造方法，全面覆盖了耐热阻燃材料相关的防护器具、过滤器、耐火纸材、高温过滤毡等多个产业链环节。也就是说，杜邦公司在芳砜纶产业链的上、中、下游进行了严密的专利布局（见图5-3-3）。

---

❶ 贺化．评议护航：经济科技活动知识产权分析评议案例启示录［M］．北京：知识产权出版社，2014：141.

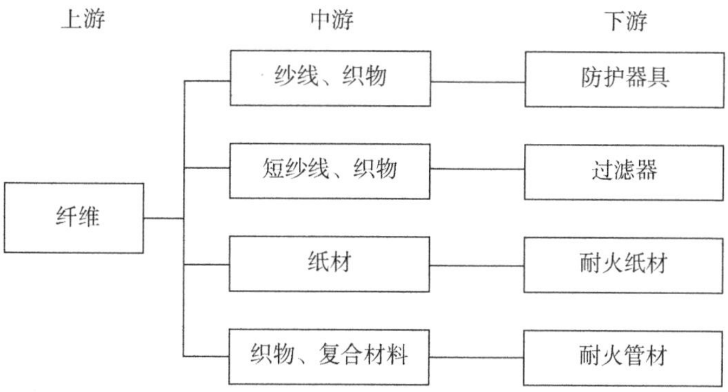

图 5-3-3 杜邦针对竞争对手下游包绕的专利布局示意

随着杜邦公司的专利申请逐渐进入相关国家和地区并纷纷获得授权后，特安纶公司面临着这样一种尴尬局面：虽然芳砜纶纤维本身不会侵犯杜邦公司的专利权，但用芳砜纶纤维生产相关的应用产品难逃其布下的专利网。这样一来，中下游厂商不敢再买特安纶公司的芳砜纶纤维产品。

2. 竞争对手定位

从产品和技术实力两个维度，对生产 Nomex 芳纶的杜邦公司和生产芳砜纶的特安纶公司进行定位。杜邦公司在产品实力方面强于特安纶公司，而在技术方面，杜邦公司的 Nomex 与特安纶公司的芳砜纶实力相当，甚至在某些性能上，芳砜纶要优于 Nomex 产品的性能。两个公司的定位如图 5-3-4 所示。

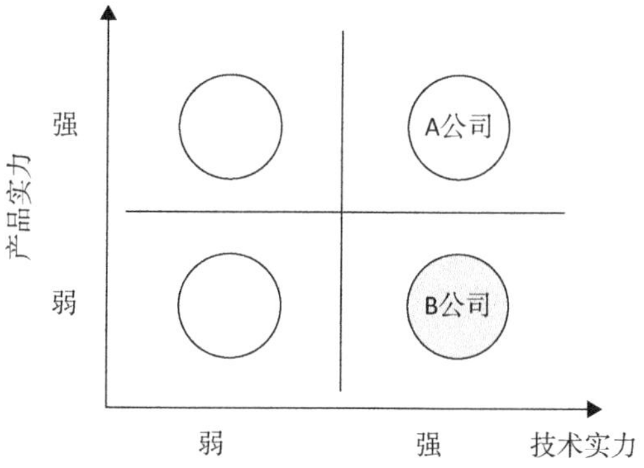

（A 公司为杜邦；B 公司为特安纶）

图 5-3-4 杜邦公司和特安纶公司在耐高温纤维方面的竞争定位

3. 竞争对手利用专利布局制约特安纶公司发展的策略

杜邦公司是产业内的传统优势企业，并且主导着产业竞争格局。在本案例中可以看出，杜邦公司对于行业竞争环境具有较强的洞察力，敏锐地察觉到自身产品 Nomex 的替代产品很有可能是芳砜纶。在对芳砜纶产品进行深入分析后，杜邦公司发现了芳砜纶企业的薄弱点——特安纶公司未能及时有效地对芳砜纶产品和技术进行全面的专利保护。于是，杜邦公司在收购特安纶公司未果的情况下，开始针对特安纶公司的产品芳砜纶进行专利布局。

杜邦公司的专利布局采用了沿产业链方向向中下游延伸的策略，围绕芳砜纶制成的产品及其应用领域，杜邦公司在全球主要竞争市场进行了全方位的专利布局。当这些专利逐渐获得授权后，杜邦公司实际上运用专利布局掌握了特安纶公司芳砜纶向中游和下游延伸的主动权。原来特安纶公司芳砜纶产品的采购商一旦向特安纶公司采购或使用特安纶公司的芳砜纶，就涉嫌侵犯杜邦公司的专利权，造成特安纶公司的芳砜纶虽然性能优异且有价格优势，但采购商仍然在采购其产品时有所顾虑，一定程度上限制了芳砜纶产品的市场拓展。

4. 特安纶公司针对竞争对手杜邦公司专利布局的应对策略

2002年之前，历经30多年研发的芳砜纶没有任何专利保护，直到2002年启动芳砜纶产业化项目时，特安纶公司才申请了第一件专利，用来保护芳砜纶纤维的制备方法。2004年，芳砜纶在实现了量产前“临门一脚”的同时，又申请了一件关于芳砜纶纤维原料制备方法的专利，没有任何国际申请，这就是产业化前夕芳砜纶所有的专利布局。可以看出，在芳砜纶的整个研发到产业化过程中，特安纶公司的专利申请仅有2件中国专利，难言专利布局策略。

面临杜邦的专利围堵和步步紧逼，特安纶公司也积极在竞争对手的专利布局空白领域寻找机会，采取了有针对性的专利布局策略。比如，在上游的纤维改性后处理、染色方法和设备，中游的纺纱装置，下游的防护手套、阻燃胶带等具体应用领域进行一系列布局。目前，特安纶公司围绕芳砜纶产品布局了30余项专利，与竞争对手形成了交叉布局的态势，减轻了芳砜纶产品市场化过程中来自竞争对手的专利布局的压力。

总体来说，企业处于比较激烈的市场竞争环境中，在推出一项新技术或新产品之前要立足自身产品和技术优势做好针对竞争对手的专利布局，在新产品、新技术本身以及产业链相关联的环节进行专利布局，不给竞争对手留下可乘之机，从而在后续的市场竞争中赢得生存空间。

第六章　围绕技术标准的专利布局

本章概述

专利与技术标准间存在长期稳定的动态均衡关系，专利对技术标准有显著的促进作用，且存在滞后现象，表明专利是创立技术标准的技术基础。❶❷ 近年来，技术标准的重要性日益凸显，创立自主标准已成为政府和产业界的共识，对致力于创立自主标准的企业（联盟）而言，开展自主创新并灵活运用专利布局策略是技术标准创立的基础性工作。

本章知识脉络

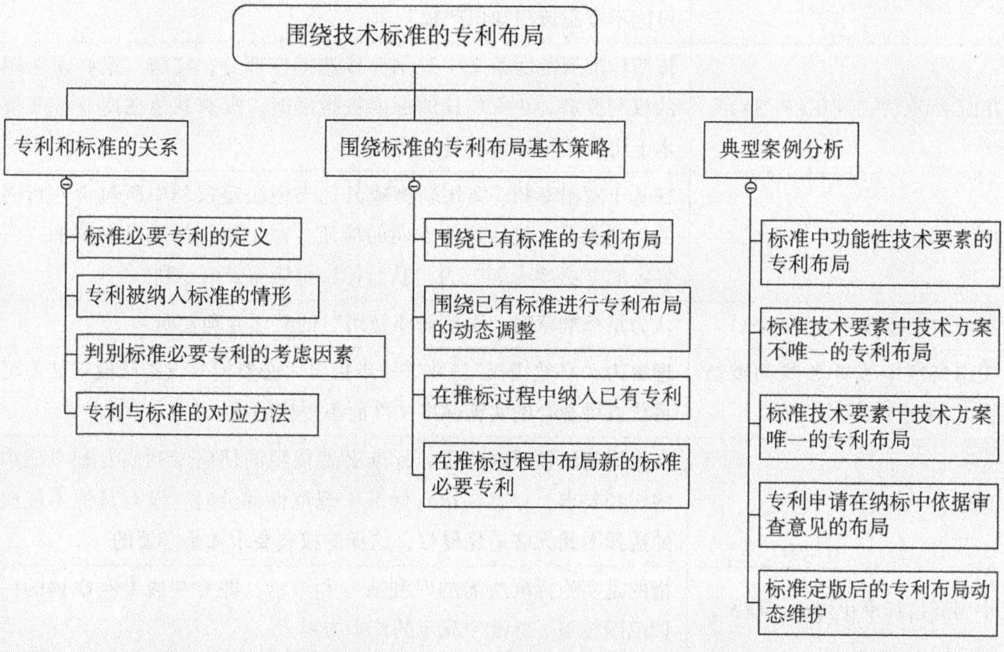

---

❶ 张米尔，等．技术专利与技术标准相互作用的实证研究［J］．科研管理，2013（4）：68-73.

❷ Blind K. Research and Standardization in Nanotechnology：Evidence from Germany［J］. Journal of Technology Transfer，2009（34）：320-342.

第一节　专利和标准的关系

一、标准必要专利的定义

标准必要专利（Standard Essential Patent，SEP）是指实施标准必须使用或很可能使用的专利。[1] 关于“标准必要专利”的规定，是各国际标准化组织专利政策中的一个核心内容，不同的标准化组织之间存在细微的差异，表6-1-1列出了国际上典型的标准化组织对“标准必要专利”的内涵定义。

表6-1-1　国际标准化组织对“标准必要专利”的内涵定义

标准化组织	标准必要专利的定义
欧洲电信标准化协会（ETSI）	认为“必要”是指“基于技术上而非商业上的原因，考虑到通常的技术惯例和标准制定之时的已有技术状况，制造、销售、出租或者其他处理、维修、使用或实施符合某一标准的设备或方法不可能不侵犯该项知识产权”
IEEE标准协会（IEEE-SA）	按照标准规范性条文中强制性或选择性部分，实施方案必须采用的权利要求。在所建议的标准被批准时，没有其他在商业上或技术上可行的选择可以避免侵权
ITU/IEC/ISO	在基于发明专利、实用新型或其他类似法定权利中所包含并指明的权利要求，包括这些发明的应用，对于执行标准是必要的。所界定的“必要专利”为“执行标准可能需要的专利”
美国国家标准协会（ANSI）	认为是标准草案“可能需要使用”的某项专利发明
美国高级电视业务顾问委员会（ATSC）	理解为“必然侵权”，并进一步指出“必然侵权仅指已没有其他可替代或可选择的实施标准文件而不侵权的技术”
W3C	在任何司法领域内的实施标准必然侵犯的任何专利或专利申请中的权利要求，只有在执行标准中规范性部分时，没有其他不侵权的选择因此无法避免侵权，这样的权利要求才是必要的
中国通信标准化协会（CCSA）	指的是实施标准所需的专利或专利申请，即专利或专利申请的保护范围覆盖了标准中规定的技术方案

[1] 朱翔华．标准中纳入专利的现状分析及对策研究［J］．中国标准化，2011（10）：62-64.

从表6-1-1中可以看出，各标准化组织在标准必要专利定义上的差异主要包括：是否包括专利申请、可能的可选方案以及是否有商业考虑等，如ANSI就明确指出其标准必要专利不适用于专利申请。此外，一件授权专利通常不止包含一项权利要求，而每一项权利要求都是一个完整的技术方案。标准实施过程中许可的基础是权利要求，在有些标准化组织的专利政策中明确了这一点，称为“必要权利要求”。因此，对某一特定标准而言，有可能某个权利要求具备必要性，而另一些权利要求则不具备。

二、专利被纳入标准的情形

专利是一个完整的技术方案，其侧重于产品结构的改进或者制造方法步骤的优化。技术标准则表现为一系列性能指标的描述，是对生产技术设立的必须符合的条件，侧重于效果。专利有可能被等同地写入标准，主要包括以下情形。

（1）标准中表达某些特定结构及其相互关系的方案。在机械、电子、通信等技术标准中，可能会出现特定结构的方案，其中特定的功能单元之间呈现某种特定的连接关系，多个相同或不同的功能单元相互配合完成该标准整体功能。在这样的标准中，标准的使用者有能力按照标准的教导，将其中的各个功能单元组合起来形成满足规定的功能整体。将特定功能单元按照特定的关系相互连接，满足专利的结构性特征要求，这样的标准和专利的方案等同。标准中出现结构性特征，是产业链各主体实现产品贸易和应用的需要，这使特定功能单元的生产和销售商可以使用该标准。

（2）标准中表达操作过程或工作流程等程序性的方案。标准中所表达的生产工艺、检测等的操作过程有明确步骤，因为这样的标准与方法专利具有相同或相近的表达方式，易等同于方法专利。

（3）标准中表达某些资源或成分所占比例的方案。标准中涉及材料及其他自然资源的分配比例，反映了特定的组分，因为这样的标准与化学类专利具有相同或相近的表达方式，易等同于化学领域专利。

三、判别标准必要专利的考虑因素

判断一项专利技术能否构成特定标准的“必要专利”，主要需要考虑三个方面的因素，即技术因素、商业因素和法律因素。[1]

1. 技术因素[2]

技术标准的制定过程本质上是技术选择的过程，即为了实现特定的目标，选择某些技术要求或技术规范作为产品或服务的必备要素。因此，某项专利成为必要专利的条件是满足技术要求。从标准的表达来看，技术标准包含专利或其他权利的条款。即使专利权人在标准制定过程中披露了所涉及的专利、专利申请信息，标准的制定者也

---

[1] 王学先，等．技术标准中必要专利的认定［J］．学术论坛，2011（10）：40-45.

[2] 马海生．技术标准中的“必要专利”问题研究［J］．知识产权，2009（2）：35-40.

不能找到替代性的技术方案，因此难以避免将专利写入标准中。按照标准的表述原则，条款中应记述所达到的功能和效果，可能存在替代技术的方案不能作为标准中的规范性条款，这些原则的目的都是避免排除竞争。

由于标准更新、技术的变化，使得对必要专利的判断基准产生变化。因此，在采用“技术因素”判断时，选取的判断时间点是技术标准颁布时还是技术标准执行时也会对认定结果产生一定的影响。目前，欧洲电信标准协会（ETSI）采用“标准制定时”；IEEE标准协会（IEEE-SA）采用“标准被通过时”；《DVB MHP的专利许可协议》采用“标准执行时”。

2. 商业因素

商业因素是指除专利技术外，存在其他技术用来实施标准，但是该技术与专利技术相比存在成本过高的问题，从而导致该技术在商业上不可行。成本过高的可替代性技术意味着虽然该替代性技术可以满足标准的要求但在商业上不现实。在具有规模经济效应或收益递增效应的社会生产过程中，市场上的经营者都不得不追随“主流”，因为抛开已经确立的、构成系统外部效应的现有技术环境，成本会很高，风险会很大。商业因素对专利必要性的影响往往是不以标准制定者意志为转移的。[1]

商业上的因素是否可以作为认定必要专利的决定因素之一，各标准化组织的政策是有差异的。例如，IEEE（美国电气电子工程师协会）规定构成必要专利必须要满足没有任何商业和技术上可行的非侵权替代技术；而ETSI（欧洲电信标准协会）则规定“必要性”是基于技术（而不是商业）的理由，并考虑到正常的技术实践和标准化时的技术发展水平来判断。当面对可替代性技术（或存在可能性）时，专利权人通常希望自己的专利被写入标准。

3. 法律因素[2]

专利保护有严格的地域限制。一个国家的专利局依照本国的专利法所授予的专利权，只在本国法律管辖范围内有效，在其他国家或地区是无效的。法律对专利的保护也是有时间限制的，一旦期限届满，专利权人即失去了该权利，这项发明自然地成为公有技术。因此，超出专利保护地域或者保护期限的专利不能被认定为技术标准的必要专利。

不同国家/地区的法律对专利权内容的规定存在一定区别。如日本专利法规定，产品专利权的内容包括制造、转让、出租、进口专利产品，为转让、出租而提供仅限于制造专利产品所使用的物等；澳大利亚专利法规定的产品专利权的内容包括制造、销售、出租或者其他处置专利产品的行为或为以上行为而许诺，或使用该产品，或进口该产品，或为上述活动而保管专利产品等。而根据我国专利法的规定，产品专利权的

[1] 也有的人认为必要专利权利要求不宜采用“商业因素”作为判断依据。由于对“商业上可行”的判断存在一定的模糊性，在实践中将“商业因素”作为判断依据会增加标准制定组织的工作难度。

[2] 法律因素是指该专利的权利要求是否有效。

内容包括制造、使用、销售、许诺销售、进口专利产品。在不同国家/地区，就“出租”技术标准产品的行为而言，是否构成侵犯他人专利权的情况也各不相同。因此，对于技术标准中必要专利认定的问题，专利的必要性、有效性、不同国家或地区的专利法对专利权内容的差别性都要考虑。

四、专利与标准的对应方法

专利与标准的对应关系判断流程如图 6-1-1 所示。

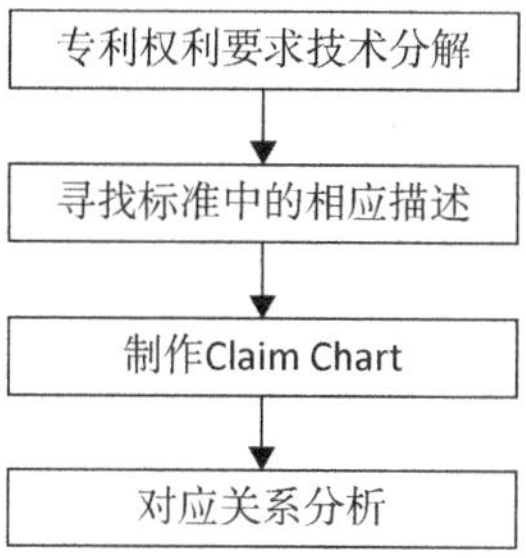

图 6-1-1 专利与标准的对应关系判断流程

1. 专利权利要求技术分解

技术方案是对要解决的技术问题所采取的利用了自然规律的技术手段的集合，技术手段通常是由技术特征来体现的。对于产品类权利要求，可以按照产品的部件特征和连接关系来分解技术特征；对于方法权利要求，可以按照步骤进行技术特征的分解。

2. 寻找标准中的相应描述

根据权利要求中分解的技术特征，分别在标准文本中寻找完全对应的描述；没有完全对应的描述时，是否有最相接近的描述或者隐含的可以推导或唯一确定出的描述；有无相关描述或其他标准的对应描述。

3. 制作技术特征对比表

判断标准中描述的方案是否落入某专利权（或权利要求）的保护范围，应当分析权利人主张的某一权利要求所记载的全部技术特征，并以某一权利要求中记载的全部技术特征与标准中描述的技术方案进行逐一比对。这时就需要制作权利要求的技术特征与标准描述方案的对应表（Claim Chart，CC）。

4. 对应关系分析

权利要求的技术特征与标准描述方案技术特征的对应通常只有四种情形。

（1）对应关系相同。当出现以下情形时应视为对应关系相同：当两者文字描述完全相同；文字描述虽然字面不同，但实质含义相同；权利要求的技术特征属于标准中描述内容的上位概括。

（2）对应关系等同。两者描述不同，但实质上属于或应视为等同手段的替换。❶

（3）对应关系隐含公开。专利权利要求中的技术特征在标准中没有明确描述，但可以从标准的上下文中或其他相关标准中必然得出或推导出。

（4）对应关系不同。当权利要求的技术特征与标准内容描述既不相同，也不等同，也不属于隐含公开在标准文本中。

【案例 6-1-1】专利与标准对应关系分析案例

专利技术方案：一种手机，包括感测器，设于手机的受话部一侧表面上，当使用者皮肤接触或接近该感测器时，所述感测器传送一触发信号至控制电路；控制电路，接收来自感测器的触发信号，控制该手机的背光灯泡为关闭状态。

技术特征分解：在该技术方案中构成手机的各个元件，比如感测器、控制电路、背光灯泡、控制电路及其相应功能是技术特征，各个元件之间的相互连接关系也是技术特征，它们之间有机地结合构成了技术方案。

标准描述的不同技术方案与专利技术方案的特征对比，可出现以下情形的对应关系。

（1）专利权利要求中的技术特征与标准描述的内容一一对应，见表 6-1-2。

表 6-1-2　专利权利要求中的技术特征与标准描述技术特征一一对应

权利要求技术特征	标准中的描述	对应关系
一种手机	一种手机	对应
感测器，设于手机的受话部一侧表面上，当使用者皮肤接触或接近该感测器时，所述感测器传送一触发信号至控制电路	感测器，设于手机的受话部一侧表面上，当使用者皮肤接触或接近该感测器时，所述感测器传送一触发信号至控制电路	对应
控制电路，接收来自感测器的触发信号，控制该手机的背光灯泡为关闭状态	控制电路，接收来自感测器的触发信号，控制该手机的背光灯泡为关闭状态	对应

（2）标准描述的内容多于专利权利要求中的技术特征，见表 6-1-3。相对于标准来说，当专利的方案上位于该标准时是概括的必要专利，此时专利的方案不是直接被标准使用，而是出现了新特征。但是无论出现了哪些新的特征，其都被一项基础性的专利中有效的特征所概括。

---

❶ 《最高人民法院关于审理专利纠纷案件适用法律若干问题的规定》第 17 条第 2 款规定："等同特征，是指与所记载的技术特征以基本相同的手段，实现基本相同的功能，达到基本相同的效果，并且本领域的普通技术人员在被诉侵权行为时无需经过创造性劳动就能够联想到的特征。"基本相同的手段包括产品部件的简单移位、方法步骤顺序的简单变换和专利必要技术特征的简单的替换、分解、合并等。

表 6-1-3　标准中描述的内容多于专利权利要求中的技术特征

权利要求技术特征	标准中的描述	对应关系
一种手机	一种手机	对应
感测器，设于手机的受话部一侧表面上，当使用者皮肤接触或接近该感测器时，所述感测器传送一触发信号至控制电路	静电感测器，设于手机的受话部一侧表面上，当使用者皮肤接触或接近该感测器时，所述感测器传送一触发信号至控制电路	对应
控制电路，接收来自感测器的触发信号，控制该手机的背光灯泡为关闭状态	控制电路，接收来自静电感测器的触发信号，控制该手机的背光灯泡为关闭状态	对应

（3）标准中缺少专利权利要求中全部或部分技术特征的相应描述，见表 6-1-4。

表 6-1-4　标准中缺少专利权利要求中全部或部分技术特征的相应描述

权利要求技术特征	标准中的描述	对应关系
一种手机	一种手机	对应
感测器，设于手机的受话部一侧表面上，当使用者皮肤接触或接近该感测器时，所述感测器传送一触发信号至控制电路	感测器，设于手机的受话部一侧表面上，当使用者皮肤接触或接近该感测器时，所述感测器传送一触发信号至控制电路	对应
控制电路，接收来自感测器的触发信号，控制该手机的背光灯泡为关闭状态		不对应

除上述比较典型的对应关系外，还存在修改后可对应的情况。如对专利文件进行专利法允许的修改后，可实现修改后的权利要求的技术特征与标准描述方案技术特征的对应。

第二节　围绕标准的专利布局基本策略

在围绕标准进行专利布局时，通常需要加入相关标准组织并持续地参与，每个标准组织通常都会有其相应的知识产权政策，虽然其知识产权政策不尽相同，但通常都包含专利信息披露和许可制度两个方面，信息披露主要内容包括是否需要进行信息披露、信息披露的范围和时机，鼓励性披露还是强制性披露，不履行披露的后果；许可制度主要内容包括可选或必选的许可的方式，例如 FRAND 的收费许可、FRAND 的免费许可、不同意许可等，这个是非常重要的，一定要先研究清楚。因为它很大程度上决定了你在此标准中布局的专利最终是否能发挥作用给你带来价值，例如如果标准组织要求 FRAND 的免费许可，那么在此标准中布局专利能发挥的作用就会大打折扣，如果专利权人拒绝作出许可承诺，此项专利技术将可能会从标准中被剔除。表 6-2-1 就是一些主要的国际标准组织的知识产权政策统计（数据源自中国知识产权局网站《国际标准化组织知识产权政策及我国借鉴》），可以看出基本都规定了披露义务，有的披露义务是强制性的，有的是鼓励性的；许可条款上也不尽相同。

表 6-2-1　一些主要的国际标准组织的知识产权政策统计

标准化组织	知识产权范围	有无披露义务/性质	披露时间	许可条款
ITU/ISO/IEC	ITU：专利；IEC/ISO：专利、商标和版权	有/鼓励性	从一开始	RAND 或 RF
IEEE	专利	有/鼓励性	标准批准前	RAND，RF，NA（可选）公开最大费率
HTSI	专利	有/强制性	及时	FRAND，即使专利人拒绝许可也可能采纳
CEN/CENLFC	专利	有/参与：强制性；未参与：鼓励性	从一开始	RAND（所有使用者）或 RF
ANSI	专利	有/鼓励性	及时	RAND 或 RF
BSI	专利	有/鼓励性	及时	将权利许可给用户，英国专利局解决术语的争议

专利与标准结合的方式一般表现为三种：一是标准必要专利，是指标准规定的技术方案在专利保护范围之内；二是标准实现类专利，是指标准没有明确规定技术方案，但标准实施时通常只能通过该专利方案来实现；三是标准商业实现类专利，是指标准实施可能有多种方案，但专利方案是商业上可行或较优的方案。

企业运用专利参与标准化工作的目标是尽可能通过产品开发与标准研究相结合实现“专利标准化”。但应注意到，随着标准和知识产权政策的发展，这项工作的难度正在不断增大，因为某些行业对于专利能否嵌入标准保持警惕和审慎的态度。所以，专利和标准融合除了要考虑走“专利标准化”之路以外，还要研究“标准专利化”，也就是围绕现有标准做专利布局。

事实上，多数情况下，企业首先要做的是“标准专利化”，通过研究和分析已有标准，寻找可能的专利布局方向。随着标准的不断发展，这些专利有可能为企业参与已有标准修订甚至新标准制定创造条件，也有可能增强企业在参与标准相关工作中的话语权甚至主导权。

一、围绕已有标准的专利布局

围绕已有标准进行专利布局也就是上文提及的“标准专利化”，简单地说就是围绕标准尽可能多、尽可能有效地布局一定量的专利。需要考虑的因素包括以下三个方面。

（1）需求引领。在外部标准化活动中，使用各种手段引导标准的发展，重点在于需求方面的引导，一旦标准化组织有可能获得这种引导所产生的惯性，就积极组织专利策划，迅速完成专利布局，搞上一个“口袋阵”。

（2）补全标准。针对标准中的“空洞”，即那些可能涉及专利，因此没有人愿意在标准中把这件事情说清楚的那些方面，不是盲目地提建议，而是在知识产权方面做文章，用自有专利把这些“空洞”填平。

（3）标准关联技术。针对标准中已经明确规定的功能需求，可以针对这些功能需求开展专利布局。例如标准中规定了一种信令的功能需求，就策划一个实现这种信令的硬件装置来申请专利；再例如标准中规定了某个装置应该有某一个性能指标，就策划一个对这个性能指标进行调节的方法或系统。

围绕标准发掘专利不同于围绕产品和技术方案发掘专利。标准通常由各类要素构成，一项标准的要素可分为资料性概述要素、资料性补充要素、规范性一般要素和规范性技术要素。标准中的规范性技术要素是标准的核心内容，也是开展专利布局的基础。

围绕已有标准进行专利布局的基本策略如图 6-2-1 所示。

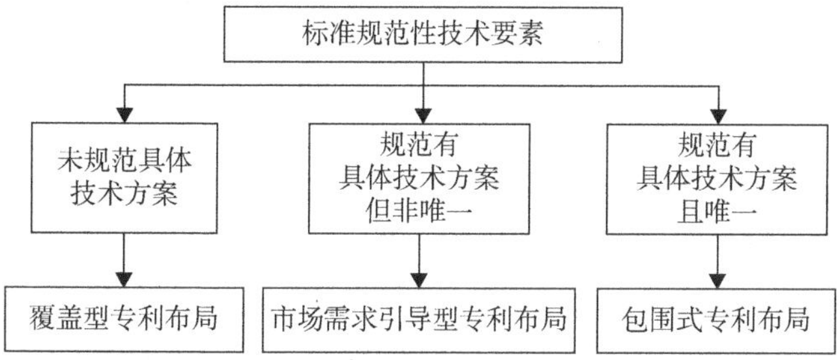

图 6-2-1　围绕已有标准进行专利布局的基本策略

（1）覆盖型专利布局策略。当标准的技术要素未规范具体技术方案时，可以采取“广撒网”的覆盖型专利布局策略，设计或提出尽可能多的技术方案，这些技术方案足以覆盖标准技术要素相关的多种具体技术方案。

（2）市场需求引导型专利布局策略。当标准中规范有比较明确的方案但该方案并非实现该标准的唯一方案时，可以围绕可选的方案发掘标准相关专利，并尽可能地挖掘和布局商业上可行或较有潜力的优化技术方案。

（3）包围式专利布局策略。当标准中规范有比较明确的方案且该方案是实现该标准的唯一方案时，可以围绕该方案布局标准必要专利；如果已存在标准必要专利，则要针对标准必要专利采取外围专利布局策略。

二、围绕已有标准进行专利布局的动态调整

（1）根据标准中技术发展的周期性调整专利布局。结合标准发展状况进行专利布局时，要考虑标准中技术发展的周期性规律，尽量在标准的发展期来进行专利布局，如在下降期进行专利布局将降低专利布局的效率。

例如，以第二代移动通信网络技术标准的典型代表 GSM 为例，在 GSM 标准的创立过程中，标准相关专利随标准创立进程而变化（见图 6-2-2）。其中有 3 项专利申请于标准筹备之前。进入筹备阶段（1982 年~1987 年 1 月），专利数量缓慢上升。在标准制定阶段（1987 年 2 月~1991 年 3 月）除 1989 年有所下降外总体呈上升趋势。进入标准实施阶段（1991 年 4 月以后）专利数量快速提高并在 1999 年达到顶峰，此后呈现下降趋势。

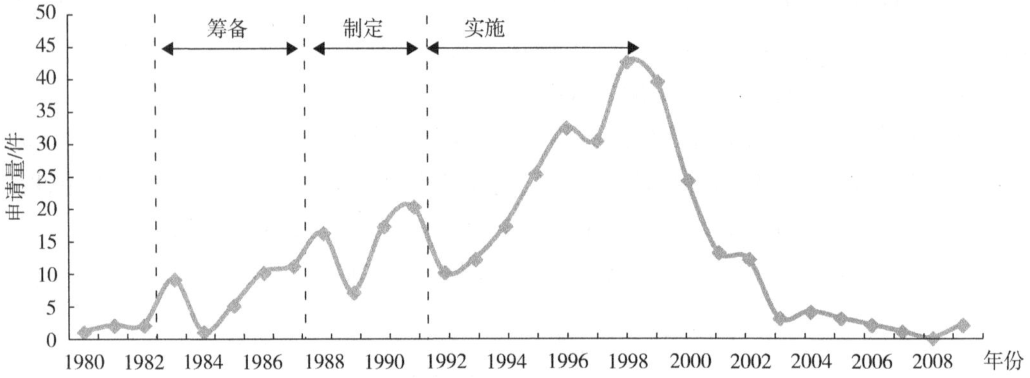

图 6-2-2　GSM 标准涉及的必要专利的时间变化趋势

（2）根据标准中技术发展的继承性优化专利布局。大型技术标准的实施普遍具有代际性特征，应选择有发展潜力的技术方向进行持续的专利布局工作。不同技术水平的企业在标准化实施中会发生技术溢出，在标准制定之初，一般会要求专利权人披露已经发布的以及正在申请中的相关专利的详细内容。另外，标准化产品存在的技术或设计缺陷会在应用中逐渐暴露，为设计和改进提供了技术信息。代内技术溢出必然会在标准和产品上体现出来，通过监测、跟踪标准化技术的演变趋势，在以上研究中可以寻找技术缺口和专利布局时机。

（3）根据标准的地域差异性调整专利布局。专利的分布与目标市场所对应地区的标准化方向要协调一致。技术标准是国际贸易的游戏规则，谁掌握了技术标准的制定权，谁的技术就有可能成为技术标准。国际标准多掌握在少数几个发达国家手中。技术标准的差异化造成了众多的贸易壁垒，[1] 尽管在 WTO 多边贸易体制的推动下，传统贸易保护手段受到诸多限制，但是一些国家为了达到目的，经常在产品的技术标准上

[1] 种栗．专利标准化贸易壁垒的产生及特点［J］．中国标准导报，2012（11）：26-28.

推陈出新。❶

（4）根据标准中技术的差异性调整专利布局。有些差异是由于不同的技术发展路线造成的，在这种情况下需要理清不同技术路线对应的标准的发展方向，并掌握不同技术路线的标准的主导者或主导区域的技术动态，及时研判推动标准发展的关键技术的发展动向，提高企业研发创新的指向性，动态调整现有的专利布局策略和专利布局结构。

例如，以第三代（3G）移动通信为例，目前国际电信联盟标准主要有以下三种：WCDMA、CDMA2000 与 TD-SCDMA。其中，WCDMA 是基于 GSM 网发展出来的 3G 技术规范，是欧洲提出的，它与日本提出的宽带 CDMA 技术基本相同并相互融合。中国移动采用这一方案向 3G 过渡，并将原有的 GSM 网络升级为 GPRS 网络。CDMA2000 是由窄带 CDMA（CDMA IS95）技术发展而来的，由美国主推，中国联通曾采用这一方案向 3G 过渡并建成 CDMA IS95 网络。TD-SCDMA 是由我国大唐电信公司提出的 3G 标准，该标准提出不经过 2.5 代的中间环节直接向 3G 过渡，适用于 GSM 系统向 3G 升级。

三、在推标过程中纳入已有专利

对标准中规定的需求、架构和方案进行研究，把已有专利融合到标准中，一般有“需求写入”“框架写入”和“方案写入”三种类型。“需求写入”相对于专利的方案仅表达一种愿望，“框架写入”一般只涉及一部分权利要求，“方案写入”即权利要求被写入。潜在的必要专利对应于“需求写入”或“框架写入”。图 6-2-3 给出了专利写入标准的三种方式的示意。

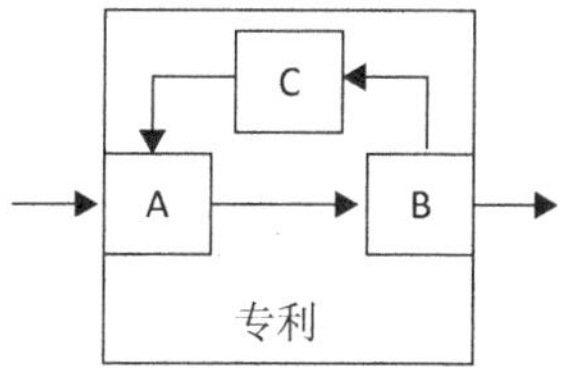

（a）专利限定的技术方案

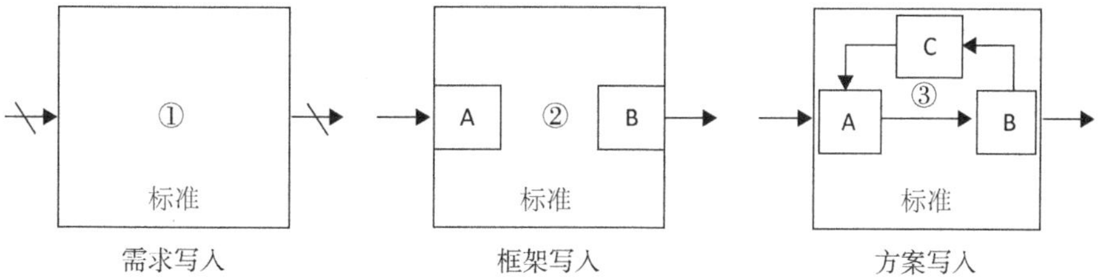

（b）标准描述的技术方案

图 6-2-3　专利写入标准的三种方式示意

图 6-2-3（a）所示为专利限定的技术方案，假设专利的技术方案包括技术特征

❶ 郑成思．世界贸易组织与贸易有关的知识产权［M］．北京：中国人民大学出版社，1996：15-30.

A、B、C；图6-2-3（b）所示为标准描述的技术方案。标准描述的技术方案与专利技术方案进行比对，包括以下三种情况：①需求写入，标准描述的技术方案不包括专利限定的技术特征，仅表达一种愿望；②框架写入，标准描述的技术方案包含专利技术方案中的A和B特征；③方案写入，标准描述的技术方案与专利技术方案的全部技术特征重合。

可见，相对于标准来说，方案等同的专利是狭义的必要专利，无论专利的方案与标准形式等同或实质等同，说明实施标准必然使用该专利的方案。相对于标准来说，需求等同或架构等同的专利是潜在的必要专利。在这些专利中，技术特征一般多于标准中与解决相同技术问题有关的那些特征，因此专利的方案构成了实现标准的可选方案。考虑到这样的标准并不是一个完整的方案，如果实现方案存在较多技术路线的时候，很难确认其中某一项专利是否是必要专利。专利的“必要性”则该由相互有竞争关系的多项专利的集合来维持。

四、在推标过程中布局新的标准必要专利

（1）标准的制定过程。如图6-2-4所示，标准的制定包括预研、立项、起草、征求意见、审查、批准和出版等几个阶段。标准化人员前期对准备立项的提案技术进行研究及必要的论证，并在此基础上提出新的工作项目建议，包括标准提案或标准大纲（如标准的范围、结构及其相互关系等）。

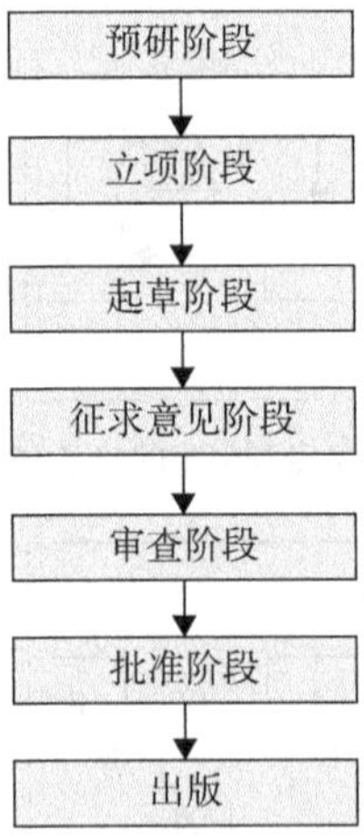

图6-2-4 国内标准的制定过程

预研阶段，标准化技术委员会对收到的新工作项目建议进行审查，审查通过后会将新工作项目建议上报。

立项阶段，国务院标准化行政主管部门对新工作项目建议进行审查、汇总、协调、确定，直至下达《国家标准制、修订项目计划》完成立项。

起草阶段，标准起草单位组织标准起草工作，完成标准草案征求意见稿。

征求意见阶段，将标准征求意见稿和编制说明刊登在网站上公开征求各方意见，整理出《标准征求意见汇总处理表》，对有关意见的处理情况说明理由。对标准征求意见稿进行重大修改后，将再次征求意见。在广泛征求意见并对反馈意见做出处理和协调的基础上编制标准草案送审稿。

审查阶段，对标准草案送审稿组织会议审查或函审，协商一致形成标准草案报批稿。如果标准草案送审稿未被通过，则对标准草案送审稿进行必要修改，对修改后的标准草案送审稿再次审查。

批准阶段，主管部门对标准草案报批稿进行程序、技术审核，不符合要求的将被退回，限时解决问题后再行审核。国家标准技术审查机构对标准草案报批稿进行技术审查，在此基础上对报批稿完成必要的协调和完善。若报批稿中存在重大技术方面的问题或协调方面的问题，将退回报批稿，限时解决问题后再行报批。

标准草案报批稿被批准后，被正式发布为国家标准，并出版发行。

（2）推标过程中的专利布局工作。标准制定和修订的阶段分为标准酝酿阶段、标准草案阶段、标准审查和批准阶段，每个阶段的专利布局策略各有侧重。

专利人员结合标准制定的各阶段开展专利发掘布局的工作，见表 6-2-2。

表 6-2-2　推标过程不同阶段的专利布局工作内容

阶　段	工 作 内 容
方案论证	了解项目技术背景及要解决的问题，围绕各项关键技术检索国内外专利；风险预警和规避设计
提案准备	围绕标准提案发掘专利，布置临时申请
起草	围绕征求意见稿发掘专利组合，制定专利申请策略，布置临时申请
征求意见	每次修改征求意见稿后调整相关临时申请和/或布置新的临时申请
审查	修改送审稿后，调整相关临时申请和/或布置新的临时申请
批准	确定最终的专利组合范围和每件专利申请文件的保护范围，布置正式申请

标准酝酿阶段，行业标准化人员应与知识产权工作人员共同研究行业标准化组织的提案和计划并制订配套的专利申请计划。在国内，标准化组织通常有一个正式的论证过程；在国际上，标准化组织需要根据技术标准化的发展趋势进行判断，一些标准化组织的成员根据自身的技术优势形成舆论和主张，相关标准化组织成员的主张得到该组织的支持，就可以启动该项标准的制定工作。

草案阶段，标准制定人员确定标准中相关技术要素并和知识产权工作人员共同确定专利部署策略，寻求本企业专利技术方案可融入标准的机会点。注意：按照新颖性的要求，只有在提交专利申请后，本企业的技术主张才可以在标准化组织公开。

修订阶段，参与标准化人员应和知识产权人员及时沟通，将标准草案可能发生的变化反映到在途的专利申请文件修改程序中，或者提交新的专利申请。

标准批准阶段，也需要注意跟踪待生效的标准文献是否发生改变。

为做好专利的发掘布局工作，从前期准备到标准制定过程中，标准化人员与专利人员始终需要密切配合。下面以征求意见阶段为例，说明标准化人员和专利人员之间的工作配合流程，如图6-2-5所示。

除征求意见阶段外，在标准制定过程中每一阶段标准草案的技术方案发生修改变化后，都需要专利人员及时了解跟进。如果修改后的技术方案未被之前的专利申请保护，则需要及时布置新的专利申请。实施专利布局的关键是积极参与标准制定和修改，包括国际标准、国家标准、行业标准和目标客户企业标准等，利用制定技术规则的机会在标准中嵌入专利。

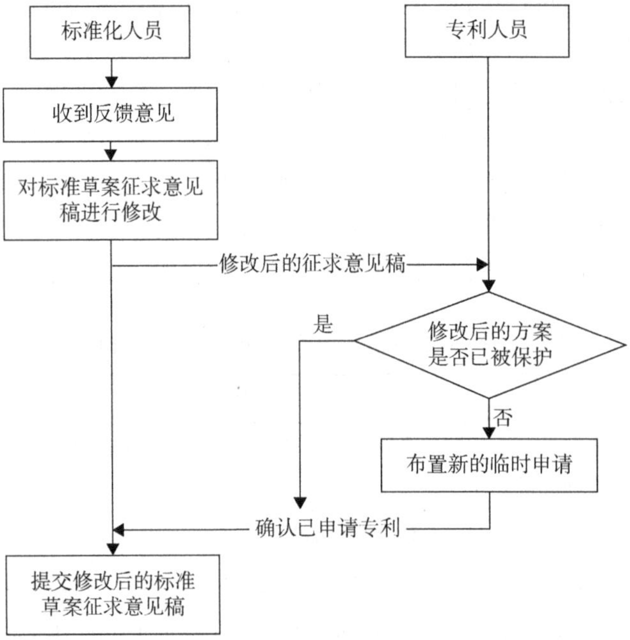

图6-2-5 推标过程中专利申请工作流程

第三节 典型案例分析

一、标准中功能性技术要素的专利布局

【案例6-3-1】电动汽车供电设备可用负载电流实时调节标准规范中功能技术要素的专利布局

标准中的规范性技术要素是标准的核心内容，也是开展专利发掘布局的基础。但是，一些规范性技术要素中对于产品、过程或服务的要求，往往会从性能特性的角度来表达，而不会从方案设计和描述特性来表达，如图6-3-1中的5.2.2.2的技术要素所示。这种情况

下，由于标准并未规范具体的技术方案，因此基本无法发掘标准相关专利。但可以尽可能多地设计并提出能够满足该要求的各种技术方案，进行围墙式专利布局，为今后标准的复审修订做准备。

5.2.2.1　充电过程中的通风要求

若在充电过程中需要额外通风，则需由固定设施(如，建筑物)进行通风，否则供电设备不能供电。

注：本要求主要针对室内充电。

5.2.2.2　电动汽车供电设备可用负载电流实时调节

可通过某种方式保证充电电流不超过电动汽车供电设备及交流或直流电网实时可用负载电流。

5.2.2.3　车辆插头和/或供电插头的连接

提供锁止机构来保证车辆插头和/或供电插头的可靠连接。供电设备额定电流小于或等于16 A该功能为可选，大于16 A该功能为必选。

5.2.2.4　避免意外带电切断

采用具有锁止功能的装置或其他措施避免意外带电断开。

图 6-3-1　某标准中技术规范要求示例❶

以电动汽车供电设备可用负载电流实时调节为例，可以考虑从多个方面开展专利布局。一种可选的专利布局示例如图 6-3-2 所示。

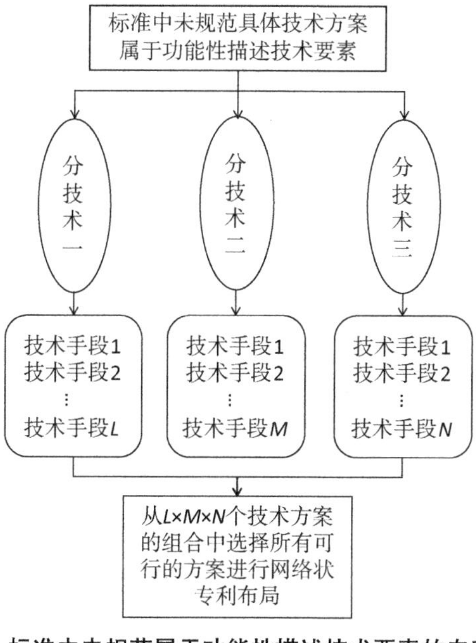

图 6-3-2　标准中未规范属于功能性描述技术要素的专利布局示例

❶ 参见：GB/T 18487.1—2015《电动汽车传导充电系统第1部分：通用要求》。

布局的分项技术的组合包括电流实时检测、电流预测以及电流调节控制等，每个分项技术又可以分为多个解决相同技术问题的技术手段，围绕这些多个组合的技术手段可以布局多种实施方案的专利（见图6-3-3）。

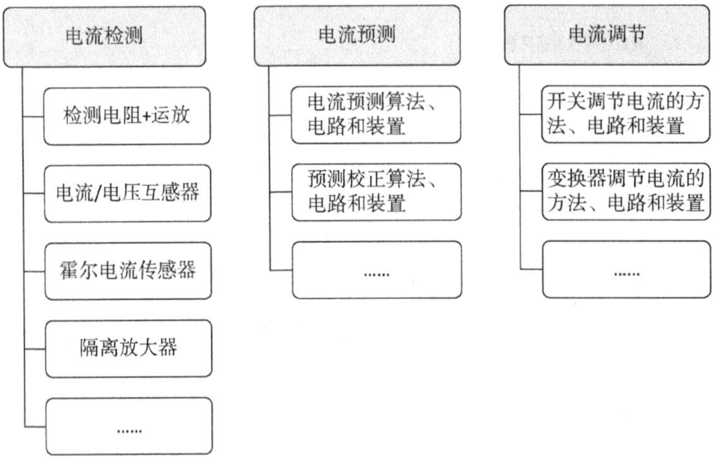

图 6-3-3 可以围绕多个实施方案进行网状专利布局示例

二、标准技术要素中技术方案不唯一的专利布局

【案例6-3-2】GB 15629.1102—2003标准规范中多个技术方案的专利布局

当标准中规范有比较明确的方案但该方案并非是实现该标准的唯一方案时（见图6-3-4有三种方法），可以围绕可选的方案发掘标准相关专利。

6.4.8.4 CCA

高速PHY应按照下列三种方法中的至少一种提供执行CCA的能力：

——CCA模式一：能量高于阈值。检测到任何高于ED阈值的能量，CCA应报告媒体为忙。

——CCA模式四：有定时器的载波侦听。CCA应启动一个定时器，它的持续时间是3.65 ms，并且只有当检测到高速PHY信号时才报告媒体为忙。在定时器超时之后并且没有检测到高速PHY信号，则CCA应报告媒体为空闲。3.65 ms超时是速率为5.5 Mbit/s时PSDU的最长持续时间。

——CCA模式五：载波侦听和能量高于阈值的结合。至少当天线上接收到能量高于ED阈值的高速率PPDU时，CCA应报告媒体为忙。

能量检测状态应由PMD的原语PMD_ED给定，载波侦听状态由PMD_CS给定。PMD_ED和PMD_CS的状态应被用于PLCP会聚过程以通过PHY接口原语PHY-CCA.indicate向MAC指示活动性。

忙信道应通过BUSY类别的原语PHY-CCA.indicate指示，空闲信道通过“IDLE”类别的原语PHY-CCA.indicate指示。

PHY MIB属性dot11CCAModeSupport应指示一个合适的操作模式。PHY应通过PHY MIB属性dot11CurrentCCAMode来配置。

图 6-3-4 某标准中技术规范要求示例❶

---

❶ GB 15629.1102—2003《信息技术 系统间远程通信和信息交换局域网和城域网 特定要求 第11部分：无线局域网媒体访问控制和物理层规范：2.4GHz频段较高速物理层扩展规范》。

围绕图 6-3-4 所示的相关标准规范开展的一种可选专利布局示例如图 6-3-5 所示。

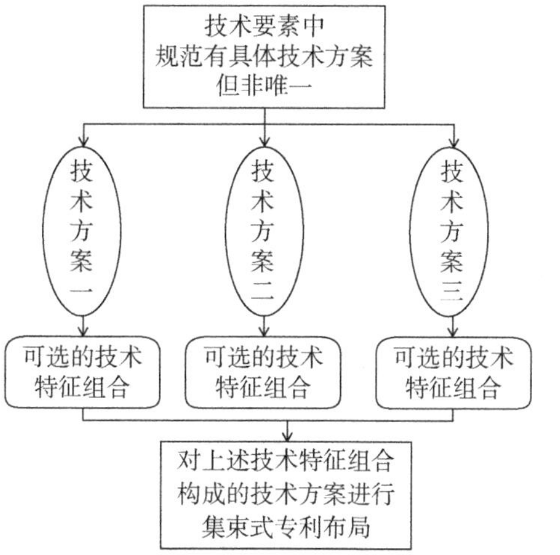

图 6-3-5　标准中规范有具体技术方案但非唯一的专利布局示例

可按照图 6-3-4 所示的相关标准规范在 CCA 模式一、CCA 模式四、CCA 模式五等技术点上布局专利（见表 6-3-1），以形成集束式的专利布局，形成一道实施该标准必须使用的“专利围墙”。

表 6-3-1　围绕标准规范的非唯一技术点进行专利布局的示例

专利布局点	标准技术规范	专利保护范围可选示例
CCA 模式一	能量高于阈值	特征 1：检测各种能量； 特征 2：与 ED 阈值比较； 特征 3：有高于 ED 阈值的能量时报告媒体为忙
CCA 模式四	有定时器的载波侦听	特征 1：启动定时器； 特征 2：在定时器的持续时间内检测高速 PHY 信号； 特征 3：检测到则报告媒体为忙，否则报告媒体为空闲
CCA 模式五	载波侦听和能量高于阈值的结合	特征 1：检测天线上接收的高速率 PPDU 的能量； 特征 2：与 ED 阈值比较； 特征 3：能量高于 ED 阈值时报告媒体为忙

表 6-3-1 所示的标准虽然规范要求使用三种方法中的至少一种，但每种方法都是可被其他方法所替代的，并不必然被执行。这种情况下，对于每种方法所布局申请的标准相关专利并非真正意义上的标准必要专利。

三、标准技术要素中技术方案唯一的专利布局

【案例6-3-3】GB 15629.1102—2003标准规范中技术方案唯一的专利布局

当标准中规范有比较明确的方案且该方案是实现该标准的唯一方案时（见图6-3-6），可以围绕该唯一的技术方案布局申请标准必要专利。

7.1 MAC帧格式

每个帧均由下述基本组成部分构成：

a) MAC头，它包含帧控制、持续时间、地址及序列控制信息；

b) 可变长度的帧体，它包含基于帧类型的特定信息；

c) 帧检验序列(FCS)，它包含IEEE 32比特循环冗余码(CRC)。

图6-3-6 某标准中技术规范要求示例❶

图6-3-6所示的标准明确规范一种媒体访问控制（Medium Access Control，MAC）帧格式，可以围绕该MAC帧格式发掘申请标准必要专利，如图6-3-7所示。

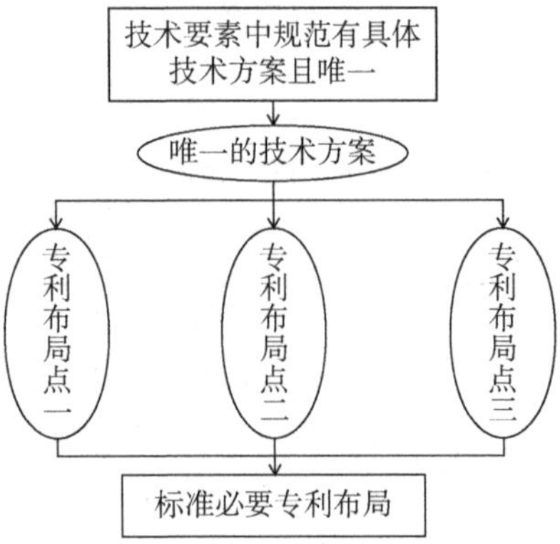

图6-3-7 标准规范有具体技术方案且唯一的专利布局示例

根据图6-3-7所示的专利布局示例，可围绕MAC头、帧体、帧检验序列等作为标准必要专利的布局点，其具体的专利保护范围见表6-3-2。

---

❶ GB 15629.1102—2003《信息技术 系统间远程通信和信息交换局域网和城域网 特定要求 第11部分：无线局域网媒体访问控制和物理层规范：2.4GHz频段较高速物理层扩展规范》。

表 6-3-2 标准必要专利的可选布局示例

专利布局点	专利保护范围可选示例
MAC 头	特征 1：MAC 帧由 MAC 头、帧体和帧检验序列构成； 特征 2：MAC 头包含帧控制，MAC 头包含持续时间、地址、序列控制信息
帧体	特征 1：MAC 帧由 MAC 头、帧体和帧检验序列构成； 特征 2：帧体长度可变； 特征 3：帧体包含基于帧类型的特定信息
帧检验序列	特征 1：MAC 帧由 MAC 头、帧体和帧检验序列构成； 特征 2：帧检验序列包含 IEEE32 比特循环冗余码（CRC）

四、专利申请在纳标中依据审查意见的专利布局

【案例 6-3-4】爱立信针对 3GPP TS 36. 212 v800 标准依据审查意见的专利布局

首先为技术方案申请专利保护，其次将已申请过专利的技术方案作为标准提案递交到标准组织，并推动标准组织接纳该技术方案为标准技术方案，最后获得该技术方案的专利授权，这是获得标准必要专利的一种重要途径。

2006 年 11 月，爱立信（Ericsson）申请了一项美国临时申请，针对未来即将发布的 3GPP TS 36. 212 中关于编码器内交织器的参数设置方式，意图为多种潜在的标准相关技术方案提供专利保护。

随后的标准化过程中，在提案递交阶段，Ericsson 坚持将提案的技术方案包含在该临时申请的实施例公开范围之中，临时申请为提案讨论过程提供了强有力的支撑。

2007 年 9 月，3GPP TS 36. 212 v800 正式发布，其中部分规定如图 6-3-8 所示，这部分内容定义了编码器内交织器的参数设置。

5.1.3.2.3 Turbo code internal interleaver

The bits input to the turbo code internal interleaver are denoted by $c_0, c_1, \ldots, c_{K-1}$, where K is the number of input bits. The bits output from the turbo code internal interleaver are denoted by $c'_0, c'_1, \ldots, c'_{K-1}$.

The relationship between the input and output bits is as follows:

$$c'_i = c_{\Pi(i)},\ i=0,1,\ldots,(K-1)$$

where the relationship between the output index i and the input index $\Pi(i)$ satisfies the following quadratic form:

$$\Pi(i) = \left(f_1 \cdot i + f_2 \cdot i^2\right) \bmod K$$

The parameters f_1 and f_2 depend on the block size K and are summarized in Table 5.1.3-3.

Table 5.1.3-3. Turbo code internal interleaver parameters

i	K_i	f_1	f_2	i	K_i	f_1	f_2	i	K_i	f_1	f_2	i	K_i	f_1	f_2
1	40	3	10	48	416	25	52	95	1120	67	140	142	3200	111	240
2	48	7	12	49	424	51	106	96	1152	35	72	143	3264	443	204
3	56	19	42	50	432	47	72	97	1184	19	74	144	3328	51	104
4	64	7	16	51	440	91	110	98	1216	39	76	145	3392	51	212
5	72	7	18	52	448	29	168	99	1248	19	78	146	3456	451	192
6	80	11	20	53	456	29	114	100	1280	199	240	147	3520	257	220
7	88	5	22	54	464	247	58	101	1312	21	82	148	3584	57	336
8	96	11	24	55	472	29	118	102	1344	211	252	149	3648	313	228
9	104	7	26	56	480	89	180	103	1376	21	86	150	3712	271	232
10	112	41	84	57	488	91	122	104	1408	43	88	151	3776	179	236
11	120	103	90	58	496	157	62	105	1440	149	60	152	3840	331	120

图 6-3-8　3GPP TS 36.212 v800 标准的部分内容❶

2007年11月，在临时申请12个月期限即将届满，标准文本已定版发布之时，Ericsson基于临时申请的优先权，提交了专利申请，专利申请的说明书公开了与标准定版技术方案相关的实施例，其独立权利要求按照标准文本类似的表述方式进行了撰写，见图6-3-9。

What is claimed is:

1. An apparatus comprising:

a quadratic permutation polynomial (QPP) interleaver configured to map values in an input sequence to corresponding values in an output sequence,

wherein the nth value in said output sequence is determined according to the QPP function Π(n)=f₁n+f₂n₂ mod K, where Π(n) is the input index of a corresponding value in the input sequence, f₁ and f₂ are QPP coefficients, and K is the block length of the input sequence, and

wherein the block length K and QPP coefficients f₁ and f₂ comprise one of the QPP parameter sets listed in Table 5.

图 6-3-9　Ericsson 基于 3GPP TS 36.212 v800 标准的专利权利要求❷

其中，独立权利要求中所要求保护的图6-3-8中表5.1.3-3的部分内容如图6-3-10所示。

❶ 3GPP TS 36.212 v800 Multiplexing and channel coding [S].

❷ 见美国专利 US2008115034A1。

TABLE 5

QPP Parameters for Turbo Coding

Block Length (K)	QPP Coefficient (f_1)	QPP Coefficient (f_2)	Preferred Parallelization Orders to 32
64	7	16	1, 2, 4, 8, 16, 32
96	11	24	1, 2, 3, 4, 6, 8, 12, 16, 24, 32
136	9	34	1, 2, 4, 8, 17
152	9	38	1, 2, 4, 8, 19
176	21	44	1, 2, 4, 8, 11, 16, 22
200	13	50	1, 2, 4, 5, 8, 10, 20, 25
216	11	36	1, 2, 3, 4, 6, 8, 9, 12, 18, 24, 27
224	27	56	1, 2, 4, 7, 8, 14, 16, 28, 32
240	29	60	1, 2, 3, 4, 5, 6, 8, 10, 12, 15, 16, 20, 24, 30
296	19	74	1, 2, 4, 8
312	19	78	1, 2, 3, 4, 6, 8, 12, 13, 24, 26
328	21	82	1, 2, 4, 8
352	21	44	1, 2, 4, 8, 11, 16, 22, 32
384	23	48	1, 2, 4, 6, 8, 12, 16, 24, 32
416	25	52	1, 2, 4, 8, 13, 16, 26, 32
432	47	72	1, 2, 3, 4, 6, 8, 9, 12, 16, 18, 24, 27
456	29	114	1, 2, 3, 4, 6, 8, 12, 19, 24
472	29	118	1, 2, 4, 8
504	55	84	1, 2, 3, 4, 6, 7, 8, 9, 12, 14, 18, 21, 24, 28
528	17	66	1, 2, 3, 4, 6, 8, 11, 12, 16, 22, 24
576	65	96	1, 2, 3, 4, 6, 8, 9, 12, 16, 18, 24, 32
592	19	74	1, 2, 4, 8, 16
608	37	76	1, 2, 4, 8, 16, 19, 32

图 6-3-10　对应标准的专利权利要求保护参数范围

仔细对照即可发现，图 6-3-10 中所列出的参数完全包含在标准中的表 5.1.3-3 中。因此，Ericsson 申请的是一项标准必要专利。

在专利审查过程中，审查员通过检索发现，图 6-3-10 中的部分参数被对比文件公开，因而要求申请人进行修改。修改后的专利申请于 2012 年 8 月获得授权，独立权利要求如图 6-3-11 所示。

What is claimed is:
1. An apparatus comprising:
a quadratic permutation polynomial (QPP) interleaver to map values in an input sequence to corresponding values in an output sequence;
wherein, for an input sequence having a block length of sixty-four (64), the nth value in said output sequence is determined according to the QPP function $\Pi(n)=7n+16n^2$ mod 64, where $\Pi(n)$ is the input index of a corresponding value in the input sequence.

图 6-3-11　依据审查意见修改后对应标准的专利权利要求❶

该专利最终成功地在专利要求中保护了 3GPP TS 36.212 v800 中表 5.1.3-3 中的一

❶ 见美国专利 US8239711B2。

项参数设置，其专利申请在纳标中依据审查意见的布局思路如图6-3-12所示。

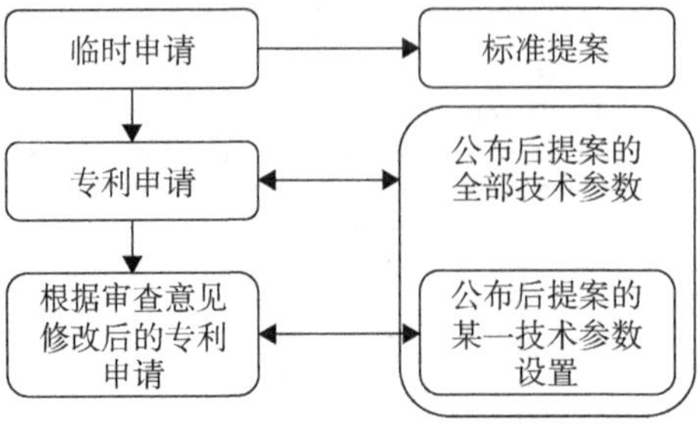

图6-3-12　Ericsson专利申请在纳标中依据审查意见的布局思路

五、标准定版后的专利布局动态维护

【案例6-3-5】IPCOM围绕UMTS领域的标准专利布局动态维护

获得标准必要专利的重点不仅在于推标过程中对标准提案的专利保护，同时，标准定版后通过分案和连续案等方式，不断地调整权利要求保护范围也务必需要得到重视，这样才能够获得更加对应标准、更加稳定的授权专利。

IPCOM vs. Nokia & HTC的系列诉讼案中，IPCOM使用过一项UMTS领域的标准必要专利，其独立权利要求如图6-3-13所示。

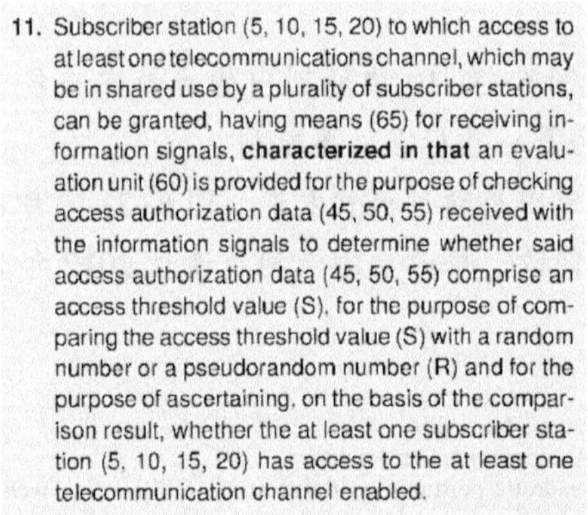

11. Subscriber station (5, 10, 15, 20) to which access to at least one telecommunications channel, which may be in shared use by a plurality of subscriber stations, can be granted, having means (65) for receiving information signals, **characterized in that** an evaluation unit (60) is provided for the purpose of checking access authorization data (45, 50, 55) received with the information signals to determine whether said access authorization data (45, 50, 55) comprise an access threshold value (S), for the purpose of comparing the access threshold value (S) with a random number or a pseudorandom number (R) and for the purpose of ascertaining, on the basis of the comparison result, whether the at least one subscriber station (5, 10, 15, 20) has access to the at least one telecommunication channel enabled.

图6-3-13　IPCOM一项UMTS领域标准必要专利的独立权利要求❶

该独立权利要求的保护范围覆盖了3GPP UMTS关于随机接入授权部分的相关技术标准。与此同时，专利权人IPCOM通过不断分案的方式，一直保持整个专利族中存在至少一件处于审查状态的专利申请，以便根据专利的实际使用情况，在后续过程中对权利要求进行修改。

❶ 见欧洲专利EP1186189B1。

在 IPCOM 的上述诉讼案中，由于该涉诉专利被成功无效，IPCOM 未能赢得诉讼。但随后不久，IPCOM 使用另一件专利重新提起诉讼，其权利要求如图 6-3-14 所示。

1. Mobile station (5, 10, 15, 20) for operation in a UMTS mobile radio network in which mulitple user classes (35, 40) are distinguished,
characterized in that
the mobile station (5, 10, 15, 20) is arranged

- to read a user class (35, 40) from a SIM card (75),
- to receive access threshold value bits (S3, S2, S1, S0) and access class information (Z0, Z1, Z2, Z3) over a broadcast control channel (25),
- to determine an access threshold value (S) from the access threshold value bits (S3, S2, S1, S0),
- to use the access class information (Z0, Z1, Z2, Z3) relevant for the user class (35, 40) to determine whether the mobile station (5, 10, 15, 20) is permitted to access a random access channel, for example RACH, independent of the received access threshold value bits (S3, S2, S1, S0),

or whether the access permission for the random access channel, for example RACH, is determined on the basis of an evaluation of the access threshold value.

图 6-3-14　IPCOM 另一项 UMTS 领域标准必要专利的独立权利要求❶

这一件专利与前述专利来源于相同的优先权文件，对应于 3GPP UMTS 技术标准中相同部分的内容，保护范围稍有差别。

可见，IPCOM 通过分案一直保持至少一件处于审查状态的专利申请，能够动态地根据需要不断产生新的标准必要专利，以打击竞争对手（见图 6-3-15）。通过这样的作业方式，同样的技术方案，可以挖掘衍生出多项授权专利，因而能够在专利的实际使用过程中获得更大的可操作空间。

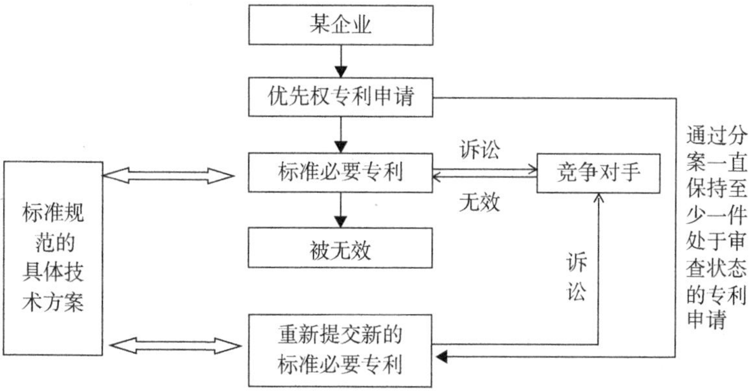

图 6-3-15　标准定版后的专利布局动态维护思路示例

❶ 见欧洲专利 EP1841268B1。

第七章　企业的海外专利布局

本章概述

中资企业的海外交易额逐年大幅提升，已连续数年跃居全球前三。在这可喜的成绩背后，国内企业与国外企业的海外市场竞争日益激烈，海外知识产权纠纷不断出现，尤其是国外同行在商品的主要市场所采取的专利布局使我国企业的产品出口和投资层层受阻，开拓海外市场的难度越来越大。出现这种现象的一个根本原因便是中资企业在海外的专利布局（专利数量和质量）与其经济规模不匹配，不足以支撑其充分应对海外市场的竞争。

在现今知识经济时代，知识产权特别是专利技术的竞争已成为企业乃至国家之间经济竞争的主要内容，如何应对海外知识产权风险已成为我国企业在开拓海外市场时无法避免的关键问题。自国家2008年大力推进知识产权战略以来，国内企业专利意识逐渐增强，采用了短期突击快速积累大量专利、加强重点技术海外布局等专利布局手段。国内发明专利年申请量现已超过美日欧韩总和，海外申请量也已居于前列。但与欧美日等发达国家/地区娴熟运用知识产权规则参与市场竞争的企业相比，国内企业在海外专利布局策略上仍然存在明显差距。

对此，本章将延续前文专利布局整体思路，围绕海外专利布局策略，梳理企业海外专利布局的重点考虑因素，并结合典型案例对策略的体现要点进行说明，以期为企业海外专利事务提供参考。

本章知识脉络

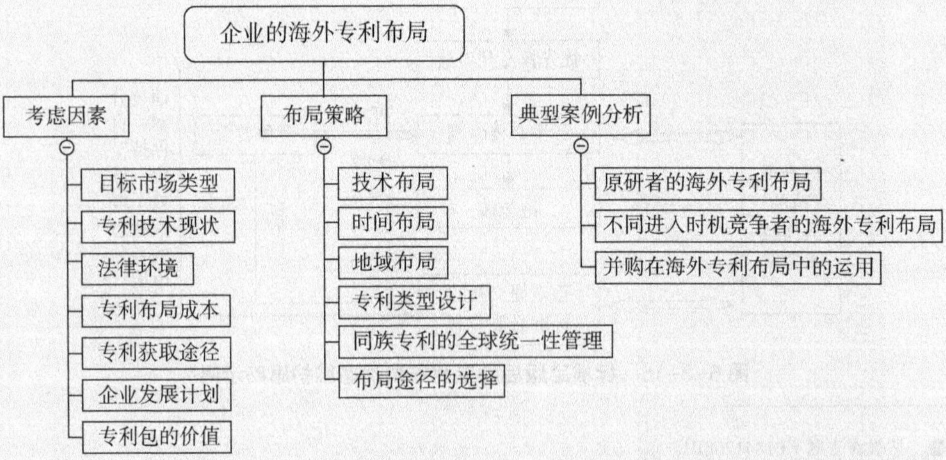

第一节　企业进行海外专利布局需要考虑的因素

专利布局的价值体现在保护创新、开拓和主导市场、提升竞争力和影响力、提高整体价值等诸多方面，以最大化实现商业价值为最终目的，其实施应具有前瞻性、针对性和规划性，且与行业技术特点、公司整体战略、企业实力和制度相匹配。

一般而言，海外专利布局流程可概述为以下四个步骤：[1] ①根据企业海外经营战略，确定专利布局目的和方向；②审视专利布局的内外环境；③制定专利布局规划；④有策略地获取符合要求的专利。

与国内专利布局不同，海外专利布局需要考虑的因素更为复杂全面。其中，目标市场类型、专利技术现状、法律环境、自身资源以及专利获取途径是影响海外专利布局策略能否实现既定目标的关键因素（见图 7-1-1）。

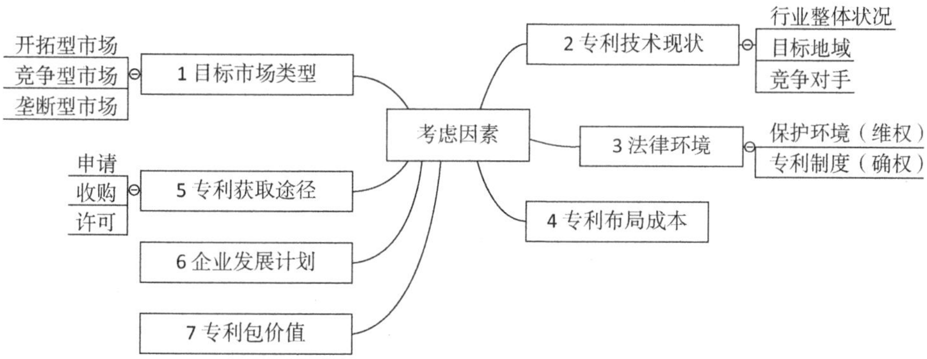

图 7-1-1　海外专利布局的主要考虑因素

一、目标市场类型

根据产品的市场成熟度，目标市场大致可划分为开拓型、竞争型和垄断型三类。它们具有不同的竞争情况以及专利授权和保护环境。企业应找准专利布局的规划重点，结合自身技术实力和特点，根据市场类型采取对象清晰、目标明确、策略得当的针对性专利布局行为（见表 7-1-1）。

[1] 李丽，张妍，宋蓓蓓，等．海外专利布局实务指引［M］．北京：知识产权出版社，2014：19.

表 7-1-1　根据目标市场类型采取的海外专利布局

市场类型	布局定位	布局目的	布局要点
开拓型	领先者	掌握市场主导权	核心方案布局 外围专利屏障 产业链布局 储备性布局
竞争型	专利防御	保持或加强竞争力 市场自由	围绕差异化技术竞争优势开展 以点带面
垄断型	市场准入	降低准入成本	前瞻技术布局 跟随性布局 市场共享

1. 开拓型市场

开拓型市场通常指新市场，在产品/技术进入前处于空白或者仅有少数市场参与者。对于此类市场，企业应以保护系统框架技术、核心技术为基础，尽可能地进行专利外延，争取掌握市场话语权。

随着企业产品市场占有率的扩大，技术模仿者会大量出现，专利纠纷出现的概率也会随之增加。如果知识产权积累的规划没有跟上，可能会对企业的发展产生不利影响。

如图 7-1-2 所示，对开拓型市场，企业首先应以行业技术发展趋势和主流技术路线为出发点，围绕技术的框架性的、基本的方案、关键技术点及其应用方式构建核心保护圈，在其重要改进方向、主要应用扩展领域以及关键配套支撑技术上提前建立外围专利屏障，并适当地向上下游产业链扩展，通过沿产业链的专利布局来增强整体保护效力。其次做好储备性专利布局，为后续的产品/技术升级保持市场竞争力甚至谋求主导地位进行专利储备，以技术演进趋势和行业发展态势为导向，将企业的专利部署点和覆盖范围向未来可能的市场竞争领域延伸。

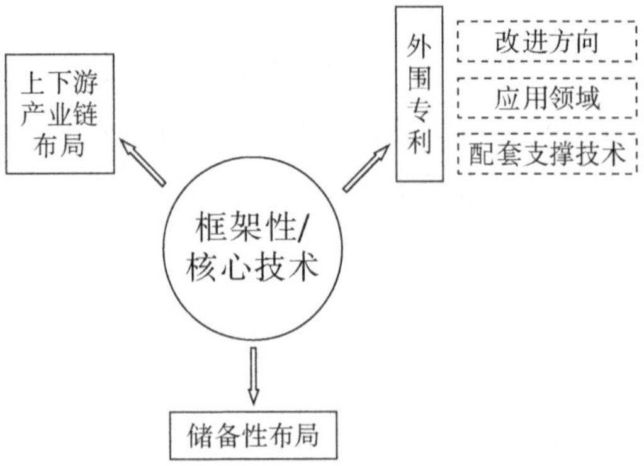

图 7-1-2　开拓型市场布局要点

2. 竞争型市场

竞争型市场的特点是所属领域市场参与主体多，技术侧重点百花齐放，并积累了大量的专利或专利申请。这些专利或专利申请随时都有可能成为企业市场拓展的障碍和潜在的风险。

以维护和巩固自身技术优势为方向，构建专利防御体系，是企业进入竞争型市场的首要目标。

在竞争型市场，企业尤其是众多跟随型企业在产品或技术上的竞争优势往往是通过其产品或技术上的一项或几项差异化的特性或功能来体现的。紧扣企业自身技术特色，围绕差异化技术竞争优势开展专利布局（见图 7-1-3），巩固和强化企业在这些优势点上的控制力，力争在这些优势点上占据行业领先地位甚至引导其他对手产品的发展，通过点上的突破来推动企业整体专利竞争优势的提升，进而培育和增强企业专利制衡的实力，使企业在专利竞争中变被动防御为攻防结合。

图 7-1-3　竞争型市场布局要点

3. 垄断型市场

垄断型市场是指一家或少数几家市场参与主体占有绝大多数市场份额的情形，属于竞争型市场的一种特例。垄断型市场在高科技领域较为多见。利用技术优势，通过在市场内进行针对性专利布局，可以在很大程度上达到垄断的目的。

如图 7-1-4 所示，针对垄断型市场，专利布局当以获取市场准入为首要目标。一方面，企业可重点关注技术和产业的发展趋势以及潜在的市场需求，紧跟技术研发动向，结合自身研发成果预先部署相关专利，特别是关于产业下一代技术的系统框架技术的专利，这方面专利在没有深入研发之前是可以通过少量预研人员的投入来实现的。另一方面，可跟随产业主导/技术领先者特别是市场垄断主体的关键技术，部署跟随型/改进型/替代型专利。通过这些部署，结合上述围绕差异化技术竞争优势开展的专利布局，以获取与市场垄断主体沟通的筹码，降低市场准入成本。最后，在垄断市场，考虑针对实用性的功能、结构、外观设计部署一些专利，用于抵消后来者缺乏核心技术积累的劣势，形成一定的专利风险防范能力。

进入垄断型市场的条件较为苛刻。通常情况下，源于技术发展和海外布局的滞后，企业在进入这些市场时缺乏与市场话语权人讨价还价的筹码。此时，采用“围魏救赵”的策略，通过加大其他市场（通常为本土市场）专利布局力度，经跨地域和/或跨领域

"市场共享"以达到目标市场准入的目的，是一种可供选择的途径。

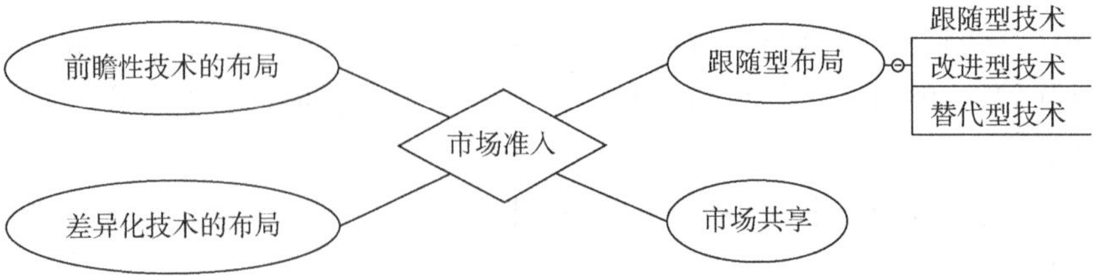

图7-1-4 垄断型市场布局要点

二、专利技术现状

源于高科技产品的创新性和边际效益递增效应，各公司越来越重视国际市场的开拓，彼此之间的竞争已不只是产品市场上的竞争，更是在专利布局上的竞争，专利申请不仅成为绝大多数产品供应商保护核心技术的手段，也成为对新技术未来市场布局的重要策略。因此，专利布局兼具技术和市场的双重属性。

在拓展海外市场或进行海外专利布局之前，通过专利信息分析了解相关技术领域、目标市场区域乃至主要竞争对手的专利布局信息，应当成为任何一家企业的必备功课（见图7-1-5）。这是企业开展海外专利布局乃至开拓海外市场的一项重要决策依据。

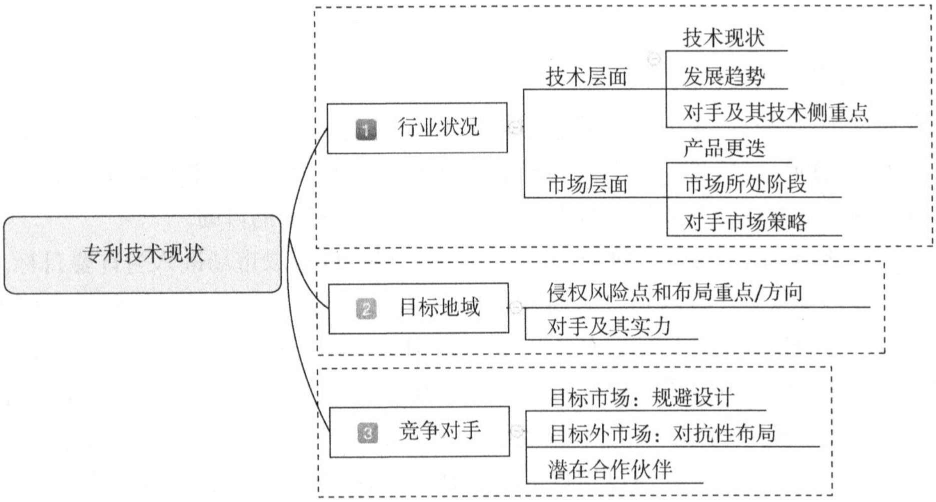

图7-1-5 海外专利布局中对专利技术现状的考虑

1. 行业整体状况

通过对特定技术领域的专利信息分析，可获知行业的技术状况，提升企业对相关技术的整体认识和把握度。

在技术层面，专利信息分析可以研究技术现状、发展脉络及发展方向，并据此推断出技术发展规律和演进模式。在此基础上，预判未来技术发展趋势进而预先进行储备式专利布局成为可能。同时，专利信息分析还可以梳理出行业内的主要竞争对手及其技术侧重点，发现专利空白领域，为企业开展针对性专利布局指明方向。

在市场层面，新旧产品的相关专利申请量随时间的分布可很好地反映出市场上产品的更迭状况，结合区域分布趋势可进一步了解相关专利分布市场所处的阶段（如传统市场、新兴市场或已淘汰的市场）。主要竞争对手针对不同产品的市场策略亦能有所体现。

例如，基于环保考虑，制冷剂正面临向第四代制冷剂过渡的关键节点，而霍尼韦尔、杜邦等行业巨头早在 2004~2010 年就对相关技术在全球进行了全面的专利布局。一旦正式启用，国内企业的海内外市场乃至生存都将面临极大挑战。对此，2013 年国家知识产权局通过专利分析普及推广项目，对第四代制冷剂相关专利技术进行了系统梳理，基于专利数据统计和技术分析，解析了国外主要企业的技术侧重点，并对国内企事业单位的研发和专利布局方向给出了建议。

2. 目标地域

目标地域意指专利部署的目标地域。在海外专利布局中，目标地域主要是目标市场，包括现有市场和潜在市场，此外还包括根据其他因素考量需要选择的目标外市场。针对目标市场的专利信息分析对企业海外专利布局的实操更具指导意义。例如，通过技术—功效矩阵图分析，可揭示市场专利分布的密集点和稀疏点/空白点，密集点预示着高专利侵权风险，而稀疏点/空白点是企业专利布局的潜在重点。又如，围绕专利权人/申请人的分析，可以确定目标市场中的主要竞争对手及其技术实力，为制定合理的专利布局策略提供方向。

3. 竞争对手

专利布局不仅能反映企业的研发实力和成果，在不同国家/地区的专利布局也反映了其对不同市场的定位和进入策略。对于一家企业来说，对所有市场一视同仁是不现实的，其定位和规划必然存在阶段性的差异，而这种差异为我国企业进行针对性专利布局带来了契机。

企业进入目标市场前，应对市场中主要竞争对手的专利信息进行全面分析，专利分析对象的范围不局限于目标市场，而是全球范围，特别是对方主要市场。

围绕专利分析结果，结合自身技术，可选择进行规避设计以避免专利纠纷，或者在无法规避的前提下，在目标外市场进行对抗性专利布局，通过干扰对方整体布局，为目标市场的后续谈判和交叉许可提供筹码。

需要补充说明的是，同济大学李春燕教授以通信行业 LTE 技术为例，对跨国公司高科技产品专利国际化战略作了实证研究。[1] 研究认为，基于公司专利国际化布局

---

[1] 李春燕．跨国公司高科技产品专利国际化战略实证研究［J］．科学学研究，2015，33（1）：62.

策略差异度量的分类，并结合网络结构图，可预测专利纠纷，寻找潜在的专利合作伙伴，从而可通过交叉授权等合作方式迅速地优化其专利布局，减小或免受专利诉讼的侵扰。

三、法律环境

企业在国际化进程中适应海外当地法制环境是必要条件。在海外专利布局中，企业需要充分考虑到目标地域与国内在法律环境特别是专利制度上的差异，因地制宜地调整专利布局策略（见图7-1-6）。

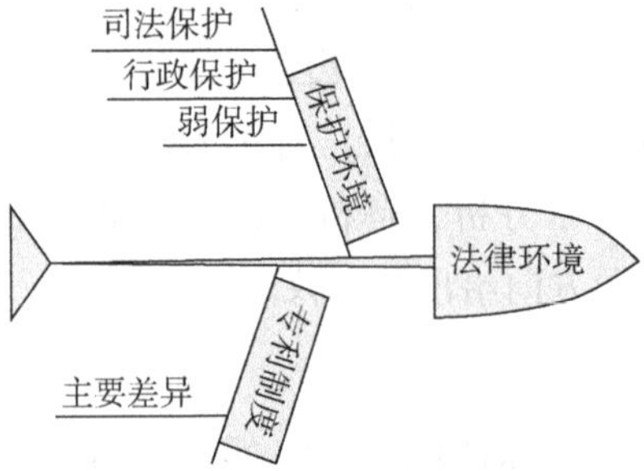

图7-1-6　海外专利布局中对法律环境的考虑

1. 保护环境（维权）

保护环境将对专利的维权产生影响，主要有两个方面的内容需要考虑：一是目标地域在专利保护环境上和国内的差异；二是目标地域在维权成本和侵权成本上和国内的差异。

（1）专利保护环境

专利保护环境是指目标地域对专利的保护强度，根据保护类型可以分为司法保护、行政保护、弱保护三种。在行政保护和弱保护环境中，企业一般情况下较少进行规模化的专利布局。

排除地方保护主义因素的差异，中欧美日韩等大多数国家/地区都以司法保护为主，但根据各国的法律体系又略有差异。以美国为例，美国知识产权法律制度主要包括专利法、商标法、版权法和反不正当竞争法。为使国内的知识产权立法在国际贸易中得到延伸，美国在贸易法、海关法、关税法等与国际贸易有关的法律中增强了相应的指示产权保护条款（例如，“337条款”）。同时，美国属于普通法系国家，法院的判例具有法律效力。例如，美国专利法主要包括两个部分：《美国法典》第35编和判例法（主要是联邦最高法院、联邦巡回上诉法院和联邦地区法院的判例）。

（2）维权成本和侵权成本

以专利的司法保护为例，维权成本主要包括发现侵权的成本、认定和制止侵权的成本。侵权成本主要包括获取专利信息的成本、生产经营的成本和违法成本。在不同的国家/地区，维权成本和侵权成本之间存在显著差异。例如，美国属于维权成本和侵权成本相对都比较高的国家。其证据发现（Discovery）制度往往对应当事人的巨大经济负担和时间成本。同时，美国的专利侵权成本也非常高。根据普华永道统计的数据，2013~2017 年美国专利诉讼的平均判罚额高达 920 万美元。[1]

在行政保护和弱保护环境下，企业很少进行规模化的专利布局。

2. 专利制度（确权）

目前各主要国家/地区的专利制度都实行先申请制，但在法律实体和程序上又有着各自的特点。限于篇幅，本文将不对各国/地区的专利申请相关制度一一详述，仅围绕海外专利布局，对不同国家/地区专利制度的部分区别进行简单介绍。[2][3] 具体见表 7-1-2。

表 7-1-2 不同国家/地区专利制度的部分区别

专利制度		国家/地区						
		欧洲	美国	日本	韩国	俄罗斯	巴西	印度
特殊主题的可专利性[4]	计算机程序	×	√	√	√	×	×	×
	商业方法	√	√	√	√	×	√	×
	由原子核变换方法获得的物质	√	×	×	×	√	×	×
	疾病治疗方法	×	√	×	×	√	×	×
专利类型		发明	发明、外观、植物	发明、新型、外观	发明、新型、外观	发明、新型、外观	发明、新型、外观	发明
审查机制	发明	实审	实审	实审	实审	实审	实审	实审
	新型			形审	实审	形审	形审	
	外观		实审	实审	实审[5]	实审	形审	

---

[1] 不包括简易判决和不应诉判决的情况。数据来源：PWC，2018 Patent Litigation Study，P5，https://www.pwc.com/us/en/forensic-services/publications/assets/2018-pwc-patent-litigation-study.pdf.

[2] Thomson Reuters. Developing a Patent Strategy [Z]. ASPATORE，2013.

[3] 国家知识产权局规划发展司．欧洲知识产权环境研究报告，美国知识产权环境研究报告，日本知识产权环境研究报告，韩国知识产权环境研究报告，巴西知识产权环境研究报告，俄罗斯知识产权环境研究报告，印度知识产权环境研究报告 [EB/OL]．[2016-05-30]．www.cnips.org.

[4] 对于我国不能授予专利权但在他国可进行专利保护的主题，若申请人打算经由优先权途径进行海外申请，则建议在中国首次申请中包含相关内容，以免造成优先权的丧失。

[5] 部分类别采用形审制。

续表

专利制度		国家/地区						
		欧洲	美国	日本	韩国	俄罗斯	巴西	印度
专利权有效期❶	发明	20年	20年	20年	20年	20年	20年（自颁证起算）	20年
	新型			10年	10年	10年	15年（自授权日起算）	
	外观		15年	15年	15年	15年	10年	
审查中的特殊性❷		可请求保护新的治疗用途限定的已知药物产品	临时申请制度 续案制度	授权后的订正制度	绿色专利快速审查制度，三轨审查制度❸	发明和新型相互可转换	绿色专利快速审查制度❹	永久专利条款❺
审查中的特殊性		申请语言：英文、法文、德文	全审查制	申请变更制度❻	提交专利权利要求书的延期制度❼		实审过程中不允许增加新的权利要求	答复审查意见通知书答复期1年，不能延长
			授权后再审制度		申请变更制度		医药化学和生物化学领域的专利申请双审查制❽	
					授权后的订正制度		从属专利制度❾	

注：新型＝实用新型，外观＝外观设计，实审＝实质审查，形审＝形式审查。

❶ 除非特别标明，否则均是自申请日/注册日起算；欧洲、美国和韩国对因审批速度慢而造成延误授权的，有一定的专利期限补偿；俄罗斯和巴西的有效期到期后可根据类型和具体情形申请续展。

❷ 此处非穷举。

❸ 分为一般审查、快速审查和慢速审查，后两者需要申请人选择并提出申请。

❹ 可替代能源、交通运输、节能、废物管理等绿色专利申请纳入优先审查。

❺ 仅发现已知物质新外形未导致已知物质功效增加；仅发现已知物质任何新性质和新用途或仅使用已知加工程序、机械或装置用途，以上情况都不授予专利，除非可使这种已知程序能产生新产品或至少一个新的反应物。

❻ 专利类型可进行改变。

❼ 宽限权利要求书提交日期，递交申请日或优先权日起18个月内提交与说明书描述相一致的权利要求书。

❽ 由INPI和ANVISA分别审查，意见不一时不授权。目前，ANVISA不予以通过的情形有：申请领域描述不充分；马库什申请；化学宏观结构选择；多形体；Raceme/同质异构混合物；第二医药用途。

❾ 对于发明专利的改进或从属于一个应用的发明专利可以获得一个附加证书，从属于主专利。

表7-1-2中尤其需要注意的是美国的续案制度。在美国，只要一件专利申请没有正式获得授权，申请人就可以基于该申请的说明书提交续案申请。续案申请可以包含新的权利要求，并享有母案的优先权。续案制度的存在，不仅可以使专利申请人根据现有技术重新构建权利要求，获得比母案更宽的权利要求保护范围，同时可以通过续案构建具有明确目标的攻击性专利，提升专利家族转让或许可的价值。

四、专利布局成本

专利布局成本包括人力资源成本和资金成本。海外专利布局是企业实现全局经济利益的重要手段之一，需要充分考虑成本问题。海外专利布局应当与企业的实力相匹配，做到成本和收益的平衡和优化（见图7-1-7）。

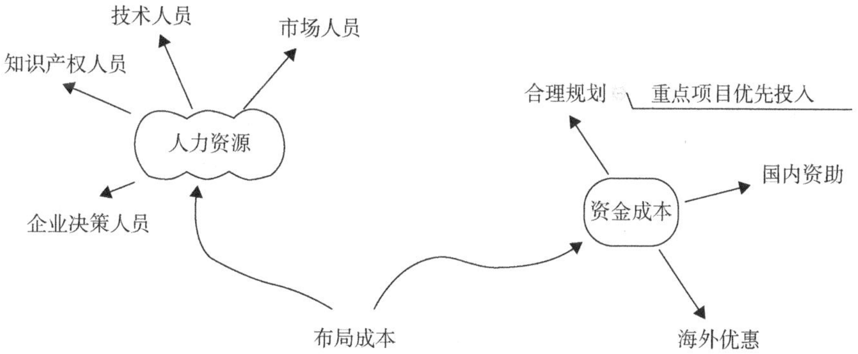

图7-1-7　海外专利布局中对布局成本的考虑

作为极具专业性的业务领域，人力资源是海外专利布局中最关键的支撑要素。一般来说，布局团队由企业决策人员、知识产权人员、技术人员和市场人员构成，四者各司其职，缺一不可。然而国内企业绝大多数都不具备完整的人员配备，需要以购买服务的方式求助于专业代理机构和律所。需要注意到，国内代理机构和律所的水平参差不齐，彼此之间差距较为明显，且在技术领域和国家/地区上各有侧重，企业在寻求专业机构帮助时应当事先做好调研，对口择优选择。合理配置和优化运用外部资源对海外专利布局非常重要。

海外专利布局需要资金保障。在预算有限的情况下，企业应当对布局节奏进行合理规划，按照紧迫性、重要性对专利申报进行排序，确保重点项目的优先投入。企业需要统筹投入金额、年度分布，在制定预算时力求科学、合理、考虑周详，避免申请规划缺乏系统性、长期性和合理性。同时，可充分利用国内关于海外专利申请的资助政策和海外费用优惠政策，以提高资金的利用效率。

五、专利获取途径

海外专利布局以获得相关技术的海外市场自由度为终极目标，以获得目标市场专利的所有权、使用权或对抗筹码为最终表现形式，获取途径有申请、收购、许可、加入专利池等多种方式（见图7-1-8）。

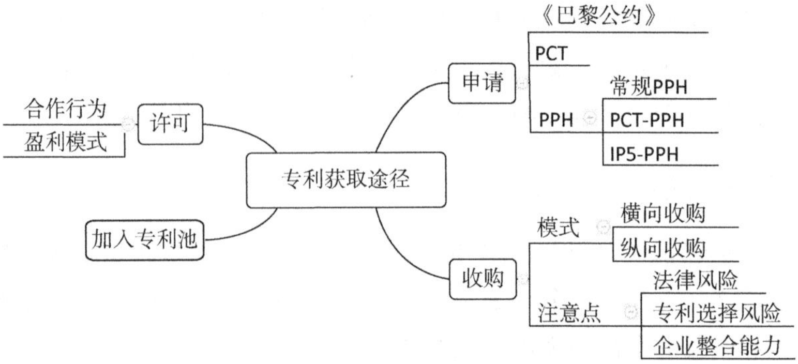

图7-1-8　海外专利布局中对专利获取途径的考虑

1. 申请

海外申请专利是企业构建海外专利布局的主要手段。尽管从申请到获权的周期较长，但所获专利能够最好地贴合企业战略规划和商业目标，且成本相对较低，因此是大多数国内企业特别是科技型初创和小微企业的首选。

向国外申请专利主要有两种途径：《保护工业产权巴黎公约》（以下简称《巴黎公约》）途径和《专利合作条约》（以下简称“PCT”）途径。两者各有所长（见表7-1-3），企业可根据具体情况选择申请方式。

表7-1-3　《巴黎公约》和PCT的对比

	《巴黎公约》	PCT
适用专利类型	发明、实用新型、外观设计	发明、实用新型
申请效力范围	单一或少数几个国家	所有PCT成员
申请办理国家阶段评估期（优先权日起算）	短，发明或实用新型12个月，外观设计6个月	长，30个月
申请方式	一表一国，分别申请	一表多国
申请文本	各国不同的指定形式和语言	一种形式，中文
申请时缴费方式	向目标国专利局分别缴纳专利申请费用	向受理局缴纳国际阶段费用，国家阶段再分别缴纳
短期资金要求	高	相对宽松
审查方式	国家正常程序	先国际阶段审查，然后进入各国国家阶段
进入国家前专利授权的预判性	低	高，可通过国际检索和初步审查提前了解

续表

	《巴黎公约》	PCT
审查周期	短	长
适用情形	（1）目标国明确； （2）希望尽快获权； （3）目标国数量少	（1）目标国不确定； （2）短期资金不充足； （3）技术有完善预期或缺乏把握； （4）不急于投放市场的储备性技术

通过《巴黎公约》或PCT申请国外专利时，可关注专利审查高速路（PPH）的结合应用。PPH是一种以双边协议或多边协议形式存在的加快审查机制。申请人在首次申请受理局提交的专利申请中至少一项权利要求被确定可授权时，可向后续一个或多个加入PPH的申请受理局提出加快审查请求。

与上述两种国外专利申请途径相对应，PPH依托于两种申请途径，分为常规PPH（通过《巴黎公约》途径的申请）和PCT-PPH两类。2014年1月，中欧美日韩五大局启动了IP5-PPH试点项目，项目规定，若申请的权利要求已在五局任何一家被确认具有可专利性，则申请人可向其他四局要求加速处理其提出的相应专利申请，同时有关局可采纳现有的工作成果（主要是检索和审查）。

对申请人而言，PPH在缩短获权时间和节省申请费用（源于通知书次数减少）上存在明显优势。同时，尽管PPH并非是各国在实体问题上相互承认审查结果的机制，但PPH路径下专利授权率会显著提高。以美国2015年统计数据为例，常规PPH和PCT-PPH平均授权率分别达到了75%和93%，远超69%的整体授权率。

2. 收购

收购是获取所需专利资源、进入目标领域和目标市场的快速策略，是在研发周期长、创新成本高或风险大的技术领域获取专利的有力手段，涉及技术、成本和时间的综合考量。收购可分为横向收购和纵向收购。其中，横向收购包括收购竞争对手的专利，形成正向的协同效应，或者用防御性的策略弱化对手的知识产权应用，建立自身专利的市场影响；纵向收购主要目的则通常是延长产业链，优化产业布局，提升产业整合度，进而通过加大对上下游的专利控制度提升自身的整体专利实力。

例如2014年，联想通过收购摩托罗拉移动、NEC和Unwired Planet在全球范围内涉及移动技术的近6000项专利，积累了大量专利资源，为进军全球市场解决了专利储备问题，有效避免了类似HTC等进入北美市场时遭遇的专利纠纷。又如，飞利浦花8亿美元买下Continuation Family的150件LED相关专利，并以这150件核心专利打赢过很多专利诉讼，几乎没有败绩。

专利海外收购专业性强，流程一般包括确定目标专利、选择交易方式、确定交易中具有实质意义的专利并评测法律风险、确定收购价格、制订最终的收购方案等，其间还需要根据实际情况开展至少一次尽职调查。

整个过程中，特别需要注意以下几个方面：

一是法律风险。需要对目标企业所在国与收购有关的法律法规进行调查，包括所在国的各项法律法规、技术进出口管制条例，以及各类涉及安全的审查与调查程序等，同时还需要关注法律法规未涉足的风险，以及法律未禁止规定和政策稳定性、连续性等问题。以美国为例，美国商务部公布的管制清单规定航空发动机、先进导航系统、激光器、水下摄像机等多个大类的美国高科技产品及其技术不得对中国出口。

二是专利选择风险。首先，需要从交易双方、行业背景、市场结构、经营战略等宏观层面确定收购方的产业相关度、能够取得的额外回报等因素，结合企业的发展规划和商业目标来确定目标专利，目标专利通常与企业现有资产具有相关性与互补性。其次，需要明晰目标专利的权属瑕疵，包括是否属于收购目标企业、是否有权利限制或瑕疵（如在美国发明人没有受让公司、存在专利质押等）、使用是否受到“关联专利”的制约、目标企业对专利拥有所有权还是使用权，目标企业是否存在虚报知识产权权属情况等。

三是企业整合能力。作为成功的收购，企业应当能够吸收并成功运用收购的技术，发挥其市场作用，从而在战略、管理、技术上取得额外回报。当然，很多情况下并非是单独的收购专利，还有配套的技术秘密需要在收购中明确，并做好技术秘密载体的交接，避免收购后无法有效运用这些技术。与此同时，海外收购后应当定期展开专利稽查，清理不必要的专利，以减轻企业负担。

3. 许可

专利许可是指专利权人将其所拥有的专利技术许可他人实施的行为。按照许可范围及实施权大小，可分为独占许可、排他许可、普通许可等形式，此外还有交叉许可、分许可等。

专利许可首先是一种合作行为。在企业拓展海外市场过程中，当目标市场存在无法规避的专利时，通过向专利权人支付许可费或者以自有专利技术为筹码进行交叉许可的方式寻求技术和市场准入资格是最常见的策略。例如，华为每年支付超过2亿美元的专利许可费以获得业界其他领先公司专利技术的合法使用权，以作为自有知识产权的重要补充。其次，对于许可人而言，专利许可也是一种盈利模式。最具代表性的当属高通和InterDigital这两家公司，其中高通每年仅专利许可收入就达到近10亿美元。

4. 加入专利池

专利池是专利的集合，也称为专利联盟、专利联合授权等。加入专利池和前面的许可、收购有相通之处，但同时也具有一些典型特征。从不同的角度划分，专利池可以有不同的类型。从专利权的持有方来看，可以是多方持有，也可以是单方持有。从许可的对象来看，可以是封闭式，也可以是开放式。从竞争的性质来看，可以是进攻型，也可以是防御型。从构建的基础来看，可以是标准型，也可以是非标准型。

加入专利池可以是企业获取专利的重要途径之一，这种获取可能是以持有（类似于收购）或者不持有（类似于许可）专利权的形式出现。例如，2016 年 5 月 18 日，AST（Allied Security Trust）联手多家全球性公司合作宣布启动行业专利购买计划（Industry Patent Purchase Program，简称“IP3 2016 计划”）❶。该计划是一种典型的单方持有的专利联盟。具体运作模式是参与的企业出资，由 AST 出面购买有价值的专利。AST 购买专利后，授权给出资企业使用。最后，如果 AST 售出专利，出资企业可依当初出资的金额，获得一定比例的回馈。AST 在这一专利池中作为专利的持有方存在，而受益的企业以许可的形式获得专利的使用权。

六、企业发展计划

企业进行专利布局时，还应充分考虑企业的商业发展计划、市场宣传计划等。在多种场景下，专利可以为企业的海外市场计划发挥作用。例如，拥有目标海外市场的知识产权，除了可以主张专利本身的排他性权利外，也是企业维护良好市场形象的市场宣传材料。在一些企业间的合作或者投融资中，专利可以作为企业积极进行技术研发、拥有自主知识产权的证明，从而为企业商业计划提供支持。

七、专利包的价值

企业海外专利布局除了考虑技术环境、市场环境、法律环境和企业自身情况外，还应从专利出发，考虑专利包的价值。专利包指包含一件或者多件（一族或者多族）相近技术的专利的组合。专利包价值在维权或者转让中有较充分的体现。

（1）专利维权中的价值

当专利包中包括多件专利时，会使企业在专利维权中处于优势地位。例如，专利包中存在多国专利布局，可以使企业在多国市场进行维权。专利包中存在较多专利时，会增加竞争对手风险排查的成本，同时也会增加竞争对手专利无效的成本，从而使竞争对手处于劣势地位。

（2）专利转让中的价值

专利包中专利布局国家范围广泛，且布局了主要国家（例如，中国、美国）或者买方关心的国家时，专利包的售价会比较高。同时，不同国家的专利售价存在较大差异。一般而言，包括美国专利的专利家族在交易中能取得相对较高的价值。根据 Richardson Oliver Insights 发布的数据，2018 年美国专利交易市场成交额为 3.5 亿美元，涉及 9994 件专利，其中美国专利 5498 件❷。

---

❶ Calling All Patent Owners-Google，IBM，Ford，Cisco and Other Leading Global Companies Want to Buy Your Patents-Through the New IP3 Purchase Program by AST，http://www.prnewswire.com/news-releases/calling-all-patent-owners--google-ibm-ford-cisco-and-other-leading-global-companies-want-to-buy-your-patents--through-the-new-ip3-purchase-program-by-ast-300270804.html，访问时间：2019-11-18。

❷ Richardson Oliver Insights，The 2018 Brokered Patent Market，IAM，January/February 2019，P35.

第二节　企业进行海外专利布局的策略

海外专利布局是遵循企业战略规划和商业目标，充分考虑各项因素，有计划地部署专利的行为。核心要义是针对创新成果，对申请类型、时间、地域以及申请数量进行设计和部署，以实现最大保护。❶

专利布局的基本理论和常见模型/方法已经有非常多的报道。❷❸ 本节将围绕海外专利布局，对体现布局策略的要点即技术、时间、地域、专利类型和布局途径五个方面进行阐述（见图7-2-1）。

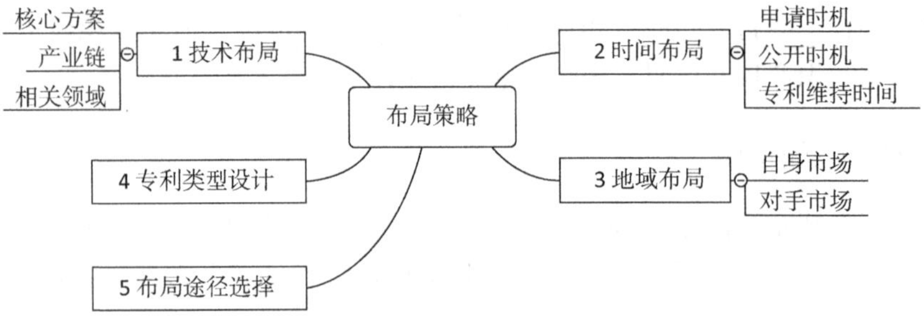

图7-2-1　海外专利布局策略要点

一、技术布局策略

技术是专利布局的核心要素。围绕技术开展专利布局，可渐进式地分为三个层面（见图7-2-2）。

首先，专利布局应围绕技术问题展开。

创新源于技术问题，当确定解决技术问题的技术手段时，就得到了具体的技术方案。若技术方案不可规避或规避难度大时，可以此申请以达到专利布局的效果。然而事实是，基于具体技术方案的一件或数件专利通常无法达到覆盖市场的目的。通过规避设计，竞争者不难找到能够实现同等或相近效果的替代型技术或产品。在获得具体的技术方案之后，只有透过现象看本质，从中提炼出发明构思，并围绕构思本身进行专利布局，最后力争覆盖各种规避设计，从而垄断技术，占领市场。

---

❶ 杨兢春，方琴．重大产品专利布局初探［J］．东方电机，2013（1）：13.

❷ Ove Granstrand. The Economics and Management of Intellectual Property：towards intellectual capitalism［M］. Northampton，UK：Edward Elgar Publishing，Inc.，1999：218.

❸ Gideon Parchomovsky，R. Polk Wagner. Patent Portfolios［J］. University of Pennsylvania Law Review，2005，154（1）：1.

由此也可以看出，专利数量并非是考量专利布局效力的关键因素。以苹果和三星为例，拥有 4000 余件专利的苹果在与拥有超过 4 万件专利的三星进行专利诉讼的过程中，胜多败少，从正面证明了苹果专利布局的成功。再看国内专利，尽管专利申请量已跃居全球首位，但大多数都是限于具体的技术方案，与发明构思相去甚远。

其次，注重产业链布局。

从技术方案出发沿着产品的产业链追溯，以扩大可能的侵权对象。例如，可关注产品原料的获取及预处理工艺，产品的具体应用及由此获得的衍生品产物，等等。通过技术领域向产业链的延伸，可有效完善专利布局的立体结构，也为将来企业的业务延伸埋下伏笔。

最后，注重相关领域布局。

这里所说的相关领域包括邻近领域和配套领域。

邻近领域是指通常被认为技术特点相近的技术领域。以含氟制冷剂为例，它们通常具有发泡剂和清洁剂的功效，发泡剂和清洁剂领域即为含氟制冷剂的邻近领域。在请求保护新的制冷剂配方时，应当同时考虑它们在发泡剂和清洁剂领域的保护。

配套领域是指为实施发明所必然需要涉及的配套设施或技术。当配套设施或技术有创新性时，在专利布局中宜予以考虑。例如，在请求保护一种新的电镀工艺的同时，可以同时布局以实施该工艺为配套设计的装置。

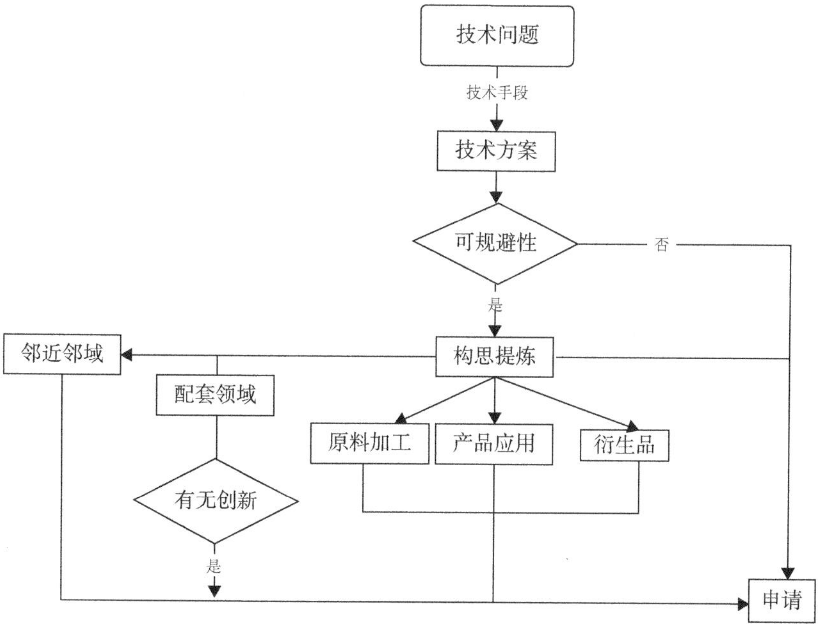

图 7-2-2　海外专利布局策略的技术布局逻辑

二、时间布局策略

时间布局主要包括申请时机、公开时机和专利维持时间（见图 7-2-3）。

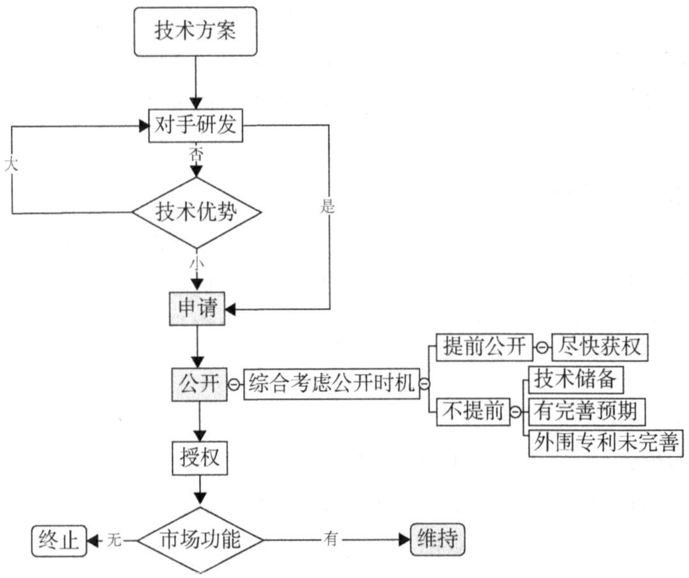

图 7-2-3　海外专利布局策略的时间布局逻辑

1. 申请时机

全球主要市场在专利确权上都遵照先申请原则。在获得一项研究成果后，理论上应尽快地申请专利。但鉴于激烈的竞争环境，从公司整体利益出发，应当对申请时机进行统筹。

首先，应当重点考虑行业整体技术现状和竞争对手研发进度。当技术成果同时有多家企业或者其他主体在进行研制时，应抢先申请。若无，则可视技术优势大小灵活调整申请时机。具体而言，当技术优势小时，应尽快申请，抢占先机，而当成果领先优势明显时，可暂缓申请。这样做，一方面可以防止过早地让对手获悉先进技术，从而缩短技术差距；另一方面可延长技术的保护期限。

其次，应当协调好基础发明和外围应用研究申请的同步性。若单纯先行申请基础专利，则存在被竞争对手抢先申请外围专利、反过来限制自己的风险。因此，一般在基础发明的应用和配套研究基本成形后再有序申请基础专利，逐步形成基础专利+外围专利的立体保护。

当然，暂缓申请或抢先申请各有利弊，在无法确定的情况下，以尽早申请更为稳妥，可在申请文件中考虑技术方案披露的完整度，然后通过优先权等方式安排后续申请。这需要在熟悉目标地域的专利申请程序和制度的基础上，做出最佳的安排。企业可以通过聘请专业的服务机构，充分说明企业需求，由服务机构给出专业意见和方案。

2. 公开时机

很多国家/地区存在提前公开机制。当需要尽快获得专利权时，在申请后可同时要求提前公开。对于储备性技术、有改进/完善预期的技术或者外围专利暂未准备完全的专利申请，则不建议提前公开，这样不仅可以达到实际上的保密目的，而且对后续完善和组合申请留下了足够的时间。

3. 专利维持时间

专利维持时间取决于专利权人根据专利技术情况、专利价值、专利持续投入规划、专利制度相关规定等主要影响因素做出的综合性决定。

专利维持的目的在于企业增值和利润最大化。如果不能转化为产品应用、不能通过各种经营方式转化、不能通过保护性的组合发挥专利作用，或者随着市场变化而失去相应功能，且不存在转让等运用可能，则可以停止缴纳专利维持费用。

三、地域布局策略

地域布局是指基于专利的地域性特征，在全球范围内确定需要进行专利保护的区域（即目标地域），制定区域专利申请部署规划，从而确保企业在整体市场中处于有利的竞争地位。

专利布局服务于市场，因此以市场为导向确定地域布局是应有之义。企业在选择专利申请的地域时，可以从企业自身市场和竞争对手市场两个角度进行确定（见图 7-2-4）。

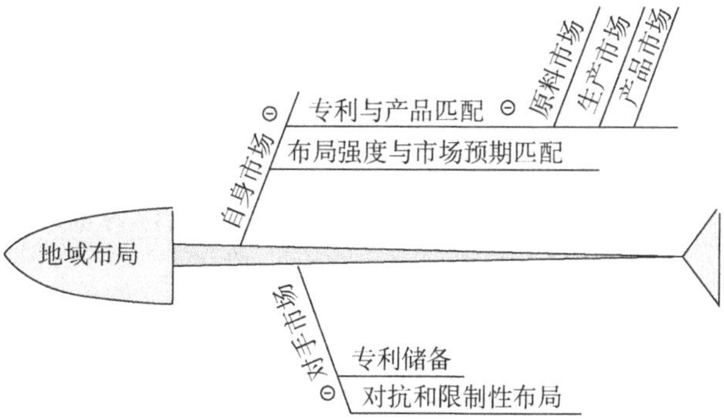

图 7-2-4 海外专利布局策略的地域布局示意

企业自身市场专利布局的目的主要是保护自有产品，确保专利竞争优势，保证企业的市场自由。自身市场包括现有市场和潜在市场，按市场功能又可分为原料市场、生产市场和产品市场。根据地域的市场功能进行相应的专利布局，做到专利与产品相匹配，并根据市场的利润（预期）多少在布局强度上有所侧重。

竞争对手市场专利布局，一方面，可以为将来企业进入提前做好准备，积累专利资源；另一方面，即使企业不进入，也可针对竞争对手进行对抗和限制性专利布局，为后续可能发生的专利纠纷提供应对筹码。

专利布局应当着眼于全球市场（而不限于自有市场），充分利用专利地域性特点，增加可对外进行交换的筹码。这样的话，即使在 A 市场处于专利劣势，也可以通过 B 市场的反制达到占有市场的目的。例如，2011 年爱立信在英德意三国对中兴通讯发起手机专利侵权诉讼，随后中兴在中国针对爱立信的移动专利提起诉讼；2012 年 2 月双方握手言和，同意相互撤销针对对方的所有专利侵权诉讼，并签署了全球范围内的专利交叉许可协议。

四、专利类型设计策略

申请专利前，要从技术重要度、技术客观属性、各国审查制度、成本等多方面考虑，确定最佳的专利保护（组合）类型，以获得最优的保护效果。

通常来说，对于核心技术，基于专利稳定性和保护期限考虑，应尽量采用发明专利进行保护；在涉及多个创新点时，则可根据成果的形式和技术含量，采用发明专利为主、实用新型和外观设计专利为辅的保护模式。对于外围技术，结合成本因素，可采用以实用新型或外观设计专利为主、发明专利为辅的模式进行保护。

当然，专利类型并没有固定的套路，也不能一概而论，需要根据具体情况来选择。

有业者就认为，可充分利用实用新型创造性要求较低的特性，把权利范围写得很宽，形成以实用新型专利为“基础（核心）专利”的专利布局；或者进一步将其与保护范围更小的发明专利相配合，实现以“实用新型+发明”为“基础（核心）专利”的专利布局模式。❶ 外观设计专利在某些领域（如智能手机的图形界面❷）的专利布局中的作用也不容忽视。苹果与三星的专利大战中涉及多项外观设计专利，法院最终判定三星侵犯了苹果的D593,087号和D604,305号设计专利，涉及赔偿金额超过4亿美元。随着各国对外观设计的专利保护趋于加强，其专利价值将持续增加。

现阶段，国内企业在海外专利布局中多以发明专利或其组合为主，对实用新型和外观设计专利在专利布局中的运用缺乏重视，通常仅将其作为辅助的“添头”，在这方面的投入和意识都有待进一步加强。

五、同族专利的全球统一性管理

由于各国审查尺度、审查进度不完全统一，因此有必要针对同族专利进行全球统一性管理，针对同族专利，最好委托同一个专利工程师进行管理，把各国的审查意见、对比文件、答复修改策略等进行统一管理，尤其是针对一国专利答复审查意见及修改时，应充分考虑同族其他国家的审查情况，在此基础上制定合理的答复和修改策略。例如，在中国申请审查时，审查员指出申请文件存在一个可以通过主动修改克服的缺陷，那么就要有意识地看一下在其他国家申请的同族专利是否存在类似问题，并想办法克服。通过同族专利的全球统一性管理，可以清楚这一族专利实际的稳定的专利权利范围，提高专利组合整体的价值。

---

❶ 杨斌．专利布局设计方法浅析［A］//中华全国专利代理人协会．提升知识产权服务能力　促进创新驱动发展战略——2014年中华全国专利代理人协会年会第五届知识产权论坛优秀论文集［C］．北京：知识产权出版社，2014：313-322.

❷ 何永春．浅议智能手机外观设计价值与专利布局［J］．中国发明与专利，2016（2）：61.

六、布局途径的选择

通过本章前一节的讨论我们已经知道，企业可以有多种途径以获得专利权，例如申请、收购、许可和加入专利池等。企业在制定专利布局策略时，除了考虑技术、时间、地域和专利类型的因素外，还需要考虑选择恰当的布局途径。

作为两种最重要的布局手段，专利申请和专利收购各有优劣。与专利收购相比，专利申请具有成本低、操作流程固定、主动权掌握在企业自身手中的优势。但是与专利收购相比，专利申请是否能获得授权、获得授权的专利质量存在一定的不确定性，同时专利申请一般也需要更长的周期。

在实际的专利布局中，企业可以根据自身情况选择采用申请或者收购的方式进行专利布局。例如，对于有一定技术积累的领域，企业可以选择申请的途径进行专利布局。对于一些新进入的技术领域，则可以考虑进行专利收购。对于短时间内需要积累大量专利的情况（例如，上市前夕）可以考虑进行专利收购，对于企业持续稳定的专利建设则可以充分挖掘自身技术进行专利申请。

第三节　典型案例分析

一、原研者的海外专利布局

【案例 7-3-1】Schwabe 公司银杏叶制剂专利布局❶❷

银杏叶制剂被视为第一个现代意义上的植物药制剂，同时也是现代科技开发的植物药中最成功的案例之一，它的使用已覆盖超过 130 个国家，市场规模超过百亿美元，在心脑血管疾病用药领域占据重要地位。目前，在全球范围内银杏叶制剂的生产厂家众多，但市场份额高度集中，德国 Willmar Schwabe 公司和法国 Beaufour-Ipsen 公司近乎居于垄断地位，其代表产品金纳多（Ginaton）和达纳康（Tanakan）几十年来始终占据着全球高端市场。除去企业技术创新、生产质量控制和市场策略等因素，专利布局在其中起到了至关重要的作用。

自 1968 年 Schwabe 公司申请第一件银杏叶制剂专利以来，全球范围内主题涉及银杏叶制剂的专利已逾千项。❸ 其中，中国申请量占到总量的近 3/4，是最活跃的申请区域，但鉴于起步较晚（1991 年），受到自身研发水平和在先专利技术的限制，我国企

---

❶ 程心旻，雷海民，刘伟．全球银杏叶制剂专利概况［J］．中国中药杂志，2013，38（17）：2889.

❷ 刘伟，程心旻，耿冬梅，等．解读 SCHWABE 公司银杏叶制剂专利网［J］．中国中药杂志，2014，39（17）：3384.

❸ 统计的申请日截至 2012 年 12 月 31 日。

业拥有的基础专利较少，且对外申请比例极低，缺乏国际竞争力。相比而言，欧洲申请所占比例仅11%，但在该领域起步最早，凭借科研优势和精心的专利布局，涵盖了几乎全部的核心技术，几十年来始终在全球银杏叶制剂领域占据首要地位。其中，最具代表性的当属德国的原研药厂Schwabe公司。Schwabe公司始创于1866年，是当前全球最大的银杏叶制剂厂商，其产品金纳多片剂、滴剂、注射液是最畅销的产品。公司现有相关专利17项❶，数量不多，但多数为核心基础专利，且专利时间跨度始终没有断层，显示出了极高的专利布局水平。依托于这些专利构成的专利布局网络，公司始终居于银杏叶制剂市场的领导地位，赢得了巨额利润。

Schwabe公司在技术、时间、地域和类型四个方面的专利布局策略有非常高的借鉴价值。

1. 技术布局

Schwabe公司的17项专利始终以银杏叶提取物及其制备方法为核心技术，辅以用途和剂型改良，不断以研发为基础推动产品更新换代。

表7-3-1显示了Schwabe公司的银杏叶制剂技术专利发展路线，大致可分为四个阶段，具体是：

（1）第一阶段包括PAT-01至PAT-03共三项专利。其中，PAT-01是最早的银杏叶制剂专利，涉及有机溶剂提取银杏叶提取物及注射剂的制备。PAT-02则是在丙酮提取的基础上增加了聚酰胺柱纯化，进一步富集了黄酮，提高了药效。这两项专利作为开创性技术，为Schwabe公司在银杏叶制剂领域奠定了基础。

（2）第二阶段包括PAT-04至PAT-08共五项专利。其中，PAT-04、PAT-05和PAT-06涉及EGb761提取物及其制备方法，主要是优化银杏叶提取物中黄酮、内酯类成分比例，降低引起致敏等不良反应的银杏酸<5ppm（其后又在内控标准中降到1ppm以下）。这组专利接续了Schwabe公司PAT-01和PAT-02即将到期带来的空窗期，成为公司新阶段的核心专利。

（3）第三阶段包括PAT-09至PAT-011共三项专利。PAT-09、PAT-10和PAT-11着眼于制剂的溶解度或热稳定性。通过产品升级，维护了金纳多注射剂在银杏叶提取物高端市场的领导地位，也弥补了EGb761系列核心专利保护期与后续核心专利之间的专利保护空白，完善了整体专利布局的时间完整性。

（4）第四阶段包括PAT-12至PAT-17共六项专利。提取/纯化方案的改进是这一阶段的主要着眼点。PAT-13和PAT-14提供了采用吸附剂树脂除去银杏叶提取物中的非药用活性双黄酮，和/或采用酸性离子交换剂除去另一种神经毒性成分4'-O-甲基吡哆醇的方法。作为新纯化方法，该组专利与第二阶段核心专利形成很好的衔接。

---

❶ 在不同国家和地区存在同族专利的，记为1项。

表 7-3-1　Schwabe 公司银杏叶制剂专利布局的技术发展分析

序号	申请年份	同族中的代表性专利	技术主题			
			提取物	提取方法	用途	剂型
PAT-01	1968	DE1767098B	治疗外周血管疾病的有机溶剂提取银杏叶提取物			由提取物制备的注射剂
PAT-02	1971	DE2117429B		有机溶剂和聚酰胺柱提取银杏叶提取物的方法	治疗外周血管疾病	
PAT-03	1983	US4892883A	含具有协同作用的白果内酯和黄酮的银杏叶提取物		治疗神经疾病	
PAT-04	1989	US5399348A	一种副作用小的银杏叶提取物，含有20%~30%黄酮苷，2.5%~4.5%总银杏内酯，2.5%~4.5%白果内酯，少于10ppm的烷基酚，少于10%原花青素			
PAT-05	1989	US5322688A		US5399348A提取物的制备方法		
PAT-06	1989	DE3940095A	银杏叶提取物，含有14%~22%黄酮苷，1.6%~3%总银杏内酯，1.4%~2.7%白果内酯，少于10ppm的烷基酚			

续表

序号	申请年份	同族中的代表性专利	技术主题			
			提取物	提取方法	用途	剂型
PAT-07	1990	US5512286A				不会引起血清沉淀和/或血细胞凝聚的银杏叶提取物注射剂
PAT-08	1991	US6022889A			银杏叶提取物或白果内酯在抗焦虑、抗抑郁中的用途	
PAT-09	1995	US6399099B1				含有溶解度高的银杏叶提取物的口服泡腾制剂
PAT-10	1998	AU745660B	采用超滤方法制备的水溶性干燥且不含增溶剂的银杏叶提取物			
PAT-11	2000	CN1447698B				热稳定性良好的银杏叶提取物注射液，提取物和缓冲液分开保存，使用时混合
PAT-12	2005	EP1868626B1		除去银杏叶提取物中烷基酚的方法		

续表

序号	申请年份	同族中的代表性专利	技术主题			
			提取物	提取方法	用途	剂型
PAT-13	2005	CN101175506B		采用树脂洗脱降低银杏叶提取物中4'-O-甲基吡哆醇和/或双黄酮的含量的方法		
PAT-14	2005	CN101175505A		CN101175506B的改进方法		
PAT-15	2007	CN101903033A			银杏叶提取物治疗和预防阿尔茨海默病	
PAT-16	2011	EP2494979A1			银杏叶提取物治疗和预防动脉硬化和手术后动脉硬化综合征	
PAT-17	2011	WO2012146592A1				含银杏叶提取物的控释片

2. 时间布局

首先，在产品生命周期内，专利布局要有连贯性。从Schwabe公司的布局策略来看，前后专利特别是核心专利的时间间隔和衔接非常好，充分发挥了每件专利的作用，既没有出现保护的时间空白，也没有出现后一项专利技术完全取代前项技术从而导致前一项技术商业价值提前终止的问题。

其次，充分利用优先权制度。自1991年起，Schwabe公司在申请时均使用了优先权规则，后续申请基本上都是PCT申请且申请日与优先权日的间隔均超过11个月。这种申请方式既确保了较早的申请时间，又为后续可能的修改和完善提供了充足的时间。同时，在部分以授权日为专利保护期起算日的国家，优先权的使用实际上也达到了延长专利保护期的效果。

在专利维持方面，Schwabe公司的专利授权率很高，且作为原研者，其专利具有较高的商业价值。因此，授权专利的维持期限长，均为期限届满终止。

3. 地域布局

从Schwabe公司在全球的专利分布（见表7-3-2）可以看出，欧、美、日、韩和加拿大一直是其专利布局的重点，这与这些国家/地区经济发达、消费能力强有关，是其主要市场。

表7-3-2 Schwabe公司银杏叶制剂专利布局的地域分布

序号	同族专利主要地域分布						
	美国	欧洲	日本	韩国	加拿大	中国大陆	澳大利亚
PAT-01		√	√				
PAT-02		√	√				
PAT-03	√	√	√		√		
PAT-04	√	√	√	√	√		
PAT-05	√	√	√	√	√		
PAT-06		√					
PAT-07	√	√	√	√	√		
PAT-08	√	√	√				
PAT-09	√	√	√				
PAT-10		√	√				√
PAT-11		√		√		√	√
PAT-12	√	√					
PAT-13	√	√	√	√	√	√	√
PAT-14	√	√	√	√	√	√	√
PAT-15	√	√	√	√	√	√	
PAT-16		√					
PAT-17		√		√		√	

到了2000年前后，Schwabe公司将产品陆续投放到新兴市场，同时加大了在这些市场的专利布局力度。1999年后，Schwabe公司开始对澳大利亚进行专利布局。2001年，伴随金纳多进入中国市场，Schwabe公司开始在中国进行相应领域的专利申请。

在确定专利全球布局时，市场因素是衡量地域布局的关键因素。

4. 类型布局

Schwabe公司的17项专利均为发明专利，并未涉及实用新型或外观设计专利。但在相关配套领域，Schwabe公司的销售代理商中国台湾扶升贸易有限公司2012年在中国申请并获得了金纳多银杏叶提取物片、滴剂、注射液的包装盒的外观专利，这成为

Schwabe 公司在中国的银杏叶制剂专利网络的延伸。

5. 其他

Schwabe 公司还非常重视专利标准化，在开展专利布局的同时并行标准化策略。1994 年公司设立的企业标准被德国 E 委员会采纳成为国标，进而被确认为欧盟标准，随后美国药典、中国药典相继参照欧洲药典的相关标准对银杏叶提取物的质量进行了规定。企业标准几乎成为全球通用标准，而通过这个标准，Schwabe 公司建立起一个牢固的技术壁垒，将很多后来者排除在高端产品之外，同时将诸多模仿者成功变成了自己的低端原料供应商。

此外，针对前期两个技术阶段的核心专利均没有在中国申请保护的情况，Schwabe 公司在产品进入中国市场后，选择以技术秘密的方式对将杂质“银杏叶酸”的含量控制在 1ppm 以下的方法加以保护，由此避免了同行的“拿来主义”，使得国内厂家在很长一段时间内无法达到 EGb761 或更高的标准，极好地保护了自身技术和商业利益。

二、不同进入时机竞争者的海外专利布局

【案例 7-3-2】HFO1234yf 制冷剂的专利布局[1]

制冷剂是在制冷系统中不断循环并通过本身状态变化以实现热量传输的工作物质，是决定制冷系统特别是蒸汽压缩型系统制冷性能的关键因素。

自 1834 年帕金斯发明第一个蒸汽压缩制冷循环以来，制冷剂的发展迄今已历经三代。第一代制冷剂以易获取的单组分物质为主，如乙基醚、二氧化碳、异丁烷等。它们在早期制冷系统中表现出了一定的效果，但多数具有可燃、有毒、稳定性低、腐蚀性强或压力过高的缺陷。第二代制冷剂是指卤代烃类制冷剂，主要包括全氯氟烃（CFCs）和含氢氯氟烃（HCFCs），在制冷性、安全性和稳定性方面相比第一代有着明显优势。截至 1963 年，第二代制冷剂已占到整个有机氟工业产量的 98%。但是研究发现，CFCs 或 HCFCs 泄漏后会引发臭氧分解且全球变暖潜能值（GWP）高，与当今加强环境保护的理念相违背。根据《保护臭氧层维也纳公约》和《关于消耗臭氧的蒙特利尔议定书》的规定，含氯制冷剂将被限制生产且逐步淘汰。在该形势下，第三代制冷剂即含氢氟烃（HFCs）类制冷剂被提出，它们不破坏臭氧层且 GWP 值相对较低，制冷性能则与第二代相当。时至今日，第三代制冷剂已占据市场主导地位，产品主要有 R134a、R407C、R410A、R507 和 R404A 等。HFCs 在安全性能、应用性能、替代技术的成熟性及替代成本等方面表现出了明显优势，然而大多数的 GWP 仍然较高。随着气候变化特别是全球变暖问题日益突出，HFCs 被《京都议定书》（1997 年）规定为六种受控温室气体之一，生产和应用推广受到很大影响。

国际知名制冷企业纷纷加大投入以开发新一代的具有更佳环保性能且安全性能、

[1] 杨铁军．产业专利分析报告（第 26 册）：氟化工［M］．北京：知识产权出版社，2014：37-81.

制冷性能以及与现有制冷设备的适配性都能够满足应用要求的第四代产品。在此过程中，氢氟烯烃（HFO）类化合物特别是2,3,3,3-四氟丙烯（HFO1234yf）被业内认为是最有可能的新一代制冷剂。霍尼韦尔、杜邦等行业巨头亦纷纷在全球范围内就HFO1234yf基制冷剂进行专利布局。

本案例将基于对该新一代制冷剂的专利现状和技术特点的分析，梳理出行业巨头在专利申请中的技术布局策略，以期为国内企业在面对新技术时如何结合自身技术优势进行专利布局提供借鉴。

1. 专利现状

自1992年日本大金工业株式会社公开HFO1234yf可用作制冷剂以来，全球范围内要求保护以HFO1234yf为组分的制冷剂的相关专利申请已有180项。❶

（1）专利申请态势

根据申请量的逐年变化趋势，含HFO1234yf制冷剂的相关申请大致可分为三个阶段（见图7-3-1）。第一个阶段是1992~2003年。在该阶段，制冷行业使用的产品仍以第三代制冷剂为主，对具有高GWP值的制冷剂的限制并不急迫，因此尽管大金（DAIK）在1992年就首次提出了HFO1234yf可作为制冷剂，但之后的十几年并没有出现跟进性研究。第二个阶段是2004~2007年。2004年，霍尼韦尔（HONE）提出氢氟烯烃类制冷剂的概念，并在这方面开始进行专利布局，杜邦（DUPO）紧随其后，于2006年也开始出现这方面的申请。这段时期仍可视为初期阶段，年均申请量不足10项，但作为全球制冷行业的两大巨头，在第三代制冷剂逐渐受到限制且急需第四代制冷剂的形势下，霍尼韦尔和杜邦同时介入HFO1234yf领域无疑成为制冷剂行业发展的一个风向标。HFO1234yf自此才真正引起整个制冷行业的关注。第三个阶段是2008年至今。2008年，制冷领域的知名企业相继开始在HFO1234yf领域进行专利布局，抢占技术先机，而随着越来越多研发团队的加入，全球相关申请量显著提高，年均维持在25项以上。

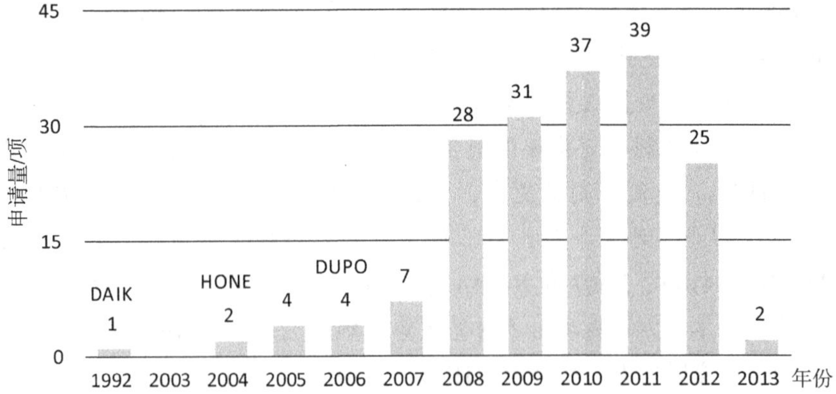

图7-3-1 以HFO1234yf为组分的制冷剂的专利申请态势

❶ 统计日期为2013年4月29日。

(2) 主要申请人

含 HFO1234yf 制冷剂的相关申请逐年增加，但在申请人分布方面非常集中。其中，阿克马、杜邦和霍尼韦尔公司稳居前三，且量化优势明显（见图 7-3-2）。

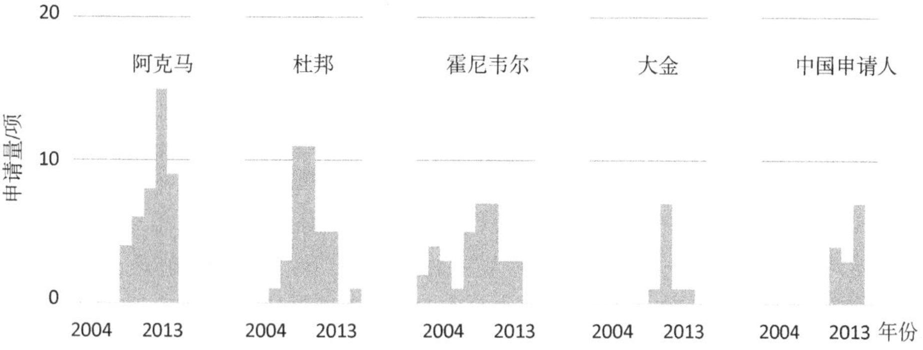

图 7-3-2　主要申请人专利布局持续性

在技术开发和专利布局持续性方面，霍尼韦尔一直延续着 HFO1234yf 的开发工作，自 2004 年起每年均有一定量的相关专利申请；杜邦紧随其后，其申请量在 2008 年和 2009 年达到了顶峰；阿克马则自 2008 年起专利申请量逐年大幅递增，呈现后来居上的态势；大金虽然第一个提出 HFO1234yf，但错过了布局的最佳时机，2009 年再次进入该领域，但竞争力并不突出。相比而言，我国直到 2010 年才出现了第一件相关申请，并且在随后的时间内并没有特别明显的增长。

2. 专利技术整体特点

制冷剂的核心在于配方。从配方上来看，这些含 HFO1234yf 的制冷剂相关专利申请可归为两类。

一是单制冷组分的制冷剂。在所有 180 项专利申请中，共 30 项涉及单组分制冷剂 HFO1234yf（20 项申请提到的是上位概念“氢氟烯烃”或“氟烯烃”）。除首篇涉及 HFO1234yf 单组分制冷剂的 JP4110388A 之外，其他 29 项申请主要涉及含 HFO1234yf 和功能助剂如润滑油、稳定剂等的组合物。鉴于润滑油、稳定剂等是制冷剂使用中的常规助剂，这些专利申请更多体现的是专利布局的目的。

二是含 HFO1234yf 制冷剂的研发以混合工质为主。自 2005 年公开第一种 HFO1234yf 基混合工质以来，至今已有 150 项相关专利申请，占到了申请总量的 83.3%。一般而言，单一组分的制冷剂在制冷性能以及与现有制冷系统的适配性方面存在诸多限制，而通过不同制冷剂组分的组合，可以对制冷剂各方面性能如效能系数、单位容积制冷量、安全性等进行灵活调整。在这些混合工质中，与 HFO1234yf 配合使用的已知制冷剂组分种类有近百种。其中，真正引起广泛关注并得到深入研究的仅是少数，相关申请量达到 10 项以上的仅 18 种。值得一提的是，霍尼韦尔和杜邦在 2005~2006 年针对 HFO1234yf 基混合工质做了大量布局，所述 18 种配伍用制冷剂组分中，有 16 种是由它们在2005~2006年提出的，这充分说明了两家企业在制冷剂领域的领航者地位。

3. 主要申请人专利技术布局策略

依靠良好的技术前瞻性和强大的技术后盾，制冷领域知名企业如霍尼韦尔、杜邦等已在HFO1234yf基制冷剂专利布局方面建立起巨大优势。在技术层面，这些公司又各有侧重。

（1）大金

大金早在1992年就提出了HFO1234yf可作为制冷剂，并指出其制冷性能与R12、R22或R502相当，且环保性能优异，但之后并没有继续在这方面进行深入研究。出现这种情况的原因可能是当时HFC类制冷剂对环境的影响还没有引起大家的足够重视，在HFC类制冷剂"如日中天"的大环境下，研发者缺乏深入研究的动力。2009年，大金时隔17年后重新介入HFO1234yf基制冷剂领域，但已错失专利布局的最佳时机。

在混合工质研究方面，大金注重具体配方的深入研究，在选择与HFO1234yf配合使用的制冷剂组分上目标非常明确，仅限于HFC32、HFC134a和HFC125三种，对这三种化合物单独配伍使用以及两两组合后再配伍使用的情况均有涉猎。此外，与HFO1234yf基制冷剂配合使用的助剂如稳定剂也是大金的一个主要研究方向。

（2）霍尼韦尔

霍尼韦尔于2004年提出了氢氟烯烃制冷剂，从而拉开了HFO1234yf基制冷剂发展的序幕。但不同于随后跟进的阿克马、大金等企业，霍尼韦尔利用其早先一步的优势，把握住了专利布局的先机。

自2004年以来，霍尼韦尔利用氢氟烯烃的概念申报了10项专利。尽管大金在1992年便公开了氟代丙烯可作为制冷剂使用，但霍尼韦尔还是通过氢氟烯烃或其与润滑剂、增溶剂等助剂的组合物的形式在该领域进行了大量专利布局。

在混合工质方面，霍尼韦尔共有25项申请，由其提出并得到推广的配伍用制冷剂组分包括HFO1225ye、CF_3I和CO_2三种。2005~2008年的配方统计结果显示，CF_3I是该时间段内霍尼韦尔的一个重要研究对象，相关申请占到同期混合工质申请的61.5%。2009年之后，霍尼韦尔的侧重点有所调整，在混合工质的组分配方研发方面并未表现出明显的特色。

（3）杜邦

杜邦既不是首次提出HFO1234yf制冷剂的企业，也不是首次提出氢氟烯烃制冷剂概念的申请人，但是它具有很高的技术敏感性。在2004年霍尼韦尔公开氢氟烯烃制冷剂之后，杜邦及时跟进，在这方面做了大量工作。截至统计日，杜邦申请量居全球第二位，仅次于阿克马。

一方面，杜邦极为重视配伍组分的研发，注重混合工质的专利布局。在所有38项申请中，有37项涉及混合工质。并且在18种引起广泛关注并得到深入研究的配伍组分中，有11种是由杜邦首次提出的。

另一方面，杜邦将该类制冷剂的助剂如稳定剂等作为一个重要的研究对象。在其他企业还单纯侧重混合工质配方的时候，就已经在助剂领域进行了大量布局。

（4）阿克马

阿克马首项涉及 HFO1234yf 基制冷剂的专利申请出现在 2008 年，此后后来居上，申请量稳步上升，截至统计日已居全球首位。

阿克马在研究中侧重对具体配方的探索，42 项申请中有 38 项涉及混合工质。根据配伍用制冷剂组分的类别，阿克马在混合工质研发方面可分为三个阶段。第一个阶段是 2008~2010 年，使用的配伍用制冷剂组分集中于 HFC 和 HC 类化合物。第二个阶段是 2011 年，该阶段属过渡阶段，在保持对 HFC 和 HC 研发的同时，在配方中开始引入 HFO1234yf 之外的 HFO 类化合物。第三个阶段是 2012 年，该阶段阿克马进一步加大了对 HFO 类配伍用制冷剂组分的研究。

4. 案例启示

上述四家企业在 HFO1234yf 基制冷剂领域的专利布局表现，给予我们很多启示。

第一，应注重储备性技术的专利布局力度。以大金为例，尽管早在 1992 年就提出了 HFO1234yf 制冷剂，也提到其环保性能优异，但并未进行后续研究以加大布局力度，从而错失良机。即使重新介入，在技术上的优势也消失殆尽。

第二，技术领先时应当注重专利布局的广度，且有所侧重，点面结合。以霍尼韦尔为例，2004 年涉足 HFO1234yf 基制冷剂时，以氢氟烯烃制冷剂的概念进行了专利圈地，与此同时，在混合工质研发中精力集中，对少数配伍用组分进行了深入研究和布局。

第三，配套领域是专利布局的重要组成。以杜邦为例，尽管不是原研者，但凭借高技术和市场敏感性，及时跟进，且在混合工质专利布局的同时，在制冷剂应用必不可少的助剂领域做了大量布局。

第四，深入挖掘是技术跟随者的一个重要策略。以阿克马为例，尽管直到 2008 年才进入该领域，但是一直致力于具体配方的探索。在不断深入挖掘并不断积累专利技术后，亦掌握了一定的市场话语权。

我国直到 2010 年才出现首件涉及 HFO1234yf 基制冷剂的专利申请，截至统计日，相关申请量仅为 14 件，且分属 6 个不同的申请人。这些专利申请呈现散、乱的特点，缺乏系统性，缺乏专利布局的意识和水平，与我国制冷市场的规模极不匹配。可以预见，在缺乏有力的知识产权支撑的情况下，一旦该类制冷剂被推广使用，那么面对国际知名制冷企业的强大技术优势和专利壁垒，我国制冷行业的整体发展必然受到极大限制。

通过这个案例，希望能够对国内企业有所启发，在行业新的技术趋势出现时，应当尽快确定切入点和布局方向并付诸实施，以期获得一定话语权，在后续技术更新时争取更多权益。

三、并购在海外专利布局中的运用

【案例7-3-3】美的-东芝并购案

1. 美的集团

美的集团是一家以家电制造业为主的大型综合性企业集团，具有全球领先的生产制造水平、规模优势、多样化产品组合、渠道网络和物流服务能力。2015年，美的整体销售收入已超过210亿美元，海外销售占公司总销售近40%。

为进一步提升创新实力和竞争力、维护并拓展海外市场，美的以“成为中国家电行业领导者、世界白电行业前三强”为战略愿景，通过建立全球创新中心、国外研发中心、与国内外科研机构合作等方式，构建具有全球竞争力的全球研发布局和多层级研发体系，提升创新能力，并积极开展专利布局。

在自主申请获取专利的同时，并购是美的集团快速完善专利布局的重要手段。

2. 东芝家电

日本在过去的30年始终居于全球家电行业的霸主地位，在技术研发和质量控制方面优势显著，迄今仍是全球变频控制技术和OLED显示技术的主要专利拥有国。

东芝是日本家电市场三大龙头之一，其白色家电业务即东芝生活电器株式会社（TLSC）拥有很强的研发能力，积累了大量的高水平专利技术，在日本、东南亚、中东市场具有较大影响力。

3. 并购事宜及意义

2016年3月，美的集团与东芝签署战略合作备忘录，以537亿日元（另需承担250亿日元的债务）收购东芝白色家电业务80.1%的股权。合作方案显示，东芝将继续开发、生产和销售东芝品牌的白色家电，包括冰箱、洗衣机、吸尘器以及其他小家电；美的将获得东芝品牌40年全球授权以及超过5000项与白色家电相关的专利，此外美的还被授权使用由东芝持有的其他家电相关的专利。美的-东芝并购宣传语如图7-3-3所示。

图7-3-3 美的-东芝并购宣传语

此次合作是美的落实全球经营的重要战略步骤，意义重大。

第一，赢得了日本市场。日本长期处于全球家电第一大国位置，产品和技术自信使得日本成为全球门槛最高的家电市场，国外家电产品很难在日本市场存活。美的通过此次并购实现了对日本市场的曲线进入，并且东芝的品牌影响力、专利技术、渠道能力等对美的后续开拓日本、东南亚和中东市场带来很大帮助。

第二，完善了专利布局和技术储备。收购的5000多项白色家电相关专利与美的自身业务匹配度高，是对美的现有专利的一次强力扩容，且这些专利主要分布在日韩等海外市场，将有效延展美的在海外的专利布局。被授权使用由东芝持有的其他家电相关专利（专利许可）亦是对美的海外布局的一个有力补充。

第三，丰富了渠道。东芝在东南亚市场属于高端品牌，生产基地及销售渠道都十分成熟、完善，对美的拓展东南亚市场产生极大助力。

东芝的生产制造能力和工艺水平，与美的的供应链体系、规模化生产经验之间存在巨大的互补性。此次并购将在业务规模、分销渠道、专利技术应用及品牌方面有力提升美的的全球影响力与综合竞争实力，进一步推动美的成为亚洲乃至全球白色家电的领先企业。2017年，东芝家电对美的集团的营收贡献已达到近157亿元。

可见，对于希望快速完善海外布局、打开海外市场的企业来说，专利收购/企业并购是非常值得考虑的一种有效方式。

【案例7-3-4】苹果公司多点触屏的专利布局

2010年苹果公司向三星、摩托罗拉发起337调查[1]。涉案专利之一US7812828[2]涉及多点触屏技术，其所在家族（后文称为“多点触屏家族”）共含92件正式的专利申请[3]，分布于美国、日本、韩国、欧洲、中国香港等国家或地区。该族专利的申请，体现了专利布局中的多种思路。

（1）充分利用美国临时申请制度占位

多点触屏家族的优先权最早可以追溯到1998年1月26日递交的一份临时申请文件，申请号为US60/072509。1999年1月25日，该临时申请被申请人以正式申请的形式提出，申请号为US09/236513。该专利申请的申请人，利用临时申请制度取得了一定的时间优势。

美国临时申请是一种特殊的申请，允许申请人以最便捷的形式提交申请。提交的文件可以只是发明思路的草稿性说明，甚至可以是科技论文或者实验记录，无须按照正式申请的形式提出，无须撰写权利要求。临时申请提出之后一年内，申请人可以将其转化为正式申请提出。临时申请制度的存在，使申请人在优先权时间方面占据优势，

[1] 调查号：337-TA-750

[2] 涉案专利包括：US5379430A，US7663607B2和US7812828B2。

[3] 不含未被公布的临时申请US60/072509。

同时由于其费用低、手续简单等减轻了其他方面的负担。在这一年，申请人可以对技术进行进一步的改进或者考察是否有转化为正式申请的必要。

（2）充分利用美国续案制度扩展权利范围

正式申请 US09/236513 被提出后，申请人又基于续案制度相继递交了 43 件美国专利申请（见图 7-3-4）。多点触屏家族的 44 件美国专利申请[1]中，最终有 43 件获得了授权。

根据美国专利续案制度的规定，一件申请在没有正式获得授权之前可以基于该申请提出续案。为了能够满足续案的条件，申请人需要提出续案的最后期限是申请正式获得授权之日。为了在时间方面最大化维持一族专利有续案的机会，申请人一般会选择在收到授权通知之后提出续案。收到授权通知之后，专利何时正式获得授权基本上可以预期。

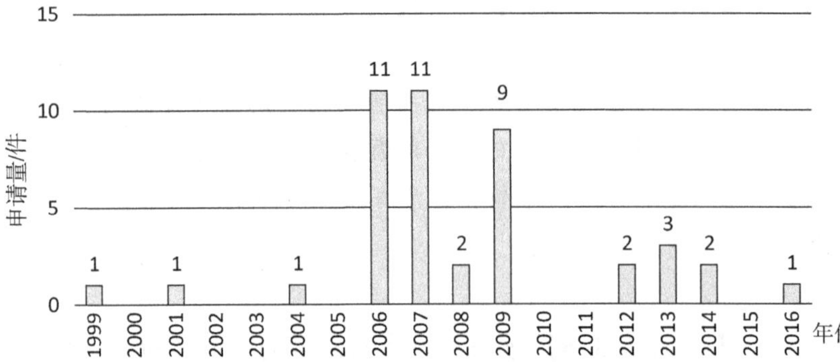

图 7-3-4　多点触屏家族的 44 件美国申请的申请时间分布

如表 7-3-3 所示，申请 US09/236513 在 1999 年 1 月 25 日被提出，2001 年 5 月 4 日美国专利商标局发出授权通知。在申请正式获得授权之前的 2001 年 7 月 31 日，申请人递交了分案申请 US09/919266。在 US09/919266 收到授权通知之后、正式获得授权之前，申请提交了申请 US11/015434。此后，出于其他方面的考虑（例如，尽量获得更多专利授权，而不是最大化维持该族专利有续案的机会），申请人在同一天递交了 6 件美国专利申请。

表 7-3-3　多点触屏家族部分申请的主要授权相关事件

申请号	申请日	授权相关事件
US09/236513	1999/1/25	2001/5/4：发出授权通知；2001/11/27：授权日
US09/919266	2001/7/31	2004/7/12：发出授权通知；2005/5/3：授权日
US11/015434	2004/12/17	2007/10/9：发出授权通知；2008/5/4：授权日

[1] 不含未被公布的临时申请 US60/072509。

续表

申请号	申请日	授权相关事件
US11/428501	2006/7/3	2010/7/27：授权日
US11/428522	2006/7/3	2006/10/26：公开日（未获得授权）
US11/428521	2006/7/3	2009/11/17：授权日
US11/428503	2006/7/3	2012/11/20：授权日
US11/428515	2006/7/3	2013/2/26：授权日
US11/428506	2006/7/3	2010/2/2：授权日

结合苹果公司产品发展史和触屏手机的发展史则不难理解为什么2006年申请人申请了大量的专利。苹果公司在2007年推出了第一代iPhone，运用电容触摸屏开创了智能手机的新时代。2006~2009年的大量专利申请，正是结合市场动作的专利布局。结合图7-3-5可以看出，在2006年、2007年和2009年针对该族申请，申请人进行了大规模的续案。

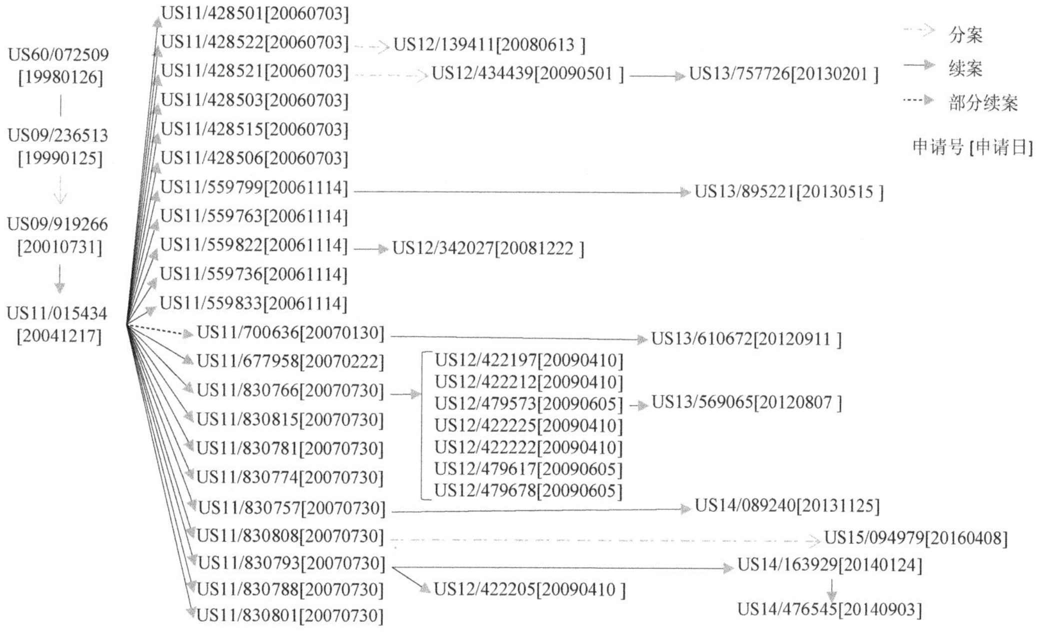

图 7-3-5　多点触屏家族美国申请的分案/续案关系

（3）多地域的专利布局

多点触屏家族不仅仅在美国进行了专利布局，同时在日本、韩国、欧洲、中国香港等国家/地区进行了专利申请❶。如图7-3-6所示，多点触屏家族在日本相继递交了

❶ 共92件专利申请，除了在国家/地区专利局递交的申请外，还包括1件PCT申请。

13件申请，在欧洲相继递交了12件申请。

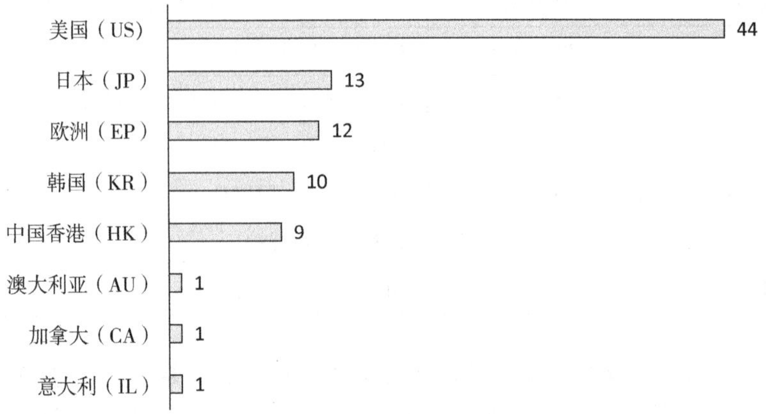

图7-3-6 多点触屏家族在全球国家/地区的专利布局（申请量：件）

（4）专利收购

虽然苹果公司利用US7812828发起了对竞争对手的进攻，但是事实上多点触屏专利家族的原始申请人并不是苹果公司。申请US09/236513的发明人是Wayne Westerman和John G. Elias，在2001年11月27日正式获得授权，授权的专利权人是特拉华大学。其后特拉华大学在2001年7月31日递交了续案申请US09/919266。

2004年4月，特拉华大学将授权专利US6323846B1、专利申请US09/919266以及其他7件其他国家/地区的专利和申请均转让给特拉华州的UD科技公司。[1]

UD科技公司在递交新的续案申请US11/015434的同时，积极进行新的专利转让。2005年2月，UD科技公司将该族专利转让给FingerWorks，Inc.[2]。FingerWorks，Inc.成立于1998年，创始人正是该族专利的发明人Wayne Westerman和John G. Elias。

2005年苹果公司正式收购FingerWorks，Inc.，与此同时苹果公司成了该族专利新的专利权人。在苹果公司的精心布局下，多点触屏专利家族最终具备了92件申请。同时，多点触屏专利家族的US7812828也成了2010年苹果公司向三星、摩托罗拉发起专利调查的利器。

---

❶ 专利转让协议，http://legacy-assignments.uspto.gov/assignments/assignment-pat-16536-712.pdf.

❷ 专利转让协议，http://legacy-assignments.uspto.gov/assignments/assignment-pat-16536-701.pdf.

第八章　机械领域的专利布局

本章概述

机械领域具有其自身的特点，因此，在前述章节介绍了一般性专利布局策略之后，为了突显机械领域的特色，本章重点介绍机械领域的专利保护特点、专利布局考虑因素以及相应的布局策略。

本章知识脉络

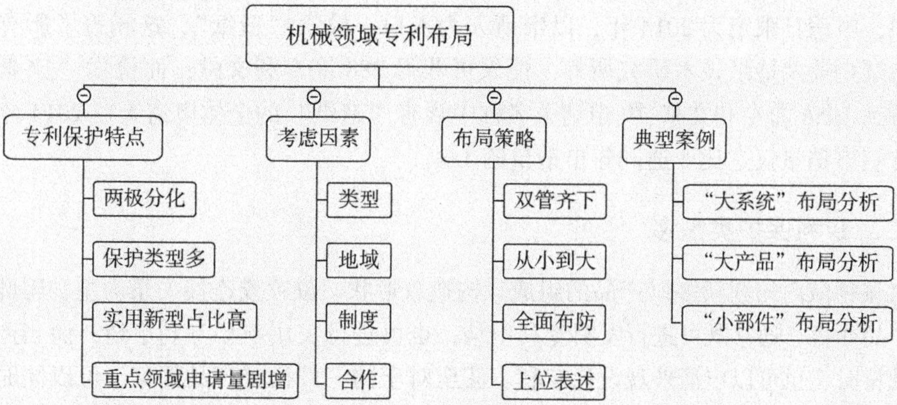

第一节　机械领域专利保护特点

机械领域包括与机械相关的各种技术，它主要涉及机械设备、机械制造、机械控制、机械自动化等技术类型，产品则包括机械零部件、通用机械、工程机械、仪器仪表、交通工具、机床等。机械领域的专利保护现状呈现以下几个特点。

一、不同企业的专利保护差别较大

机械领域的技术整体上呈现技术跨度大、交叉学科多的特点，专利保护现状也呈现两极分化的态势。对于传统机械制造业，如农副食品加工业、纺织业、木材加工、黑色/有色金属冶炼及压延加工业、造纸业等，由于生产技术水平相对较低，生产设备、工艺相对成熟、稳定，生产技术的二次开发较少，维持与保障现有生产状态是其重点工作，对投入大、见效慢、不一定能保证出成果的研究开发并不重视，同样对专利保护也不重视。❶ 而对于现代技术密集型机械制造业，如汽车、飞机、精密机床、工业机器人等，以及新兴的高精尖产业，如3D打印、无人机等，都在技术研发上投入了大量的人力、物力和财力，并且非常重视专利保护。在中国专利检索系统（CPRS）数据库中，申请日限定为2014年，以申请人为入口，检索“造纸”，这涵盖了所有造纸厂、造纸企业及造纸技术研究所等，但仅可获得288篇专利文献；而检索“比亚迪”，就可得到1056篇专利文献，❷ 申请人名称中含有“造纸”的全体申请人在2014年所申请的专利申请量仅达比亚迪同年申请量的1/4。

二、专利保护类型多

机械领域内的创新多以产品的组成、构造、形状、位置或连接关系为主，因此对于机械产品而言，通常既可进行发明专利申请，也可进行实用新型专利申请，而当产品的外观独特时，也可以申请外观设计专利。甚至对于同一件机械产品而言，可以同时申请三种专利，申请种类的选择范围较广，因而呈现出专利保护类型多的态势。

三、实用新型专利占比高

机械领域涵盖面广，部分子领域技术含量不高，申请人更加重视获权的快速性，体现在专利保护的态势上就是实用新型专利的占比较高。在中国CPRS数据库中，以《国际专利分类表》中IPC分类号B60（一般车辆）为检索入口进行检索，共可得

---

❶ 谈敏．传统制造型企业专利挖掘之浅见［J］．知识经济，2013（2）：14-15.

❷ 检索截止日期：2016年6月8日。

280179 件专利申请，❶ 其中实用新型专利申请 161362 件，占比达到了 57.6%，超过了一半。

四、重点领域专利布局密度大

随着新形势的发展，机械领域中的某些重点领域正越来越引起全球各国的重视，均加大了投入和开发。比如中国在部署“中国制造 2025”中提出要重点发展十大领域，包括新一代信息技术、高档数控机床和机器人、航空航天装备、海洋工程装备及高技术船舶、先进轨道交通装备、节能与新能源汽车、电力装备、新材料、生物医药及高性能医疗器械、农业机械装备。❷ 这十大领域多为高新科技产业与现代制造业的融合，属于机械领域内涉及不同交叉学科的技术密集型产业，发展都极为迅猛。如机器人行业，2013 年中国对机器人的需求相比前一年已经翻倍。❸ 再以新能源汽车为例，在国际能源供应紧缺以及环境保护呼声日益高涨的大背景下，新能源汽车成为市场和社会各界关注的焦点，就连全球最大的消费电子设备公司苹果也进军了电动汽车产业。❹ 图 8-1-1 给出了新能源汽车领域全球专利申请量的趋势，❺ 从中可以看出，在 2007 年之后，新能源汽车的专利布局密度呈现大幅增加。

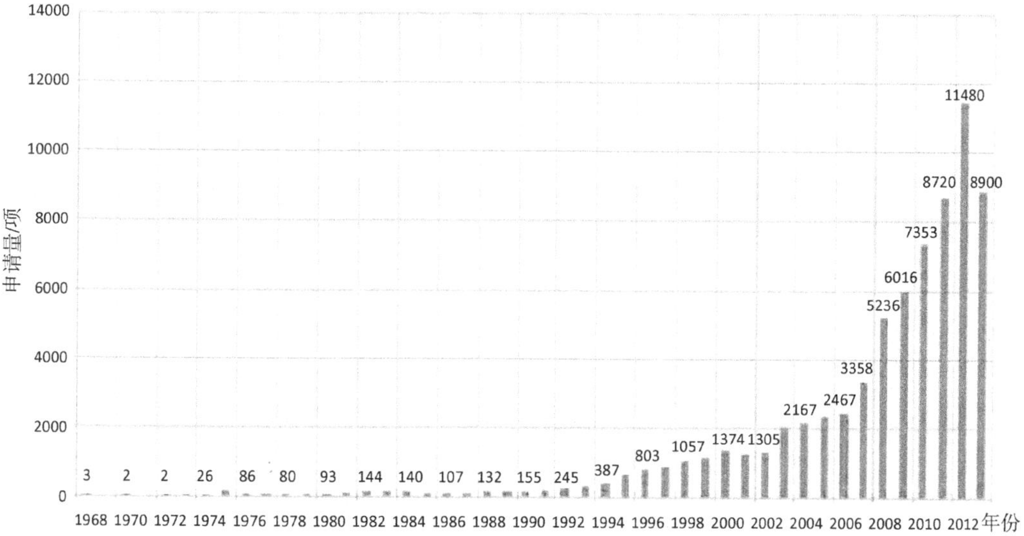

图 8-1-1　新能源汽车领域全球申请量

---

❶ 检索截止日期：2016 年 6 月 13 日。

❷ 2017 年版中国机械市场现状调研与发展趋势分析报告［R/OL］. http：//www.cir.cn/R_JiXieDianZi/39/JiXieHangYeQianJingFenXi.html.

❸ Thayer，et al. Be Competitive：Patent Planning for Robotics Companies［J/OL］. Robot Magazine，2011（7-8）. www.botmag.com.

❹ 成夕. 苹果汽车，APPLE 的新野望［J］. 华东科技，2015（12）：14.

❺ 梁帅，李海波，陈娜. 世界新能源汽车专利主体的竞争态势研究［J］. 科技管理研究，2015（4）：116-121.

第二节　机械领域专利布局的考虑因素

前述章节介绍的专利布局策略具有一般性，机械领域具有其自身的鲜明特点，在进行专利布局时，可以从以下几个方面来考虑。

一、发明类型

机械领域内的技术创新技术水平差异较大，对于一些技术含量不高、重视授权快速性的产品，可以采用授权周期短、新创性要求低的实用新型专利申请，而当产品的外观独特时，也可进行外观设计专利申请。而对于前述机械领域中正日益受到人们重视的重点领域，则适宜以发明专利的形式予以保护，也可采用同时申请实用新型专利和发明专利的形式来进行保护。在中国CPRS数据库中，以《国际专利分类表》中B60分类号下涉及新能源汽车的IPC分类号B60K1、B60K6、B60L11、B60W10/26、B60W10/28和B60W20[1]为检索入口进行检索，共可得16542件专利申请，[2]其中发明专利申请10976件，占比达到了66.4%，比一般车辆领域的发明专利占比高24个百分点。

二、专利布局地域

不同国家和地区的专利保护环境不同，加之企业的主要市场和目标规划不同，专利布局应当考虑地域性因素，基于自身的产品和市场情况，选择性地在不同国家/地区进行专利布局。[3]以汽车行业为例，图8-2-1给出了2013年排名前10位的中国汽车企业出口国家及出口量，可以看出，中国汽车单一出口量最大的是阿尔及利亚，其次是东欧、南美、中东的国家，而这些出口市场均为发展中或者欠发达国家，进入欧美、日本等经济发达地区的汽车出口量依然很少。中国汽车企业进行专利布局的热点国家主要为美国，排名在前的中国汽车企业几乎都在美国有专利申请，其次是日本和韩国等知识产权发达的国家和地区。虽然新兴市场是中国汽车企业发展壮大的市场，但各

---

[1] 参见《国际专利分类表（第8版）》B部分册：

B60K1/00 电动力装置的布置或安装；

B60K6/00 用于共用或通用的动力装置的两个以上不同原动机的布置或安装，例如具有电动机和内燃机的双动力系统；

B60L11/00 用车辆内部电源的电力牵引；

B60W10/00 不同类型或不同功能的车辆子系统的联合控制；

B60W10/24 ·包括能量储存装置的控制；

B60W10/26 ··用于电能的，例如，电池或电容器；

B60W10/28 ·包括燃料电池的控制；

B60W20/00 专门适用于混合动力车辆的控制系统。

[2] 检索截止日期：2016年6月13日。

[3] 杨铁军．企业专利工作实务手册［M］．北京：知识产权出版社，2013：98.

中国汽车企业在当前出口量较大的国家并没有积极进行专利布局，即中国汽车出口的市场热点的布局与中国汽车企业海外专利申请布局的区域热点并不一致。究其原因，主要是因为中国汽车企业出口热点的新兴市场国家的知识产权环境无法与汽车工业发达国家相比拟，各汽车企业在当地的专利布局也基本处于起步阶段。❶

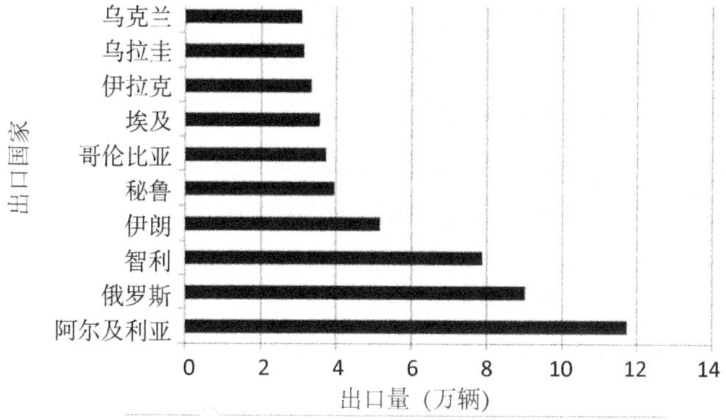

图 8-2-1　中国汽车企业海外出口及专利布局示意

三、专利制度中的保护客体差异

地域性因素中已经提及，不同国家和地区的专利制度不同。例如，虽然世界上很多国家/地区都具有类似于中国的实用新型专利制度，但美国没有，在美国仅能申请发明专利❷、植物专利❸和外观设计专利❹；并且虽然大部分国家或地区的实用新型制度仅保护产品，❺ 但澳大利亚的“创新专利”（类似中国的实用新型专利）不仅保护产品，也保护方法。❻ 各主要国家或地区的专利保护客体也不尽相同，以中国、美国和欧洲地区为例，中国仅保护装置、设备类产品权利要求和方法类权利要求，但不保护计算机程序产品，涉及计算机程序的创新通常只能以方法类型及其对应的装置类型的权利要求形式获得保护；而美国专利不仅保护装置、设备类产品权利要求和方法类权利要求，也保护计算机程序产品；欧洲虽然保护计算机程序产品，但限制条件较多，要求权利要求在整体上具备技术属性。申请文件具体撰写形式见表 8-2-1。

❶ 孙海英，翁天强．我国汽车企业海外专利布局现状研究［J］．汽车工业研究，2014（6）：27-32.

❷ 美国专利法第 101 条。

❸ 美国专利法第 161 条。

❹ 美国专利法第 171 条。

❺ 冯媛媛，赵晓睿．世界主要国家和地区的实用新型制度［J］．中国发明与专利，2007（11）：85-88.

❻ 刘剑，金霞，杨继爽，等．国内外实用新型制度发展状况比较分析［J］．中国发明与专利，2014（3）：9-13.

表 8-2-1　申请文件撰写方式比较

中　国	美　国	欧　洲
1. 一种汽车制动器，包括： 主缸、制动盘、泵、控制器…… 2. 一种汽车制动控制方法，包括： 步骤 A. …… 步骤 B. …… 3. 一种汽车制动控制装置，包括： 模块 A，用于…… 模块 B，用于……	1. 一种汽车制动器，包括： 主缸、制动盘、泵、控制器…… 2. 一种汽车制动控制方法，包括： 步骤 A. …… 步骤 B. …… 3. 一种汽车制动控制程序产品，所述控制程序使得一个或多个处理器执行下列代码……	1. 一种汽车制动器，包括： 主缸、制动盘、泵、控制器…… 2. 一种汽车制动控制方法，包括： 步骤 A. …… 步骤 B. …… 3. 一种制动控制程序，包含在被处理器执行时使所述处理器执行……方法的指令

四、技术合作的重要性

机械领域的重点领域技术研发往往需要投入大量的人力、物力和财力，单独由一家公司或企业完成相关产品全部技术的研发难度较大，各家领先企业的优势也不尽相同。因此，多存在企业与企业间、企业与研究机构间、企业与大学间、企业与个人之间联合开发以解决技术难题并共同申请专利的现象，企业间合作开发形成技术联盟和专利联盟/专利池的现象也屡见不鲜。例如，2015 年 10 月 30 日由北京市知识产权局指导 23 家整车企业或高校组成的中国首家汽车产业知识产权联盟宣告成立，该联盟的目标是在联盟成员间以专利共营为基础，开展全方位、多层次的合作，以期共建行业标准，共同抵御专利风险，推动产业发展。❶

第三节　机械领域的专利布局策略

一、产品、方法双管齐下

机械领域内的技术创新多涉及产品的组成、构造、形状、位置或连接关系，亦即产品结构方面的创新。对于产品结构方面的创新，要及时申请专利保护。针对核心结构，应当申请发明专利保护；其他结构的创新可以综合运用申请发明专利和实用新型专利进行保护。而当产品的结构在外观上具备特色时，也应当申请外观设计专利。在保护产品结构的同时，也要重视对产品的制造方法/工艺、操作方法、使用方法以及控制方法的保护，特别是对于不易保密、易看易学的工艺方法，应当及时申请发明专利保护。通过产

❶ 侯岭. 中国首家汽车产业知识产权联盟在京成立［EB/OL］.（2015-11-02）［2016-06-25］. http：//www. iprchn. com.

品权利要求和方法权利要求的全方面专利布局，双管齐下，获得全方位的保护。

二、核心零部件的专利布局

【案例 8-3-1】机械产品零部件创新点的布局思路

对于一个机械产品，如果创新点主要在核心零部件，那么从法律层面而言，可以围绕三个维度进行专利组合的构建（见图 8-3-1）：一是技术占位式的外围和扩展，包括关键零部件的产品专利、改进型外围专利以及防规避的竞争性专利布局；二是发明点的延伸专利布局，包括关键零部件的产品专利以及从部件到大产品的专利；三是技术链横向专利布局，包括关键零部件的产品专利和对应的方法专利布局。而上述三个法律层面的专利组合构建在一起就相当于一个技术层面的专利组合。

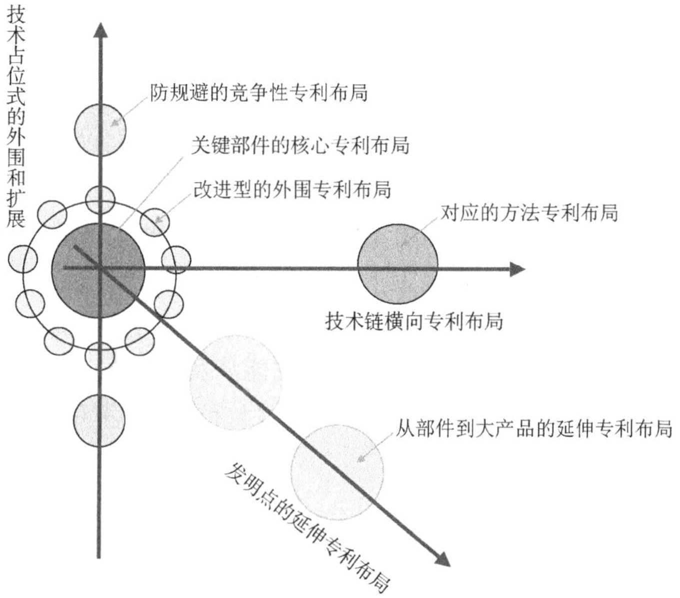

图 8-3-1 关键零部件法律层面的专利组合构建思路

三、从小部件到大系统

每一个系统都由无数的小部件组成，每一个小部件的创新都会映射到大系统的创新上。因此，哪怕创新的部件很小，也要予以重视，及时申请专利保护，同时对各部件构成的整个大系统也要申请专利，对其整体进行专利布局。以图 8-3-2 为例，在对计算机主板上的风扇进行了改进设计后，逐步进行专利挖掘和专利布局，对应用该散热器的主板，含有该主板的台式机、服务器、笔记本，以及由这一类计算机组成的网络进行了专利布局，从小小的散热器一直布局到整个网络，形成从小到大的专利布局。

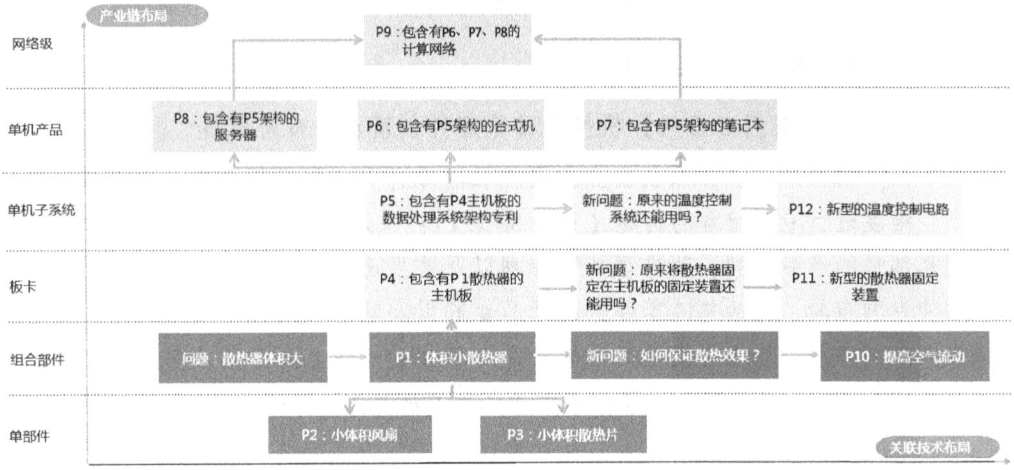

图 8-3-2　从风扇到网络的专利布局

四、追溯产业链以全面布防上下游

机械领域内，许多机械产品均是由不同的零部件供应商提供配件，再由整装厂商完成装配，这一生产过程中涉及许多上下游企业。因此，机械产品在实际使用过程中不可避免地要涉及多重参与者。这一境况下，创新主体在专利布局时需要眼光长远，将产品从设计、投产，到销售、使用各个环节可能涉及的参与者都假定为侵权对象，针对性设置权利要求布局和多重专利组合，以应对上下游各环节可能发生的专利侵权，保障专利权的有效性。

五、上位表述保护主题或技术特征

机械领域内，进行专利布局时，为获得尽可能大的保护范围，并预防竞争对手的规避设计，适宜对权利要求的保护主题进行上位化表述。同理，对权利要求中记载的技术特征也可采用上位化的表述。例如，技术方案中采用的具体部件为“弹簧”，若该技术方案的具体实现条件仅需具有弹性的部件即可，则在权利要求中可以表述为“弹性件”。又比如，当技术方案中采用的具体部件为“××带”时，由于一般情况下“带”指的是又扁又长的物件，因此“带”字本身就具有形状和结构的双重描述，如果该技术方案的实现并不需要该部件一定具备“又长又扁”的技术特征，则在权利要求中可以表述为“××件”。在机械领域内，通常为实现权利要求保护范围的最大化，保护主题和技术特征可以采用“功能词+万用词”这样的表述方式（功能词指的是该部件的作用是什么，例如连接、遮挡、转动等，万用词是部、件、装置、设备等），从而将其表述为连接部、连接件、连接装置、连接设备或遮挡部、遮挡件，诸如此类。[1] 但需要

[1] 机械专利的基本特点［EB/OL］.［2016-06-23］. http：//www.drugip.com.

注意的是，此类上位表述是一把双刃剑，虽然扩大了保护范围，但也增加了无法授权或被宣告无效的风险。在进行专利布局时一定要仔细衡量，并通过从属权利要求做进一步限定的方式来进行周密的布局。

第四节　典型案例分析

前两节介绍了机械领域专利布局应当考虑的重点因素和布局策略，本节将以三个典型案例来示例如何具体应用所述布局策略。

一、“大系统”专利布局

【案例 8-4-1】精铟海工海洋工程平台连续升降系统专利布局分析

升降、锁紧、滑移三大设备，被称为海洋工程“三件套”，其中升降系统是自升式海上平台的关键部分。设备的安全可靠性、抗风浪能力是世界各国海工行业普遍关注的课题。当前升降系统的核心技术主要掌握在发达国家（荷兰、美国）手中，我国海工装备长期依赖进口，相关产业起步较晚，国产化率不足30%，整体处于全球产业链的低端，配套能力严重不足，受载力不均匀，抗风暴能力差，工作稳定性差，已是制约我国海洋工程平台发展的重要瓶颈。

精铟海工在此领域上取得了重大的技术突破，打破了全产业链的国外技术垄断，研制出具有自主知识产权并达到国际领先水平的海洋平台升降锁紧系统，实现了海洋平台核心设备的国产化替代。

具体技术应用场景如图 8-4-1 和图 8-4-2 所示的两个海上风电安装平台。

图 8-4-1　精铟 01（KOE-01）风电安装平台

图 8-4-2　海龙兴业号风电安装平台

图 8-4-3 所示为精铟海工海上工程平台升降系统专利布局图。具体布局体系解析如下：

图 8-4-3　精铟海工海上工程平台升降系统专利布局图

（1）高速插销式连续升降系统

现有技术中，插销式升降系统为步进式，升降过程缓慢，针对此问题，精铟海工对升降控制系统和油缸与环梁的安装结构进行改进，实现连续升降。插销式连续升降系统用于实现下桩、固桩、升平台、固定平台、降平台、起桩和收桩等一系列海工平台作业过程，系统由固定架、桩腿、升降装置构成，升降装置包括升降滑座、升降油缸和插销机构，升降油缸的缸体端固定于固定环梁，升降油缸的活塞杆端与升降滑座的一端连接；升降滑座活动卡接在升降导轨上，并且升降油缸带动升降滑座沿升降导轨纵向运动；插销机构设置于升降滑座的中部，插销机构包括插销轴，插销轴与销孔相适配。当一组升降单元带动桩腿下沉的同时，另一组升降单元即可缩回或伸展，从而实现快速连续升降，提高作业效率和安全性。系统升降速度为24m/h，是步进升降系统的2倍以上，实现了快速连续升降，可见，快速升降平台可提高作业的效率和安全性。

高速插销式连续升降系统是项目的核心技术，提供稳定可靠的平台升降效果，提高平台在作业时的承载能力及抗外载荷能力，技术的核心专利包括：

CN201810201113.6 用于海上平台的螺旋插销式连续升降系统及其升降方法；

CN201610410844.2 一种用于海上平台的双作用连续升降系统及其升降方法；

CN201510511660.0 高可靠性宽调速范围的海上平台升降系统；

CN201710024479.6 一种高强度八边形桩腿节及使用其的海上作业平台；

CN201710024477.7 一种具有八边形桩腿的液压连续升降系统。

（2）动态负荷锁紧承载机构

精铟海工研发具有动态负荷转移装置、快速解锁方式、具备自动调节和复位功能的新型锁紧装置，可实现桩腿锁紧与承载合二为一，可承受超高载荷的动态负荷锁紧系统，通过锁销装置设置于固定环梁的与升降导轨对应的一侧，用于锁紧桩腿和对桩腿实现径向约束固紧作用，通过传感控制均衡加载锁紧装置压力，使每个锁紧组件自动处于均载状态，提升800吨/套的载荷能力，可单独承载海上平台的最大载荷，保证载荷的均匀分布，避免造成对平台的振动和冲击，升降能力达5000吨/腿，支撑力为举升能力的2倍，适用于重载的海上平台，可满足国际上所有主流海上工程平台的安装需求。技术的核心专利包括：

CN201710081518.6 一种用于锁紧装置的液压控制系统；

CN201410745194.8 一种用于海洋平台的锁紧机构。

(3) 大模数爬升齿轮材料制备及设计制造技术

在齿轮齿条升降系统中，所使用的爬升齿轮直径达2mm以上，在升降过程中轮齿上的荷载特别大，因此对材料的性能和使用寿命要求特别高。精铟海工发明了一种铌微合金化低温高性能钢的制备方法，该材料完全满足升降齿轮材料对重载与冲击韧性的要求，并自主制定了材料炼制、锻造及加工成型工艺标准，采用了一种齿轮理论计算与有限元分析相结合的最新设计方法，突破齿轮副的特殊齿形设计技术，建立齿轮传动系统的动力学虚拟样机进行计算与验证。从而研制出一种大速比、大传动扭矩的重载传动爬升齿轮，从根本上解决了重载升降过程齿轮应力及疲劳引起的材料崩裂及工作可靠性的重大课题。技术的核心专利包括：

CN201711259616.0 一种低温重载高性能爬升齿轮轴的制造方法；

CN201711262021.0 一种铌微合金化低温高性能钢及其制备方法。

(4) 波浪补偿控制技术

围绕海洋平台的稳定性关键技术，精铟海工研发出多自由度波浪补偿控制技术，以应对海上平台施工中的不同海况，使其在一个安全稳定的状态下进行施工。控制系统包括上平台、下平台及连接两个平台的多个执行器，通过姿态传感器获取下平台位移参数，经控制器计算后计算获得补偿量，通过执行器液压活塞杆传动对上平台的横摇、纵摇和升沉的补偿，大幅提高平台稳定性。专利核心的控制方法包括欧拉变换矩阵运动学解算、AR时间序列模型前馈控制、PID闭环调节校正技术、二次偏差矫正技术，极大地提高了补偿精度且简化了程序算法，使其工作效率大大提升。与现有技术相比，不仅提升了海上施工的补偿效率，更提高了施工环境的安全性能，增加了海上施工的稳定性。技术的核心专利包括：

CN201711377574.0 一种多自由度位移变化补偿平台的控制方法、控制系统。

(5) 传动、承载仿真检测技术

突破了行业传统的检验试验方式，研发了全效能齿轮齿条升降系统、液压插销式连续升降系统、桩腿锁紧系统等大型台架试验机，解决了升降锁紧系统在各种工况和风暴载荷下的承载安全试验技术。技术的核心专利包括：

CN201611190990.5 一种海上平台液压式升降机构的动态载荷模拟检测方法；

CN201610207331.1 基于滤波的钻井平台升降单元传动效率仿真方法及系统。

精铟海工的专利布局策略是将项目相关的所有创新点都申请专利保护。这种方式适合涉及多学科交叉复合的大型项目，项目在研发过程中需解决的技术问题较多，而且多是特定领域的特定问题，这种情况下将所有的创新点都申请专利保护，其自然会组合形成专利布局体系。并且，在此过程中，核心创新点需要多考虑可替代方案，例如本项目中的连续升降技术，为了达到连续升降的目的，精铟海工设计了多种控制模式和对应的构成结构，最终实际采用的仅为螺旋式升降方案，但也将其他设计申请了专利保护。

针对大型的复合项目的专利布局要从细微技术创新点入手，对所有的创新点都申请专利保护后自然会形成专利布局体系，在此过程中，对核心创新点要考虑可替代方案并将之都申请专利保护，这样就可以形成重点突出、布局完善的专利保护体系。

二、"大产品"专利布局

【案例8-4-2】东方电机的汽轮发电机专利布局❶

案例背景：

东方电机有限公司（以下简称"东方电机"）是国内发电设备制造大型骨干企业之一，产品远销20多个国家和地区。近年来，东方电机逐渐进入了国外著名公司的传统市场，国外著名公司在失去技术、价格优势的情况下，开始挥舞专利大棒，企图通过专利保住市场。东方电机深深体会到进行专利布局的重要性，通过建立健全知识产权管理体系，完善管理制度，加强专利布局，取得了突出的成绩。下面以东方电机生产的汽轮发电机为例，介绍其专利布局策略。

1. 布局产品结构，关注方法/工艺

汽轮发电机作为一项机械产品，其创新离不开产品结构方面的创新。对产品结构进行保护，可以最大限度地防止竞争对手的抄袭侵权。东方电机针对各关键部件结构的创新，均及时进行专利布局，如针对定子机座的创新、针对定子绕组线圈的创新，以及针对转子通风冷却结构的创新等均申请了专利保护（见表8-4-1）。

表8-4-1　东方电机针对关键部件产品结构的专利布局

关键部件结构	专利号	创新点
定子机座	CN201507648U	定子机座包括密封调节机构，满足发电机定子机座和机坑之间的密封要求，保证通风冷却效果
	CN204271789U	在第一、第二端环板上开设缺口，降低端环板刚度，减小端环板变形
	CN204271790U	在端环板本体上开设缺口，降低端环板刚度，减小端环板变形
定子绕组线圈	CN2686194Y	采用波纹板固定线棒，保持定子绕组平稳运行
	CN205304443U	在鼻端连接处交叉换位，线棒端部不换位，减小线棒环流损耗，降低线棒温升

❶ 杨兢春，方琴．重大产品专利布局之初探［J］．东方电机，2013（1）：13-15.

续表

关键部件结构	专利号	创　新　点
转子通风冷却结构	CN101465578A	利用转子端部铜线侧面面积散热，由传统自然散热变为强迫通风冷却，并增大铜线冷却面积
	CN201349164A	利用转子端部铜线侧面面积散热，由传统自然散热变为强迫通风冷却，并增大铜线冷却面积
	CN104410190A	将通道下部进风口沿冷却风风向倾斜布置，减小进风阻力，增大进风流速，增强冷却效果
	CN204271782U	将通道进风口沿冷却风风向倾斜布置，减小进风阻力，增大进风流速，增大换热系数，冷却更好
	CN204271783U	设置“S”形通风道，使冷却气体进入后形成湍流，具有良好的冷却效果
	CN204271785U	将通道下部进风口沿冷却风风向倾斜布置，减小进风阻力，增大进风流速，形成湍流
	CN204271784U	设置“S”形通风道，使冷却气体进入后形成湍流，槽底垫条与铜导线错位布置，增大进风流速
	CN205195446U	通风槽片采用了定位结构，避免通风槽钢之间扇形片受力点错位
	CN205195457U	汽轮发电机转子的新型通风结构，解决单机功率1200MW以上的全速汽轮发电机转子冷却问题

此外，东方电机并未仅针对关键部件的创新进行专利布局，针对基础部件的创新也及时申请了专利保护，以防竞争对手抢占基础部件的专利权，使得关键部件的专利无法实施而只能与竞争对手交叉许可。例如，东方电机针对定子端盖的创新、针对轴承结构的创新等均申请了专利保护（见表8-4-2）。

表8-4-2　东方电机针对基础部件结构进行的专利布局

基础部件结构	专利号	创　新　点
定子端盖	CN204947797U	由辅助支撑半环作为过渡结构，使下半端盖在自身空间内完成旋转安装
轴承	CN204099422U	通过自适应隔油装置阻止热油进入后一轴瓦，降低工作油温，增大轴瓦间有效过流面积
	CN204164160U	通过隔油装置阻止热油进入后一轴瓦，降低工作油温，调节隔油宽度和进入后一轴瓦热油量
	CN204099404U	隔油板与镜板之间接触力度能自适应微调，阻止热油进入后一轴瓦

续表

基础部件结构	专利号	创 新 点
轴承	CN204099423U	阻止附着镜板的热油进入后一轴瓦，降低工作油温，增大轴瓦间有效过流面积
	CN204099415U	改变隔油装置结构，调节隔油宽度和进入下一轴瓦的热油量
	CN204099433U	直接引入外界冷却油对轴瓦冷却，避免外界冷却油与混合油混合
	CN205001382U	轴瓦表面设置镶块，且镶块与轴瓦间设置绝缘结构，简化结构设计，降低成本，维护方便

在保护产品结构的同时，也应关注到对方法/工艺的保护，其中方法包括使用方法和控制方法，工艺包括制造工艺和材料工艺。由于有些工艺/方法涉及关键技术诀窍，如果采取保密措施，外人也无法获知，适宜采用技术秘密的手段予以保护，但对于不易保密、易看易学的方法/工艺，则适宜采用专利的方式进行保护。例如，东方电机针对液体动力推力轴承的供油方法创新、针对定子线棒在防晕结构层制造工艺的创新，以及针对发电机励磁控制的创新等所申请的专利见表 8-4-3。

表 8-4-3　东方电机针对方法/工艺/控制进行的专利布局

方法/工艺/控制	专利号	创 新 点
推力轴承供油方法	CN104179796A	配合油槽内低油位通过储油池供油，降低搅拌损耗，抑制油温上升，提高承载能力
定子线棒防晕结构层制造工艺	CN100386947C	对大型高压电机定子线棒采用涂敷方式进行防电晕结构层处理
发电机励磁控制	CN101795108B	用于巨型机组的励磁控制系统
	CN105099308A	将强励功能从原有励磁系统中分离开来，降低变压器二次侧绕组的电压及容量
发电机励磁控制	CN205304667U	将强励功能从原有的励磁系统中分离开来，降低变压器二次侧绕组的电压及容量

图 8-4-4 示出了东方电机针对产品结构所进行的专利布局。

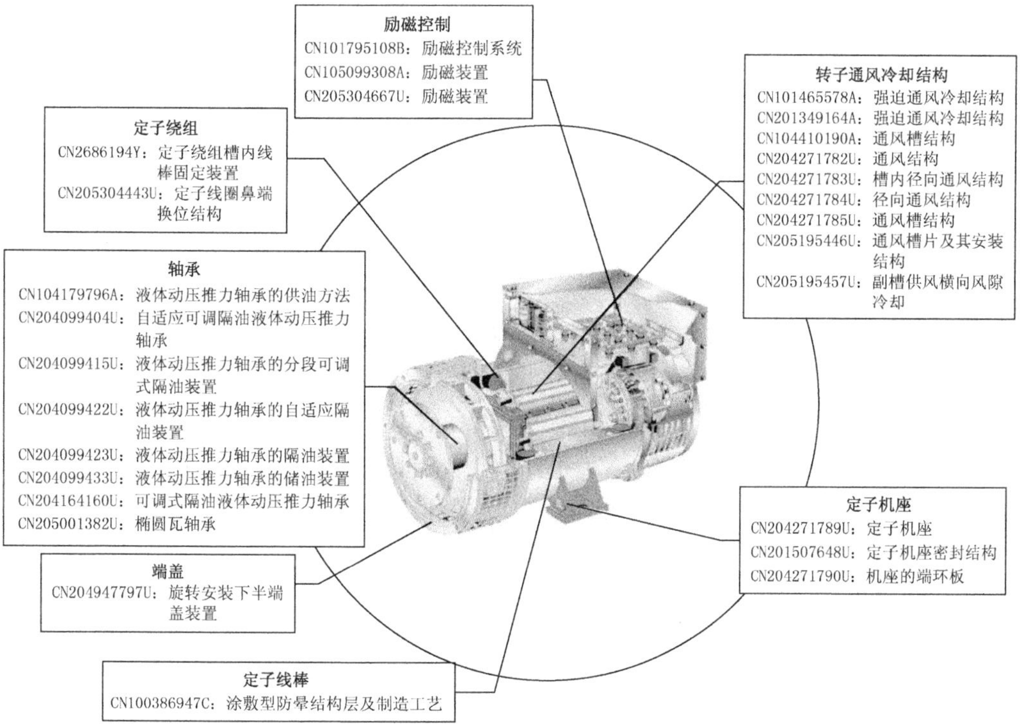

图 8-4-4　东方电机产品结构专利布局

2. 从零部件布局到产品

所有系统都是由多个小部件组成的，小部件的创新也就涉及大系统的创新。创新的部件很小，也应当及时申请专利保护；同时整个大系统也要申请专利，对其整体进行专利布局。例如，东方电机对定子槽的结构进行了改进，在进行专利布局时，逐步将之扩展到整个发电机（参见 CN205004846U，如图 8-4-5 所示），其权利要求的具体布局如下：

> 1. 一种发电机定子槽结构，其特征在于：所述槽体（1）上设置有扩大槽（2），所述扩大槽（2）位置的槽宽大于槽体（1）的槽宽。
>
> 5. 一种发电机定子线圈固定结构，其特征在于：包括如权利要求 1 至 4 任一项所述的发电机定子槽结构，所述槽体（1）内设置有线圈（3），线圈（3）通过设置在扩大槽（2）内的固定件（4）固定。
>
> 8. 一种发电机，其特征在于：采用如权利要求 5 至 7 任一项所述的发电机定子线圈固定结构。

图 8-4-5　东方电机的从定子槽结构到发动机的专利布局

又比如东方电机对定子端部支撑结构进行了改进，针对该改进进行专利申请时，也将其布局到整个发电机（参见 CN204947767U）。其权利要求的具体布局如下：

> 1. 一种定子端部支撑结构，其特征在于：包括设置于发电机定子端部的绝缘支架（4），所述绝缘支架（4）环外至少设置有一个支撑架（8），所述支撑架（8）可在发电机定子的轴向上往复摆动。
>
> 10. 一种发电机，其特征在于：采用如权利要求 1 至 9 任一项所述的定子端部支撑结构。

3. 从核心产品本身布局到外围安装应用

汽轮发电机不但可以针对核心产品结构的创新进行专利布局，针对外围安装应用创新也可进行专利布局。例如，东方电机针对安装工具的创新、针对安装方法的创新、针对监控技术的创新等所申请的专利如图 8-4-6 所示。

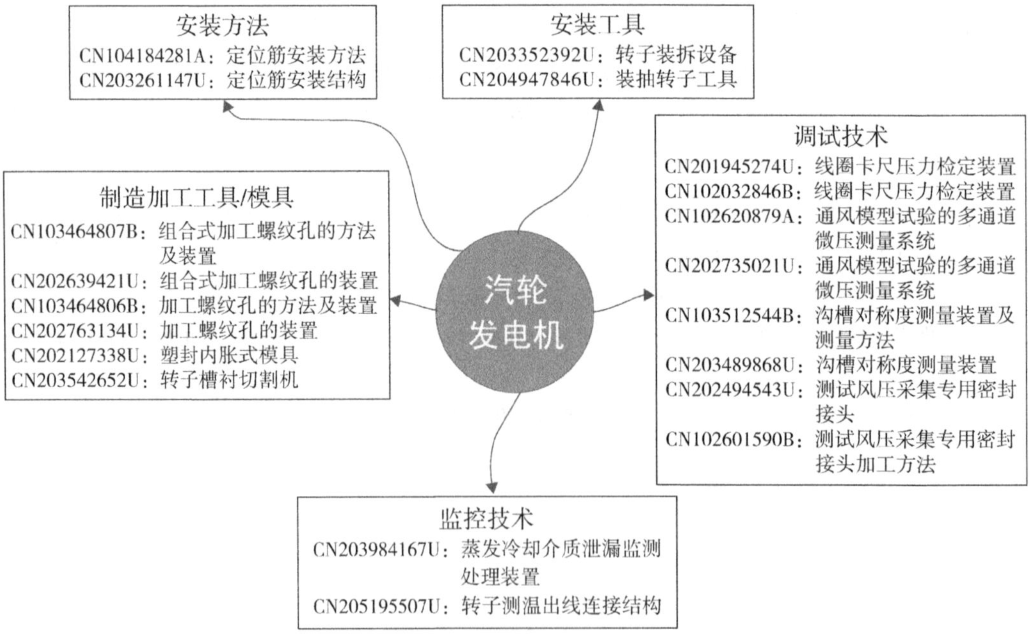

图 8-4-6　东方电机针对外围安装应用的专利布局

三、“小部件”专利布局

【案例 8-4-3】LG 螺钉专利布局

案例设置目的：从发明创造技术方案出发，从不同角度、不同层面进行专利布局。权利要求同时布局到产品与方法，从小组件布局到大系统。

案例背景：

通常，笔记本电脑的液晶显示器（LCD）的面板 20 通过用四颗螺钉 43 从正面锁住液晶面板的外框（见图 8-4-7），固定牢靠。但是由于固定需要，螺钉 43 必须有一定的长度要求，使得液晶显示器太厚。此外，由于螺钉需要占据一定的宽度，也缩小了液晶显示器的屏占比。LG 针对该缺陷，将螺钉改成从侧边锁住液晶面板的外框，从而大大降低了液晶显示器的厚度，并提高了液晶显示器的屏占比（见图 8-4-8）。

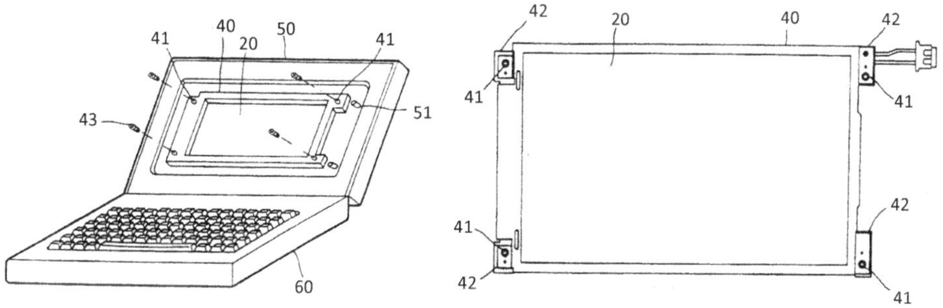

图 8-4-7　现有液晶显示器面板结构

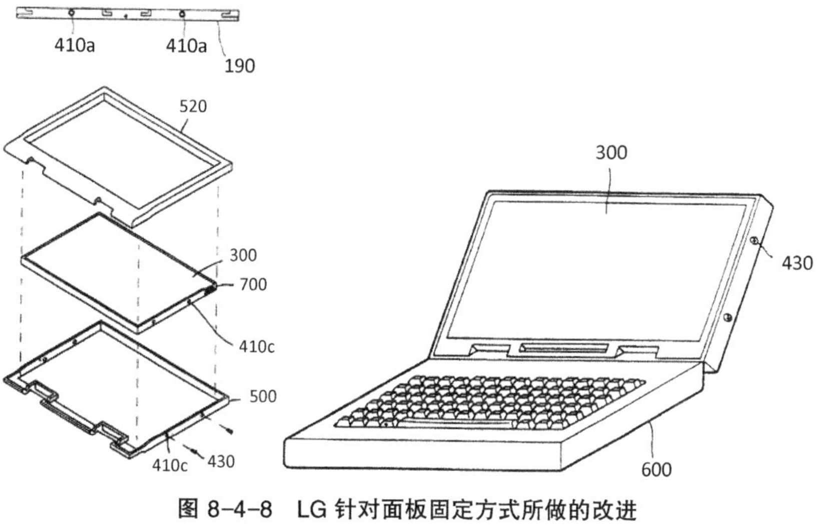

图 8-4-8　LG 针对面板固定方式所做的改进

1. 小改进布局到大系统

LG的该技术改进实际上仅涉及螺钉安装方向的改进，在进行专利布局时，如果仅将涉及该技术改进的技术特征纳入专利保护范围，则难以获得授权。LG在进行专利布局时，意识到无法仅以改变安装方向的螺钉为保护对象，因此以保护其应用环境为入口，要求保护应用这一小改进的具体产品，以获得专利授权。下面的独立权利要求即为LG针对上述小改进所获得专利授权的独立权利要求1（参见US5835139A）。

1. A liquid crystal display device comprising:

- a liquid crystal panel with a display area and having front and back surfaces and a first plurality of edges;

- a light unit with a second plurality of edges joined with the liquid crystal panel;

- a first support frame (190) supporting the light unit and having a portion that extends parallel to at least one edge of the light unit;

- a second support frame (400) coupled to the portion of the first frame;

- an outer casing (500), and

- a fastening part (430, 410a, 410b, 410c) joining together the first and second support frames (190, 400) and the outer casing (500) through the portion (410a) of the first support frame (190) that is coupled to the second support frame (400).

该权利要求请求保护的主题是一种液晶显示器，其下包括多个组件，如液晶面板、发光单元、第一支撑框架、第二支撑框架、外壳等。这些组件实际上均是液晶显示器的常见组件，大部分液晶显示器都具有这些组件，而体现申请人发明构思的技术点则在于最后一段框中涉及固定零件的部分，亦即涉及改变了安装方向的螺钉的技术特征。

下面我们再来看LG对该改进点是如何描述的。首先，LG并未用具体名称螺钉来表示，而是采用“fastening part”（紧固零件）的上位表达方式。其次，LG也未直接说明其安装在显示器的侧面，而是先表明其功能——用于将第一、第二支撑框架与外壳连接在一起，然后描述了连接的方式，是经由第一支撑框架连接至第二支撑框架的部分，把第一、第二支撑框架连接到外壳上。

从中可以看到，LG在布局该权利要求时，并未直接采用说明书具体实施方式中所描述的紧固螺钉，而是上位功能化，并且并未直接说将紧固零件安装在液晶显示器的侧面，而是说安装在第一、第二支撑框架的连接部分。由于大部分液晶显示器的第一、第二支撑框架的连接部分均在侧面，上述表述方式已经涵盖了这一类的全部液晶显示器。并且，该撰写方式可以防止竞争对手的规避设计，比如从顶边固定。通过如此撰写，LG获得了尽可能大的保护范围。该项专利构成了LG这一改进的核心专利。

2. 布局专利围墙

专利围墙是指将实现某一技术目标的所有规避设计方案全部申请专利，形成围墙式系列专利的布局模式来包围别人。LG 在布局了液晶显示器这一核心技术方案之后，围绕这一核心方案，展开了周密的围墙式布局，将涉及这一改进的所有产品均进行了专利申请。如此做既规避了核心专利无效后将对所有产品都失去保护的风险，又可对某一具体型号的产品提供多重保护，在专利诉讼、专利许可或交叉许可中占据有利位置（参见 US5835139A、US6002457A、US6020942A、US6373537B2、US7944517B2、US7944522B2）。具体布局见表 8-4-4。

表 8-4-4 围绕核心方案的围墙式布局

专利号	权项数量	主 题	包括的主要特征
US5835139A	1	液晶显示器	液晶面板、发光单元、第一第二支撑框架、外壳、改进点
	5	便携计算机	液晶显示器、本体、盖、改进点
	8	便携计算机	液晶显示器、本体、盖、改进点
	9	液晶显示器	反射单元、光源、光导单元、棱镜单元、扩散单元、液晶面板、第一第二支撑框架、改进点
US6002457A	1	液晶显示器	第一第二框架、液晶面板、改进点
	5	液晶显示器	液晶面板、框架、改进点
	9	液晶显示器	第一第二框架、反射单元、光源、光导单元、液晶面板、改进点
	13	液晶显示器	液晶面板、发光单元、第一第二支撑框架、外壳、改进点
	18	液晶显示器	第一第二支撑框架、反射单元、光源、光导单元、棱镜单元、液晶面板、改进点
	23	液晶显示器	第一第二框架、液晶面板、改进点
	33	液晶显示器	液晶面板、框架、改进点
	37	液晶显示器	第一第二框架、反射单元、光源、光导单元、液晶面板、改进点
US6020942A	1	便携计算机	液晶显示器（含第一第二框架、反射单元、光源、光导单元、液晶面板）、本体、盖、改进点
	10	便携计算机	液晶显示器、本体、盖、改进点
	13	便携计算机	液晶显示器、本体、盖、改进点
	14	便携计算机	液晶显示器（含第一第二框架、反射单元、光源、光导单元、液晶面板）、本体、盖、改进点
	23	便携计算机	液晶显示器（含第一第二框架、反射单元、光源、光导单元、液晶面板）、本体、盖、改进点

续表

专利号	权项数量	主　题	包括的主要特征
US6373537B2	1	液晶显示器	液晶面板、第一第二框架、外壳、改进点
	7	便携计算机	液晶显示器、上壳体、下壳体、改进点
	12	便携计算机	液晶显示器、上壳体、下壳体、改进点
US7944517B2	1	液晶显示器	第一第二框架、液晶面板、外壳、改进点
	9	液晶显示器	第一第二框架、液晶面板、改进点
US7944522B2	1	液晶显示器	第一第二结构、液晶面板、改进点

表8-4-4第四列中的特征在各权项中的具体表述均有所不同，或上位或下位，或具体限定的特征有所差异。LG公司就通过这样或上位或下位或特征多少的差异，围绕核心专利方案又周密布局了22组权利要求，其中以液晶显示器为主题的有13组，以便携计算机为主题的有9组。通过这样周密的布局，实现了对相关产品的全方位保护，有效地防止竞争对手的规避。

而在布局了产品专利围墙之后，LG公司并未停止布局，又以方法权利要求的形式做更严密的布局（参见US5926237A、US7944522B2）。具体布局见表8-4-5。

表8-4-5　以方法权利要求形式的专利布局

专利号	权项数量	主　题
US5926237A	1	一种形成液晶显示器的方法
	6	一种组装便携计算机的方法
	10	一种形成液晶显示器的方法
	15	一种形成液晶显示器的方法
	25	一种形成液晶显示器的方法
	35	一种形成液晶显示器的方法
	45	一种制作便携计算机的方法
	54	一种制作便携计算机的方法
US7944522B2	5	一种制造显示器的方法

在研究中我们可以注意到，这一组专利文献都享有共同的优先权，亦即LG公司实际上做出的改进方案仅有一项，但LG公司就是在这一个小小的改进技术方案的基础

上，采用不同的表述方式，一共布局了 23 组产品权利要求和 9 组方法权利要求，形成专利防护森林。

3. 技术改进与再布局

LG 公司的上述改进方案是通过螺钉直接从侧面将第一框架连接到第二框架上，液晶显示器的各部件设置在第一框架与第二框架之间。在螺接螺钉时，通常情况下我们希望螺钉与液晶显示器的侧面是垂直的，但现实情况是螺钉往往会倾斜一定的角度。LG 公司针对这一情况，在对原改进技术方案基础上又进行了改进设计。LG 公司设计的改进方案是，将液晶显示器的各部件直接设在主支撑体 28 上，再由顶壳 22 压住液晶显示器的各部件，顶壳 22 则通过压紧配合在其侧孔中的螺母 24 和螺钉 26 从侧面安装在主支撑体 28 上（见图 8-4-9）。由此，LG 公司完成了改进设计，既同样保证降低液晶显示器的厚度，又确保了螺钉安装不歪斜。

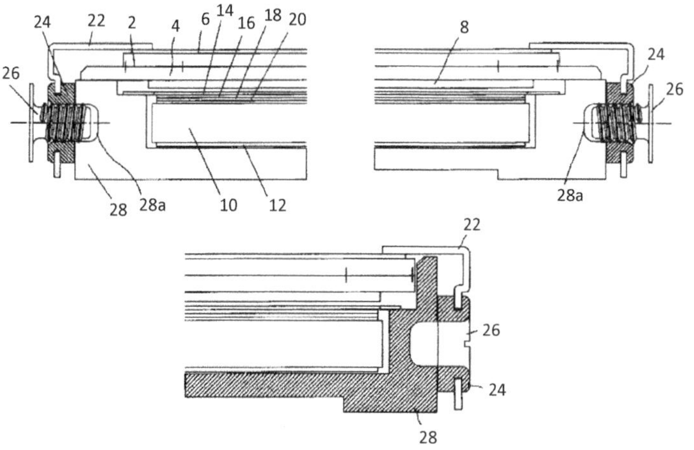

图 8-4-9　LG 针对螺钉结构所做的改进

LG 公司围绕这一改进设计方案，同样展开了布局，见表 8-4-6。

表 8-4-6　新改进方案的专利布局

专利号	权项数量	主　题	包括的主要特征/步骤
US6456343B2	1	液晶显示器	主支撑体、顶壳、螺母、螺钉
	12	组装液晶显示器的方法	安装背光单元和液晶面板、插入螺母、压配合螺母、定位顶壳、螺接螺钉
US6816211B2	1	液晶显示器	主支撑体、顶壳、螺母、螺钉
	11	组装液晶显示器的方法	形成主支撑体、安装背光单元和液晶面板、压配合螺母、定位顶壳、螺接螺钉

图 8-4-10 展现了 LG 在这一侧装螺钉改进上所做的专利布局。

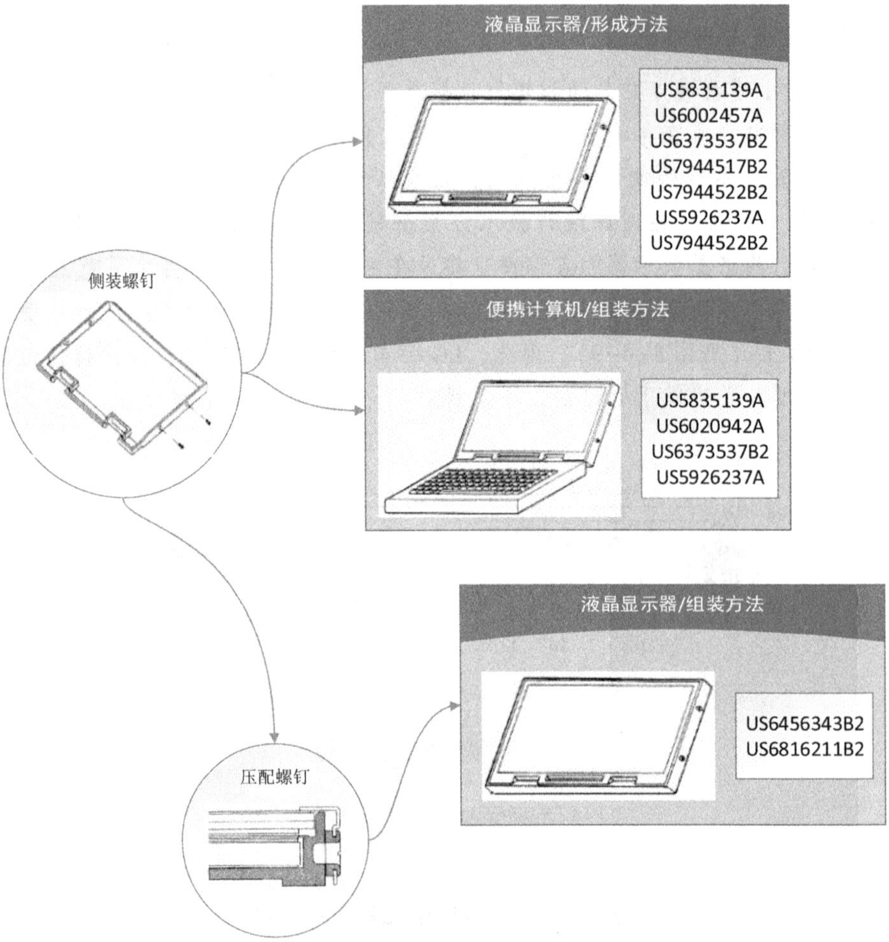

图 8-4-10　LG 螺钉改进方案的专利布局

第九章　IT 领域的专利布局

本章概述

IT 领域技术创新活跃、创新主体专利保护意识强、专利申请量大、专利布局密度高，且专利诉讼频发，既属于技术创新的活跃领域，又属于专利保护的重点领域。本章从专利保护现状及特点、专利布局考虑因素等角度入手，介绍 IT 领域的专利布局策略，以突显专利布局的领域特色。

本章知识脉络

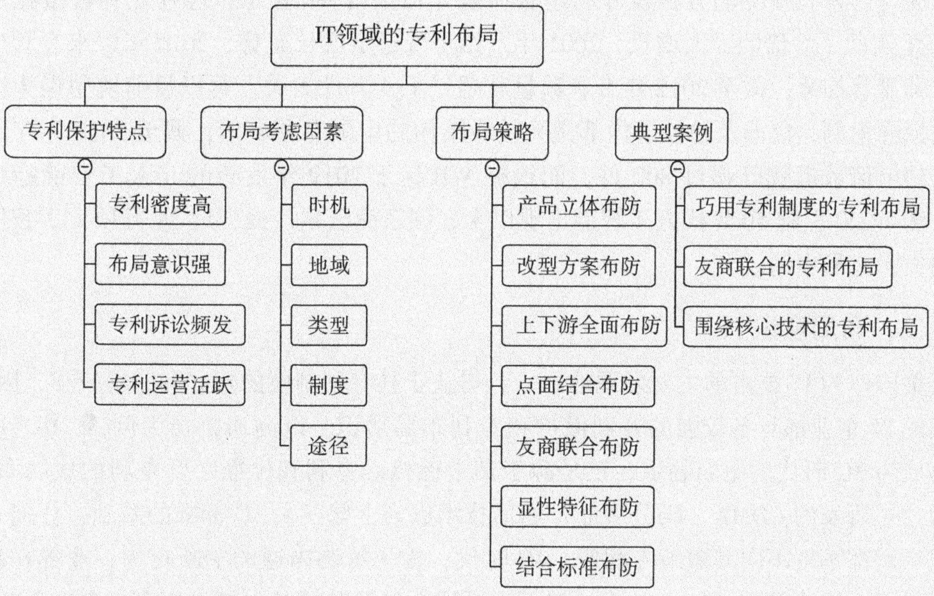

第一节　IT 领域的专利保护特点

IT 是信息技术（Information Technology）行业的统称，其涵盖了三个层级：第一层是硬件，主要指数据存储、处理和传输的主机和网络通信设备；第二层是软件，包括可用来获取、存储、处理数据和信息的各种软件；第三层是应用，指分析、评估、使用各种数据和信息。随着以物联网、云计算、大数据为代表的新一代信息技术的飞速发展，“信息技术”所涵盖的技术方向和应用场景均有了新的变化。本章节将上述新兴技术一并涵盖于此，统称为“IT 领域”。作为技术密集型行业，IT 领域的创新主体普遍具有较强的专利保护意识，大型 IT 企业之间的专利竞争由来已久。近年来，智能手机厂商之间的专利诉讼频发，也让业界对于 IT 领域的专利保护愈发关注。

IT 领域的专利保护现状呈现出以下几个特点。

一、专利密度高

IT 领域的产品，大到企业级网络交换机，小到 USB 接口，无论硬件产品还是软件产品都涵盖了大量的专利技术。以手机芯片为例，法国 QUESTEL 公司于 2016 年 4 月发布的《芯片行业专利分析及专利组合质量评估报告》[1] 显示，芯片专利数量在过去 18 年里实现了 6 倍的惊人增长，2001 年开始呈现稳定增长态势，2010 年以来专利申请的节奏显著加速，截至 2012 年专利数量就超过了 4 万件大关。再以目前使用最为广泛的触控屏为例，仅涉及触控屏内部交叉导线结构的中国专利申请，截至 2018 年年底已公开的申请数量就已超过 800 件。而根据 WIPO 于 2019 年发布的《人工智能趋势报告》，[2] 自 20 世纪 50 年代人工智能出现以来，创新商已累计提交近 34 万项人工智能相关的发明专利申请。

二、布局意识强

美国作为 IT 技术的主要发源地之一，得益于其专利制度的建立和完善较早，因而，美国的 IT 企业都具备较强的专利保护和专利布局意识。以高通公司为例，[3] 其之所以能够成为 3G 时代的垄断霸主，正是源于其手握核心专利和标准必要专利的成功布局。高通公司研发的 CDMA（码分多址）通信技术成为全球三大 3G 标准的基础，任何一家手机厂商都不得不向其缴纳专利费。4G 时代，为了抵制高通的垄断行为，业界在制定标准时不再继续采用 CDMA 技术，然而高通还大量储备了其他核心专利。5G 时代，华

---

[1] 芯片行业专利分析及专利组合质量评估报告 [R/OL]. http://www.cnipr.com/yysw/zscqycx/201604/t20160422_196439.htm.

[2] WIPO Technology Trends 2019-Artifical Intelligence.

[3] 前华为人揭秘 4G 核心专利：3G 高通霸主之位 [J/OL]. http://www.aiweibang.com/yuedu/19814035.html.

为公司正是因为持有 5G 核心技术和大量基础专利才得以与高通公司等世界巨头抗衡。

三、专利诉讼频发

IT 领域专利侵权诉讼频发，跨国企业之间、国内企业走出国门之时、国内同行之间均频繁使用专利武器。高端存储领域，EMC、IBM、惠普、日立多家厂商间的专利战旷日持久；智能终端领域，苹果与三星之间上演令人瞩目的巨头之争；移动存储领域，朗科作为民族企业代表依靠专利诉讼一举成名；应用程序领域，苹果 Siri 与小 i 机器人侵权诉讼与专利无效的精彩对抗，百度与搜狗输入法之间巨额标的的专利纷争……数不胜数的诉讼案例展现了 IT 企业强烈的专利维权意识和运用专利武器的能力，从而也实现了 IT 领域做好专利布局的重要意义。

四、专利运营活跃

IT 领域不仅专利申请量大，企业之间的专利收购、专利许可等运营行为也较为活跃。以 IBM 公司为例，该公司多年蝉联专利持有量第一，仅 2014 年的授权专利就达到 7537 项。不仅自身专利产出量大，IBM 公司还根据业务转型、产品扩展、技术储备等多种因素，在全球范围内进行了大量的专利并购[1]（见图 9-1-1）。国内企业近年来的专利并购同样活跃，联想集团出资 1 亿美元购买一系列与 3G 和 LTE 相关的专利组合；小米公司为了弥补专利储备不足的短板频繁收购 Intel 公司、博通公司、微软公司的大量专利包……专利运营的活跃程度也从一个侧面反映了行业内专利发挥的重要作用。

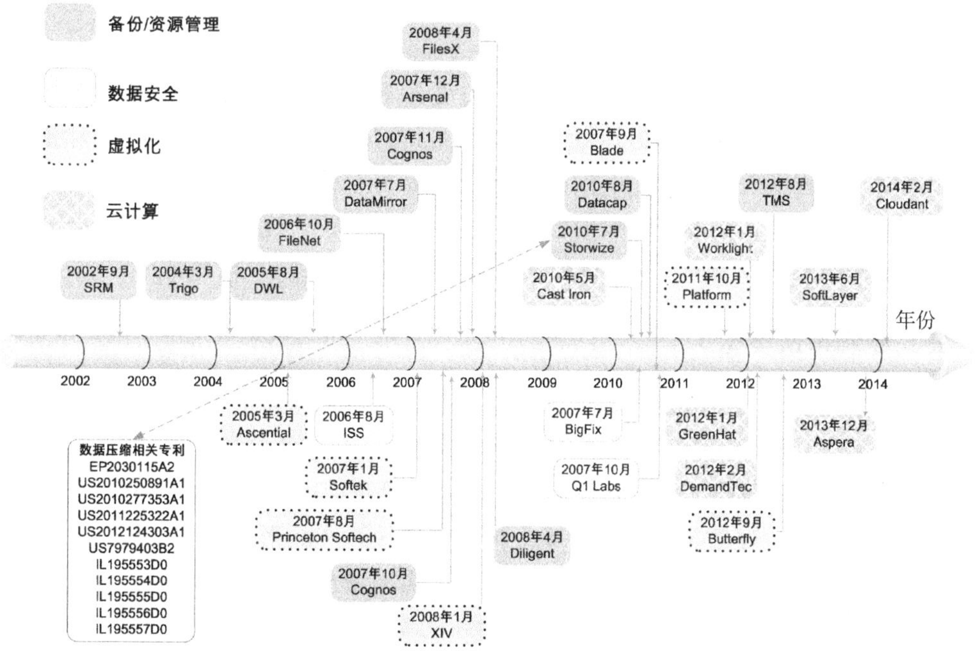

图 9-1-1　IBM 公司 2001~2014 年存储领域相关并购

[1] 杨铁军．产业专利分析报告（第 34 册）：高端存储［M］．北京：知识产权出版社，2015：111-130.

第二节 IT领域专利布局的考虑因素

虽然前述章节介绍的各种专利布局策略具有通用性和普适性，但IT领域的技术创新和专利保护具有其自身的鲜明特点，针对领域特殊性，建议重点关注以下几方面的考虑因素（见图9-2-1）。

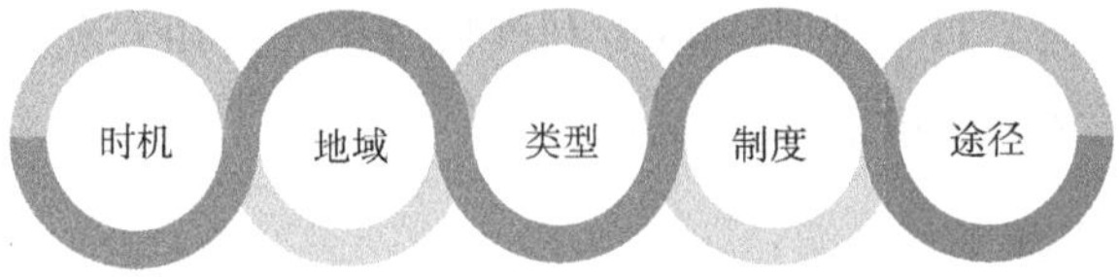

图 9-2-1 IT 领域专利布局考虑因素

一、专利申请时机

与机械、化学等传统领域相比，IT领域的技术更新快，迭代周期短，尤其是App等软件产品的生命周期更短。然而，无论申请何种类型的专利都需要一定的周期才能获得授权，从这一角度而言，企业专利申请应该尽早进行；但是，专利的公开性与产品创意阶段的保密需求又存在矛盾，因而，企业应当权衡利弊，选择恰当的专利申请时机。

二、专利布局地域

不同国家和地区的专利保护制度和保护力度各不相同，加之企业的主要市场和目标规划不同，专利布局应当考虑地域性因素。尤其需要注意的是，不同国家和地区对软件产品的保护程度差异较大，不仅专利获权阶段在专利保护客体以及授权条件方面的审查标准有所差别，在诉讼阶段的侵权判定标准和判罚力度也有所不同，企业应当基于自身的产品和市场情况，选择性地在不同国家或地区进行专利布局。

三、专利申请类型

IT产品呈现出多种不同的技术形态，不同形态的技术创新适合采用不同类型的专利组合予以保护。例如，企业级硬件产品（如服务器、网络交换机、海量存储设备等）技术创新难度大，研发投入大，开发周期长；而外设及周边产品（如USB外部存储设备、充电器、鼠标、键盘等）创新点多，研发周期短，产品形态丰富。另外，发明专利权利稳定但是创新高度要求高、审查周期长，实用新型授权快、新创性要求低但是权利稳定性难以保证。因此，可根据技术创新的难易程度、产品或市场的更新周期、企业的成本和预算、审查周期的长短等因素来选择恰当的专利类型寻求保护。软件产品由于其产品无形性，不符合实用新型保护客体要求，因而只能寻求发明专利保护，对于其呈现出的人机交互界面则可采用外观设计专利予以保护。

四、各国软件专利制度差异

地域因素中已经提及，不同国家和地区的专利制度不同，❶ 例如，美国专利法不仅保护基于计算机程序撰写的方法类权利要求，也保护计算机程序产品和存储程序的记录介质；欧洲对于软件专利的限制条件较多，涉及计算机程序的创新通常只能以方法类型及其对应的装置类型的权利要求形式获得保护。我国自 2017 年 4 月修改《专利审查指南》，❷ 不仅允许以方法和装置类型（包括“程序模块架构”和“软硬结合”两种形式）的权利要求提供保护，也允许以计算机存储介质为主题寻求专利保护。印度虽然软件业发达，却于 2016 年 2 月宣布取消对软件专利的保护；澳大利亚为了鼓励创新，除发明专利外，其“创新专利”（类似我国实用新型专利）也保护一切产品、方法和计算机程序。

值得注意的是，各国对于涉及计算机程序改进的专利政策在不断变化，企业应当持续关注各国不同时期的专利政策和实践操作中的具体标准变化。

五、专利获取途径

除了基于企业研发成果对原创技术开展专利布局外，购买专利、交叉许可等途径也是迅速完善企业专利布局的有效手段。掌握核心技术，一靠自主研发，二靠并购及合并，已经成为 IT 业界的共识。IT 技术与行业标准密切相关，通信标准、硬件接口标准、音视频编解码标准等所涉及的大量标准相关专利是无法绕过的壁垒，因此，专利许可或交叉许可是有效的解决之道。

第三节 IT 领域的专利布局策略

IT 领域专利布局策略如图 9-3-1 所示。

图 9-3-1 IT 领域专利布局策略示意

---

❶ 刘群彦，东方成．先进技术价值创造和产业化运作实务［M］．上海：上海交通大学出版社，2013：188-192.

❷ 周胡斌，等．《专利审查指南》修改解读［J］．专利代理，2017（2）.

一、产品立体布防

第一节介绍了IT产品的三个层级，事实上，在20世纪以硬件为核心的传统IT时代，硬件改进与软件改进的界限较为明显；而随着智能硬件和移动互联网的普及，现阶段的IT产品通常是基于智能硬件和控制软件构成的整体解决方案，很难将技术创新从硬件、软件、应用三个层次进行绝对的划分（智能手机的部分技术分支如图9-3-2所示）。因此，IT产品的专利布局应当采用自底向上或者自顶向下的方式，针对硬件结构改进、硬件驱动方式改进、通信方式改进、控制逻辑改进、程序算法改进、人机交互方式改进等多层级设置专利布局点，并辅以商标、集成电路布局设计、软件著作权等多种知识产权保护形式对产品全面布防。

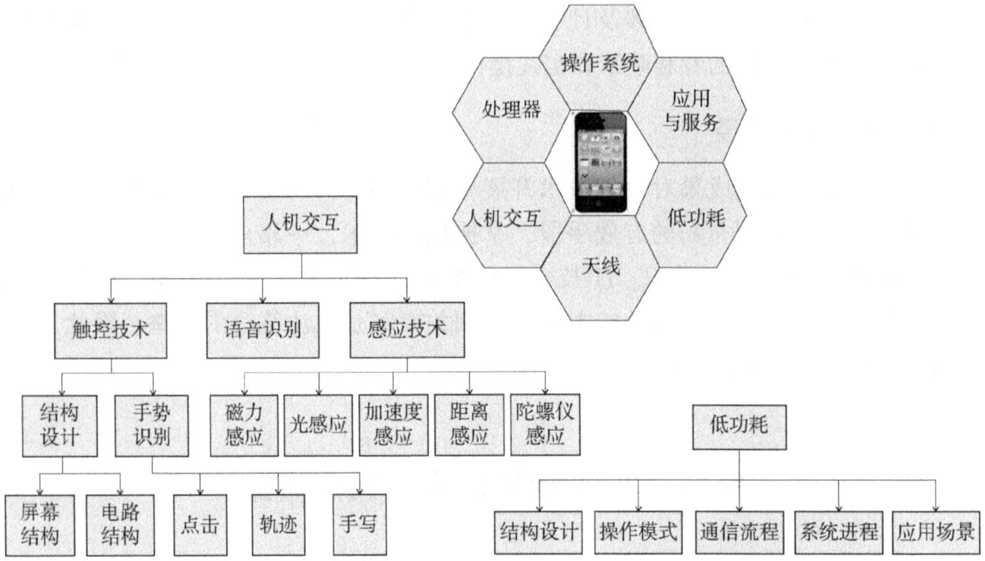

图9-3-2　智能手机技术分支示意❶

二、改型方案布防

主要基于软件创新的专利技术，创新点往往在于技术问题的发现，准确捕捉到现有技术存在的问题和缺陷后，其技术实现本身并不需要付出太多的创造性劳动（完成软件功能设计后，软件工程师可利用多种现有编程语言完成代码层的方案实现），因而，软件产品的技术创新存在易改型、易规避的问题。另外，一套核心处理流程或者算法模型经过适应性的参数调整后很容易被用于不同的应用场景，从而形成不同的解决方案，因而，应用场景的扩展也是预防规避设计的重要手段。企业在进行专利布局时，应当围绕核心方案或基础方案，充分考虑可能衍生出的各种改型方案，以多组权

❶ 智能手机专利态势分析［EB/OL］. http：//www.nipso.cn/zhuanti/ts/ppt/智能手机专利态势发布.ppt.

利要求或者专利组合的形式进行发散式保护，防止竞争对手通过规避设计轻松绕开专利权的保护范围。

三、上下游全面布防

无论 PC 还是移动终端，很多硬件产品均是由不同的零部件供应商提供配件、由 OEM 厂商完成装配，这一生产过程中涉及大量的上下游企业。与此同时，“互联网+”时代，单一的信息处理设备逐步被开放、互联环境中整合了多个装置/组件的信息处理系统所取代；物联网和移动互联网的普及，为任何终端设备随时随地接入网络提供了可能，因此，IT 产品在实际使用中也不可避免地要涉及网络运营商、平台提供商、服务/商品提供方等多重参与者。这一境况下，创新主体在专利布局时更需要眼光长远，将产品从设计、投产到销售、使用各个环节可能涉及的参与者都假定为侵权对象，针对性设置权利要求布局和多重专利组合，以应对上下游各环节可能发生的专利侵权，保障专利权的有效性。

四、点面结合布防

当前环境下，智能手机、智能手环等智能终端无处不在；智能音箱、智能冰箱到智能照明，让家居与网络互联。网络泛在化使得终端到云端的数据采集、传输、处理、存储、反馈和控制极易实现，孤立的电子设备已经极少出现。针对当前的技术发展趋势和主流产品形态，或者由设备功能出发，由点到面发散，从终端到云端布局；或者从数据流向着手，沿技术链延伸，从前端到后端布局。例如，智能家居领域的知名厂商 NEST 公司围绕其“恒温器”产品，从传感器端到中央控制器，再到后台服务器进行了由“点”到“面”的全面布局。

五、友商联合布防

IT 领域的新技术研发，尤其是基础硬件及核心操作系统层面的研发，往往需要领先的技术力量和大量的资金投入，各家领先企业的优势不尽相同，因而，企业间合作开发，形成技术联盟和专利联盟/专利池的现象屡见不鲜。国人耳熟能详的 DVD 事件中，日立、松下、东芝、JVC、三菱电机、时代华纳六大技术开发商组成的 6C 联盟；为了应对 Android 阵营，由苹果、微软、黑莓、索尼和爱立信联合成立的 Rockstar 专利联盟；半导体芯片领域，索尼、美光、普惠、海力士、尔必达、东芝等多家公司互有合作……这些友商之间或者以共同申请人的方式，或者以构建专利池的模式，或者以交叉许可的形式强强合作，联合布防，构筑行业专利壁垒。

六、显性特征布防

相对于硬件产品的宏观可见性，基于计算机程序改进的软件产品在侵权举证方面存在一定的困难，尤其创新点在于底层算法改进的专利技术，专利权人很难通过合法途径进入对方机房复制运行在服务器上的程序，侵权证据的获取成为一大难题，这也是我国的司法实践中单纯涉及程序改进的专利侵权诉讼鲜有发生的原因之一。针对这一困局，软件企业普遍持有共识是：尽量从“功能侧”描述技术方案，针对易于获取侵权证据的“显性特征”进行专利布局。实践证明，这一策略对行使权利十分有效，例如，苹果与三星“世纪大战”中，苹果公司的涉案专利均为“滑动解锁”“多点触控”这类涉及人机交互技术、特征显性、易于认定的专利。此外，对于服务器—客户端这类网络架构，由于系统组成部件的离散性，采用“单侧描述”的方式布局权利要求以利于侵权举证，已成为业界共识。❶

七、结合标准布防

尽管功能侧描述的专利技术易于侵权举证，然而其存在容易规避的缺陷。IT领域的核心技术更多地在于操作系统、通信协议、核心算法等底层架构，如上所述，底层技术创新的技术含量高，却存在侵权诉讼中举证难度大、特征对比不易判定的劣势。对于这类技术创新，更建议企业积极参与行业标准制定，更多掌握行业内的话语权，将标准制定与专利布局有机结合❷（参见第六章“围绕技术标准的专利布局”）。

第四节 典型案例分析

前述章节梳理了IT领域专利布局应当考虑的重点因素和适于不同场景的布局策略，本节将用三个典型案例来说明如何具体应用所述布局策略。

一、巧用专利制度的专利布局

【案例9-4-1】苹果公司的专利布局亮点

案例背景：

苹果公司是移动互联网时代智能终端领域最耀眼的一家公司，2007年第一代iPhone的发布“重新定义了手机”，从此，全触控屏设计成为智能手机的标准配置。苹果公司凭借iPhone系列成功引领了智能手机的发展趋势，并且凭借在触控领域的大量专利储备占得先机。作为一家以设计创新为主要驱动的企业，苹果公司在商业上获得的巨大成功，与其高水平的专利布局和专利运营能力密不可分。苹果公司的专利布局

❶ 李永红，等. 电学领域专利申请文件撰写精要［M］. 北京：知识产权出版社，2016：342-350.

❷ 王加莹. 专利布局和标准运营：全球化环境下企业的创新突围之道［M］. 北京：知识产权出版社，2014：57-59.

策略有太多可圈可点之处，技巧性地利用各国专利制度、多地域全面布防可谓其专利布局策略的亮点之一。

1. 有效利用延续申请

美国的延续申请（Continuing Application）分为三种情况，即分案申请（Divisional Application，DA）、继续申请（Continuation Application，CA）和部分继续申请（Continuation-in-part Application，CIP）。上述三种延续申请都能够全部或者部分享有较早申请的申请日。苹果公司充分利用了延续申请制度的“时间占先性”，在规定允许的范围内对发明进行持续改进，并进行完整保护。

以语音识别领域一件较早的专利 US6311157B1 为例，[1] 该专利于 2001 年获得授权，苹果公司基于该专利，持续申请了 US6704710B1 分案申请，以及 US7127394B1 和 US7478037B1 两件继续申请，从而将保护期限延长到 2018 年（见图 9-4-1）。

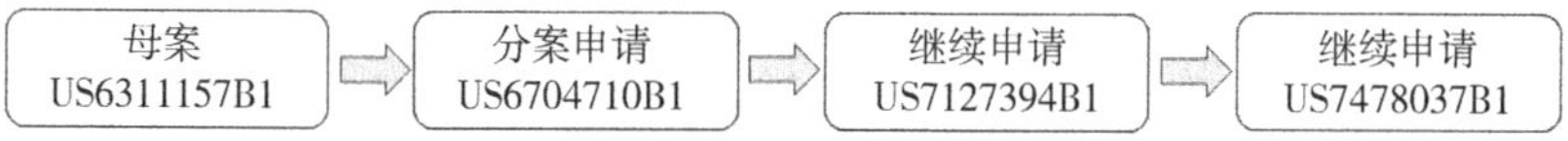

图 9-4-1 US6311157B1 及其继续申请

2. 巧妙利用临时申请

美国的临时申请[2]（Provisional Application）只要求申请人提交说明书和附图，不需要提交权利要求书，既可以起到确认优先权的作用，又不会成为专利权保护期限的时间起算点。为了争取较早的申请日，同时又为合理撰写权利要求预留空间，苹果公司的常用策略之一就是充分利用美国的临时申请制度，通过临时申请对意欲保护的技术内容提前占位。苹果公司在申请与 Siri 相关的一项专利时，就采用了这一策略[3]（见图 9-4-2）。

苹果公司首先于 2010 年 1 月 18 日提交了具有 163 页说明书和 49 页附图的临时申请 US61/295774，在 12 个月的宽限期即将届满之时，于 2011 年 1 月 10 日提交了具有 49 页说明书和 74 项权利要求的正式专利申请 US2012016678A1，并于同年 9 月 30 日在 US2012016678A1 号专利申请的基础上进一步补充技术内容，提交了具有 43 项权利要求的部分继续申请 US2012022872A1。

[1] 案例来源：杨铁军．产业专利分析报告（第 13 册）：智能电视［M］．北京：知识产权出版社，2013：57-59.

[2] 田悦宁．美国临时专利申请制度简介［J］．中国发明与专利，2014（2）：66-67.

[3] 案例来源：杨铁军．产业专利分析报告（第 13 册）：智能电视［M］．北京：知识产权出版社，2013：57-95.

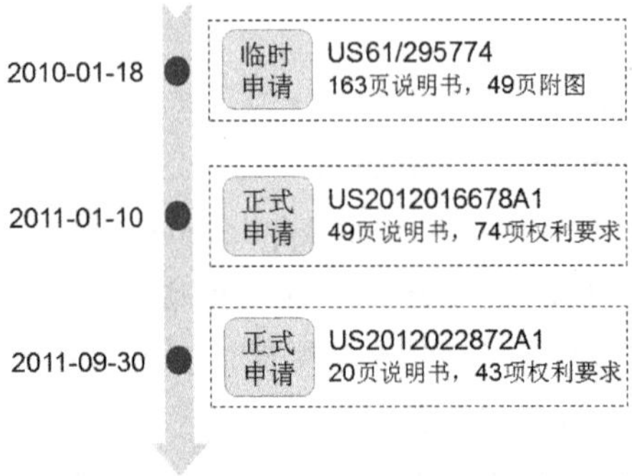

图 9-4-2　Siri 相关技术利用临时申请及继续申请制度的策略

3. 综合利用多种策略，多地域布局专利

2013 年 7 月，苹果公司获得了一项欧洲专利局授权的 EP2390799B1 号专利，该专利描述了大多数移动设备都采用的图片浏览方式以及用户滑动时设备的反应。从权利要求的保护范围来看，其覆盖了目前大多数移动设备显示图片、文档和网页等数字对象所用的操作方式，涉及的产品范围极大。通过对 EP2390799B1 号专利的申请历史进行分析梳理，可以发现该技术的专利布局过程充分体现了苹果公司善于利用各国专利制度，多地域、全方位布防的特点。❶

通过检索发现，苹果公司就该技术主题在全球提出了超过 480 项同族专利申请。

从已公开的专利文献中追溯到该技术主题最早的专利申请是一篇美国专利 US8106856（申请号 US2008052945A1），而 US8106856 号专利源于苹果公司的 6 件临时申请，最早申请日是 2006 年 9 月 6 日。在 US8106856 号专利提出申请后的第二天，苹果公司又通过 PCT 途径分别向欧洲和中国进行了申请（申请号分别是 EP2059868A2 和 CN2007800011428）。基于这两件专利申请，后续又分别提交了分案申请（欧洲分案申请号为 EP2282275A1，于 2013 年 12 月获得授权；中国分案申请号为 CN2010102276338，于 2012 年 10 月获得授权）。此后，苹果公司在美国本土提交了两件继续申请 US2012127207A1 和 US20130061175A1（见图 9-4-3）。

❶ 案例来源：张曦，张倩，孙剑锋．管窥苹果的专利迷魂阵［J］．电子知识产权，2014（11）．

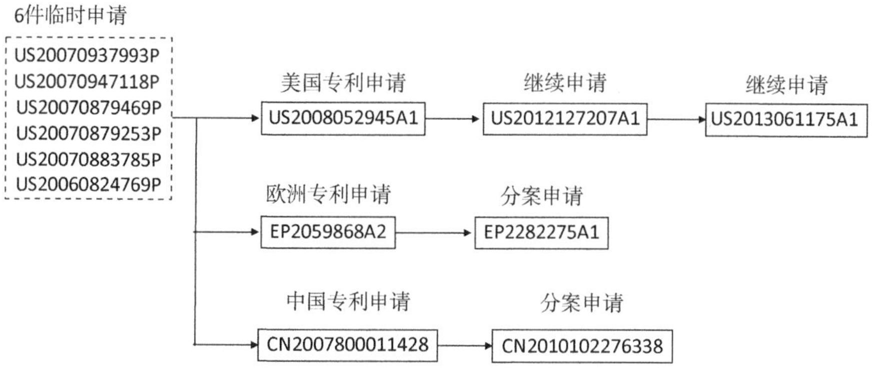

图 9-4-3 苹果公司图片浏览技术专利布局过程

上述一系列专利申请明显都是针对苹果公司的 iPhone 和 iPad 系列产品展开的专利布局。

从专利申请时间来看，第一代 iPhone 和 iPad 分别于 2007 年 6 月 29 日和 2010 年 1 月 27 日在美国上市。苹果公司充分利用了美国的临时申请制度和延续申请制度，从 2006 年至 2007 年，一共提交了 6 件临时申请，其中有两件临时申请是在 iPhone 上市当天提交的。

从专利申请的地域来看，苹果公司为了避免欧洲和中国对于多项优先权的期限限制，采用了分案申请的技巧，对产品的不同方面进行保护。例如，在中国申请的 CN2007800011428 号专利保护的是在 iPhone 上浏览图片用手指选定后展示大图的操作；CN201010227633 号专利保护的是在 iPhone 上用手指滑动浏览图片时一定情形下图片有回弹的操作。在美国本土，苹果公司则充分利用延续申请制度不断挖掘新的权利要求，并且利用延续申请制度的持续性，甚至可以根据竞争对手的后续产品更有针对性地修改延续申请的权利要求范围，从而更利于侵权指控。

4. 定向并购领先企业，快速增强专利储备❶

2012 年，苹果公司以 3.56 亿美元并购指纹传感芯片制造商 AuthenTec 公司。通过并购，苹果公司继承了 AuthenTec 公司大量与指纹识别相关的专利，迅速补强己方的专利储备。事实上，AuthenTec 公司也曾在 2010 年收购了另一家电容式指纹传感器厂商 Upek 公司，因此，Upek 公司的相关专利也被苹果公司一并收入囊中。此后，苹果公司根据自己的产品布局，在并购所得专利技术基础上，选择其中具有较高价值的重点专利进行深入研究和技术改进，将指纹识别技术融合到自己的产品研发中，快速推动技术演进和产品升级换代。

苹果公司并购获得的专利及其在此基础上继续研发并申请的专利列表如图 9-4-4 所示。

❶ 案例来源：《专利深一度》之指纹识别技术篇［EB/OL］. http：//mp. weixin. qq. com.

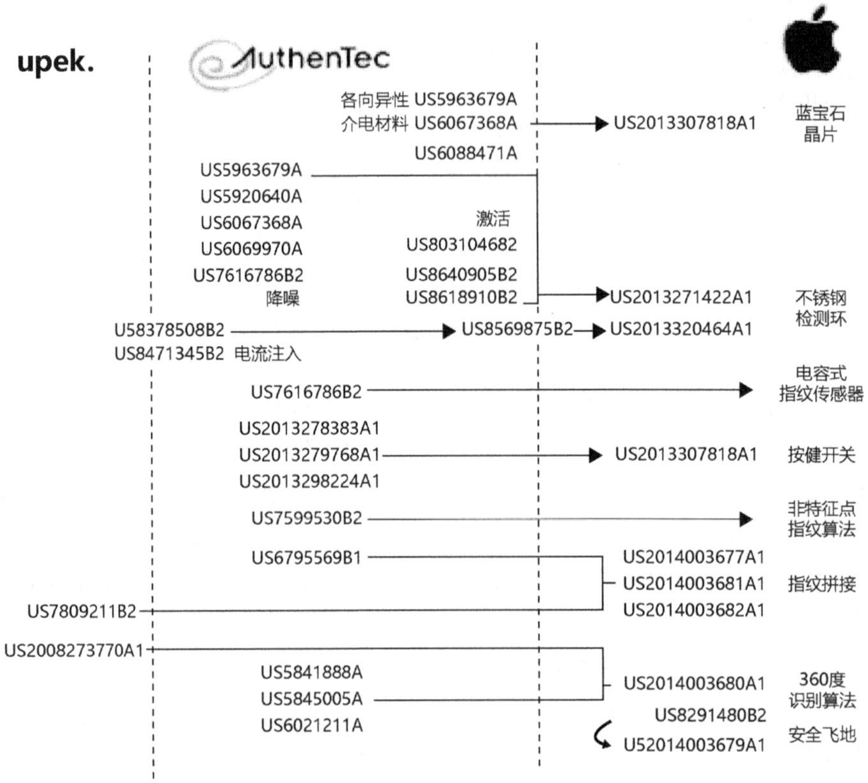

图 9-4-4　苹果公司并购 AuthenTec 公司获得的专利

2013 年苹果公司推出了具有指纹识别认证功能（Touch ID）的 iPhone 5s 手机，并在 2014 年将这一功能作为苹果移动设备的标配，配备到了 iPhone 6、iPhone 6 Plus 以及新款 iPad 上面。通过分析 iPhone 手机的专利布局不难发现指纹识别技术的身影。一方面，苹果公司针对指纹识别技术本身布局了为数不少的专利，例如，基于非特征点的指纹识别算法的 US7599530B2 号专利；涉及指纹分类与快速比对算法的 US5841888、US5845005、US6021211、US6047281、US6047282、US6070159 号专利等。另一方面，苹果公司将指纹识别与各种具体应用相结合，申请了一系列的专利，例如，将指纹支付与 NFC（近场通信技术）相结合的 US2010082444 号申请、将指纹识别与心跳监测相关联的 US2011257546 号申请。其中代表性的专利技术如图 9-4-5 所示。

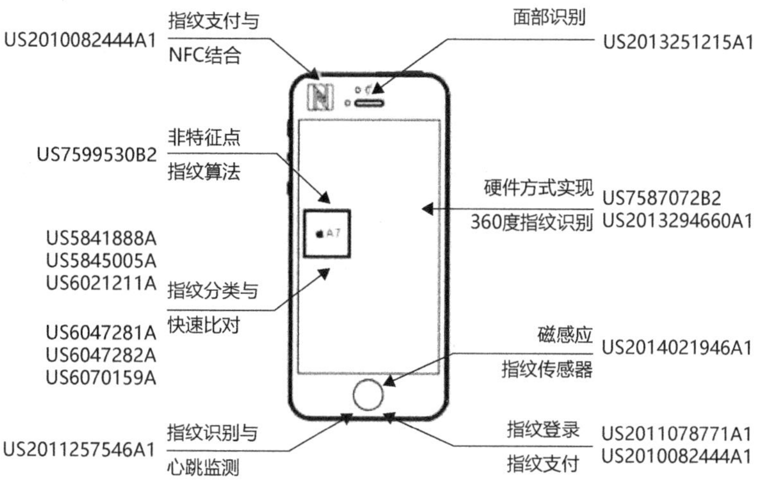

图 9-4-5 苹果公司 iPhone 手机与指纹识别相关的专利布局

二、友商联合的专利布局

【案例 9-4-2】东芝公司与闪迪公司 3D Flash 专利联盟❶

案例背景：

Flash 存储器（Flash Memory），简称 Flash 或闪存，最初是由东芝公司（Toshiba）的 Fujio Masuoka 博士在 1980 年发明。传统的 Flash 一直基于平面结构，随着制程技术开始超越 10nm 级别，元件所能容纳电子的总数目已经少到足以影响到元件可靠度的下限，单元和单元之间存在干扰；同时元件结构的精细化制备的困难也急剧增大。3D Flash 技术能够有效解决上述问题，因而成为 Flash 产业的主要技术发展方向，备受业内关注。

3D Flash 技术与 2D Flash 技术的区别可以简单理解为：2D Flash 是平面结构而 3D Flash 是立体结构，3D Flash 结构是以垂直半导体通道的方式排列，多层环绕式栅极（GAA）结构形成多电栅级存储器单元晶体管，可以有效降低堆栈间的干扰。

1. 东芝公司关于 3D Flash 的研发及专利布局

东芝公司早期采用的是 BiCS（Bit Cost Scalable）结构，关于 BiCS 结构的首次申请为 JP2006086674A，其 3D Flash 构件采用垂直沟道结构，多个电可编程存储单元的存储串串联连接，每个存储串包括柱状半导体、第一绝缘膜、电荷存储层、第二绝缘膜和多层电极，存储串的多层电极分别形成二维伸展的多个导体层。

在此基础上，东芝公司继续对其结构进行扩展，提交了 JP2006283117A 和

❶ 案例来源：杨铁军．产业专利分析报告（第 34 册）：高端存储［M］．北京：知识产权出版社，2015：202-224.

JP2007017115A 两项申请，其中 JP2006283117A 记载了通过单个孔径形成连接多个字线电极层的全部过孔，并在孔径侧壁形成 ONO 电荷俘获层结构；JP2007017115A1 记载了柱状沟道活性区域（外侧为 Si 结构、内部为 SiGe、核心为绝缘材料或者中空）加环绕栅绝缘膜（SGT）的有源区结构。同时，对于多层堆叠的电互联构成方式也进行改进，典型的专利申请如 JP2007100086A。

此后，东芝公司在 BiCS 结构的基础上进一步优化，提出了 P-BiCS 结构（Pipe-shaped Bit Cost Scalable）。3D Flash 所包含的 NAND 堆叠层，通过硅通孔（Through Silicon Via，TSV）连接到堆叠结构的堆栈控制器。这并不是将 NAND 芯片堆叠在另一个芯片之上，而是在单个芯片中堆叠 NAND 层，相关专利包括：JP2008271279A，公开了通过弓形结构连接相邻的四个沟道尺寸，提高了存储密度；JP2007259827A，记载了层叠部分包括交替地层叠在所述基底上的多个导体层和多个绝缘层，所述多个导体层和所述多个绝缘层中的至少一个层形成标记层结构；JP2009033759A，记载了各个垂直存储串结构之间的水平布置方式——通过一系列 U 形布线的相互连接结构。

东芝公司对于有源区的电荷存储层结构也做了相关研究，例如：JP2010140232A 记载了存储层设置在垂直孔径的外周，并置于内、外绝缘层之间；JP2010141924A 记载了垂直有源层柱状结构的多层次分布。

东芝公司在 3D Flash 领域的研发情况及专利布局如图 9-4-6 所示。

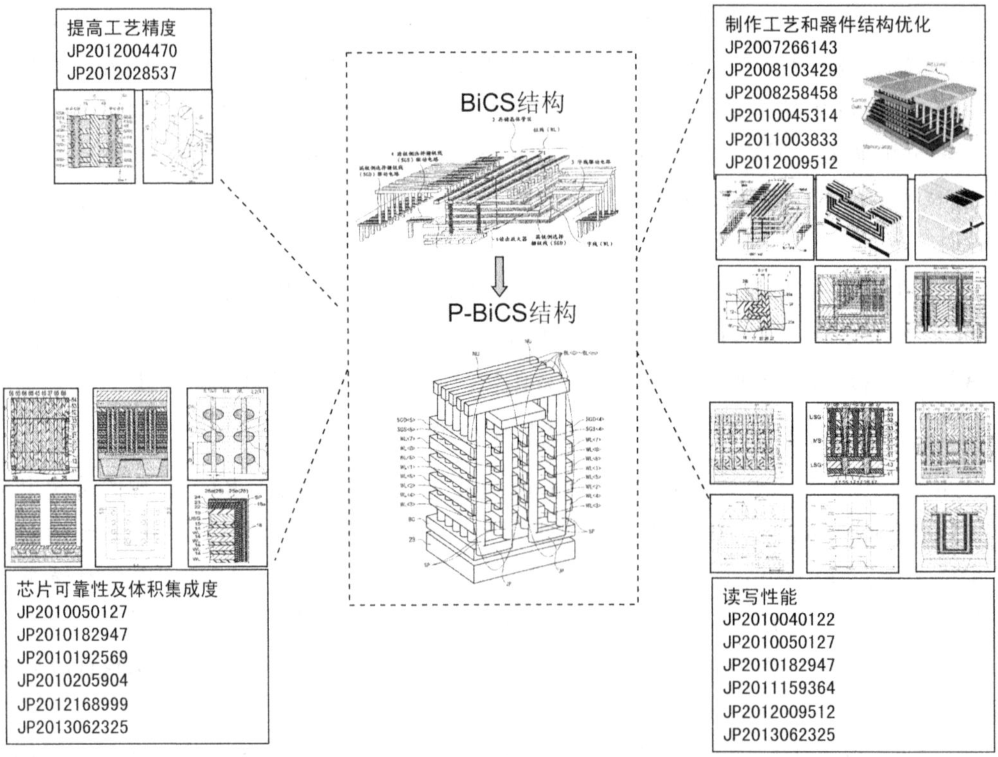

图 9-4-6　东芝公司 3D Flash 研发及布局情况

2. 东芝与闪迪（Sandisk）合作开展3D Flash技术研发

东芝公司和闪迪公司在半导体芯片领域的合作由来已久。2005年开始，双方就3D Flash技术的研发展开深度合作。东芝和闪迪均在2000年左右就各自涉足3D堆叠技术，经过几年时间的积累，在细分领域各具优势，东芝公司在芯片的栅极和有源区等核心结构的技术积累和专利申请数量较为可观，而闪迪公司在芯片驱动以及字线/位线抗干扰方面的技术优势明显，专利申请数量较多（专利数据检索时间为2014年8月），如图9-4-7所示。

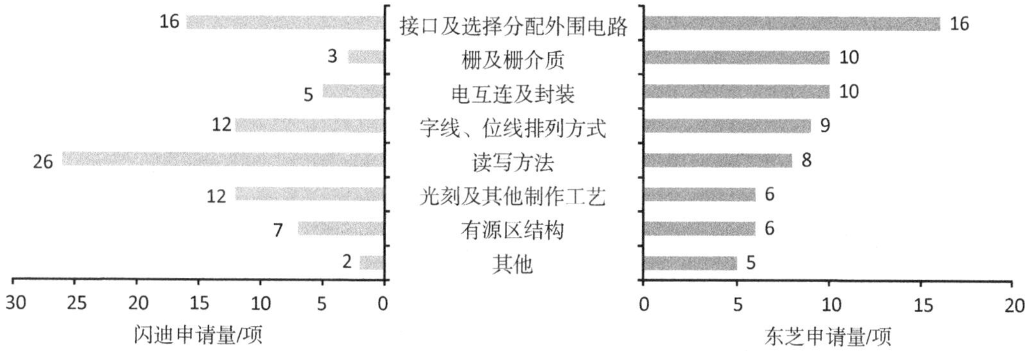

图9-4-7　东芝公司和闪迪公司在3D Flash领域的专利申请量

通过Flash专利的相互许可和授权，东芝公司和闪迪公司有效地实现了优势互补，并通过战略联盟的方式实现了专利总量的迅速提高。如图9-4-8所示，右侧为东芝公司和闪迪公司战略联盟在3D Flash技术各个分支的申请量，左侧为其竞争对手三星公司在3D Flash技术各个分支的申请量。可见，虽然东芝和闪迪单家公司的专利储备都少于三星公司，战略联盟的整体专利储备能够与三星公司势均力敌，在个别细分技术领域还处于优势地位。

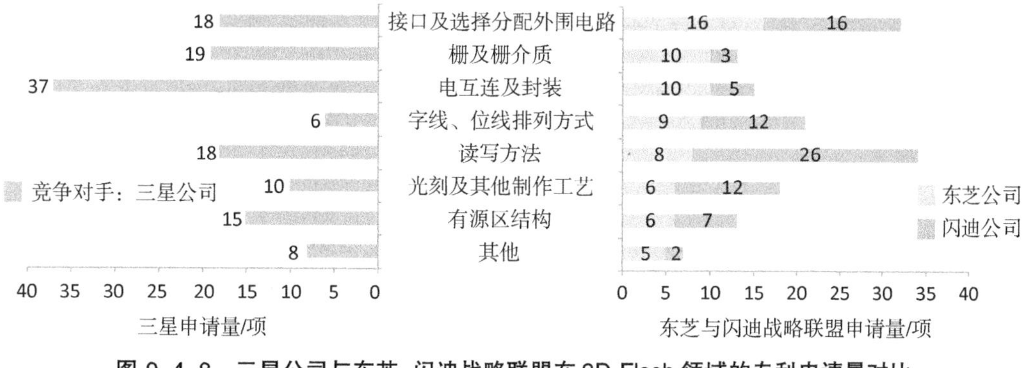

图9-4-8　三星公司与东芝-闪迪战略联盟在3D Flash领域的专利申请量对比

3. 东芝–闪迪交叉联合式专利布局

通常，合作开发者都会以共同申请人的方式进行专利布局，但是东芝和闪迪两家公司的共同申请数量不是很多，而是采取了一种较为新颖的“交叉联合式”专利布局模式。

东芝公司和闪迪公司各自的研发团队并没有局限于自身所专注的技术点，而是在相当程度上进行了技术的融合和相互改进，两家公司借助合作实现优势互补，共同在3D Flash领域构建了一条完整的技术发展路线图；并且，通过互为引证的交叉布局模式全面覆盖了3D Flash的各技术分支，从而实现了完善的专利布局，如图9–4–9所示东芝与闪迪公司在3D Flash领域的交叉联合式专利布局（其中浅色区块为东芝公司的专利申请，深色区块为闪迪公司的专利申请）。

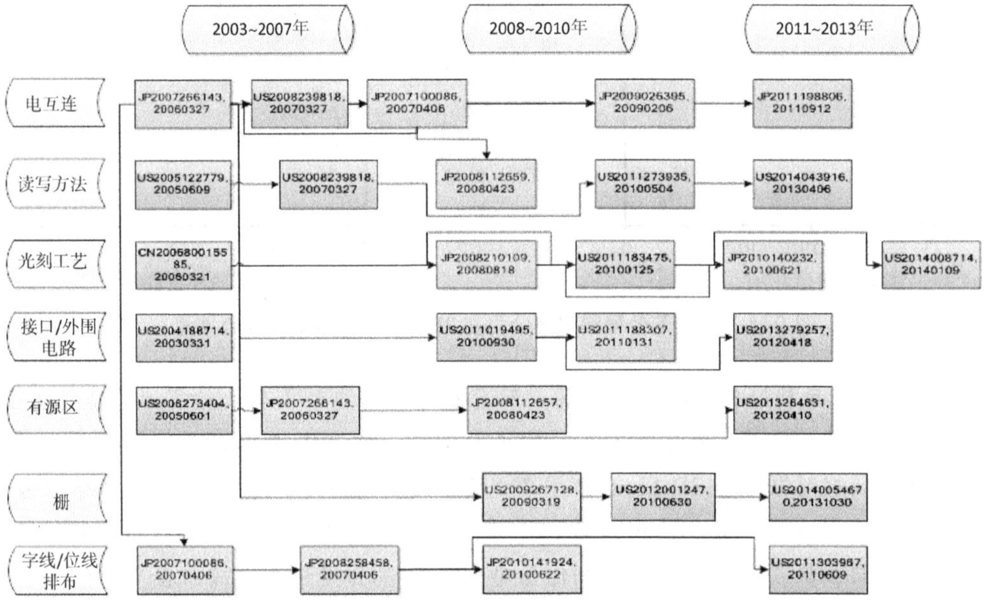

图 9–4–9 东芝公司和闪迪公司在3D Flash领域的交叉联合式专利布局

三、围绕核心技术的专利布局

【案例9–4–3】旷视科技围绕核心技术的专利布局

案例背景：

人脸识别是人工智能的重要应用方向之一，独角兽企业旷视科技[1]凭借其在计算机视觉领域的核心技术优势和多元化应用场景在众多AI企业中脱颖而出，该公司旗下的人脸身份验证平台“Face ID”是一套完整的金融级解决方案，现已在移动支付、政务办理、在线考试、会员认证等多种垂直应用场景中落地。Face ID解决方案包括身份信息采集、人脸活体检测和身份验证三个主要处理阶段，活体检测是其中最为重要的技

[1] 旷视Face ID［EB/OL］.［2019–10–12］. https://faceid.com/technology#liveness.

术环节，也是该公司的核心技术优势所在。围绕这一关键技术，旷视科技进行了点面结合、持续跟进的全方位专利布局。

1. 梳理系统架构，分析方案构成

从整体方案的系统构成来看，“Face ID”涵盖了身份证信息采集设备、人脸采集设备及其他辅助传感设备、数据通信链路、业务服务器、数据库服务器等多个系统组成装置；从系统所涉及的参与主体来看，既需要终端用户的参与，又离不开云端的认证服务提供商以及通信服务提供商；从数据处理流程来看，其包括了数据采集、数据预处理、数据存储、数据索引、数据交互、数据分析、模型训练和调优等一系列处理步骤。

对于如此庞大的复杂系统而言，一方面，由于系统所涉及的参与主体众多，企业面临的潜在侵权对象不确定并且不唯一，仅仅在系统级进行专利布局显然保护力度不够，还需要对系统架构进行技术点的合理分解。另一方面，整体解决方案中，现有技术与创新技术相互交织，专利布局的前提是从中准确抓取出企业自身的创新点所在，围绕核心创新技术，有的放矢展开布局。

因此，针对 Face ID 进行专利布局的首要步骤是将复杂的系统级解决方案分解为一个个相对独立又相互关联的技术点，并从中提炼出一系列可能构成专利申请的技术方案，为最终形成一组布局严密的专利组合奠定基础。经过对整体系统架构进行梳理，可以将 Face ID 的整体解决方案划分为：证件识别模块、活体检测模块、质量检测模块、交叉比对模块等多个组成模块，各个模块用以分别执行对应的数据处理功能（见图 9-4-10）。

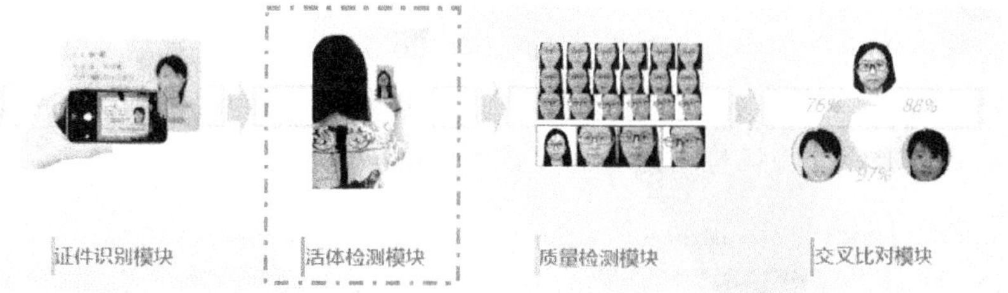

图 9-4-10 Face ID 的功能模块划分

2. 检视现有技术，明确布局方向

人脸身份认证是当前主流的生物特征认证技术之一，以旷视科技为代表的多家企业均投入了大量研发力量进行技术攻关。人脸身份认证中进行活体检测的目的在于通过使用人脸关键点定位和人脸追踪等技术，确保是真人操作，具体又包括静默活体、动作活体、视频活体等技术点❶。例如，动作活体的检测，系统将要求用户根据交互界面的提示进行点头、摇头等随机动作；双角度活体的检测，系统则要求用户拍一张正

❶ 身份采集、活体检测、人脸比对…旷视是如何做 Face ID 的？[EB/OL].［2019-10-12］. http://www.sohu.com/a/234168157_633698.

脸的自拍照与侧面自拍照，然后通过3D建模重构的方式判断是否为真人。

Face ID解决方案中，证件识别环节主要采用了OCR技术进行证件信息的采集和分析，质量检测和交叉对比环节则主要基于各种图像处理算法和人脸识别算法来实现。活体检测是整个Face ID解决方案中最重要的环节，也是旷视科技最为重要的核心技术。具体而言，旷视科技所采用的随机活体检测技术，是通过前端的人机交互界面输出随机动作指令（例如，通过移动终端的屏幕输出指令），提示用户完成眨眼、张嘴、摇头、点头等动作或者动作组合，然后由后端服务器采用人脸关键点定位、人脸追踪等技术来验证用户是否为真实活体。

对于大多数企业、尤其是新创型企业而言，囿于企业初创期在人力、物力和财力方面的局限，针对自身产品或技术进行“广撒网”式的专利布局通常难以实现。更为实用的专利布局思路是结合产品、技术、市场等多方面因素确定重点布局方向。在综合考量了人脸身份验证领域的技术发展周期、同业研发方向、自身关键技术等因素后，旷视科技将“随机活体检测”作为专利布局的主要方向。

3. 识别关键技术，确定核心专利

围绕“随机活体检测”这一关键技术点，旷视科技于2015年开始布局专利，最早的专利申请包括两项中国专利申请（CN105518582A和CN105518714A）以及一项PCT申请（WO2017000213A1），该PCT申请已进入中国、美国和印度，并于2018年在中国获得授权。

此后，旷视科技对随机活体检测技术进行持续改进，专利布局同步跟上，在不同的改进方向上累计申请了十余项专利（见图9-4-11）。其中，代表性的专利申请包括：专门针对随机动作指令序列的专利申请CN105512632A、专门针对障碍物检测的专利申请CN105518714A、能够支持三维图像连续活体检测的专利申请CN108734057A以及将神经网络算法用于活体特征检测的专利申请CN109670452A等。

CN105518714	G06K9/00	活体检测方法及设备、计算机程序产品
CN105518582	G06F3/01	活体检测方法及设备、计算机程序产品
CN105117695	G06K9/00	活体检测设备和活体检测方法
CN105512632	G06K9/00	活体检测方法及装置
CN106407914	G06K9/00	用于检测人脸的方法、装置和远程柜员机系统
CN108573203	G06K9/00	身份认证方法和装置及存储介质
CN108734057	G06K9/00	活体检测的方法、装置及计算机存储介质
CN108875469	G06K9/00	活体检测与身份认证的方法、装置及计算机存储介质
CN108805047	G06K9/00	一种活体检测方法、装置、电子设备和计算机可读介质
CN108875688	G06K9/00	一种活体检测方法、装置、系统及存储介质
CN109670452	G06K9/00	人脸检测方法、装置、电子设备和人脸检测模型

图9-4-11　旷视科技关于“随机活体检测”的专利申请列表

4. 由点到面扩展，构建布局体系

除了在时间维度上针对核心技术的改进持续完善专利布局外，旷视科技从技术研发的起始阶段就围绕核心技术，由点到面从不同维度、以不同类型的专利申请组合进行了全方位的专利布局。

一是从技术关联性的维度考虑，围绕核心专利技术对其关联处理步骤及延伸技术进行布局。例如，针对活体检测步骤之前的认证信息采集、活体检测之后的对比检验步骤等相关环节进行扩展布局以构建完整的专利技术保护链。

二是从应用场景的维度考虑，对应用随机活体检测技术的落地场景展开专利布局。例如，现阶段 Face ID 的两大主要应用场景——闸机和移动支付场景，旷视科技均布局了一定数量的专利申请。代表性的专利申请包括：CN108876504A 主要针对活体检测技术在无人售卖系统场景下的具体实现，CN109284597A 主要针对人脸解锁应用场景下活体检测的图像验证。

此外，配合不同的应用场景，旷视科技还布局了一定数量的实用新型专利（例如，CN205427413U 保护用于活体检测的摄像设备，CN204833300U 保护用于将人脸图像与温度信息相结合进行活体检测的系统）和 GUI 外观设计专利（例如，CN303634941S 保护一种带图形用户界面的手机，CN304122745S 保护一种智能终端）。

从 2015 年到 2019 年，旷视科技针对 Face ID 解决方案布局的专利包括：超过 60 余件已公开的中国专利申请和近 10 件 PCT 申请，这些 PCT 申请已陆续进入美国、印度等目标国。时间、地域、技术等多个维度的合理专利布局，为旷视科技构建了有效的专利保护网。

第十章　医药化工领域的专利布局

本章概述

医药化工领域的特点较为显著。本章重点介绍医药化工领域的特殊性和专利布局的考虑因素，并结合三个具体案例，介绍该领域进行专利布局的主要方式方法以及要注意的问题，希望能够对医药化工领域的申请人提供参考。

本章知识脉络

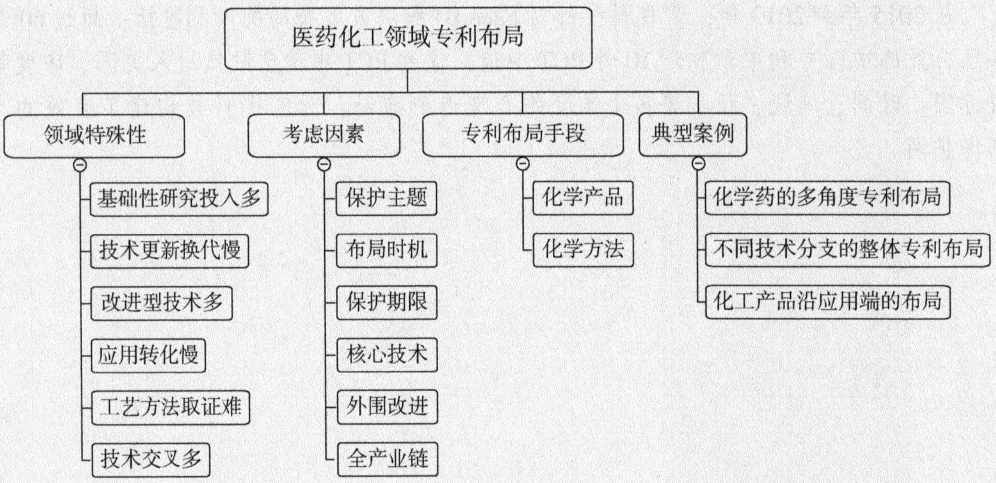

第一节　医药化工领域的特殊性

医药化工领域包括生物、医药、化学、化工等许多子领域，创新主体以企业和科研院所为主，创新成果转化率和回报率高。随着国内医药化工领域近些年的快速发展，业界的专利意识日益增强，对专利布局的兴趣也日益高涨。与其他领域相比，该领域呈现出以下几个典型特点。

一、基础性研究投入多

医药化工领域是科学技术体系中重要的基础领域之一，是很多领域技术革新和发展的源头。该领域的技术革新和进步会对许多领域产生重大影响。例如，石墨烯材料❶的发现，由于对硅的潜在可替代性以及适合作为透明电子产品的原料，可能会影响到整个电子通信行业的发展；同时，由于其独特的力学性能，还可能影响到机械等传统行业的发展。又如，纳米材料❷的出现，影响了各个行业的发展，使得测量技术达到了纳米级，实现了纳米级的加工；纳米催化剂的使用大大加快了各种反应的速率，纳米金属、陶瓷等材料也使得相关行业发生了翻天覆地的变化；纳米技术使得疾病的诊断和治疗获得巨大突破，超小型机器人、计算机、机电系统也成为可能。

因此，该领域的基础性非常强，对其的专利保护会对许多行业的发展产生重大影响。

二、技术更新换代慢

医药化工领域的创新与基础性科学研究密切相关，而目前医药化工领域基础性科学更新的速度较慢，突破性科学进步较少，使得该领域技术改进和创新存在更新换代慢的特点。

例如，就高分子领域来说，在2000年“发现和发展了导电聚合物”获得诺贝尔化学奖❸之后，十余年来没有再次获奖，这从一定程度上说明这段时间内该领域没有出现革命性的新突破，其发展基本都是在原有成果基础上进行的各种改进和组合性研究。

对于医药领域同样如此，从事化学药研发的公司非常多，但是每年新出现的原研药极少，一种药物的生命周期通常达到十余年，甚至几十年，技术更新换代速度同样

❶ 冯瑞华，万勇，谭若兵．石墨烯将成为“后硅时代”的新潜力材料［J］．中国科学院院刊，2013，28（5）：573-575.

❷ 杨志伊．纳米科技［M］．北京：机械工业出版社，2001.

❸ 环峰．导电聚合物为他们赢得了诺贝尔化学奖［J］．科学新闻，2000（45）：8.

较慢。

由于技术更新换代慢，该领域核心专利的布局和保护就显得尤为重要。

三、改进型技术多

虽然技术更新换代的速度慢，但该领域专利申请量却比较大，创新主体在现有技术基础上进行大批量、多角度的改进研究，从而获得了众多改进型研究成果。

例如，在聚合物领域，针对某一种聚合物，可以从以下多个角度进行改进并申请专利保护：制备方法改进，包括催化剂的选择和改进、反应装置改进、各种其他反应助剂的选择和改进、工艺参数的选择和改变；聚合物本身的改变，例如共聚单体的选择和改变、单体含量的选择和改变、聚合物分子量和结构的改变；聚合物存在形式的改变，例如溶液、乳液、悬浮液、粉末、颗粒、结晶体等；组合角度的改变，例如与各种其他聚合物形成组合物，组合物中各种配料的选择、根据各种目的选择合适的配料等；应用角度的改进和选择，例如，使用相应组合物制成板材、涂料、黏合剂、异型材、管、薄膜等，乃至使用相应材料的电池、轮胎、汽车等。

由于对核心技术进行改进的角度较多，申请专利保护时需要尽可能地考虑全面，尽量全面地构建改进型专利保护网。

四、应用转化慢

医药化工领域从新技术出现到成果转化投入市场，通常还需要经历实验室规模→中试→工业化规模生产的步骤，所需的时间非常长，例如从发现化合物到药物上市经常需要几年甚至十几年的时间，这就对该领域的专利保护提出了新的挑战。由于专利的保护期限通常为20年，因此，在药物上市之前都是纯粹投资的过程，申请专利时机的选择非常重要。[1] 如果过早申请专利，公开自己的核心化合物，则可能会使得自己药物上市之后，可获得的专利保护期过短，不利于保护自己，还可能由于专利的公开给竞争对手以明确的技术启示，让其很容易在专利技术基础上进行替代性试验、外围专利布局等。但是如果不尽早申请专利，那么在后期药物开发过程中，随着参与的人员和单位增多，会对保密工作造成非常大的困难，一旦保密措施不当，可能使得自己无法获得专利保护，甚至可能会被竞争对手抢先申请专利，从而造成巨大损失。

医药化工领域的创新成果转化到实际应用所需的时间较长，应用转化较慢，这也对该领域的专利布局提出了新的要求。

五、工艺方法取证难

医药化工领域工艺方法类的创新成果较多，包括化合物的合成方法、聚合物的聚合方法、加工方法、成型方法、结晶方法、复配方法等。由于各种工艺方法的改进通

---

[1] 顾润丰．延长专利药品保护期的策略简析［J］．中国发明与专利，2011（10）：12.

常都会对产物的结构和性能产生影响，因此工艺方法类的改进对该领域技术的发展进步同样非常重要。

然而，工艺方法类专利保护存在专利侵权时举证非常困难的问题，即使市面上出现完全相同的产品，想要告对方侵权也难以获取有力的侵权证据。

上述特点对该领域工艺方法类改进的专利布局提出了更多更高的要求。

六、领域之间技术交叉多

作为基础领域，医药化工领域与其他领域的行业交叉情况较为普遍。该领域的创新不仅会引起上中下游整个产业链的变化，而且通常还会影响到交叉领域的技术发展和改进。例如，高分子常用作建筑用的管材、板材等，还可用作涂料等，与建筑产业有交叉；还常用作纤维，制备各种织物，与服装产业有交叉；还常用作轮胎和汽车的各种配件饰品，与汽车行业有交叉；可用作电子领域的封装剂和固化材料，还可用作电子领域许多配件，与电子产业有交叉；制备高分子材料需要各种设备，测试高分子材料性能需要各种仪器，与机械制造和仪器设备行业有交叉；制备高分子材料需要使用小分子单体、各种助剂、催化剂等，与有机和无机小分子化学行业有交叉；生产制造和应用中会产生各种污染，与环境行业也有交叉，等等。

第二节　医药化工领域专利布局的考虑因素

虽然之前的章节已经介绍了各种普适性的专利布局策略，但是由于医药化工领域的技术创新和专利保护具有以上领域特点，在该领域进行专利布局时还需要重点考虑以下几方面的因素。

一、保护主题选择

专利保护主题分为产品和方法两类，相对而言，产品专利的保护力度更强。考虑到医药化工领域工艺方法类专利的侵权取证难度，在对工艺方法创新进行保护的同时，应当尽可能从产品角度对其进行补充和完善，以避免在获得专利权后出现无法维权的情况。

例如，在工艺方法创新完成之后，可以认真研究相应工艺方法可能对产物结构或性能产生的影响，如果获得产物的某些结构或性能是原有物质不具有的，则可以从结构或性能的角度限定产物，从而选择产品权利要求进行保护。如果工艺方法类的改进中涉及一些特定的原料、催化剂或中间体，则可以选择产品权利要求保护相应的原料、催化剂或中间体。

举例来看，[1]芳砜纶是我国掌握核心生产技术的一种高性能纤维，在2002年上海特安纶纤维有限公司（以下简称“上海特安纶”）提交了1件有关芳砜纶的专利申请，但是该专利只保护了芳砜纶的生产工艺，而并未保护产品和应用。此后，在2007年上海特安纶再次申请了4件关于芳砜纶纤维的制备方法的专利，其中3件涉及芳砜纶生产工艺，1件涉及溶剂回收方法，对相应的产品和可能的应用仍然未申请保护。其在保护主题选择上的失误，使得相应技术的保护较弱，最应该申请保护的产品和下游应用均未得到任何保护，失去了对相应领域的控制地位。

二、布局时机

医药化工领域技术更新换代慢，应用转化所需时间和生命周期都较长，因此企业在完成创新后，需要选择合适的专利申请和布局时机。对于研发投入较大的企业如制药企业来说，如果专利申请不合适或者时机选择不对，就会造成数以亿美元计的损失，使企业面临倒闭危险。[2]

企业在完成创新之后，究竟什么时候才是好的专利申请和布局时机呢？这时候，一定要注意专利申请和布局必须与企业整体专利战略相适应，既不能过早也不能过晚。如果过早，无异于提前向竞争对手提供了自己的研发方向、研究成果等有价值的技术情报，且由于专利保护期限是固定的，这样做也会白白浪费宝贵的专利保护期限；如果过晚，则企业内部存在泄密的风险，一旦泄密，相应成果将会被公开，而企业将无法再进行专利保护；同时，还可能会出现竞争对手在此期间自行完成相同的发明并先行申请专利的情况，此时不仅无法保护企业自身的研发成果，还会受到竞争对手的专利限制。

企业专利申请和布局时机的选择需要考虑以下因素：①创新完成的程度。化学产品发明的充分公开要求能够确认化学产品，记载至少一种化学产品的制备方法，并公开该产品的用途或使用效果。因此，在进行专利申请和布局之前，必须已经完成了以上内容的研究，当然其中制备方法和效果都是只要提供一种即可，无须在研究出适合工业化生产的方法和发现全部用途之后再申请和布局专利。②竞争对手研发的可能进度和方向。如果竞争对手都不可能知道该研发方向，更不可能了解和预测到该研发成果，则可以适当延后进行专利申请和布局，如果该方向同样是竞争对手重点研究的方向，且可能也快要取得进展，则需要加快申请和布局的步伐。③企业对该创新成果后续开发的进展情况。如果已经完成了新的技术研发和储备，则尽快将该成果进行专利申请和布局，否则需要适当延后。④企业将该成果推向市场的计划。避免过早申请了专利却迟迟不进入市场，等等。

企业应该在综合考虑了上述因素之后，选择合适的时机申请和布局专利，以最大

---

[1] 杨铁军．产业专利分析报告（第14册）：高性能纤维［M］．北京：知识产权出版社，2013：111.

[2] 王晋刚，张铁军．专利化生存［M］．北京：知识产权出版社，2005：175.

限度地保护自己的利益。

三、保护期限

发明专利的保护期限只有20年。而由于从完成技术改进到产品投入市场需要较长的时间，并且一项医药化工领域的发明创造能够带来价值的时间通常会远大于该期限，所以企业在进行专利布局时须关注保护期限，采取手段尽可能延长专利保护期限。延长专利保护期限，可考虑采用以下手段。

（1）利用优先权。专利保护期限均自申请日起计算，利用优先权制度可以使专利的保护期限往后延长不超过12个月。

（2）使用选择发明的途径。在确信核心技术难以被获悉的前提下，可以首先申请一般性或上位化的技术方案，随后根据时机提出二次申请，以选择发明的方式，要求保护最核心的关键技术点，从而延长保护期限。例如，[1] 奥氮平作为美国礼来（Eli Lily）公司的重点产品，在首次申请专利保护时只公开了苯并二氮杂卓通式衍生物，之后又在其基础上做选择发明，申请保护了奥氮平化合物，从而使其保护期限延长了多年。

（3）进行外围改进来延长保护期限。在完成核心技术的研发和专利布局之后，可进行外围改进型专利的布局，从而达到延长保护期限的目的，具体操作可参见本节第五部分的内容。

四、核心技术布局

在完成核心技术创新之后，由于该创新成果会对企业后期的运营和市场竞争力产生非常大的影响，因此需要选择合理的布局策略，才能更有效地保护自己的利益。在进行核心技术布局时，需要考虑以下几个方面。

（1）注意保护核心产品的各种衍生物，例如化合物的不同异构体、盐、酯等衍生物形式，从而全面保护核心产品。

（2）注意核心产品的上位化和通式化，找出产品能够解决问题的关键位点或结构部分，以此为基础进行合理的上位概括，尽可能找出能够解决问题的全部通式化产品，进行专利申请和布局。

（3）核心技术的应用性扩展。确定核心技术点之后，考虑可以使用该核心技术点的各种产品、方法和领域，扩展其可能的应用范围，进行相应的专利申请和布局。

（4）核心发明点的确定和保护。创新技术通常包含核心发明点，须围绕其进行重磅专利[2]类的专利布局。例如，对于一项组合物发明，其中的某一个或几个组分的选择、某一个或几个组分的含量构成核心发明点，此时，应当将其提炼概括总结进行保

---

[1] 顾润丰．延长专利药品保护期的策略简介［J］．中国发明与专利，2011（10）：13.

[2] Shyh-Jen Wang. Patent portfolios for biotech inventions［J］. Nature Biotechnology，2013，31（6）：501-503.

护，而无须对整个技术方案进行专利申请和布局。

五、外围改进型布局

在核心技术布局后，通常还需要申请大量外围改进型专利来做进一步补充和完善，堵截竞争对手可能进行改进发明和选择发明的路径，并延长相应技术可获得专利保护的期限。[1][2]

举例来说，[3] 三氟氯乙烯作为聚四氟乙烯分散树脂的改性单体最早由赫彻斯特于1968年在其专利申请US3654210A中提出，随后大金、杜邦等公司开展了相关的研究工作并一直延续至今，目前共形成相关专利申请12项。

与三氟氯乙烯改性单体相关的重点专利技术见表10-2-1。

表10-2-1　三氟氯乙烯作为聚四氟乙烯分散树脂改性单体的重点专利

公司	公开号	申请年份	技术方案
赫彻斯特	US3654210A	1968	先将四氟乙烯与三氟氯乙烯共聚制得种子乳液；再将种子引入第二聚合釜中，聚合四氟乙烯
	US4391940A	1979	制备多层核壳结构，其中外层和核层都加入改性单体，而中间层为四氟乙烯均聚物
大金	US4134995A JP51036291A	1974	在四氟乙烯聚合70%以后加入至少50%的改性单体，并在四氟乙烯聚合90%后维持改性单体的浓度在一定水平，使得壳层含有足够的改性单体
杜邦	US4036802A	1975	在核壳中含有不同含量改性单体的分散体，并公开了分步制备方法，在每步中加入共聚单体的量不同
	US4837267A	1988	用三氟氯乙烯等改性核，醚类单体改性壳，制备核壳结构
	WO02072653A2	2001	在核壳聚合期间，加入不同量的引发剂，并在壳聚合时加入调聚剂和三氟氯乙烯等改性单体，使核为高分子量PTFE，壳为低分子量PTFE或改性PTFE

从表10-2-1中可以看出，赫彻斯特在首次提出三氟氯乙烯改性单体之后，只提出了1项相关专利申请，将聚合方法限定为特定的种子聚合法，并且没有进行外围改进型专利布局，给其他公司留下了较大的研究空间。杜邦和大金充分利用了赫彻斯特在

---

[1] 北京路浩知识产权代理有限公司，北京御路知识产权发展中心．企业专利工作实务［M］．北京：知识产权出版社，2010：190.

[2] 王晋刚，张铁军．专利化生存［M］．北京：知识产权出版社，2005：176.

[3] 杨铁军．产业专利分析报告（第26册）：氟化工［M］．北京：知识产权出版社，2014：123.

该技术上专利布局的失误，很快开展了后续的改进研究，并先后提出了自己的相关专利申请。其中杜邦要求保护分步聚合法制备的核壳中改性单体含量不同的分散体，大金要求保护在后期加入较高量的改性单体制备壳层含有足够改性单体的分散体，都形成了与赫彻斯特不同的技术。特别是杜邦公司，之后日益加大在该领域的研究力度，并在专利申请 US4837267A 中要求保护用三氟氯乙烯等改性核、醚类单体改性壳、制备核壳结构的聚四氟乙烯分散树脂；在 WO02072653A2 中要求保护在壳聚合时加入调聚剂和三氟氯乙烯等改性单体，制备核为高分子量聚四氟乙烯、壳为低分子量聚四氟乙烯或改性聚四氟乙烯的核壳结构聚四氟乙烯分散树脂。

由此可见，如果企业不对自身研发的技术进行外围改进型专利布局，则可能使自己完全丧失在该领域的领先地位，无法有效保护自己，甚至可能使自己的研发成果成为他人的“嫁衣”。

值得再次强调的是，改进型专利的申请时间通常晚于核心专利的申请时间，外围改进型专利布局在一定程度上可以达到延长相关专利技术保护期限的目的。

六、全产业链布局

医药化工领域产业链的上中下游之间联系密切，一项技术的革新通常会影响到整个产业链。例如对于一种新的化学品，其生产可能需要使用特定的原料、中间体、催化剂等上游物质，以及使用特定的反应装置等，应用时则可能需要与其他物质组成组合物或进一步加工成特定形式。如果没有对产业链上游的原料、中间体、催化剂和/或反应装置进行保护，那么一旦被竞争对手申请了专利，将会导致自己无法顺利生产化学品；如果没有对下游的应用进行保护，那么一旦被竞争对手申请了专利，将会导致自己的产品无法顺利在市场上销售。无论哪种情形，都将受制于竞争对手，从而丧失在市场上的优势地位。

因此，医药化工领域创新需要同时对其涉及的关联因素进行布局，例如关联物质、关联方法和关联用途等。[1] 对于药物而言，关联物质可以考虑类似物或衍生物、结构修饰物、中间产物、复合配方等，关联方法可以考虑提取方法、合成方法、发酵方法等，关联用途可以考虑其他医疗用途，比如治疗其他免疫系统疾病、细菌性疾病、病毒性疾病等。

举例来说，[2] 仍以芳砜纶纤维为例，在芳砜纶纤维产业链中，上游涉及芳砜纶纤维及其制造方法、改性后处理方法、生产设备等；中下游产业链根据其应用领域的不同，分为防护材料、过滤材料、复合材料和纸材等；中游包括纱线、织物、非织造布、过滤材料、复合材料、造纸浆粕、纸材等；下游包括各种防护制品、过滤器、通风管、柔性软管、标牌、标签、导体、层压体结构、电气器件等。

---

❶ 北京路浩知识产权代理有限公司，北京御路知识产权发展中心．企业专利工作实务［M］．北京：知识产权出版社，2010：179.

❷ 杨铁军．产业专利分析报告（第 14 册）：高性能纤维［M］．北京：知识产权出版社，2013：110-113.

从图 10-2-1 中可以看出，国内申请人上海特安纶于 2002 年最先申请了有关芳砜纶的专利，但该专利只保护了芳砜纶的生产工艺，之后，从 2007 年起再次申请了 4 件关于芳砜纶纤维的制备方法的专利，但对相应的产品和可能的应用仍然未申请专利保护。

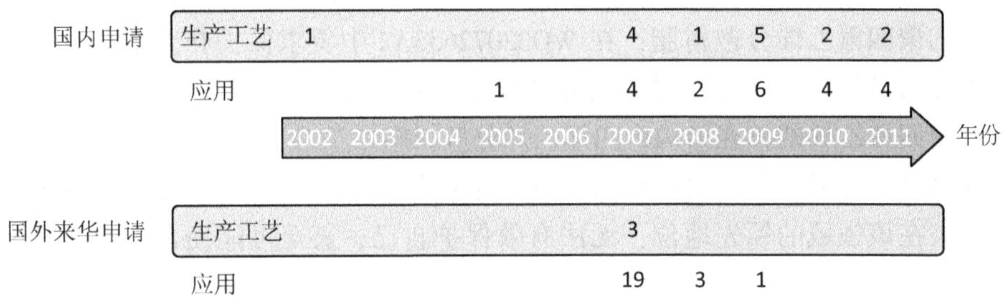

图 10-2-1　芳砜纶领域中国专利布局发展变化

注：其中数字表明芳砜纶领域各年份在中国的专利申请量（单位：件）。
其中国内申请包括除上海特安纶外其他申请人申请的专利。

芳砜纶纤维的性能优于美国杜邦公司在全球市场上畅销的 Nomex 系列芳纶纤维，如果投入市场，一定能够快速占领市场。然而，由于我国企业忽略了产业链下游应用的保护，使得其后期的发展严重受制于人。

在上海特安纶初步实现芳砜纶产业化、准备进入国内外市场之际，杜邦马上意识到该产品的市场潜力以及对其产品的威胁，在深入研究上海特安纶的专利布局情况之后，抓住其未在产业链中下游布局专利的漏洞，申请了大批专利，对产业链的中下游进行了大规模的布局，包含了芳砜纶大部分的中下游应用领域，使得上海特安纶的产品在投入市场时受到了非常大的影响，中下游厂商大部分都不敢购买使用其生产的芳砜纶纤维，严重影响了其市场份额，导致前期的研发投入未在市场上获得相应的回报。

第三节　医药化工领域的专利布局手段

医药化工领域具有许多与其他领域不同的特点，在该领域进行专利布局时要考虑许多与其他领域不同的因素，相应地，该领域的专利布局手段也有其独特之处。下面就针对两种常见的医药化工领域技术改进类型进行专利布局手段的展示。

一、化学产品的专利布局手段

专利布局主要涉及技术和时机两方面的内容。

以化合物为例，图 10-3-1 给出了对化学产品类技术改进进行专利布局时可能涉及的主要技术内容。如图 10-3-1 所示，化合物本身及其衍生物（如构型改变、对映体、盐等）构成技术的核心，作为核心专利呈现。在此基础上，可在化合物层面结合现有技术进行提炼，尝试以通式结构或上位概括的形式进行扩展；同时，在晶型、化合物存在形式、制备方法改进、配套原料和中间体、应用等方面进行延伸。

关于专利布局流程中各类专利的申请时机，图中仅给出了参考性的顺序。申请时机并非一成不变的固定模式，应当在全面布局的基础上，在尽可能延长保护期限的原则下具体情况具体分析，尽最大可能保护创新主体的利益。

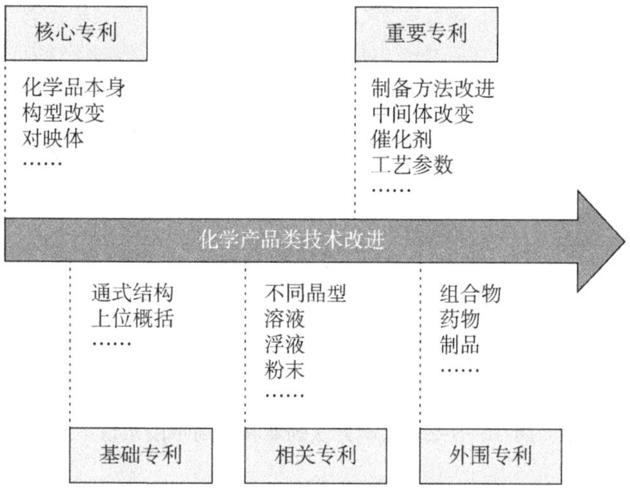

图 10-3-1 化学产品的专利布局策略手段示意

二、化学方法的专利布局手段

对化学方法类技术改进进行专利布局时，需要考虑以下几个方面。

（1）针对化学方法本身进行布局，找出方法改进的核心要素，对其他因素进行扩展，从而完成对方法本身的布局。

（2）考虑化学方法中可能影响效果的其他因素，对其进行相应布局。

（3）对该化学方法类技术改进可能应用的范围进行扩展布局。

（4）如果相应化学方法的改进影响了所得产品的结构、组成或性能，则同时对所得到的产品进行布局。

（5）如果化学方法改进中使用到了新的原料、催化剂、助剂、中间产物等，则同时对相应的化学物质进行布局。

图 10-3-2 显示了对于化学方法来说，可以从哪些角度进行专利布局，图中所示各个布局的方面以及各个方面中需要布局的点仅仅是参考性的，读者还可以对其进行其他角度的扩展布局，以期尽可能全面地形成专利布局网，最大限度地保护自己的研发成果。

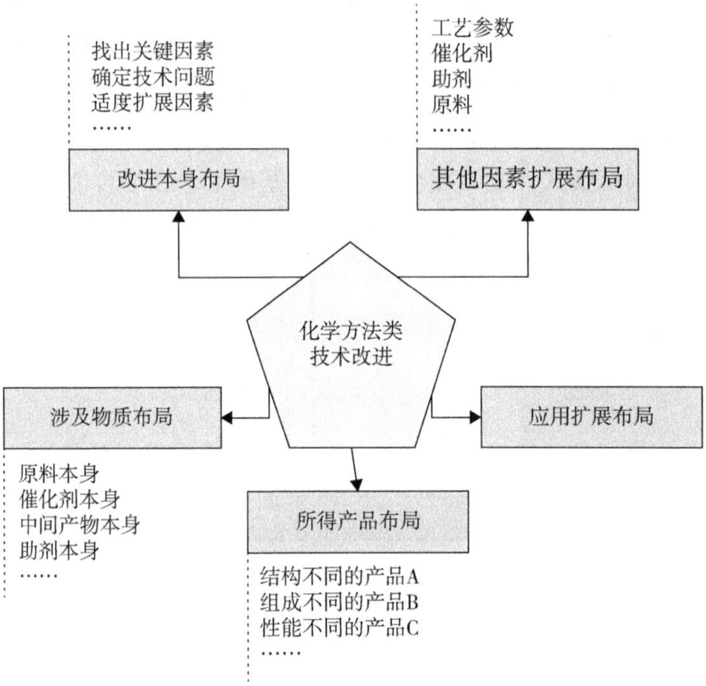

图 10-3-2　化学方法的专利布局手段示意

第四节　典型案例分析

一、化学药的多角度专利布局

【案例 10-4-1】辉瑞公司在立普妥药物上的专利布局❶

立普妥，通用名是阿托伐他汀钙，是世界上第一个年销售额超过百亿美元的单品药物，从2000年起连续位居全球药物销售榜首，成为享誉全球的超级重磅炸弹药物，上市十余年间总销售额远超千亿美元。立普妥最早由沃尼尔·朗伯研制成功，辉瑞公司于2000年以900亿美元这一医药企业并购史上的第一高价收购了沃尼尔·朗伯。下面就介绍一下辉瑞公司和沃尼尔·朗伯（下面将它们并称为“原研公司”）如何对立普妥进行专利布局，从而构建密不透风的专利堡垒，利用有效的专利之盾捍卫巨额的利润空间。

原研公司围绕立普妥申请的专利，主要分为七个方面：化合物、晶型、药用盐、组合物、制剂、制备方法和制药用途。下面就对所有专利内容进行详细分析，探究原研公司在各个方向上专利布局的特点，学习其针对新药化合物专利布局的整体策略。

---

❶ 杨铁军．产业专利分析报告（第27册）：通用名化学药［M］．北京：知识产权出版社，2014：75-92.

1. 化合物

立普妥的主要成分是阿托伐他汀半钙盐三水合物，而原研公司核心化合物的专利申请以内酯和开环酸化合物的形式公开，还涉及了所述化合物的钠、钾、钙、镁、铝、铁和锌盐。在对该物质进行优化的过程中，发现R对映体的降脂效果明显优于消旋体和S对映体，据此申请了相关化合物R对映体的专利。同时，还对其组合形式的盐及前药申请了三件专利，旨在保护阿托伐他汀与氨氯地平的联用。

专利布局启示：

对于新药化合物而言，在核心化合物专利申请中，要将其上位化以后进行保护，不能仅仅保护具体化合物本身。

对映异构体是对新药化合物进行选择发明的一种有效途径，利用其进行专利布局可以有效延长药品专利保护期。

2. 晶型

晶型是药物保护最常见的形式，通常在开发出基础化合物后，申请人会陆续申请晶型专利，扩展并加强对基础化合物的保护。就阿托伐他汀的晶型而言，申请人指出没有一种药物的物理形式能够适合所有制剂的生产，因此，开发更稳定的晶型和更纯的独特晶型，能够适于不同制剂的生产。基于此目的，原研公司围绕阿托伐他汀及其盐申请了大量晶型专利，同时还保护了部分晶型的水合物，其中针对阿托伐他汀半钙盐的Ⅰ型、Ⅱ型和Ⅳ型结晶申请了专利保护，之后还陆续提出了5件晶体专利申请，要求保护其他晶型，共要求保护了38个晶型。

专利布局启示：

利用不同晶型来进一步保护自己，对于新药化合物开发尽可能多的晶型，可以圈占潜在的保护范围，也是延长化合物专利保护期的有效策略。

在晶型布局时，重点围绕最核心的化合物进行开发和布局，能够有效地提高研发的目的性和针对性，有力保护核心化合物。

3. 药用盐

将药物制成不同的药用盐形式同样可以使药物具有不同的理化性质，因此，原研公司在2005年还提交了多篇专利，要求保护阿托伐他汀的其他类型盐，其与半钙盐相比，具有更好的性质。

专利布局启示：

将药物形成药用盐也是扩展化合物保护范围的常用方法，同时还可以有效延长专利保护期。

4. 组合物

将具有相同或类似功效的药物形成复合组合物，以产生疗效更好的药物，这是对药物进行深度开发的常用手段。原研公司与阿托伐他汀有关的药物组合物专利申请数量为12项，大多是与治疗心血管疾病的药物联用，另外还申请了治疗癌症、糖尿病、良性前列腺增生、阿尔茨海默病的组合物药物，对其各种组合方式都进行了专利布局。

专利布局启示：

与自有产品形成药物组合物可延长保护期，将药物组合联用不仅可以发挥各种药物各自的优势，又能增加疗效或降低副作用，是延长药物保护期的有效策略。例如，原研公司的络活喜曾是最畅销的降压药，其美国专利在2007年到期，立普妥核心药物专利于2011年到期，而它们的组合药物于2014年到期，有效延长了两种药物的专利期。

开发针对多种适应征的组合药物，可以圈定潜在市场并巩固自己的市场地位。

5. 制剂

化学药物的给药剂量通常较低，因此，需要与其他敷料一起配置成相应的制剂形式才能为患者服用。原研公司针对阿托伐他汀有关的制剂，主要布局了两种类型的专利：一种是阿托伐他汀本身的制剂，例如使用碱土金属盐作为稳定剂、制成颗粒形式、不同方法制备片剂、固体分散体等；另一种是阿托伐他汀与其他药物的组合物制剂，有8项，其中1项是与氨氯地平组合，其余均是与CETP抑制剂的组合。

专利布局启示：

开发稳定的制剂是主要研发目标，也是专利布局的重点。开发稳定性好、生物利用度高的制剂，不仅有利于药物获得上市批准，同时还能有效延长核心化合物的专利保护期。

重点品种是制剂研发和布局的重点，针对重点品种进行制剂保护布局，是原研公司使用的主要专利策略。

6. 制备方法

药物化合物要想进入市场，必须具备有效的制备方法，而针对制备方法的布局也成为布局的重点。原研公司针对阿托伐他汀制备方法类的专利布局主要有两种类型：一种是形成阿托伐他汀晶体或非晶体的方法，共布局了6项专利申请，其中2项是制备晶体的方法，2项是制备非晶体的方法，另2项是制备无定形物的方法，所述方法主要是为适应工业生产而进行的改进；另一种是合成阿托伐他汀的方法，目前最主要方法是Paal-Knorr合成法，该方法的核心是通过重要中间体M-4和阿托伐他汀中间体（ATS）缩合反应得到吡咯衍生物，进而合成阿托伐他汀内酯或阿托伐他汀半钙。原研公司相关专利布局主要涉及ATS侧链的制备及处理、M-4的合成、反应条件的选择等。

专利布局启示：

布局和研发的重点应该要针对大规模生产，上市药物的产出能力依赖大规模生产的条件，因此，针对适于大规模生产的方法改进对药品的市场化进程有良好的促进作用，这也是原研公司对阿托伐他汀制备方法进行专利布局的重点。

7. 制药用途

药物化合物最重要的用途还是制备成相应的药物，因此其制药用途的研发和布局也是布局时需要重点考虑的一个方面。原研公司针对阿托伐他汀制药用途布局了8项专利，其中包括对阿托伐他汀本身的用途改进，主要涉及延缓心血管疾病的发展，还开发了其他治疗用途；还包括与其他药物组合后的用途改进，也布局了4项专利。

专利布局启示：

增加药物适用范围从而开发可能的用药空间，是一个能够有效延长专利药物保护期的好办法。

关于本案例的专利布局策略，总结如图10-4-1所示。

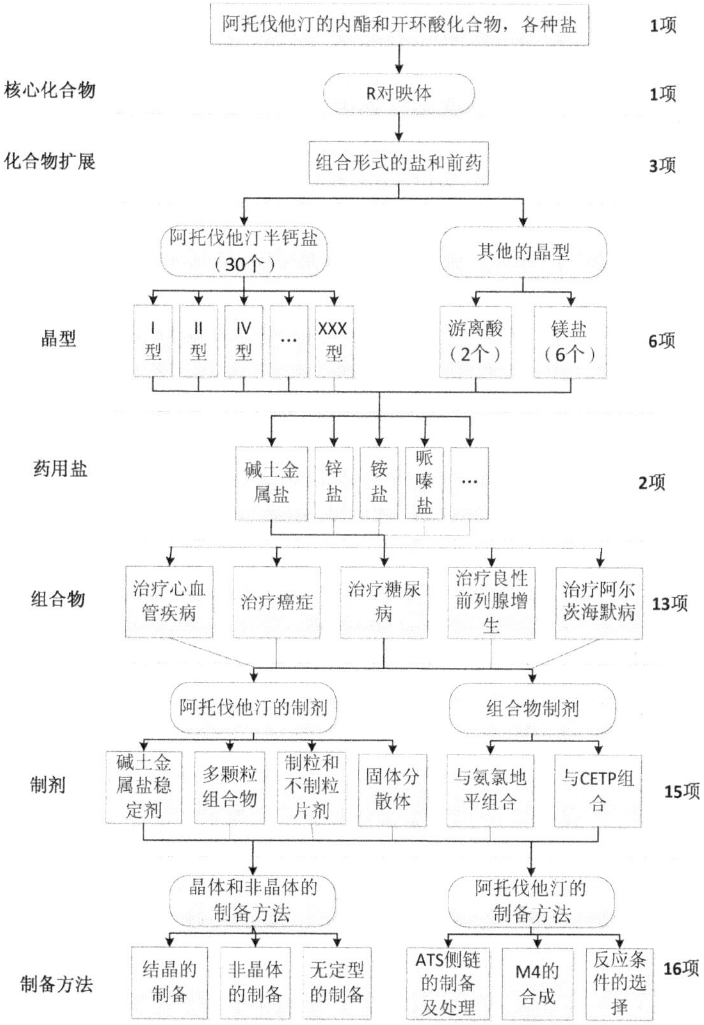

图 10-4-1　本案例的专利布局策略

二、不同技术分支的整体专利布局

【案例 10-4-2】立方氮化硼聚晶材料的专利布局❶

立方氮化硼（Cubic Boron Nitride，CBN）是20世纪50年代首先由美国通用电气公

❶ 案例来源：超硬材料［R］.

司（GE）利用人工方法在高温高压条件下合成的，其硬度仅次于金刚石而远远高于其他材料。单晶立方氮化硼的颗粒很小，又难以获得高质量的大颗粒立方氮化硼单晶。聚晶立方氮化硼的多晶体结构，使其具有各向同性，克服了单晶存在解理面的缺陷，同时具有与硬质合金基体相近的抗冲击韧性。❶

从立方氮化硼聚晶材料的制备工艺来看，黏结剂以及其他添加成分是决定聚晶整体性能的基础，而颗粒的处理又往往对烧结的效果产生重要影响。另外，混料、成型和烧结工艺本身又制约着生产效率的提高和优化，上述三个方面共同构筑了聚晶材料的性能和质量基础。而实际上，从该领域整个专利申请的发展历史来看，上述三个方面也确实在不同阶段推动着立方氮化硼聚晶材料的前进和发展。

1. 领域整体布局策略

从黏结剂成分、颗粒处理、制备工艺三个角度对立方氮化硼聚晶的专利申请进行梳理，根据其中重点专利申请梳理出该领域的技术发展路线（见图10-4-2），并且根据领域重要专利申请和分布的特点，可以将其分为技术探索和基本成型、暂时沉寂、深入发展、持续改进四个阶段，在各个阶段，围绕黏结剂、颗粒处理、制备工艺都出现了典型的技术变革或改进，各大公司也都进行了非常好的专利布局。

（1）技术探索和基本成型阶段（20世纪60~70年代）

在20世纪60~70年代，刚刚兴起对立方氮化硼聚晶材料的研究。由于只有先解决了黏结剂的问题，才可能获得立方氮化硼聚晶材料。因此，在该阶段，各家公司都针对黏结剂的种类和成分开展了大量研究，在各类黏结剂上都形成了专利布局，主要的黏结剂种类在这个阶段基本都已经出现。同时，这个阶段也已经开始尝试对立方氮化硼颗粒采取表面涂覆的处理方式，以使得部分黏结剂成分更有效地在融入块体材料中并在烧结中更好地发挥作用。而在混料、成型和烧结工艺方面，并没有新的方式提出，采取的主要是高温高压烧结法。

总体上，在20世纪60~70年代，无论是金属基黏结材料，还是陶瓷基黏结材料都先后出现，部分黏结剂种类（例如住友的碳氮化物基和GE的Al-Ni系）在之后的发展历史上逐渐成为主流并得到不断改进和发展，部分则逐渐地演变为其他黏结剂的主要添加成分（例如元素六的Si_3N_4、GE的硅粉、住友的Al_2O_3等）。在这一时期，依赖于黏结剂探索的多样化和深入化，立方氮化硼聚晶材料的制备技术基本成型，并为后续的改进和优化提供了良好的发展基础。而以涂覆为代表的颗粒处理技术虽然仍处于较为原始的基础阶段，但已经为立方氮化硼聚晶材料性能和质量的提高提供了可行性的指导方向。

❶ 李丹，刘进，胡娟，等. 聚晶立方氮化硼材料的性能及其应用［J］. 工具技术，2006，40（12）：11-14.

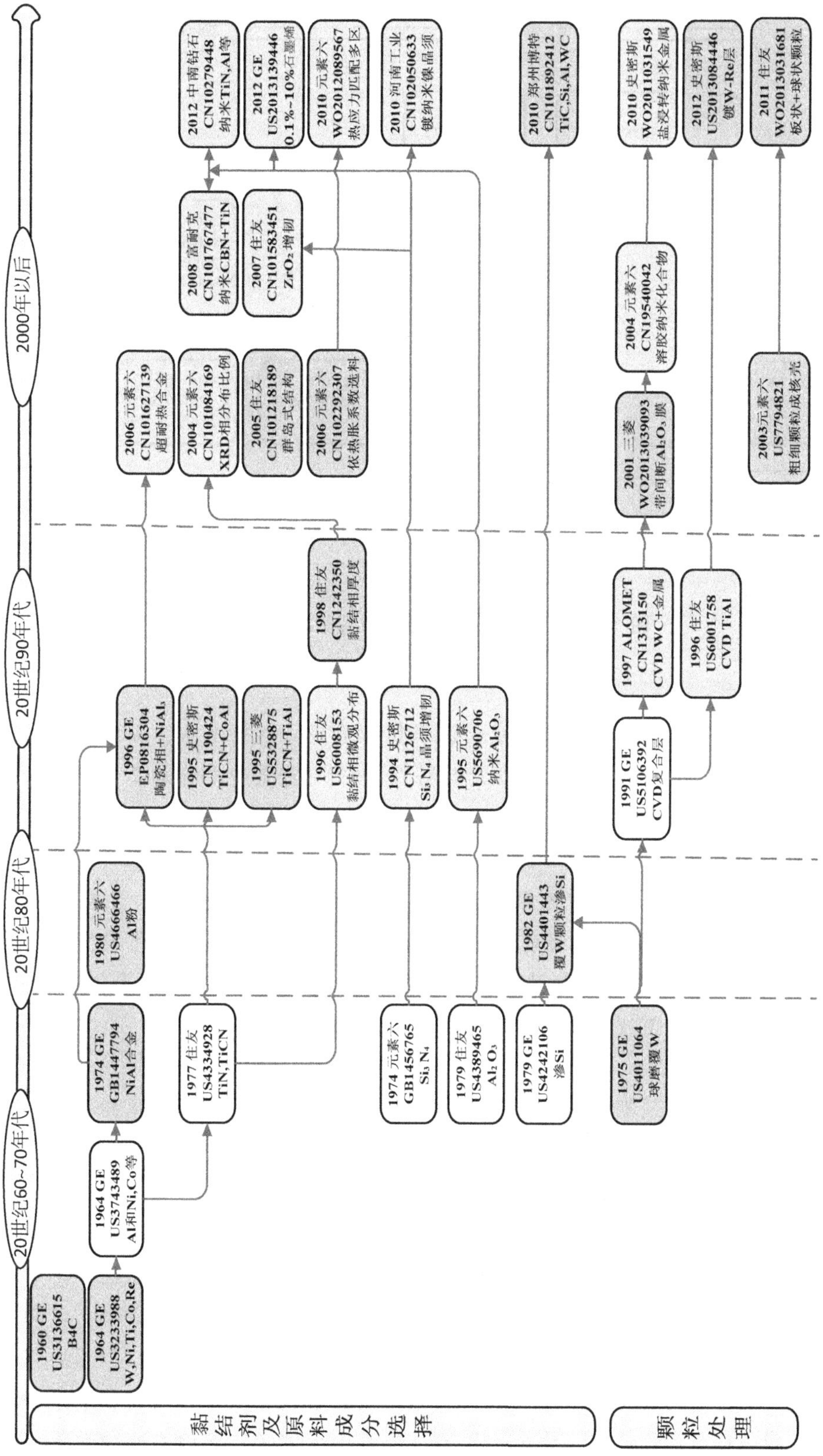

图10-4-2　立方氮化硼技术发展路线

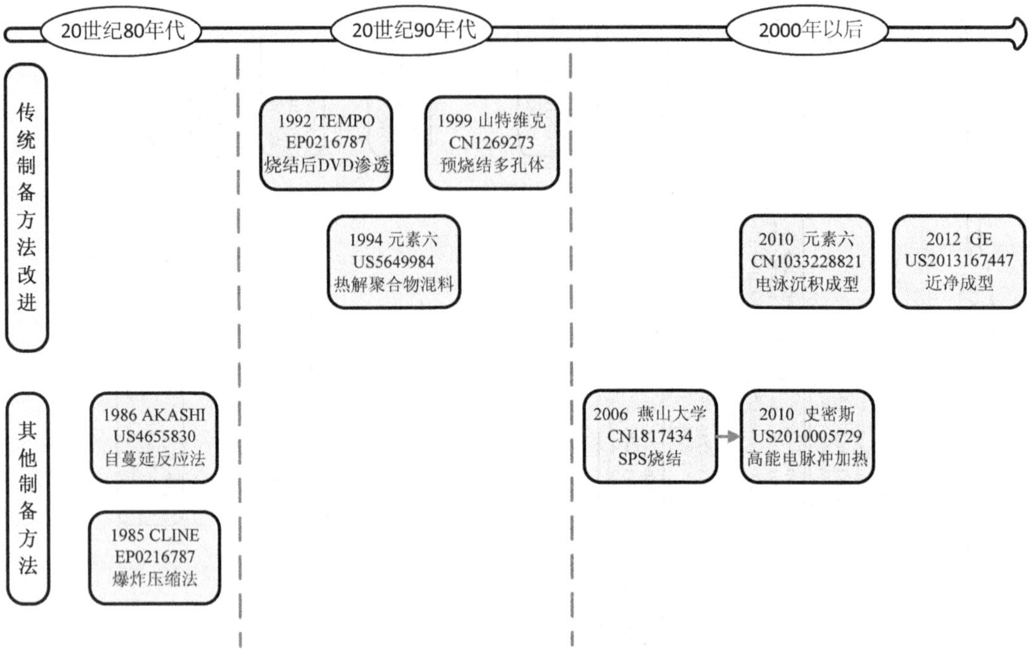

图 10-4-2　立方氮化硼技术发展路线（续）

专利布局启示：

在领域技术研究的初期，需要重点关注该领域最核心的技术点，各申请人都应该集中精力研究最重要的技术点（例如黏结材料），做好相关的专利布局工作，争取在初期就能够占据领域的制高点。

（2）暂时的沉寂阶段（20世纪80年代）

进入20世纪80年代后，立方氮化硼聚晶材料新技术的出现较少，主要申请人如GE和住友的专利申请仍然是沿袭之前的技术路径，做出进一步的优化和发展。总体上，在80年代并没有出现明显推动立方氮化硼聚晶材料技术和产业发展的专利技术，整个业界仍然处于对之前技术的不断完善过程中。

专利布局启示：

在领域发展进入瓶颈期的时候，可以在已有技术的基础上进行优化和完善，布局相关的改进方案，为下一步的技术突破提前做好准备。

（3）新技术引发的深入发展阶段（20世纪90年代）

经过了20世纪80年代的沉寂期后，进入20世纪90年代，立方氮化硼聚晶材料领域又呈现出了活跃的发展状态，各类专利技术层出不穷，尤其是研究方法和思路都出现了不同的新面貌，很多甚至成为21世纪立方氮化硼聚晶材料发展的基础，其影响力延续至今。

其间，对黏结剂的改进包括不同种类黏结剂的融合、晶须增强增韧、纳米技术的引进发展、微观分析和设计等。纳米技术的引进是由于纳米技术的崛起和发展而引起的，完全是受到了其他产业的影响，完美体现了医药化工领域产业交叉多的特点。从关注于原料转向于关注于微观结构的保护和布局，主要是由于关键的生产工艺一方面难以给予充分的保护，另一方面申请人也试图将其作为商业机密保护。因此，在专利撰写上从关注于原料转而关注于产品的微观结构，往往可以给其优化的产品给予更为直接的保护。

在该阶段，颗粒处理技术成为另一个活跃的分支，对立方氮化硼颗粒表面的预涂覆也逐渐为更多的研究者所关注和使用，布局了大量的专利。

在制备工艺上，立方氮化硼聚晶材料主要沿袭着之前的混料后高温高压烧结的方式，而改变甚少。但在20世纪90年代，仍然闪现了一些略有不同的制备工艺，但仍然无法形成技术的突破。

专利布局启示：

注重现有技术的组合发展，在研究较为成熟的阶段，可以考虑将各种类似材料进行组合，解决新的问题，达到更好的技术效果，从而成为专利申请和布局的重要方向。

重视与其他产业的融合，其他产业的发展和突破会给相关领域的发展提供参考，可以成为重要的布局方向。

重视产物的保护，对于生产工艺类的改进，可以通过产品结构等形式进行保护，避免生产工艺上保护力度不强的问题，从而获得更为直接的保护。

（4）多样性持续改进、谋求新突破的阶段（2000年之后）

2000年之后大多数的专利申请基本延续着20世纪90年代的技术和发展方向，并出现了一系列的后续改进技术。同时，在黏结剂的选择和黏结相微观结构设计方面都出现了一些新的动向，同时在立方氮化硼颗粒的选择和设计方面也出现了新的主张，而在混料、成型或烧结工艺方面也出现了一些新的思想。

例如，在黏结剂方向上，XRD分析深度介入黏结相微观结构的分析中，并且对形态结构进行了新的研究，开始追求导热性和热膨胀性能，并且开始关注黏结剂的超耐热性。而在颗粒处理方面，出现了粗细搭配的核壳结构、多步粉碎、粒状和板材搭配等处理方式。同时，还出现了等离子体放电烧结、高能量脉冲加热、电泳沉积等工艺。

总体上来看，2000年之后，一些相关新技术的出现和发展依然成为推动立方氮化硼聚晶材料研究和探索的主要动力，而立方氮化硼聚晶材料领域自身也在多个方向上尝试着改进和革新。

专利布局启示：

注意其他领域中新技术的出现，可以将其尽快引入相应领域中，促进该领域的快速发展。

在原料和产物等已经进行深入研究和布局的情况下，应注意细微结构的变化和改进，并且注意开展对已有产物其他方面性能的研究。

2. 住友公司的布局策略

在研究了整个领域的布局情况之后，我们发现该领域最重要的申请人住友公司在技术发展路线和专利布局策略上有自己鲜明的特色，下面简单分析一下住友公司在立方氮化硼聚晶领域的专利布局策略。

从图10-4-3中可以看出，住友在首次提出了使用含有C或N缺位的氮化物或碳氮化物的硬质相构成基质的技术后，迅速围绕该技术进行了一系列的外围专利布局，形成了有力的外围扩展保护圈，形成了早期的专利组合。

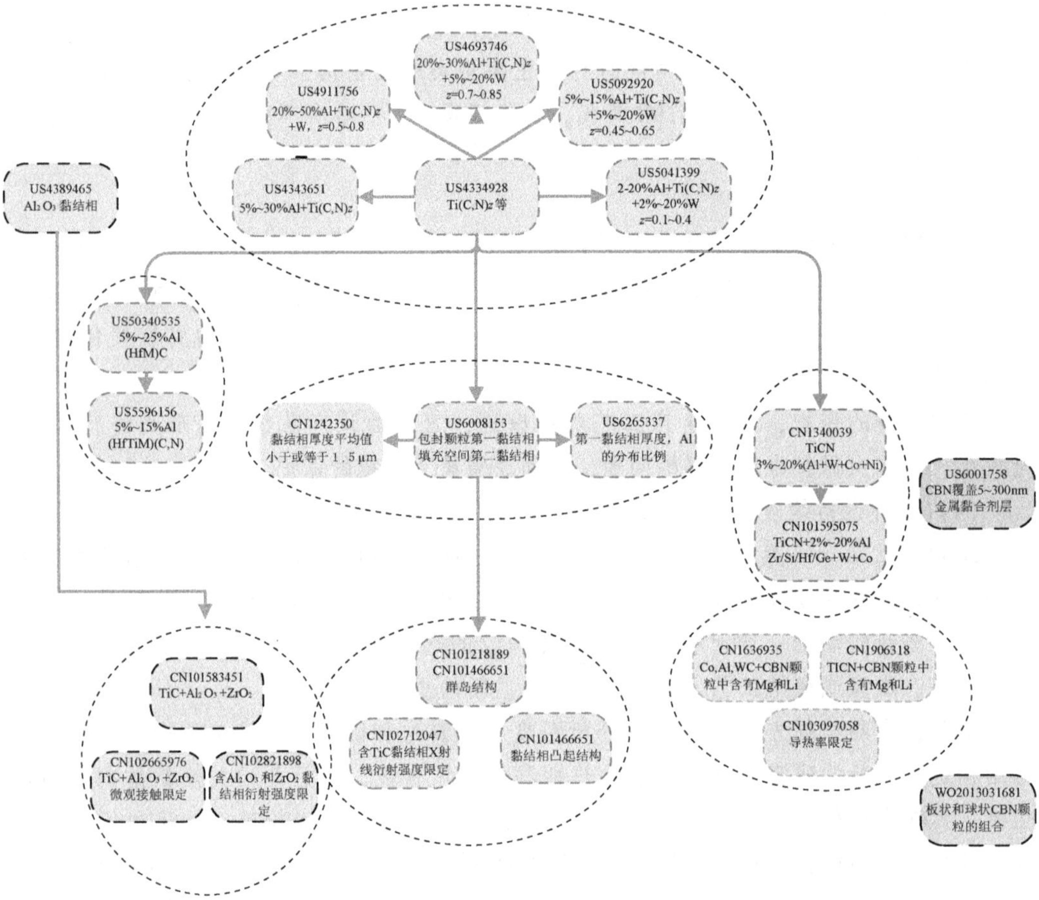

图10-4-3 住友在立方氮化硼聚晶领域的专利布局情况

进入20世纪90年代后，住友又从黏结相的微观结构和分布特征角度，对以碳氮化物硬质相为黏结剂的立方氮化硼聚晶材料陆续提出了多项专利申请，分别从黏结相微观结构、厚度以及Al在黏结相中的成分分布等角度对聚晶材料进行了限定，形成了新的专利组合圈。

进入2000年后，住友除了继续通过不同方式的微观结构和成分表征来保护其聚晶材料，延续对其核心技术的保护外，还加强了对新型黏结剂的拓展，并先后围绕以氧化铝和氧化锆为主要成分的黏结剂构建了初步的保护圈。

专利布局启示：

（1）注重组合式专利布局。无论是早期的核心技术，还是后期扩展的技术点，住友大部分都采取了多项专利组合布局的方式，尤其是对于其早期的核心专利技术，更是以多项外围专利建立了强大的外围保护圈。

（2）注重对核心技术的延续保护。在其早期的核心专利保护期满后，住友并没有放弃对其的保护，而是结合其新时期的发展特色，转而通过微观结构进行延续性保护。

（3）坚持核心优势，及时扩展新的专利点和技术热点。从住友整个专利布局的历史来看，其长期坚持围绕以碳氮化物为主的陶瓷相黏结剂进行布局，并没有进行过多的领域扩展，而在氧化锆为基的黏结剂以及聚晶的导热性成为技术热点后，住友也及时跟随并建立了自己的专利保护圈，但仍然是紧密围绕自己的优势技术进行渐进式的扩展。

三、化工产品沿应用端的布局

【案例 10-4-3】华南农业大学生物基紫外光固化材料的专利布局

我国植物油资源十分丰富，因此具有发展生物质材料的巨大优势。常见的植物油，如大豆油、花生油、菜籽油、芝麻油、蓖麻油、亚麻油、腰果壳油、桐油等，在其结构上均具有 1~3 个不饱和双键，其中很多还含有羟基、羧基等活泼反应基团，因此通过对天然植物油脂直接反应、调配、水解等可生产出品种繁多的改性树脂及精细化工产品，并且由于价格低廉、取材方便及具有可生物降解等特点而得到人们的普遍使用，如应用较为成熟的桐油就是我国传统的天然油脂资源和防腐涂料。但目前以植物油改性的树脂主要在传统涂料、油墨领域得到应用，附加值低、工艺烦琐、能耗高且由于高挥发性有机物（VOC）的排放而逐渐受到国家环保法规的限制，因此有必要挖掘植物油结构及性能优势，拓展其新的应用领域。

紫外光（UV）固化技术是 20 世纪 60 年代出现的一种先进技术，利用高能量的紫外光作为固化能量，引发具有化学活性的液态分子快速聚合交联，迅速固化成固态高分子材料。紫外光固化技术因其具有快速固化、节能、环保、生产效率高、优质、经济、适用于多种基材等优点，已广泛用于印刷、包装、建材、电子、通信、广告、家电、汽车、航天航空等各行各业。其产品主要以 UV 涂料、UV 胶黏剂、UV 油墨、快速成型材料、光刻胶等形式出现，尤其在胶黏剂、油漆、光电功能材料及 3D 打印等领域得到了广泛应用。但是对于植物油而言，由于在普通紫外光固化反应条件下，绝大多数植物油 UV 化学反应活性较低，针对其结构改造及性能优化的衍生化反应往往选择性低且产物成分复杂，因此虽然关于植物油基衍生物的 UV 固化反应研究成为当前国内外研究热点，但还停留于理论研究层次。因此利用植物油具有活泼双键体系的结构特点开展其 UV 化学反应历程及机理研究，构建性能优化的植物油基 UV 固化材料体系并实现其应用，从而可以有效解决现有 UV 固化材料领域可持续发展所面临的资源枯竭和环境污染问题，丰富现有 UV 固化材料体系及其研究理论，拓展植物油应用领域，具有重要的理论研究价值和现实意义。

现在的紫外光固化材料体系主要包括油性UV固化体系和水性UV固化体系两大体系，其中油性UV固化材料制备配方一般由活性稀释剂、预聚物、光引发剂和其他助剂组成；水性UV固化材料制备配方一般由水性预聚物、表面活性剂、水、水性光引发剂和其他助剂组成，其中水性预聚物制备过程中需要用到亲水扩链剂。因此华南农业大学袁腾教授的项目课题组关于紫外光固化材料体系的专利布局主要围绕着上述组分展开，具体布局体系如图10-4-4所示。

参见图10-4-4，生物基紫外光固化材料的专利布局体系采用的是产业链布局的方式。具体提供了光固化原材料（单体）的制备方法，这是产业应用的UV涂料、UV油墨、UV胶黏剂的核心原料的基础关键技术，通过UV光引发剂裂解过程中产生的超强酸来催化植物油傅克烷基化反应的技术对目标产物进行调控，以优化其UV化学反应活性及成膜性能，与传统强酸加热催化相比，具有烷基化目标产物产率高、反应时间短、能耗低、绿色环保的有益效果。在此基础上，开展了含双键/酚羟基双UV固化基团PUA预聚物及制备方法和应用研究、基于UV光催化不饱和植物油D-A反应研究、植物油基多元醇型可生物降解UV固化反应研究、桐油基聚合物的制备方法和应用研究等，形成本项目外围专利，提供了光固化材料的单体—预聚物—预聚物的应用（涂料、油墨、黏结剂、吸附降解材料）的全面布局，并且涉及活性稀释剂和亲水扩链剂两个分支，是产品制备的必备组分。

图10-4-4　华南农业大学生物基紫外光固化材料专利布局

处于产业链前端的材料类创新的专利布局以产业链布局为宜，即从材料的结构、组分、配方和生产工艺为核心，沿产业链方向逐步向中游和下游进行布局。如果创新点是材料本身，即提供了一种全新的材料，则所有与之相关的技术都值得布局申请；如果创新点是材料的制备工艺，即一种现有材料的新制备方法在进行专利布局时要考虑专利权的可攻击性，特别是证明侵权的证据的收集方式，否则专利布局体系的价值将会大打折扣。

参考文献

［1］北京路浩知识产权代理有限公司，北京御路知识产权发展中心．企业专利工作实务［M］．北京：知识产权出版社，2010.

［2］陈朝晖．企业专利商业化模式研究［M］．北京：知识产权出版社，2014.

［3］贺化．评议护航：经济科技活动知识产权分析评议案例启示录［M］．北京：知识产权出版社，2014.

［4］贺化．专利与产业发展系列研究报告［M］．北京：知识产权出版社，2013.

［5］李丽，张妍，宋蓓蓓，等．海外专利布局实务指引［M］．北京：知识产权出版社，2014.

［6］刘道臣，袁钢．中国专利侵权赔偿第1案［M］．北京：知识产权出版社，2013.

［7］刘群彦，东方成．先进技术价值创造和产业化运作实务［M］．上海：上海交通大学出版社，2013.

［8］马天旗．专利分析：方法、图表解读与情报挖掘［M］．北京：知识产权出版社，2015.

［9］迈克尔·波特．竞争战略［M］．北京：中信出版社，2014.

［10］毛金生，等．专利运营实务［M］．北京：知识产权出版社，2013.

［11］丸岛仪一．将知识产权作为武器［M］．文雪，译．北京：知识产权出版社，2013.

［12］王虎学．数码新领袖冯军［M］．北京：现代出版社，2009.

［13］王加莹．专利布局和标准运营：全球化环境下企业的创新突围之道［M］．北京：知识产权出版社，2014.

［14］王晋刚，张铁军．专利化生存［M］．北京：知识产权出版社，2005.

［15］杨铁军．产业专利分析报告（第3册）：切削加工刀具［M］．北京：知识产权出版社，2012.

［16］杨铁军．产业专利分析报告（第8册）：液体灌装机械［M］．北京：知识产权出版社，2013.

［17］杨铁军．产业专利分析报告（第9册）：汽车碰撞安全［M］．北京：知识产权出版社，2013.

［18］杨铁军．产业专利分析报告（第13册）：智能电视［M］．北京．知识产权出版社，2013.

［19］杨铁军．产业专利分析报告（第14册）：高性能纤维［M］．北京：知识产权出版社，2013.

［20］杨铁军．产业专利分析报告（第17册）：燃气轮机［M］．北京：知识产权出版社，2014.

［21］杨铁军．产业专利分析报告（第18册）：增材制造［M］．北京：知识产权出版社，2014.

［22］杨铁军．产业专利分析报告（第19册）：工业机器人［M］．北京：知识产权出版社，2014.

［23］杨铁军．产业专利分析报告（第26册）：氟化工［M］．北京：知识产权出版社，2014.

［24］杨铁军．产业专利分析报告（第27册）：通用名化学药［M］．北京：知识产权出版社，2014.

［25］杨铁军．产业专利分析报告（第34册）：高端存储［M］．北京：知识产权出版社，2015.

［26］周大成．企业专利布局实践探讨（"345"专利布局方法体系）［EB/OL］．http://www.iprdaily.cn/news_15738.html.

［27］杨铁军．企业专利工作实务手册［M］．北京：知识产权出版社，2013.

[28] 杨志伊．纳米科技［M］．北京：机械工业出版社，2010.
[29] 郑成思．世界贸易组织与贸易有关的知识产权［M］．北京：中国人民大学出版社，1996.
[30] 朱雪忠．企业知识产权实操大全［M］．广州：广东经济出版社，2008.
[31] Ove Granstrand. The Economics and Management of Intellectual Property：Towards Intellectual Capitalism［M］．Northampton，UK：Edward Elgar Publishing，Inc.，1999.
[32] Steve Blank，Bob Dorf. The Startup Owner's Manual：The Step-By-Step Guide for Building a Great Company［M］．K&S Ranch，2012.
[33] Thomson Reuters. Developing a Patent Strategy［M］．ASPATORE，2013.
[34] 李清海，等．基于技术生命周期的学科型创业技术选择研究：汉王和方正的成功案例［G］//创业管理研究型案例．天津：南开大学出版社，2009.
[35] 成夕．苹果汽车，APPLE的新野望［J］．华东科技，2015（12）：14.
[36] 程心旻，雷海民，刘伟．全球银杏叶制剂专利概况［J］．中国中药杂志，2013，38（17）：2889.
[37] 丁岚，等．汉王科技的创新模式研究［J］．中国软科学，2008（2）：115-121.
[38] 冯瑞华，万勇，谭若兵．石墨烯将成为“后硅时代”的新潜力材料［J］．中国科学院院刊，2013，28（5）：573-575.
[39] 冯媛媛，赵晓睿．世界主要国家和地区的实用新型制度［J］．中国发明与专利，2007（11）：85-88.
[40] 顾润丰．延长专利药品保护期的策略简析［J］．中国发明与专利，2011（10）：13.
[41] 何永春．浅议智能手机外观设计价值与专利布局［J］．中国发明与专利，2016（2）：61.
[42] 环峰．导电聚合物为他们赢得了诺贝尔化学奖［J］．科学新闻，2000（45）：8.
[43] 贾丽臻，等．基于专利地图的企业专利布局设计研究［J］．工程设计学报，2013，20（3）：173-179.
[44] 李春燕．跨国公司高科技产品专利国际化战略实证研究［J］．科学学研究，2015，33（1）：62.
[45] 李丹，刘进，胡娟，等．聚晶立方氮化硼材料的性能及其应用［J］．工具技术，2006，40（12）：11-14.
[46] 李军，张扬．从北斗芯片的专利布局分析泰斗微电子的核心竞争力［J］．数字通信世界，2015（ζ1）：35-39.
[47] 李宇，等．芳砜纶与芳纶理化性能的比较分析［J］．国际纺织导报，2014（1）：14-16，22-24.
[48] 梁帅，李海波，陈娜．世界新能源汽车专利主体的竞争态势研究［J］．科技管理研究，2015（4）：116-121.
[49] 刘红光，吕义超．专利情报分析在特定竞争对手分析中的应用［J］．情报杂志，2010，29（7）：35-39.
[50] 刘剑，金霞，杨继爽，等．国内外实用新型制度发展状况比较分析［J］．中国发明与专利，2014（3）：9-13.
[51] 刘伟，程心旻，耿冬梅，等．解读SCHWABE公司银杏叶制剂专利网［J］．中国中药杂志，2014，39（17）：3384.
[52] 柳玲，马宏珺．给中小企业专利申请的几点建议［J］．企业技术开发，2014，33（25）：

69-71.
[53] 马海生. 技术标准中的"必要专利"问题研究 [J]. 知识产权, 2009 (2): 35-40.
[54] 乔淑欣. 波音公司飞行器相关技术专利布局研究 [J]. 飞航导弹, 2013 (10): 26-30.
[55] 孙海英, 翁天强. 我国汽车企业海外专利布局现状研究 [J]. 汽车工业研究, 2014 (6): 27-32.
[56] 谈敏. 传统制造型企业专利挖掘之浅见 [J]. 知识经济, 2013 (2): 14-15.
[57] 田悦宁. 美国临时专利申请制度简介 [J]. 中国发明与专利, 2014 (2): 66-67.
[58] 王学先, 等. 技术标准中必要专利的认定 [J]. 学术论坛, 2011 (10): 40-45.
[59] 吴正. 可视化工具在专利分析中的应用 [J]. 数字图书馆论坛, 2009 (10): 64-67.
[60] 夏玮. 科技型中小企业专利行为分析: 上海、慕尼黑四家中小企业案例比较研究 [J]. 情报杂志, 2013, 32 (4): 97-101.
[61] 肖西祥. 新化学实体药物专利布局策略: 以阿斯利康公司药物吉非替尼在华系列专利为例 [J]. 中国发明与专利, 2012 (1): 53-55.
[62] 谢顺星, 等. 专利布局浅析 [J]. 中国发明与专利, 2012 (8): 24-29.
[63] 杨競春, 方琴. 重大产品专利布局之初探 [J]. 东方电机, 2013 (1): 13-15.
[64] 于国安. "万燕"开创 VCD 市场的成败 [J]. 创新科技, 2006 (2): 48-49.
[65] 张辉, 等. 立普妥同族专利构建策略探析 [J]. 中国药学杂志, 2014, 49 (5): 437-440.
[66] 张米尔, 等. 技术专利与技术标准相互作用的实证研究 [J]. 科研管理, 2013 (4): 68-73.
[67] 张曦, 张倩, 孙剑锋. 管窥苹果的专利迷魂阵 [J]. 电子知识产权, 2014 (11).
[68] 种栗. 专利标准化贸易壁垒的产生及特点 [J]. 中国标准导报, 2012 (11): 26-28.
[69] 朱翔华. 标准中纳入专利的现状分析及对策研究 [J]. 中国标准化, 2011 (10): 62-64.
[70] Blind K. Research and Standardization in Nanotechnology: Evidence from Germany [J]. Journal of Technology Transfer, 2009 (34): 320-342.
[71] France Brevets. Can patent data predict the success of startups [J]. Mines Paris Tech, 2014 (9).
[72] Gideon Parchomovsky, R. Polk Wagner. Patent Portfolios [J]. University of Pennsylvania Law Review, 2005, 154 (1): 1.
[73] M Bergen, Ma Peteraf. Competitor Indentification and Competitor Analysis: A Broad-Based Managerial Approach [J]. Managerial And Decision Economics, 2002 (23): 157-169.
[74] Narin, F. Patents as Indicators for the Evaluation of Industry Research Output [J]. Scinetometrics, 1995, 34 (3): 489-496.
[75] Peteraf M, Shanley M. Getting to Know You: A Theory of Strategic Group Identity [J]. Strategic Management Journal, 1997, 18: 165-186.
[76] Shyh-Jen Wang. Patent portfolios for biotech inventions [J]. Nature Biotechnology, 2013, 31 (6): 501-503.
[77] 罗佳秀. 日亚全产业链布局专利, 后来者壁垒重重 [N]. 中国电子报, 2012-11-23.
[78]《专利深一度》之指纹识别技术篇 [EB/OL]. http: //mp. weixin. qq. com.
[79] 2015 年版中国机械市场现状调研与发展趋势分析报告 [R/OL]. http: //www. cir. cn/R_ JiXieDianZi/39/JiXieHangYeQianJingFenXi. html.
[80] 程贵锋. 专利是防御也是进攻, 看小米专利布局的危与机 [EB/OL]. www. huxiu. com/

article/103831.

[81] 谷慧．专访朗科邓国顺：中国企业也能凭专利赚钱［EB/OL］．（2010-01-10）．tech. 163. com/10/0111/00/5sn4fdjr000915bd. html.

[82] 国家知识产权局规划发展司．欧洲知识产权环境研究报告，美国知识产权环境研究报告，日本知识产权环境研究报告，韩国知识产权环境研究报告，巴西知识产权环境研究报告，俄罗斯知识产权环境研究报告，印度知识产权环境研究报告［EB/OL］．［2016-05-30］．www. cnips. org.

[83] 侯岭．中国首家汽车产业知识产权联盟在京成立［EB/OL］．（2015-11-02）［2016-06-25］．http：//www. iprchn. com. /Index_ NewsContent. aspx？ newsId = 89571.

[84] 机械专利的基本特点［EB/OL］．［2016-06-23］．http：//www. drugip. com. /patent/zl_ jixie.

[85] 李想．IT 企业专利工程师多维专利布局［EB/OL］．http：//xueshu. baidu. com.

[86] 刘步尘．美的收购东芝究竟值不值［EB/OL］．（2016-03-31）［2016-05-31］．http：//www. 163. com.

[87] 前华为人揭秘 4G 核心专利：3G 高通霸主之位［J/OL］．http：//www. aiweibang. com/yuedu/19814035. html.

[88] 汤玉晶．专利护航，大疆无人机“霸主”地位不可撼动［EB/OL］．（2015-10-29）．新浪博客，玄博商标.

[89] 王宇，雷军．专利是手机行业的游戏规则之一［EB/OL］．www. iprchn. com/index_ newscontent. aspx？newsid = 91907.

[90] 芯片行业专利分析及专利组合质量评估报告［R/OL］．http：//www. cnipr. com/yysw/zscqycx/201604/t20160422_ 196439. htm.

[91] 杨斌．专利布局设计方法浅析［A］//中华全国专利代理人协会．提升知识产权服务能力 促进创新驱动发展战略——2014 年中华全国专利代理人协会年会第五届知识产权论坛优秀论文集［C］．北京：知识产权出版社，2014：313-322.

[92] 优智博．从技术发展、防御、攻击三方面进行专利布局规划［EB/OL］．wenku. baidu. com.

[93] 游文娟，陈大明．Iogen 公司的纤维素乙醇专利技术分析［EB/OL］．http：//www. hyqb. sh. cn/publish/portal3/tab1031/info2619. htm.

[94] 智能手机专利态势分析［EB/OL］．http：//www. nipso. cn/zhuanti/ts/ppt/智能手机专利态势发布．ppt.

[95] Ambercite［EB/OL］．http：//www. ambercite. com/.

[96] Graham Paul. Startup Equals Growth［EB/OL］．www. paulgraham. com/growth. html，2012.

[97] Rajiv P. Patel. A Patent Portfolio Development Stragegy for Start - up Companies［EB/OL］．www. fenwick. com/fenwickdocuments/patent_ portfolio_ dev. pdf.

[98] Russel Flannery. New Faces On The 2015 Forbes China Rich List［EB/OL］．(2015 - 10 - 29)．www. forbes. com.

[99] Ryan Mac. Bow To Your Billionaire Drone Overlord：Frank Wang's Quest To Put DJI Robots Into The Sky［EB/OL］．（2015-05-06）．www. forbes. com.

[100] Startups & High Growth Business［EB/OL］．www. sba. gov，2016.

[101] Thayer，et al. Be Competitive：Patent Planning for Robotics Companies［J/OL］．Robot Magazine，2011（7-8）．

[102] 李加林，等．企业知识产权保护之专利布局策略［EB/OL］．http://www. sohu. com/a/

253926343_654270.

［103］王若宸. 试论权利要求布局的“四意识”［J］. 中国发明与专利，2016（8）：74-78.

［104］董世蕊. 专利申请文件中权利要求应如何布局［N］. 中国知识产权报，2012-11-14（005）.

［105］王菲，等. 由 CAR-T 技术的专利之战来看新兴治疗技术的专利布局（上）［EB/OL］. http://www.sohu.com/a/205041105_689827.

［106］王菲，等. 由 CAR-T 技术的专利之战来看新兴治疗技术的专利布局（下）［EB/OL］. http://www.sohu.com/a/207907583_689827.

［107］孙涛涛，甘子珍. 光峰科技：做好专利布局 上市方显光辉［N］. 中国知识产权报，2019-07-25（06）.

［108］崔静思. 日亚化学在京起诉亿光电子：专利战倒逼 LED 产业探寻新出路［N］. 中国知识产权报，2016-03-30（03）.

［109］李俊霖，覃政. 用专利开掘虚拟现实“金矿”［N］. 中国知识产权报，2016-04-20（06）.

［110］魏小毛，等. 大疆创新：知识产权融入公司整体运营［N］. 中国知识产权报，2014-08-27（11）.

［111］周大成. 企业专利布局实践探讨（“345”专利布局方法体系）［EB/OL］. http://www.iprdaily.cn/news_15738.html.

推荐书目

《专利分析——方法、图表解读与情报挖掘》
《专利分析——检索、可视化与报告撰写》
《专利挖掘（第2版）》
《专利布局（第2版）》
《国外及我国港澳台专利申请策略》

《专利工程：构建高价值专利组合与控制市场指南》
《发明分析与权利要求撰写：专利律师指南（原书第2版）》
《高价值专利筛选》
《高价值专利培育与评估》
《专利估值——通过分析改进决策》

《专利导航典型案例汇编》
《专利检索之道》
《专利运营之道》
《专利预警——从管控风险到决胜创新》
《海外专利实务手册·美国卷》